ICMS E O AGRONEGÓCIO

GABRIEL HERCOS DA CUNHA
LILIANE BERTELLI IMURA CISOTTO
RAFAEL GARABED MOUMDJIAN
RENATO TEIXEIRA MENDES VIEIRA
THALES SALDANHA FALEK

LIVRO EM HOMENAGEM AO PROFESSOR FÁBIO CALCINI

INGETA
Instituto de Gestão
e Estudos Tributários
no Agronegócio

Copyright © 2024 by Editora Letramento
Copyright © 2024 by Gabriel Hercos da Cunha
Copyright © 2024 by Liliane Bertelli Imura Cisotto
Copyright © 2024 by Rafael Garabed Moumdjian
Copyright © 2024 by Renato Teixeira Mendes Vieira
Copyright © 2024 by Thales Saldanha Falek

Diretor Editorial Gustavo Abreu
Diretor Administrativo Júnior Gaudereto
Diretor Financeiro Cláudio Macedo
Logística Daniel Abreu e Vinícius Santiago
Comunicação e Marketing Carol Pires
Assistente Editorial Matteos Moreno e Maria Eduarda Paixão
Designer Editorial Gustavo Zeferino e Luís Otávio Ferreira

Conselho Editorial Jurídico

Alessandra Mara de Freitas Silva	Edson Nakata Jr	Luiz F. do Vale de Almeida Guilherme
Alexandre Morais da Rosa	Georges Abboud	Marcelo Hugo da Rocha
Bruno Miragem	Henderson Fürst	Nuno Miguel B. de Sá Viana Rebelo
Carlos María Cárcova	Henrique Garbellini Carnio	Onofre Alves Batista Júnior
Cássio Augusto de Barros Brant	Henrique Júdice Magalhães	Renata de Lima Rodrigues
Cristian Kiefer da Silva	Leonardo Isaac Yarochewsky	Salah H. Khaled Jr
Cristiane Dupret	Lucas Moraes Martins	Willis Santiago Guerra Filho

Todos os direitos reservados. Não é permitida a reprodução desta obra sem aprovação do Grupo Editorial Letramento.

Dados Internacionais de Catalogação na Publicação (CIP)
Bibliotecária Juliana da Silva Mauro - CRB6/3684

I17   ICMS e o agronegócio / Adriana Maugeri ... [et al.] ; organizado por Gabriel Hercos da Cunha ... [et al.]. - Belo Horizonte : Casa do Direito, 2024.
452 p. : il. ; 23 cm.

Inclui Bibliografia.
ISBN 978-65-5932-455-2

1. Agronegócio. 2. ICMS. 3. Direito tributário. 4. Contencioso. 5. Agricultura. I. Maugeri, Adriana ... [et al.]. II. Cunha, Gabriel Hercos da ... [et al.]. III. Título.
CDU: 338.43
CDD: 338.1

Índices para catálogo sistemático:
1. Economia agrícola 338.43
2. Economia agrícola 338.1

LETRAMENTO EDITORA E LIVRARIA
Caixa Postal 3242 – CEP 30.130-972
r. José Maria Rosemburg, n. 75, b. Ouro Preto
CEP 31.340-080 – Belo Horizonte / MG
Telefone 31 3327-5771

É O SELO JURÍDICO DO
GRUPO EDITORIAL LETRAMENTO

7 ESTUDOS EM HOMENAGEM AO PROFESSOR FÁBIO PALLARETTI CALCINI

9 OS FUNDOS ESTADUAIS DE GOIÁS, TOCANTINS E MARANHÃO
Alessandra Okuma

21 AS OPERAÇÕES DE TRANSFERÊNCIA DE PRODUTOS AGROPECUÁRIOS À LUZ DA ADC 49/RN, A "QUEBRA" DO DIFERIMENTO E OS EFEITOS DO ARTIGO 20, §6º, I, DA LEI COMPLEMENTAR Nº 87/1996 ("LEI KANDIR")
André Fernando Vasconcelos de Castro

38 O ICMS E A TRIBUTAÇÃO DO BIODIESEL
Dalton Cesar Cordeiro de Miranda

53 DOS FUNDOS ESTADUAIS DECORRENTES DA CONCESSÃO DE BENEFÍCIOS E INCENTIVOS FISCAIS DE ICMS E DECISÕES JUDICIAIS SOBRE A MATÉRIA
Danieli Trevisan Julio

64 A CONSTITUCIONALIDADE DO CONVÊNIO ICMS 100/1997 NAS OPERAÇÕES COM DEFENSIVOS AGRÍCOLAS: A CONTROVÉRSIA INSTAURADA NO STF E PERSPECTIVAS À LUZ DA REFORMA TRIBUTÁRIA SOBRE O CONSUMO
Diogo Martins Teixeira
Isabela Cantarelli

88 ATUALIDADES SOBRE A NÃO INCIDÊNCIA DO ICMS SOBRE AS TRANSFERÊNCIAS ENTRE ESTABELECIMENTOS DO MESMO CONTRIBUINTE: ADC 49, CONVÊNIO ICMS Nº 178/202 E PLP Nº 116/2023
Douglas Mota
Lyvia de Moura Amaral Serpa

101 VIOLAÇÕES À IMUNIDADE DO ICMS SOBRE EXPORTAÇÕES DE PRODUTOS AGROPECUÁRIOS: ALGUNS ASPECTOS PRÁTICOS
Fabio Pallaretti Calcini
Gabriel Magalhães Borges Prata

121 OS DESAFIO DAS EMPRESAS EXPORTADORAS DIANTE DO ACÚMULO DE CRÉDITOS DE ICMS E OS ENTRAVES FISCAIS
Gabriel Hercos da Cunha
Bruna Chan

129 ASPECTOS CONTRATUAIS E RECOLHIMENTO DE ICMS NO PROCEDIMENTO DE COMPRA E VENDA DE MACIÇO FLORESTAL
Igor Lopes Braga
Adriana Maugeri

164 DA INCONSTITUCIONALIDADE DA CONTRIBUIÇÃO AO FUNDEINFRA DO ESTADO DE GOIÁS E NOVAS PERSPECTIVAS PARA OS FUNDOS ESTADUAIS COM A REFORMA TRIBUTÁRIA
Igor Nascimento de Souza
Marcos Antonio Campanatti Filho
Gustavo Bretas Nascimento Baptista

199 CONTRIBUIÇÕES E FUNDOS ESTADUAIS COMO A FRAUDE À CONSTITUIÇÃO E ÀS NORMAS DE ICMS
Jimir Doniak Jr.

224 O ICMS NAS CADEIAS PRODUTIVAS DO AGRONEGÓCIO: DOS CRÉDITOS DE ÓLEO DIESEL UTILIZADO EM BENS DE TERCEIROS
Liliane Bertelli Imura Cisotto

240 OS IMPACTOS SOBRE O DIFERIMENTO, ISENÇÃO E CREDITAMENTO DO ICMS DECORRENTES DAS OPERAÇÕES INTERESTADUAIS DE TRANSFERÊNCIA ENTRE ESTABELECIMENTOS
Manuel Eduardo Cruvinel Machado Borges
Filipe Harzer Gomes Almeida

266 A PROBLEMÁTICA DO CRÉDITO ACUMULADO DE ICMS EM SÃO PAULO E A REFORMA TRIBUTÁRIA
Jessica Garcia Batista
Marcelo Guaritá Borges Bento

298 A INCIDÊNCIA DO ICMS NA COMERCIALIZAÇÃO DA CASA DE SOJA: O ERRO COMETIDO PELO ESTADO DE MINAS GERAIS
Tiago Conde Teixeira
Márcio Henrique César Prata

316 OS CRÉDITOS DO ICMS NA AQUISIÇÃO DE BENS DO ATIVO IMOBILIZADO NO AGRONEGÓCIO
Marcos Rogério Grigoleto

326 ICMS: SEMENTES – CONVÊNIO ICMS 100//97
Maria Helena Tavares de Pinho Tinoco Soares

334 RESULTADO DA ADC 49 E O FUTURO DO ICMS NAS TRANSFERÊNCIAS ENTRE ESTABELECIMENTOS DO MESMO CONTRIBUINTE
Marília Soubhia
Thiago Bronzeri Barbosa
Susana Pinto Ferreira

347 ICMS – TRANSFERÊNCIA DE MERCADORIAS: A ADC Nº 49, O CONVÊNIO ICMS Nº 178/2023 E OS IMPACTOS NO AGRONEGÓCIO
Pedro Guilherme Accorsi Lunardelli
Alexander Silvério Cainzos

363 O TEMA 689 DO SUPREMO TRIBUNAL FEDERAL E A NÃO INCIDÊNCIA DO ICMS SOBRE A REMESSA INTERESTADUAL DE ENERGIA ELÉTRICA PARA GERAÇÃO DE BIOENERGIA
Pedro Guilherme Gonçalves de Souza
Victor Tadashi Kuno

376 ICMS SUBVENÇÃO PARA INVESTIMENTO: IMPLICAÇÕES DIFERENCIADAS POR MODELOS DE BENEFÍCIOS FISCAIS, IMPACTOS DO ESTORNO DE CRÉDITO E OBRIGAÇÕES ACESSÓRIAS
Rafael Garabed Moumdjian

406 A APLICAÇÃO DO CRÉDITO OUTORGADO DE ICMS PARA O CONTRIBUINTE GOIANO QUE EXERCE ATIVIDADE INDUSTRIAL E DE COMERCIANTE ATACADISTA NO MESMO ESTABELECIMENTO
Renato Teixeira Mendes Vieira
Fernanda Araujo Silva

417 DESAFIOS DA NÃO CUMULATIVIDADE DO ICMS E DO NOVO IBS NA CADEIA PRODUTIVA DO AGRONEGÓCIO
Sandra Rosa Pereira
Dâmia Bulos

440 REVOGAÇÃO DE BENEFÍCIOS FISCAIS DE ICMS VINCULADOS AO AGRONEGÓCIO: NECESSIDADE DE OBSERVÂNCIA AO PRINCÍPIO DA LEGALIDADE TRIBUTÁRIA
Sergio Villanova Vasconcelos
Thais Simões Belline

ESTUDOS EM HOMENAGEM AO PROFESSOR FÁBIO PALLARETTI CALCINI

Esta obra homenageia, de forma justa e merecida, um dos mais brilhantes e renomados juristas na área de Direito Tributário no Agronegócio, o professor e advogado Fábio Calcini, referência nacional e internacional no setor.

O professor doutor graduou-se pela Universidade de Ribeirão Preto ("UNAERP"), em 2001, passando por especialização em Direito Tributário, pelo Instituto Brasileiro de Estudos Tributários ("IBET"), quando nem havia concluído a faculdade. Tornou-se mestre em 2010 e logo após doutor pela Pontifícia Universidade Católica (PUC/SP).

Não parou por aí: foi se especializar em Direito Tributário Internacional, pela Universidade de Salamanca – Espanha e começou seu pós-doutorado em Direito, pela Universidade de Coimbra – Portugal, uma das mais tradicionais universidades do mundo.

A justa homenagem se faz em agradecimento por nos engrandecer com seus conhecimentos, produção de artigos, entregas em obras coletivas, autoria de livro e sempre nos fazendo intensamente todos os dias.

Enaltece-nos com seus conhecimentos e ao mesmo tempo nos apequena, pois sabemos dos momentos difíceis pelos quais sempre passou, mas, alinhado à fé e ao apoio da família, segue com sua motivação fazendo diferença no mundo.

A presente obra se presta a mais do que homenagear, mas a evidenciar, ainda mais, a pessoa e os feitos do nosso homenageado.

Diante da trajetória emocionante e inspiradora e de toda a sua influência no setor, é com muita honra e estima que dedicamos esta obra àquele que personifica o agronegócio nacional.

Ao homenageado, nossa estima.

Gabriel Hercos da Cunha, Liliane Bertelli Imura Cisotto, Rafael Garabed Moumdjian, Renato Teixeira Mendes Vieira e Thales Saldanha Falek.

OS FUNDOS ESTADUAIS DE GOIÁS, TOCANTINS E MARANHÃO

Alessandra Okuma[1]

Vimos, nos últimos anos, a proliferação da cobrança de fundos de desenvolvimento econômico ou de equilíbrio fiscal pelos Estados, todos com fundamento no Convênio ICMS 42/2016.

O referido convênio permite que os Estados exijam o depósito de recursos, que são destinados de modo específico para fundos estaduais, como uma "condição" para usufruir incentivos fiscais dos Estados.

As alíquotas são variadas, assim como a destinação, mas todos os referidos fundos têm dois pontos em comum bastante relevantes. O primeiro deles é que as leis estaduais que os instituem utilizam como fundamento jurídico o Convênio ICMS 42/2016. E o segundo é que a base adotada para cobrança é o valor do ICMS devido.

Nesse universo de fundos que oneram o agronegócio, temos, também, algumas cobranças bastante peculiares. É o caso dos fundos do estado de **Goiás** (Fundeinfra), de dois fundos do **Maranhão**: Fundo de Desenvolvimento Industrial e de Infraestrutura do Maranhão – FDI e o Fundo Estadual para Rodovias FEPRO, e do Fundo Estadual de Transporte do Estado do **Tocantins** – FET. Esses fundos têm como fato gerador a própria operação de circulação de mercadorias e sua base de cálculo é exatamente o valor da operação.

Esses fundos são verdadeiros adicionais ao imposto sobre circulação de mercadorias – ICMS, que não resistem a uma análise mais profunda. São cobrados dos mesmos contribuintes que realizam as operações de circulações de mercadorias, sobre os mesmos fatos geradores e base de cálculo.

---

[1] Doutora e Mestre em Direito Tributário pela PUC/SP, professora do IBDT, da ABDF e da APET, sócia de Okuma Sociedade de Advogados.

1. O INÍCIO - A CLASSIFICAÇÃO DAS RECEITAS PÚBLICAS

De acordo com o art. 100, § 18 da Constituição Federal[2] e com a Lei 4.320/64, as receitas públicas são classificadas de acordo com suas origens, em duas classes, sendo (a) receitas correntes, que são as receitas tributárias, de contribuições, patrimoniais, agropecuárias, industriais, de serviços, transferências e outras; e (b) receitas de capital, que têm origem em recursos financeiros como constituição e dívidas, conversão, em espécie, de bens e direitos; superavit do orçamento corrente; recursos recebidos de pessoas de direito público ou privado para atender às despesas de capital.

A classificação das receitas tributárias segue a doutrina clássica de Geraldo Ataliba[3] sobre as espécies tributárias, subdividindo-as em três espécies: os impostos, as taxas e as contribuições de melhoria. A seguir, temos a receita de contribuições, que se refere àquelas tratadas no art. 149 da Constituição Federal, ou seja, contribuições sociais, de intervenção no domínio econômico e de interesse das categorias econômicas ou profissionais; contribuições para o custeio do regime próprio de previdência social (art. 149, §1º, da CF) e contribuições para o custeio da iluminação pública do art. 149-A da Constituição Federal.

As demais receitas correntes vêm da exploração do patrimônio (por exemplo, venda e locação de bens públicos), do exercício de atividades econômicas (agropecuárias, industriais ou prestação de serviços) e, por fim, da transferência de recursos financeiros recebidos de outros entes públicos ou privados.

Essas são as receitas que podem ser recebidas pela União, pelos Estados ou pelos Municípios. E, não obstante a lei orçamentária tenha tratado separadamente as contribuições, as contribuições são subespécies tributárias à medida que se subsomem ao conceito de tributo do artigo 3º, do Código Tributário Nacional, *verbis*:

> Art. 3º *Tributo é toda prestação pecuniária compulsória, em moeda ou cujo valor nela se possa exprimir, que não constitua sanção de ato ilícito, instituída em lei e cobrada mediante atividade administrativa plenamente vinculada.*

---

2 § 18. Entende-se como receita corrente líquida, para os fins de que trata o § 17, o somatório das receitas tributárias, patrimoniais, industriais, agropecuárias, de contribuições e de serviços, de transferências correntes e outras receitas correntes, incluindo as oriundas do § 1º do art. 20 da Constituição Federal, verificado no período compreendido pelo segundo mês imediatamente anterior ao de referência e os 11 (onze) meses precedentes, excluídas as duplicidades, e deduzidas: (Incluído pela Emenda Constitucional nº 94, de 2016).

3 Ataliba, Geraldo. Hipótese de incidência tributária. 6ª Ed. São Paulo: Malheiros. 2006, p. 124.

Prestações pecuniárias, compulsórias, que não são sanções pela prática de ato ilícito, instituídas por lei e cobradas por atividade administrativa plenamente vinculadas são tributos. Os pagamentos aos fundos de **Goiás** (Fundeinfra) e do Fundo Estadual de Transporte do Estado do **Tocantins** – FET são prestações pecuniárias, compulsórias, instituídas por lei e cobradas por atividade administrativa, cujo fato gerador é a circulação de determinadas mercadorias e a base de cálculo é o valor das referidas mercadorias.

O fato gerador (circulação de mercadorias) e a base de cálculo (valor das mercadorias) são os elementos para identificar espécies tributarias e esses, confirmam, que o que cobram os Estados de Goiás e Tocantis são verdadeiros impostos, adicionais ao ICMS.

Importante mencionar que, ao julgar o RE 573.450, o Plenário do Supremo Tribunal Federal julgou inconstitucional a cobrança de "contribuição" instituída pelo Estado de Minas Gerais, em desacordo com as regras de distribuição de competências tributárias. Confira-se:

"CONTRIBUIÇÃO PARA O CUSTEIO DOS SERVIÇOS DE ASSISTÊNCIA MÉDICA, HOSPITALAR, ODONTOLÓGICA E FARMACEÚTICA. ART. 85 DA LEI COMPLEMENTAR Nº 62/2002, DO ESTADO DE MINAS GERAIS. NATUREZA TRIBUTÁRIA. COMPULSORIEDADE. DISTRIBUIÇÃO DE COMPETÊNCIAS TRIBUTÁRIAS. ROL TAXATIVO. INCOMPETÊNCIA DO ESTADO-MEMBRO. INCONSTITUCIONALIDADE. RECURSO EXTRAORDINÁRIO NÃO PROVIDO.
I - É nítida a natureza tributária da contribuição instituída pelo art. 85 da Lei Complementar nº 64/2002, do Estado de Minas Gerais, haja vista a compulsoriedade de sua cobrança.
II - O art. 149, caput, da Constituição atribui à União a competência exclusiva para a instituição de contribuições sociais, de intervenção no domínio econômico e de interesse das categorias profissionais e econômicas. Essa regra contempla duas exceções, contidas no arts. 149, § 1º, e 149-A da Constituição. À exceção desses dois casos, aos Estados-membros não foi atribuída competência para a instituição de contribuição, seja qual for a sua finalidade.
III - A competência, privativa ou concorrente, para legislar sobre determinada matéria não implica automaticamente a competência para a instituição de tributos. Os entes federativos somente podem instituir os impostos e as contribuições que lhes foram expressamente outorgados pela Constituição.
IV – Os Estados-membros podem instituir apenas contribuição que tenha por finalidade o custeio do regime de previdência de seus servidores. A expressão "regime previdenciário" não abrange a prestação de serviços médicos, hospitalares, odontológicos e farmacêuticos." (STF, RE 573.450, Tribunal Pleno, Rel. Min. Gilmar Mendes, j. 14.04.2010, DJ 12.06.2010).

Frisamos aqui, os Estados somente podem cobrar os impostos, taxas, contribuições se respeitada a competência tributária outorgada pela Constituição Federal.

As receitas públicas que não precisam respeitar os princípios constitucionais tributários são de receitas originadas da *exploração do patrimônio* (por exemplo, venda e locação de bens públicos), do exercício de atividades econômicas (agropecuárias, industriais ou prestação de serviços), da *transferência de recursos financeiros* recebidos de outros entes públicos ou privados ou as *receitas de capital* definidas no art. 11, §2º, da Lei 4.320/64.

Evidente que o pagamento destinado aos fundos de **Goiás** (Fundeinfra) e do Fundo Estadual de Transporte do Estado do **Tocantins** – FET não é receita decorrente da exploração do patrimônio, nem do exercício de atividade econômica, nem da transferência de recursos financeiros, e muito menos receita de capital do art. 11, §2º, da Lei 4.320/64.

São verdadeiras *receitas tributárias*, isto é, prestações pecuniárias, compulsórias, que não são sanções pela prática de ato ilícito, instituídas por lei e cobradas por atividade administrativa plenamente vinculada.

Logo, assim como a contribuição do Estado de Minas Gerais objeto do RE 573.450, os fundos de **Goiás** (Fundeinfra) e do Fundo Estadual de Transporte do Estado do **Tocantins** – FET só poderiam ser cobrados em conformidade com as competências e os princípios constitucionais tributários.

Importante mencionar que a natureza tributária dos fundos exigidos pelos Estados de Goiás, Tocantins e outros foi *confirmada* recentemente, durante as discussões da Proposta de Emenda à Constituição – PEC 45, sobre a reforma tributária.

Isso porque, na votação que ocorreu ontem, a Câmara dos Deputados aprovou a inclusão do artigo 20 da Emenda Aglutinativa à PEC 45, cuja redação é a seguinte:

> Art. 20. Os Estados e o Distrito Federal poderão instituir contribuição sobre produtos primários e semielaborados produzidos nos respectivos territórios para investimento em obras de infraestrutura e habitação em substituição a contribuição a fundos estaduais estabelecida como condição à aplicação de diferimento, regime especial ou outro tratamento diferenciado relacionado com o imposto de que trata o art. 155, II, da Constituição Federal, prevista na respectiva legislação estadual em 30 de abril de 2023.
> Parágrafo único. O disposto neste artigo aplica-se até dia 31 de dezembro de 2045.

Esse artigo foi incluído na PEC 45/2019 a pedido do Governador do Estado de Goiás, como foi noticiado pela Câmara dos Deputados[4], para

---

4 Reforma tributária altera outros impostos estaduais e municipais, além de ICMS e ISS - Notícias - Portal da Câmara dos Deputados. Disponível em: https://www.camara.leg.br/noticias/978381-reforma-tributaria-altera-outros-impostos-estaduais-e--municipais-alem-de-icms-e-iss/

convalidar a cobrança dos fundos que oneram o agronegócio (a incidência é sobre produtos primários e semielaborados) e mantê-los até 2045.

Portanto, o texto da PEC 45/2019 com a Emenda Aglutinativa que será levado à votação no Senado Federal reconheceu a natureza tributária da cobrança dos fundos. Independentemente da aprovação, as marcas do procedimento legislativo são contexto e *fonte do direito*, é a enunciação-enunciada tratada com maestria por Tarek Moussallem[5] na teoria do constructivismo lógico-semântico do Professor Paulo de Barros Carvalho[6].

2. AS CONSEQUÊNCIAS DA NATUREZA TRIBUTÁRIA DOS FUNDOS DE GOIÁS E TOCANTINS

A consequência mais relevante da inclusão do artigo 20 da Emenda Aglutinativa à PEC 45/2019 é colocar uma pá-de-cal na discussão sobre a natureza jurídica dos Fundos do Estado de Goiás[7] (FUNDEINFRA) e do Tocantins[8] (FET).

---

5 MOUSSALLEM, Tarek. Fontes do Direito Tributário, 2ed. São Paulo: Noeses, 2006, p.137 e s.s.

6 CARVALHO, Paulo de Barros. Algo sobre o Constructivismo Lógico-Semântico. In: CARVALHO, Paulo de Barros (coord.). Constructivismo Lógico-Semântico. São Paulo: Editora Noeses, 2014. v. I

7 Lei 21.670/2022 do Estado de Goiás. Art. 5º Constituem receitas do FUNDEINFRA: I - Contribuição exigida no âmbito do Imposto sobre Operações Relativas à Circulação de Mercadorias e sobre Prestações de Serviços de Transporte Interestadual e Intermunicipal e de Comunicação - ICMS como condição para:

a) a fruição de benefício ou incentivo fiscal;

b) o contribuinte que optar por regime especial que vise ao controle das saídas de produtos destinados ao exterior ou com o fim específico de exportação e à comprovação da efetiva exportação; e

c) o imposto devido por substituição tributária pelas operações anteriores ser:

1. pago pelo contribuinte credenciado para tal fim por ocasião da saída subsequente; ou

2. apurado juntamente com aquele devido pela operação de saída própria do estabelecimento eleito substituto, o que resultará um só débito por período; (...)

8 Lei 4.029/2022 do Estado do Tocantins: Art. 7º Os contribuintes que promoverem operações de saídas, ainda que não tributadas, inclusive com destino à exportação ou equiparadas à exportação, previstas no parágrafo único do art. 3º da Lei Complementar Federal nº 87, de 13 de setembro de 1996, de produtos de origem vegetal, mineral ou animal, deverão recolher à conta do FET o percentual de 1,2% sobre o valor da operação destacada no documento fiscal.

Como sabemos, a contribuição ao FUNDEINFRA foi objeto de uma Ação Direta de Inconstitucionalidade (ADI 7363 – GO), proposta pela Confederação Nacional da Industria – CNI.

Na referida ADI 7363, o Min. Relator Dias Toffoli concedeu em parte medida cautelar, para suspender a eficácia das Leis do Estado de Goiás que instituíram e regulamentaram o FUNDEINFRA, principalmente por resultar em vinculação de receita do ICMS a fundo, em infringência ao art. 167, IV da Constituição Federal. Importante mencionar que o Min. Toffoli apontou que a contribuição ao FUNDEINFRA seria *alegadamente facultativa* (p. 38 do Acórdão de referendo na MC na ADI 7363), pois a contribuição é cobrada como condição para o gozo de benefícios fiscais de ICMS.

Não obstante, prevaleceu o voto do Ministro Edson Fachin, que entendeu que, num juízo perfunctório, seria imprópria a definição da natureza jurídica da exação ao FUNDEINFRA (p. 8 do Acórdão de referendo na MC na ADI 7363).

O mesmo raciocínio se aplica à contribuição ao FET do Estado do Tocantins, que é objeto das ADI 6365 e 7382, propostas respectivamente pela Aprosoja e pela CNI.

As contribuições ao FUNDEINFRA e ao FET são cobradas sobre o mesmo fato gerador do ICMS (circulação de mercadorias) a mesma base de cálculo do ICMS (o valor da operação). O FUNDEINFRA e o FET são verdadeiros adicionais do ICMS, que não poderiam ser destinados a fundo, como proíbe o art. 167, IV da Constituição Federal. E os Estados de Goiás e Tocantins não têm competência constitucional para cobrar esse tributo, como decidiu o STF em relação às contribuições exigidas pelos Estados para saúde (RE 573.450, Tribunal Pleno, Rel. Min. Gilmar Mendes, j. 14.04.2010, DJ 12.06.2010; RE 808.178 AgR. Rel. Teori Zavascki, j. 10.02.2015, DJ 02.03.2015; RE 603.573 AgR, Rel. Teori Zavascki, j. 27.05.2014, DJ 10.06.2014).

E ainda que os Estados tenham competência para instituir o ICMS, seu exercício deve respeitar a Lei Complementar 87/96, que não permite a tributação de operações de exportação. Nesse sentido, lembramos que o Supremo Tribunal Federal admite que lei complementar restrinja as competências tributárias dos entes políticos e fixou, em regime de repercussão geral, a seguinte tese: "É vedado aos Estados e ao Distrito Federal instituir o ITCMD nas hipóteses referidas no art. 155, § 1º, III, da Constituição Federal sem a edição da lei complementar exigida pelo referido dispositivo constitucional" (STF, RE 851.108, Tema 825, Rel. Dias Toffoli, j. 01.03.2021, DJ 20.04.2021).

Lembramos, aqui, que logo após a promulgação da Constituição Federal, os Estados tentaram criar um adicional estadual do imposto sobre a renda, com fundamento no art. 155, II da Constituição Federal, cuja redação original era:

> Art. 155. Compete aos Estados e ao Distrito Federal instituir:
> I - impostos sobre:
> a) Transmissão causa mortis e doação, de quaisquer bens ou direitos;
> b) Operações relativas à circulação de mercadorias e sobre prestações de serviços de transporte interestadual e intermunicipal e de comunicação, ainda que as operações e as prestações se iniciem no exterior;
> c) Propriedade de veículos automotores;
> II - adicional de até cinco por cento do que for pago à União por pessoas físicas ou jurídicas domiciliadas nos respectivos territórios, a título do imposto previsto no art. 153, III, incidente sobre lucros, ganhos e rendimentos de capital.

Ainda que os Estados tivessem competência para instituir um adicional ao imposto sobre a renda, o Plenário do Supremo Tribunal Federal julgou inconstitucional esse imposto, no RE 136.215-4 RJ, Rel. Min. Octavio Gallotti, com fundamento no art. 146, I da CF, por ausência de lei complementar.

O mesmo vício que resultou na inconstitucionalidade declarada no RE 136.215-4 RJ macula a cobrança das contribuições ao FUNDEINFRA e FET.

Pois bem, com a recente admissão da natureza tributária do FUNDEINFRA, capitaneada pelo próprio Governador do Estado de Goiás, tornou-se evidente que a referida contribuição deve submeter-se a todos os princípios constitucionais tributários.

E, consequentemente, deve ser julgada inconstitucional, por não haver competência tributaria dos Estados para sua instituição antes de eventual promulgação da PEC 45/2019, por estar em descordo com a Lei Complementar 87/96 e por não ter previsão em qualquer lei complementar, em infringência ao art. 146, I da Constituição Federal.

3. A TAXA DE FISCALIZAÇÃO DO TRANSPORTE DE GRÃOS DO ESTADO DO MARANHÃO

Além das duas "contribuições" ao FUNDEINFRA e ao FET, também tem base de cálculo e fato gerador idêntico ao do ICMS a taxa de fiscalização do transporte de grãos instituída pelo Estado do Maranhão, em infringência ao art. 145, §2º da Constituição Federal.

Essa taxa, cuja natureza tributária sempre foi bastante clara, é cobrada sobre o valor da operação de venda de grãos, que é a base de cálculo do imposto de circulação de mercadorias – ICMS, conforme se verifica do comparativo abaixo:

Lei nº 11.867/2022 (TFTG):	Lei nº 7.799/2002 (Capítulo do ICMS-MA):
Art. 34. O valor da TFTG corresponderá ao percentual de 1,5% (um e meio por cento) sobre o **valor da tonelada de grãos** transportados no Estado. § 1º Para fins de determinação do valor da TFTG a ser recolhida, será considerada a **quantidade indicada no documento fiscal** relativo ao transporte dos grãos.	**Art. 13.** A **base de cálculo** do imposto é: I - na saída de mercadoria prevista nos incisos I, III e IV do art. 12, o valor da operação; II - na hipótese do inciso II do art. 12, o **valor da operação**, compreendendo mercadoria e serviço;

Observe-se que a Taxa de Fiscalização de Transporte de Grãos– TFTG tem base de cálculo IDÊNTICA à do ICMS. A identidade é total, e não apenas de determinados elementos.

O valor da tonelada de grãos indicado no documento fiscal (base da TFTG) é o valor da operação de mercadoria, que é base de cálculo do ICMS. Ou seja, o ICMS **incidirá sobre o valor da operação, que é o valor da tonelada dos grãos indicado no documento fiscal.**

Temos, portanto, a <u>exceção</u> mencionada na Sumula Vinculante nº 29 do E. Supremo Tribunal Federal que estatuiu: "*É constitucional a adoção, no cálculo do valor de taxa, de um ou mais elementos da base de cálculo própria de determinado imposto, **desde que não haja integral identidade entre uma base e outra.**"*

Não obstante a tentativa da Fazenda do Estado de confundir os contribuintes e o Poder Judiciário, o valor da tonelada de grãos também é a base de cálculo do ICMS.

Isso porque o preço de *commodities* como soja, milho, milheto e sorgo é determinado pela cotação da Bolsa de Chicago e de outras bolsas e instituições (vide Cotação e Preço da Soja - Notícias Agrícolas (noticiasagricolas.com.br)).

O "valor da tonelada de grãos" e o "valor da operação" são idênticos. A soja é vendida *in natura*, logo, não há valor agregado, e o valor da tonelada de grãos, que segue as cotações de bolsas de commodities, será o valor da operação.

Prova da identidade é a Resolução Administrativa 20/2023, que estabeleceu o valor da tonelada compatível à cotação das commodities na Bolsa de Chicago e na B3:

	Resolução 20/2023	Cotação Bolsa Chicago/B3[9]
milho	R$ 950,00	R$ 888,50
milheto	R$ 800,00	não disponível
soja	R$ 2.000,00	R$ 1.972,35
sorgo	R$ 800,00	R$ 766,66

Ou seja, há TOTAL IDENTIDADE entre a base de cálculo do ICMS e a da TFTG exigida pelo Estado do Maranhão.

A *denominação* e o *artifício* utilizado pelo Estado do Maranhão para disfarçar a identidade entre as bases de cálculo não altera a realidade dos fatos. Na saída de soja, milho e outros grãos, o **valor da operação equivale ao valor da tonelada de grãos** que consta na nota-fiscal de saída de mercadorias, como estabelece o art. 15 do Regulamento do ICMS do Estado do Maranhão.

Semelhante ao caso presente é a taxa de classificação de produtos vegetais julgado no AgRE 491.216-3-SC: a quantidade de produtos que devem ser classificados é representativa do custo da atividade estatal.

A fiscalização do transporte de grãos, todavia, **não** está relacionada ao *valor da tonelada de grãos transportada*. O valor da tonelada de grãos é a base de cálculo do imposto de circulação de mercadorias – ICMS.

Para a fiscalização do transporte de grãos, poderia, *hipoteticamente*, ser estabelecido um valor fixo por cada caminhão, ou proporcional ao peso da carga, ou pedágio, mas **não** o valor da tonelada de grãos como foi previsto no art. 34 da Lei 11.867/2022.

---

9 Cotação e Preço do Milho – Notícias Agrícolas. Disponível em: https://www.noticiasagricolas.com.br/cotacoes/milho

4. TFTG - INCOMPETÊNCIA DO ESTADO DO MARANHÃO

A Constituição Federal, em seu art. 21, XII, 'd', 'e' e 'f', prevê que a União é a responsável pelos serviços de transporte ferroviário, rodoviário interestadual e internacional e aquaviário.

É competência privativa da União legislar sobre trânsito e transporte, bem como estabelecer as diretrizes da política nacional de transporte, art. 22, incisos IX e XI da Constituição Federal.

A fiscalização do transporte rodoviário de cargas é de competência da União, nos termos do Decreto 2063/83. Essa tarefa é exercida pela Agência Nacional de Transportes Terrestres, nos termos da Lei n. 10.233/2001.

No Portal da ANTT (Fiscalização de Transporte Rodoviário de Cargas – TRC – Agência Nacional de Transportes Terrestres - ANTT), consta expressamente o procedimento para fiscalização do transporte rodoviário de cargas, a saber:

> A fiscalização do Transporte Rodoviário de Cargas (TRC) pode ocorrer em qualquer via do território nacional. Contudo, são mais comuns em rodovias (estaduais e federais), de forma presencial ou eletrônica. Também ocorrem fiscalizações na forma de auditoria, com solicitação de documentos às transportadoras e/ou embarcadores e posterior análise pelas equipes de fiscalização.
> No procedimento de fiscalização são verificados documentos que caracterizam a operação de transporte, identificação do veículo e do motorista. A partir da análise desses, é verificado o cumprimento da legislação que rege o TRC, e que estará melhor detalhada abaixo.

Nos termos do art. 77 da Lei 10.233/2001, a ANTT recebe receitas do produto das arrecadações de taxas de fiscalização da prestação de serviços e da exploração da infraestrutura, verbis:

> Art. 77. Constituem receitas da ANTT e da ANTAQ:
> (...)
> III - os produtos das arrecadações de taxas de fiscalização da prestação de serviços e de exploração de infraestrutura atribuídas a cada Agência;

Também é órgão da União o Departamento Nacional de Infraestrutura dos Transportes – DENIT, que é responsável pela manutenção, recuperação e construção de vias de transportes interurbanas federais (Infraestrutura Rodoviária — Departamento Nacional de Infraestrutura de Transportes (www.gov.br)).

Diante da legislação e dos órgãos federais acima descritos, fica evidente que é competência da União fiscalizar o transporte rodoviário de cargas.

De acordo com informações do extinto Grupo Executivo para a Integração da Política de Transporte, dos 53.001 km de rodovias do Maranhão, 3.464 km são federais, 5.161 km são estaduais e 44.376 km municipais (TRANSPORTES NO ESTADO DO MARANHÃO (geipot.gov.br)).

Nos 5 mil quilômetros de rodovias estaduais, o Estado do Maranhão poderia instalar instrumentos de pesagem das cargas e cobrar pedágio proporcional, ou até mesmo uma taxa que tenha a base de cálculo adequada, mas NÃO **cobrar um "adicional do ICMS" disfarçado de taxa**.

Importante mencionar que, **recentemente**, o Plenário do SUPREMO TRIBUNAL FEDERAL, em **votação unânime**, reconheceu a inconstitucionalidade de TAXA MUNICIPAL DE FISCALIZAÇÃO DO FUNCIONAMENTO DE POSTES DE TRANSMISSÃO DE ENERGIA, cobrada por Municípios sem a competência tributária para tanto.

Confira-se a ementa:

> *ARGUIÇÃO DE DESCUMPRIMENTO DE PRECEITO FUNDAMENTAL. TAXA MUNICIPAL DE FISCALIZAÇÃO DO FUNCIONAMENTO DE POSTES DE TRANSMISSÃO DE ENERGIA. IMPOSSIBILIDADE. VIOLAÇÃO DE COMPETÊNCIA. Necessidade de observância das competências da União, como aquelas para legislar privativamente sobre energia, bem como fiscalizar os serviços de energia e editar suas normas gerais.*
> *1. A União, no exercício de suas competências (art. 21, XI e art. 22, IV CRFB), editou a Lei Federal n. 9.427/96, que, de forma nítida, proíbe à unidade federativa conveniada exigir de concessionária ou permissionária sob sua ação complementar de regulação, controle e fiscalização obrigação não exigida ou que resulte em encargo distinto do exigido de empresas congêneres, sem prévia autorização da ANEEL. Dessa forma, a presunção de que gozam os entes menores para, nos assuntos de interesse comum e concorrente, legislarem sobre seus respectivos interesses (presumption against preemption) foi nitidamente afastada por norma federal expressa (clear statement rule).*
> *2. Não cabe confundir as competências da União para legislar sobre transmissão de energia, editar normas gerais sobre transmissão de energia e fiscalizar tais serviços com as competências dos municípios para editar leis sobre outros assuntos de interesse local.*
> *3. Declaração de inconstitucionalidade do artigo 5º, VI, da Lei Complementar Municipal n. 21/2002, do Município de Santo Amaro da Imperatriz/SC.*
> *4. Modulação dos efeitos para que a decisão produza efeitos a partir da data da publicação da ata de julgamento do mérito. Ficam ressalvadas as ações ajuizadas até a mesma data.*
> *5. Arguição de descumprimento de preceito fundamental procedente. (STF, ADPF 512-DF, Tribunal Pleno, v.u, j. 22.05.2023, DJ 28.06.2023)*

O *ratio decidendi* do precedente acima serve exatamente para o caso presente, no qual o Estado do Maranhão extrapola sua esfera de competência para exigir taxa de fiscalização do transporte de grãos. Compete à União legislar sobre trânsito e transporte e estabelecer a política nacional de transportes, assim como prestar os serviços de transporte ferroviário, rodoviário interestadual e internacional e aquaviário.

Portanto, a taxa de fiscalização do transporte de grãos exigida pelo Estado do Maranhão é manifestamente inconstitucional por usurpar a competência tributária da União.

Como é unânime a doutrina desde Geraldo Ataliba[10], as espécies tributárias caracterizam-se pelo fato gerador e pela base de cálculo. Aqui, temos uma taxa que tem base de cálculo própria de imposto (ICMS), cobrada pelo exercício de "poder de polícia" que não pertence ao Estado do Maranhão.

5. CONCLUSÕES

São inconstitucionais as contribuições ao FUNDEINFRA e FET, cobradas respectivamente pelos Estados de Goiás e Tocantins, bem como a Taxa de Fiscalização de Transporte de Grãos – TFTG do Estado do Maranhão:

- as contribuições ao FUNDEINFRA e FET foram instituídas em desacordo com as competências tributárias outorgadas pela Constituição Federal, em desacordo com a Lei Complementar 87/96 e sem uma lei complementar que as discipline, nos termos do que exige o art. 146, I da Constituição Federal;
- a TFTG exigida pelo Estado do Maranhão é cobrada sobre o mesmo fato gerador e base de cálculo do ICMS, em desacordo com o art. 145, §2º da Constituição Federal; sua base de cálculo é desproporcional ao custo da atividade do Estado do Maranhão e os Estados não têm competência para fiscalizar o transporte de grãos, o que compete à União (por meio das agências RNTR-C e ANTT), nos termos do art. 21, XII e 22, IX da Constituição Federal e das Leis Federais 11.442/2007 e 10.233/2001.

---

10 Para Geraldo Ataliba a *base de cálculo* é a "*perspectiva dimensível do aspecto material da hipótese de incidência que a lei qualifica, com a finalidade de fixar critério para a determinação, em cada obrigação tributária concreta, do 'quantum debeatur'*". (*Hipótese de Incidência Tributária*, S. Paulo, Malheiros Editores, 5ª ed., 3ª tiragem, 1992, p. 97). Para Misabel Derzi: "Quando um tributo está posto em lei, tecnicamente correta, a base de cálculo determina o retorno ao fato descrito na hipótese de incidência. Portanto, o fato medido na base de cálculo deverá se o mesmo posto na hipótese". Notas de atualização ao livro Direito Tributário Brasileiro, de Aliomar Baleeiro (Forense, Rio de Janeiro, 11ª ed., 2002, p. 65).

AS OPERAÇÕES DE TRANSFERÊNCIA DE PRODUTOS AGROPECUÁRIOS À LUZ DA ADC 49/RN, A "QUEBRA" DO DIFERIMENTO E OS EFEITOS DO ARTIGO 20, §6º, I, DA LEI COMPLEMENTAR Nº 87/1996 ("LEI KANDIR")

André Fernando Vasconcelos de Castro[1]

---

1 Mestrando em Direito Tributário pela PUC/SP. MBA (FIPECAFI/FEA/USP) em Gestão Tributária; pós-graduado em Direito Tributário pela PUC/SP; especialista em Tributação do Agronegócio pela FGV-Law; Juiz do Tribunal de Impostos de Taxas ("TIT") da Secretaria da Fazenda do Estado de São Paulo; advogado tributário.

1. INTRODUÇÃO - A CELEUMA CRIADA PELA DA ADC 49/RN

Em 19 de abril de 2021, o Supremo Tribunal Federal (STF) julgou a Ação Declaratória de Constitucionalidade (doravante "ADC 49/RN"), ajuizada pelo Estado do Rio Grande do Norte, tendo adotado entendimento, à unanimidade, nada diferente daquilo que há muito vinha sendo aplicado pelos Tribunais pátrios, inclusive pela própria Suprema Corte em julgamento tido sob o regime de repercussão geral[2]. Em síntese, decidiu-se por ocasião do julgamento do referido *leading case* não haver incidência de ICMS sobre operação de transferência de bens entre estabelecimentos do mesmo titular (filiais).

Tendo sido aplicado entendimento há muito já pacificado perante o Poder Judiciário, é natural surgir o seguinte questionamento: o que houve de novo para tal resultado gerar tamanho impacto nas relações jurídicas relacionadas ao tema? Basicamente, tal efeito se deve ao fato de se tratar de pronunciamento realizado em sede de controle concentrado de constitucionalidade.

Tal via se difere daquela pela qual dado jurisdicionado busca pronunciamento do Poder Judiciário unicamente acerca de um caso concreto. Segundo lições de Luis Roberto Barroso[3], o controle concentrado de constitucionalidade, *verbis*:

> é exercido fora de um caso concreto, independente de uma disputa entre partes, tendo por objeto a discussão acerca da validade da lei em si. Não se cuida de mecanismo de tutela de direitos subjetivos, mas de preservação da harmonia do sistema jurídico, do qual deverá ser eliminada qualquer norma incompatível com a Constituição.

O pronunciamento jurisdicional emitido no âmbito do controle concentrado de constitucionalidade, que reconheça a inconstitucionalidade da norma questionada, tem o condão, portanto, de retirar referida norma do sistema jurídico, com efeito *ex tunc*.

Trazendo tais premissas ao caso em análise, todas as operações praticadas no território nacional entre estabelecimentos do mesmo titular deixaram de ser oneradas pelo ICMS, inclusive com efeitos retroativos.

---

2 ARE 1.255.885: *"Não incide ICMS no deslocamento de bens de um estabelecimento para outro do mesmo contribuinte localizados em estados distintos, visto não haver a transferência da titularidade ou a realização de ato de mercancia."*

3 BARROSO, Luís Roberto. O controle de constitucionalidade no direito brasileiro. E-book, 4. ed. São Paulo: Saraiva, 2009, p. 18.

A priori, poder-se-ia interpretar que, ao desonerar tributariamente determinada operação empresarial, todos os contribuintes a ela relacionados conceberiam tal fato como algo que lhes é benéfico. No entanto, tamanho é o grau de complexidade que se extrai do sistema tributário vigente, que sequer é possível tomar tal afirmação como verdadeira.

Foram inúmeras as inquietações geradas pelo resultado do julgamento da referida ADC 49/RN. Primeiro, ao não serem tributadas tais operações, restaram dúvidas se o crédito do imposto destacados nas notas fiscais das operações de transferência já realizadas, então registrados pelo estabelecimento localizado no estado de destino, passariam a ser tidos por inválidos, sujeitos à glosa pelas autoridades fiscais.

Os estados e Distrito Federal, na mesma medida, passaram a temer pela formação de um incalculável indébito tributário, relativo ao ICMS que vinha sendo regularmente recolhido nas operações de transferência (inclusive pelos diferentes métodos de recolhimento do imposto, tais como ICMS-ST, DIFAL, dentre outros).

Somado ao contexto acima, desdobraram-se inúmeros outros "efeitos colaterais" do julgamento do referido *leading case*.

Citam-se, nesse sentido, dúvidas (i) sobre o tratamento a ser dado ao crédito fiscal em decorrência dessa saída sob "não incidência", frente às disposições constitucionais[4], (ii) quanto o tratamento a ser dado às operações de transferência sujeitas a benefícios fiscais (oriundos da chamada "Guerra Fiscal" e já convalidados no âmbito da Lei Complementar nº 160/2017 e Convênio CONFAZ nº 190/2017) cuja fruição pressupunha operação tributada; (iii) a respeito da base de cálculo a ser adotada, notadamente à declaração de inconstitucionalidade do art. 13, §4º[5], da Lei Complementar nº 87/96 (Lei Kandir, doravante "LC

---

4 *"Art. 155. Compete aos Estados e ao Distrito Federal instituir impostos sobre: (...) II - operações relativas à circulação de mercadorias e sobre prestações de serviços de transporte interestadual e intermunicipal e de comunicação, ainda que as operações e as prestações se iniciem no exterior; (...)§ 2º O imposto previsto no inciso II atenderá ao seguinte: (Redação dada pela Emenda Constitucional nº 3, de 1993) II - a isenção ou não-incidência, salvo determinação em contrário da legislação: I - a isenção ou não-incidência, salvo determinação em contrário da legislação: a) não implicará crédito para compensação com o montante devido nas operações ou prestações seguintes; b) acarretará a anulação do crédito relativo às operações anteriores;"*

5 *"Art. 13. A base de cálculo do imposto é: (...) § 4º Na saída de mercadoria para estabelecimento localizado em outro Estado, pertencente ao mesmo titular, a base de cálculo do imposto é: I - o valor correspondente à entrada mais recente da mercadoria; II - o custo*

87/96") e (*iv*) a possibilidade de haver a "quebra" do diferimento do pagamento do imposto devido nas operações anteriores.

Algumas dessas dúvidas vieram a ser sanadas por ocasião do julgamento dos Embargos de Declaração opostos naqueles autos, que, acolhidos por maioria, implicou (*i*) modulação os efeitos da decisão, a fim de atribuir eficácia pró-futuro a partir do exercício de 2024, ressalvados processos administrativos e judiciais então existentes, (*ii*) reconhecimento do direito à manutenção do crédito fiscal gerado em decorrência das operações anteriores, garantindo-se o direito de transferência de tais créditos entre estabelecimentos do mesmo titular, (*iii*) por fim, reconhecimento de que a declaração de inconstitucionalidade do art. 11, §3º, II, da "LC 87/96" se deu parcialmente, sem redução de texto, tão somente para excluir *"do seu âmbito de incidência apenas a hipótese de cobrança do ICMS sobre as transferências de mercadorias entre estabelecimentos de mesmo titular"*, mantidos todos os efeitos a ela inerentes quanto ao Princípio da Autonomia dos Estabelecimentos.

Por ocasião do referido julgamento complementar, definiu-se, ainda, no tocante à problemática da manutenção/transferência crédito fiscal, caber aos Estados a tarefa de disciplinar a transferência de créditos de ICMS entre estabelecimentos de mesmo titular, até o final de 2023.

Mesmo diante do conteúdo integrativo trazido pelo julgamento dos Declaratórios, fato que, ainda assim, remanescem dúvidas acerca do tratamento tributário a ser dado nas operações de transferências entre estabelecimentos do mesmo titular, sobretudo no tocante à forma de transferência do crédito fiscal ao estabelecimento de destino, para efeito da apuração não-cumulativa.

O Congresso Nacional já iniciou os trabalhos legislativos para solucionar grande parte desses impasses (PLS 332/2018[6]). Registra-se que uma das propostas legislativas é a possibilidade de se atribuir ao contribuinte a faculdade de tributar (ou não) a operação de transferência, o que, tecnicamente, esbarra no próprio conceito de tributo, tomado por uma *"prestação pecuniária compulsória"* (art. 3º). Nas lições de

---

da mercadoria produzida, assim entendida a soma do custo da matéria-prima, material secundário, mão-de-obra e acondicionamento; III - tratando-se de mercadorias não industrializadas, o seu preço corrente no mercado atacadista do estabelecimento remetente."

6 Já aprovado no Senado Federal, aguardando tramitação na Câmara dos Deputados.

Leandro Paulsen[7], "*a obrigação de pagar tributo não decorre, pois, da vontade do contribuinte, que, aliás, será irrelevante nesta matéria, do que é prova o art. 123 do CTN*"[8].

Não obstante, enquanto não veiculadas essas aguardadas medidas legislativas, resta a celeuma acerca de inúmeros pontos relacionados ao tema, dentre eles, aquele que se visa abordar no presente estudo: frente ao potencial da saída em transferência, tida por não tributada, ensejar a exigibilidade do chamado ICMS diferido, avaliar o tratamento jurídico em relação ao crédito relativo aos valores recolhidos sob tal condição.

2. A TÉCNICA DE DIFERIMENTO DO PAGAMENTO DO IMPOSTO, FRUTO DA SUBSTITUIÇÃO TRIBUTÁRIA "PARA TRÁS", E SUA CONVENIÊNCIA NAS OPERAÇÕES COM PRODUTOS AGROPECUÁRIOS

A figura do diferimento que nos interessa analisar é fruto da substituição tributária, na sua vertente de "operações antecedentes", de que cogita o artigo 155, §2º, XII, b, da Constituição Federal[9], regulado pelo artigo 6º, §1º, da mencionada "LC 87/96"[10].

Também conhecido como substituição tributária "para trás", segundo Roque Antonio Carrazza[11], significa que "*o tributo será recolhido,*

---

7 PAULSEN, Leandro. Direito Tributário: Constituição e Código Tributário à luz da doutrina e da jurisprudência / 13 ed. – Porto Alegre: Livraria do Advogado Editora; Esmafe, 2011, p. 651.

8 "*Art. 123. Salvo disposições de lei em contrário, as convenções particulares, relativas à responsabilidade pelo pagamento de tributos, não podem ser opostas à Fazenda Pública, para modificar a definição legal do sujeito passivo das obrigações tributárias correspondentes.*"

9 "*Art. 155. Compete aos Estados e ao Distrito Federal instituir impostos sobre: (...) § 2º O imposto previsto no inciso II atenderá ao seguinte: (...) XII - cabe à lei complementar: b) dispor sobre substituição tributária;*"

10 "*Art. 6 Lei estadual poderá atribuir a contribuinte do imposto ou a depositário a qualquer título a responsabilidade pelo seu pagamento, hipótese em que assumirá a condição de substituto tributário. § 1º A responsabilidade poderá ser atribuída em relação ao imposto incidente sobre uma ou mais operações ou prestações,* **sejam antecedentes,** *concomitantes ou subseqüentes, inclusive ao valor decorrente da diferença entre alíquotas interna e interestadual nas operações e prestações que destinem bens e serviços a consumidor final localizado em outro Estado, que seja contribuinte do imposto*". (grifos)

11 CARRAZZA, Roque Antonio. *ICMS*. 14 ed. São Paulo: Malheiros, 2009, p. 328.

pelo substituto, na próxima operação jurídica (em nome do substituído)", sendo que *"a carga econômica do tributo não será suportada pelo realizador da operação jurídica (o substituído), mas por quem levar a cabo a seguinte (o substituto)"*.

Note-se, portanto, que, relativamente à técnica do diferimento, nada há de novo no campo de incidência do imposto, visto que, por ocasião da saída da mercadoria tem-se aperfeiçoada, categoricamente, a relação jurídico-tributária de que trata o ICMS. A mudança se dá, tão somente, quanto ao momento de recolhimento do *quantum* devido a título de ICMS.

Justamente em razão dessa particularidade, trata-se de técnica muito utilizada por estados e Distrito Federal para otimizar o exercício fiscalizatório, concentrando atenção nas etapas da cadeia produtiva/econômica em que figuram grandes comerciantes ou industriais (agroindústrias). Com isso, evita-se dispor de quadro maior de agentes fiscais junto a pequenos produtores ou comerciantes, concentrando esforços nas operações subsequentes, que tendem a se estreitar direcionadas às figuras de grandes comerciantes e industriais (agroindústrias).

Essa, aliás, é lição de Ricardo Lobo Torres[12], ao qual a substituição "para trás" incorre *"quando o substituto, que é um contribuinte de direito (comerciante ou industrial), adquire mercadoria de outro contribuinte, em geral produtor de pequeno porte ou comerciante individual, responsabilizando-se pelo pagamento do tributo devido pelo substituído e pelo cumprimento das obrigações tributárias"* (grifos).

A adoção da técnica de diferimento, além de interessar à Administração, porquanto otimiza a atividade de fiscalização, também tende a favorecer os pequenos produtores e comerciantes, na medida em que lhes desonera das obrigações inerentes à apuração e recolhimento do imposto.

Tais premissas são comumente colocadas em prática nas operações com produtos rurais. Visando centralizar a fiscalização junto a industriais (agroindustriais) e grandes comerciantes, é comum notar nos regulamentos estaduais a previsão de diferimento do pagamento do imposto nas operações oriundas de produtores. A título de exemplo, temos as disposições dos Regulamentos do ICMS do estado de São Paulo (Decreto 45.490/00):

> *Artigo 260 - Salvo disposição em contrário, na saída promovida por produtor situado em território paulista com destino a comerciante, industrial,*

---

12 TORRES, Ricardo Lobo. *Curso de direito financeiro e tributário*. 7. ed. Rio de Janeiro e São Paulo: Renovar, 2000, p. 214.

cooperativa ou qualquer outro contribuinte, exceto produtor, o imposto será arrecadado e pago pelo destinatário deste Estado, quando devidamente indicado na documentação correspondente, no período em que a mercadoria entrar no estabelecimento, observado o disposto no artigo 116 (Lei 6.374/89, art. 8º, I, e § 10º, 2, com alteração da Lei 9.176/95, art. 1º, I).

Há outro exemplo no regulamento paulista – comum também em outros Regulamentos de ICMS – que revela ainda mais os intentos da técnica de diferimento. Confira-se:

Artigo 333 - O lançamento do imposto incidente nas sucessivas saídas de café cru, em coco ou em grão, fica diferido para o momento em que ocorrer (Lei 6.374/89, arts. 8º, I, XVII, e § 10, na redação da Lei 9.176/95, art. 1º, I, e 59; e Convênio ICMS-15/90, cláusula quinta):
I - sua saída para outro Estado;
II - sua saída para o exterior;
III - sua saída para órgão ou entidade do Governo Federal;
IV - a saída dos produtos resultantes de sua industrialização, inclusive da torração.

Note-se, pelas disposições acima, que o regramento admiti a ampla circulação da mercadoria sem a exigência do recolhimento do imposto, até que se vislumbre hipótese específica, na qual se torna inviável postergar o diferimento, sob pena de não se obter nova oportunidade para o recolhimento do ICMS (diferido). Nesse modelo, cabe ao legislador captar todas as variáveis possíveis que tendem a inviabilizar a manutenção do diferimento, de modo que em todas as outras operações se possa manter a técnica de diferimento do recolhimento do imposto.

Observada qualquer dessas hipóteses, que geram a obrigação de recolhimento do imposto, tem-se o chamado momento de "quebra" do diferimento. Ou seja, tomam-se as sucessivas saídas diferidas como uma cadeia em que cada elo representa uma "operação diferida", cuja ligação derradeira se rompe por encontrar o tipo normativo que interrompe o diferimento do recolhimento do imposto, pela impossibilidade de se dar, a partir dali, em momento posterior.

Ilustrando a recorrência de tal técnica perante diferentes estados da Federação, note-se, a seguir, as disposições regulamentares veiculadas pelo estado do Mato Groso relativamente a alguns produtos agropecuários (Anexo VII – Decreto 2.212/2014):

Art. 6º O lançamento do imposto incidente nas saídas de feijão em vagem ou batido, de milho em palha, em espiga ou em grão e de semente de girassol, de produção mato-grossense, poderá ser diferido para o momento em que ocorrer:
I – sua saída para outra unidade da Federação ou para o exterior;
II – sua saída para outro estabelecimento comercial ou industrial;

III – sua saída com destino a estabelecimento varejista;
IV – a saída de produto resultante do seu beneficiamento ou industrialização. (…)
Art. 13 O lançamento do imposto incidente nas sucessivas saídas de gado em pé, de qualquer espécie, e de aves vivas poderá ser diferido para o momento em que ocorrer:
I – sua saída para outro Estado ou para o exterior;
II – sua saída com destino a consumidor ou usuário final;
III – a saída de produto resultante do respectivo abate ou industrialização."

Percebe-se o quão usual é a técnica de diferimento como forma de viabilizar a circulação sucessiva da mercadoria no estado sem o pagamento do imposto, até que se encontre hipótese de encerramento ("quebra") dessa cadeia, principalmente no momento da saída da mercadoria para outro estado. Natural, na medida em que, enquanto a mercadoria circula no território de produção da mercadoria, o estado ainda guarda a expectativa de que em dado momento haverá o recolhimento do imposto até então diferido.

Em função de tais particularidades, tal técnica tende a ser amplamente utilizada pelas unidades federadas em operações praticadas com produtos agropecuários, medida que, além de concentrar os atos de fiscalização, tende a reduzir nessa etapa da cadeia produtiva/comercial o ônus tributário de apuração e recolhimento do ICMS.

3. O TRATAMENTO TRIBUTÁRIO NAS OPERAÇÕES DE TRANSFERÊNCIA ENTRE ESTABEECIMENTOS FILIAIS PÓS ADC 49/RN E A FIGURA DA "QUEBRA DO DIFERIMENTO"

Como ponderado acima, o diferimento representa técnica amplamente aplicada pelos estados da Federação, sobretudo em operações praticadas por produtores agropecuários.

Fato que os impactos jurídicos gerados pela "quebra" do diferimento – a tornar obrigatório o pagamento do ICMS da operação antecedente – nunca foram tomados como matéria de grande relevo.

Isto pelo fato de que, como regra, as operações subsequentes àquelas diferidas, enquanto tributadas, cumprem automaticamente seu papel de absorver o ônus tributário de ICMS então diferido.

Para ilustrar, tomemos o exemplo de determinada mercadoria (insumo agropecuário) adquirida de produtor por industrial, pelo valor de R$ 100. A operação conta com o diferimento do pagamento do imposto (no exemplo, consideremos a alíquota de 12% = R$ 12 de ICMS diferido). Não havendo o recolhimento de ICMS na ocasião desta saída operada pelo produtor rural, consequentemente, nenhum valor de ICMS será destacado na nota fiscal de venda, de modo que o industrial não terá direito a crédito por ocasião da entrada em seu estabelecimento.

Momento seguinte, cumprido seu processo produtivo com a utilização do insumo adquirido do produtor, o industrial promove a saída da mercadoria por ele produzida, pelo valor, digamos, de R$ 200, ora tributada. Tomando no exemplo a mesma alíquota de 12%, temos a obrigação de recolhimento de R$ 24 a título de ICMS (repita-se: sem crédito para efeito de compensação).

Note-se, portanto, que a técnica de diferimento inutiliza a cobrança do ICMS sob a tradicional apuração "débito x crédito", restando, no caso, ao industrial, a obrigação de promover a saída da mercadoria mediante pagamento da totalidade do ICMS devido na cadeia (R$ 24), sem crédito do imposto, em cujo valor se incorpora aquele então diferido (R$ 12), relativo à saída promovida pelo produtor.

Percebe-se que, havendo tributação na operação de saída subsequente àquela que contou com o diferimento do pagamento do imposto, são imperceptíveis os efeitos jurídicos da "quebra" do diferimento, na medida em que o pagamento do ICMS pelo substituto (responsável pela saída subsequente) engloba os valores devidos anteriormente.

Em regra, era esse o cenário usualmente praticado por comerciantes ou industriais (agroindustriais), na medida em que, ao adquirirem produtos agropecuários, estavam sujeitos à tributação na saída subsequente, ainda que promovida para fins de mera transferência da mercadoria.

Tal paradigma foi substancialmente alterado frente ao julgamento da ADC 49/RN, porquanto as operações subsequentes (às sujeitas ao diferimento) que venham a ser realizadas[13] por comerciantes ou industriais (agroindustriais) a título de transferência para estabelecimento filial passarão a ser consideradas não tributadas.

Nesse caso, diferentemente do que vinha sendo regularmente praticado, ao não ser tributada a saída subsequente, tem-se a potencial exigibilidade do pagamento do ICMS então diferido (relativo à saída anterior, promovida pelo produtor).

---

13 A partir de 2024, ao considerarmos o período de modulação definido pelo Supremo Tribunal Federal, no julgamento dos Declaratórios nos autos da ADC 49/RN.

Avaliar subsistência (ou não) da cobrança do ICMS diferido em tal circunstância (leia-se: nas saídas de mercadorias em transferência, porquanto não tributadas) demanda incursão deveras aprofundada, que não se busca desenvolver neste estudo.

Apenas um breve aparte, para registrar que aqueles que defendem a inexigibilidade do ICMS diferido por ocasião da operação de transferência de mercadoria o fazem, em síntese, por entender que tal operação seria um "nada jurídico"[14], que não poderia despertar obrigações no campo tributário.

Há, por outro lado, aqueles que defendem a exigibilidade do ICMS diferido em tal ocasião, na medida em que incorre independente da natureza do ato praticado pelo substituto, sendo fruto apenas do deslocamento, a ele, da obrigação de pagamento. Tal situação se torna mais sensível nas operações interestaduais, uma vez que, em tal situação, se inexigível o ICMS diferido, nada restará recolhido ao estado de origem da mercadoria.

Note-se que a discussão se desdobra para o campo do Direito Financeiro, na medida em que, até então, antes do julgamento da ADC 49/RN, estabelecia-se, nas lições de Osvaldo Santos de Carvalho e José Mauro de Oliveira Junior, que a *"'ficção' da autonomia dos estabelecimentos promovia um certo 'concerto' entre as partes envolvidas, de forma que se garantia a divisão do produto da arrecadação em que parte do imposto era recolhido em favor da UF de origem e parte para a UF de destino."[15]* Nesse passo, abolida tal "ficção", de fato, especificamente no campo do Direito Financeiro, impede-se que o chamado "estado de origem" possa assistir à parcela do ICMS a que faz jus.

O presente estudo, como dito, não busca enfrentar tal controvérsia, tomando por premissa a potencial exigibilidade do ICMS diferido por ocasião da subsequente saída em transferência, para oferecer, nesse

---

14 *"(...) a movimentação interestadual em discussão, por ser meramente física, seria equivalente a trocar a mercadoria de prateleira, o que configura, indiscutivelmente, hipótese estranha ao ICMS"* (trecho do voto do Min. Edson Fachin, do Supremo Tribunal Federal, acompanhado pela maioria por ocasião do julgamento dos Declaratórios opostos nos autos da ADC 49/RN).

15 CARVALHO, Osvaldo Santos de. e Oliveira Junior, José Mauro de. *AS CONSEQUÊNCIAS DA ADC 49 PARA O ICMS: A (IN)DECISÃO DO "ASNO DE BURIDAN*. XVII Congresso Nacional de Estudos Tributários: melo século de tradição/coordenação Paulo de Barros Carvalho; organização Priscila de Souza. 1. ed. São Paulo: Noeses: IBET, 2021.

caso, instrumentos jurídicos capazes de solucionar problemas em relação ao crédito fiscal.

4. A "QUEBRA DO DIFERIMENTO" E O TRATAMENTO DO CRÉDITO FISCAL, EM REGRA, PRATICADO PELOS ENTES FEDERATIVOS

Tomando por premissa que a saída em transferência de mercadoria (posterior à entrada da mercadoria com ICMS diferido), enquanto não tributada, desperta a exigibilidade do ICMS então diferido, cria-se no substituto a expectativa de que o pagamento por ele realizado lhe investirá do direito ao crédito fiscal correspondente.

No entanto, esse não é o que se nota, via de regra, nas legislações estaduais que tratam do crédito fiscal no caso de pagamento de ICMS diferido.

A título ilustrativo, citam-se as disposições veiculadas sobre o tema pelo estado do Mato Grosso do Sul, em seu Regulamento do ICMS (Decreto nº 9.203/98):

> *ANEXO II*
> *DO DIFERIMENTO DO LANÇAMENTO E DO PAGAMENTO DO IMPOSTO*
> *"Art. 1º - Entende-se por diferimento a transferência do lançamento e do pagamento do imposto para etapa posterior ou final de circulação de mercadoria ou de prestação de serviço.*
> *§ 1º - Independentemente de outras hipóteses previstas na legislação, são situações que sempre encerram o diferimento:*
> *I - a saída de mercadoria para:*
> *a) outra unidade da Federação ou para o exterior;*
> *§ 3º - O ICMS diferido não enseja crédito para o estabelecimento no qual se encerra o diferimento.* (grifos)

Nessa mesma linha, as disposições veiculadas pelo estado do Mato Grosso em seu Regulamento do ICMS (Decreto nº 2.212/2014):

> *Art. 581 Não sendo tributada ou estando isenta a saída subsequente efetuada pelo estabelecimento destinatário, caberá a este efetuar o pagamento do imposto diferido sem direito a crédito."* (grifos)

Na mesma linha, a legislação mineira (RICMS/MG – Decreto nº 48.589/23):

> *Art. 136 – Ressalvado o disposto no artigo seguinte, o adquirente ou o destinatário da mercadoria ou do serviço não se debitarão em separado pelo imposto diferido na operação ou prestação anteriores, sendo-lhes vedado abater o respectivo valor como crédito.*

Como se vê, é comum verificar nas legislações pertinentes ao ICMS previsão no sentido de que o pagamento do ICMS diferido não comporta direito a crédito.

É certo que, ao vedarem direito ao crédito fiscal correspondente ao pagamento do ICMS diferido, tais legislações soam em desarmonia com o quanto previsto nas Constituição Federal, notadamente ao regime não cumulativo a que se sujeita o imposto.

Com efeito, as disposições constitucionais sobre o tema estabelecem que o regime de apuração e recolhimento do ICMS *"será não-cumulativo, compensando-se o que for devido em cada operação relativa à circulação de mercadorias ou prestação de serviços* **com o montante** <u>cobrado</u> **nas anteriores pelo mesmo ou outro Estado ou pelo Distrito Federal"** (art. 155, §2º, I) (grifos).

Nas lições de Ives Gandra da Silva Martins[16], *"a expressão 'montante cobrado' é de ser entendida como 'montante devido', tendo sido esta a conformação pretoriada sobre a matéria".*

Tomando tais lições como premissa, é certo que o ICMS diferido há de ser compreendido como ICMS "cobrado" no âmbito da "não cumulatividade", na medida em que representa ICMS devido. De fato, operada a saída da mercadoria sob tais condições, o ICMS não deixa de ser "devido"; não se está a tratar de benefício fiscal[17] ou qualquer espécie de desoneração tributária, havendo tão somente uma postergação do momento de adimplemento.

Ou seja, no momento da saída da mercadoria sob a técnica de diferimento do ICMS, dali, já se instaura a relação jurídico-tributária, cujo valor a ser recolhido ao ente federativo é apenas postergado, de modo

---

16 MARTINS, Ives Gandra da Silva. *As técnicas de Arrecadação Admitidas no ICMS.* Revista Dialética de Direito Tributário 95/96, São Paulo: Dialética, 2003. 95/96, ago/03.

17 *"(...)TRIBUTÁRIO. ICMS. CONCESSÃO DE* **DIFERIMENTO PELO ENTE TRIBUTANTE. INSTITUTO QUE NÃO SE CONFUNDE COM BENEFÍCIO FISCAL.** *(...) I - O Tribunal de origem, com fundamento na legislação infraconstitucional aplicável (Decreto estadual nº 6.080/2012), concluiu que a concessão de diferimento não defere benefício fiscal.* **II – De acordo com a jurisprudência desta Corte, diferimento não pode ser considerado benefício fiscal,** *podendo ser disciplinado diretamente por legislação do ente tributante (ADI 2.056/MS, Rel. Min. Gilmar Mendes). (...) V – Agravo regimental a que se nega provimento, (...).* (STF - ARE 1204716 AgR, Relator(a): RICARDO LEWANDOWSKI, Segunda Turma, 28-02-2020)

que, quando vem a ocorrer, não pode ser tomado como estranho ao regime não-cumulativo.

De todo modo, para efeito do presente estudo, que se pauta normativos estaduais vigentes, as operações de transferências entre estabelecimentos do mesmo titular, ao serem promovidas sem a incidência do imposto (em atenção ao resultado da ADC 49/RN), tornam-se potencialmente sujeitas à exigência do ICMS diferido e, para piorar, sem o direito ao crédito fiscal correspondente.

No entanto, ao tratarmos especificamente de operações com produtos agropecuários, o próprio sistema jurídico inerente ao ICMS oferece solução a tal vedação ao crédito.

5. O MICRO-SISTEMA GERADO PELO ARTIGO 20, §6º, I, DA LC 87/96 E O DIREITO AO CRÉDITO SOBRE PRODUTOS AGROPECUÁRIOS

O artigo 20, §6º, inciso I, da LC 87/96 trata da possibilidade de crédito nas operações praticadas com produtos agropecuários, nas seguintes condições, *verbis*:

> *Art. 20. (...)*
> *§ 6º Operações tributadas, posteriores a saídas de que trata o § 3º, dão ao estabelecimento que as praticar direito a creditar-se do imposto cobrado nas operações anteriores às isentas ou não tributadas sempre que a saída isenta ou não tributada seja relativa a:*
> *I - produtos agropecuários;*

Basicamente, referido dispositivo legal garante crédito de ICMS ao destinatário de produtos agropecuários que, ao (i) recebê-los via operações isentas ou não tributadas, (ii) promover a subsequente saída tributada da mercadoria por ele comercializada/produzida.

Julga-se que o legislador federal, a partir desse dispositivo legal, buscou garantir que eventuais créditos de ICMS que não tenham seguido a cadeia econômica do produto agropecuário – em decorrência operações intermediárias isentas ou não tributadas – possam ser "restabelecidos" em momento derradeiro, quando haverá saída tributada da mercadoria originada de tais produtos agropecuários.

Com isso, evita-se a ocorrência de resíduos tributários de ICMS na operação, que tendem a gerar cumulatividade velada do imposto.

Não se desconhece o fato de que os resíduos tributários de ICMS são comuns nas cadeias econômicas sujeitas à tributação do imposto, mas o microssistema criado pelo referido art. 20, § 6º, inciso I, da LC 87/96 vem a prestigiar um designo constitucional previsto no art. 187, I[18].

A propósito, apenas a título de registro, esse também foi o objetivo da Lei nº 10.925/04 (art. 8º), que, nas circunstâncias prescritas, autorizou crédito ficto de PIS/COFINS em operações relacionadas a certos produtos agropecuários, visando suplantar resíduos das contribuições existentes na cadeia produtiva.

E em que referido art. 20, § 6º, inciso I, da LC 87/96 pode contribuir com a problemática da vedação ao crédito de ICMS diferido nas operações (não tributadas) de transferências de mercadorias? Para concebermos o efeito pretendido, vejamos o quadro ilustrativo abaixo:

Tomemos o exemplo acima, com as seguintes etapas do processo produtivo:

- **Operação "1"**: entrada de insumos no estabelecimento do produtor rural (com os encargos de ICMS correspondentes);
- **Operação "2"**: saída do produtor rural/ entrada no industrial/ comerciante de produtos agropecuários, sob a técnica do diferimento do pagamento do ICMS (sem destaque do imposto);
- **Operação "3"**: saída do industrial/comerciante em transferência a estabelecimento filial (operação a ser considerada não tributada em decorrência da ADC 49/RN). Operação potencialmente sujeita ao pagamento do ICMS diferido, devido em razão da **Operação "2"**, cujos valores recolhidos, via de regra, pelas legislações estaduais, não geram crédito fiscal.

Trazendo os efeitos do art. 20, §6º, inciso I, da LC 87/96 ao exemplo acima, tem-se que, por ocasião da **Operação "3"**, a despeito de haver exigência do ICMS diferido não autorizar direito a crédito, tal direito

---

[18] *"Art. 187. A política agrícola será planejada e executada na forma da lei, com a participação efetiva do setor de produção, envolvendo produtores e trabalhadores rurais, bem como dos setores de comercialização, de armazenamento e de transportes, levando em conta, especialmente: I - os instrumentos creditícios e fiscais".*

passa a advir desse dispositivo federal, que garante ao estabelecimento destinatário da transferência (operação tida por não tributada) de produtos agropecuários crédito correspondente ao *"imposto cobrado nas operações anteriores"*. Certamente, o imposto cobrado a título de ICMS diferido se enquadra em tal hipótese.

O tema chegou a ser debatido pelo Superior Tribunal de Justiça, em cujos julgamentos restou assentado o seguinte entendimento:

> *PROCESSUAL CIVIL E TRIBUTÁRIO. AGRAVO INTERNO EM RECURSO ESPECIAL. APROVEITAMENTO DE CRÉDITO DE ICMS. AQUISIÇÃO DE PRODUTOS AGROPECUÁRIOS. SAÍDA ISENTA. IMPOSSIBILIDADE. INCIDÊNCIA DO ART. 20, § 3º, DA LC 87/1996. HIPÓTESE QUE NÃO SE CONFUNDE COM A EXCEÇÃO PREVISTA NO § 6º DO ART. 20, § 3º, DA LC 87/1996. SÚMULAS 280 E 283 DO STF E 7 DO STJ. INAPLICABILIDADE. AGRAVO INTERNO NÃO PROVIDO. (…)*
> *6. É certo que a própria Lei Complementar, no § 6º desse mesmo art. 20, estabeleceu exceção à referida vedação para as operações que envolvem produtos agropecuários e outras mercadorias especificadas na lei estadual.*
> *7. Todavia, essa regra não é destinada àquele que realiza a venda de produtos agropecuários contemplada pela isenção, caso da recorrente, <u>mas ao contribuinte da etapa posterior, que adquire a mercadoria isenta do imposto e que tem a sua operação de saída normalmente tributada, de sorte que somente esse poderá aproveitar os créditos de ICMS referentes às operações anteriores à desonerada</u>, de acordo com a sistemática da não cumulatividade. Dessa forma, aplica-se ao caso em questão o art. 20, § 3º, I e II, da LC 87/1996, e não o seu art. 20, § 6º. Precedentes.*
> *8. Agravo Interno não provido.*
> (AgInt nos EDcl no REsp n. 1.923.484/RS, relator Ministro Herman Benjamin, Segunda Turma, julgado em 30/8/2021, DJe de 13/10/2021) (g.n.)
> *(…) 3. A exceção prevista no art. 20, § 6º, I, da LC n. 87/1996, que permite a manutenção de créditos nas operações que envolvem produtos agropecuários, não é destinada àquele que realiza a venda contemplada pela isenção (caso da recorrente), mas ao contribuinte da etapa posterior, que adquire a mercadoria isenta do imposto e que tem a sua operação de saída normalmente tributada, de sorte que somente este poderá aproveitar os créditos de ICMS referentes às operações anteriores à desonerada, de acordo com a sistemática da não cumulatividade.*
> *5. Recurso especial parcialmente conhecido e, nessa extensão, desprovido.*
> (REsp n. 1.643.875/RS, relator Ministro Gurgel de Faria, Primeira Turma, julgado em 19/11/2019, DJe de 4/12/2019.) (grifos)

Das considerações acima, temos que: na hipótese de considerarmos que a saída em transferência de mercadorias à filial (enquanto não tributada) tende a ensejar a exigibilidade do ICMS diferido, pagamento que não garante direito a crédito pelas legislações estaduais, ainda assim, ao tratarmos de produtos agropecuários, nota-se que o referido art. 20, §6º, inciso I, da LC 87/96 confere ao destinatário do produto, que recebe a mercadoria nessas circunstâncias, o direito de se creditar do imposto "*cobrado nas operações anteriores*".

6. CONCLUSÃO

Em decorrência do julgamento da famigerada ADC 49/RN pelo Supremo Tribunal Federal, especialmente por se tratar de controle concentrado de constitucionalidade, houve uma mudança de paradigma na tributação de ICMS nas operações de transferências entre filiais, que passam a ser tomadas como não tributadas (observados o marco temporal estipulado em modulação de efeitos).

Nesse cenário, vem à tona a discussão sobre a aptidão de tais saídas em transferência para filiais – tidas por não tributadas – tornarem exigível o ICMS diferido, referente à operação antecedente.

Embora não seja escopo do presente estudo, há de se registrar que existem bons argumentos no campo jurídico-tributário a sustentar tanto a exigibilidade quanto a inexigibilidade do ICMS diferido em tal circunstância. Não se pode deixar de consignar que no campo do Direito Financeiro existe vigoroso argumento a favor da exigibilidade do ICMS diferido por ocasião das operações de transferências interestaduais, sob pena de retirar do "estado de origem" a oportunidade de cobrança do ICMS que lhe compete.

Especificamente quanto à técnica de diferimento do pagamento do ICMS, trata-se de vertente da substituição tributária, mais especificamente a chamada "substituição para trás", convenientemente utilizada nas operações com produtos agropecuários.

Isto pois, a partir da técnica de diferimento, a Administração fiscal pode manejar o quadro de fiscalização, de modo a otimizá-lo, evitando diligências fiscais junto à extensa rede de produtores rurais, concentrando-as na etapa da cadeia em que se encontram grandes comerciantes e industriais (agroindustriais). É nesse momento que, dada as hipóteses previstas, ocorre a chamada "quebra" do diferimento, com a cobrança do ICMS diferido (referente à operação antecedente).

A consternação que o tema gera se deve ao fato de que as legislações estaduais, além de preverem costumeiramente a aplicação do diferimento nas operações com produtos agropecuários, também preveem que os valores recolhidos a esse título, por parte do substituto (comerciais/industriais), via de regra, não geram direito ao crédito. Tal vedação ao crédito se apresenta em profunda dissonância às disposições constitucionais, que veiculam os parâmetros para o regime não cumulativo a que se sujeita o ICMS.

Da conjuntura dos elementos acima, surge a problemática que se pretendeu remediar a partir da análise apresentada neste estudo: em sendo exigido o ICMS diferido, relativo à aquisição de produtos agropecuários, por ocasião da saída em transferência à filial (porquanto não tributada), o crédito fiscal correspondente a tal pagamento, a despeito da vedação que se costuma verificar nas legislações estaduais, pode ser registrado por força do art. 20, §6º, inciso I, da LC 87/96.

Trata-se de dispositivo legal a partir do qual se veiculou microssistema de apuração de crédito em operações com produtos agropecuários, visando evitar que eventuais resíduos tributários de ICMS incorridos ao longo da cadeia econômica que envolve esse tipo de produto – formados por operações isentas/não tributadas intermediárias – possam ser reincorporados ao regime não-cumulativo do imposto.

Com isso, evita-se que os valores recolhidos a título de ICMS diferido nas operações com produtos agropecuários representem custo da mercadoria e gerem a indesejada cumulatividade tributária.

REFERÊNCIAS

BARROSO, Luís Roberto. O controle de constitucionalidade no direito brasileiro. E-book, 4. ed. São Paulo: Saraiva, 2009.

Brasil. Constituição da República Federativa do Brasil. 1988. Disponível em https://www.planalto.gov.br/ccivil_03/constituicao/constituicao.htm

———. Lei Complementar nº 87/96. Disponível em https://www.planalto.gov.br/ccivil_03/leis/lcp/lcp87.htm

CARRAZZA, Roque Antonio. ICMS. 14 ed. São Paulo: Malheiros, 2009.

CARVALHO, Osvaldo Santos de. e Oliveira Junior, José Mauro de. *AS CONSEQUÊNCIAS DA ADC 49 PARA O ICMS: A (IN)DECISÃO DO "ASNO DE BURIDAN*. XVII Congresso Nacional de Estudos Tributários: melo século de tradição/coordenação Paulo de Barros Carvalho; organização Priscila de Souza. - 1. ed. -São Paulo: Noeses: IBET, 2021.

MARTINS, Ives Gandra da Silva. *As técnicas de Arrecadação Admitidas no ICMS*. Revista Dialética de Direito Tributário 95/96, São Paulo: Dialética, 2003. 95/96, ago/03.

PAULSEN, Leandro. *Direito Tributário: Constituição e Código Tributário à luz da doutrina e da jurisprudência* / 13 ed. – Porto Alegre: Livraria do Advogado Editora; Esmafe, 2011.

TORRES, Ricardo Lobo. *Curso de direito financeiro e tributário*. 7. ed. Rio de Janeiro e São Paulo: Renovar, 2000.

O ICMS E A TRIBUTAÇÃO DO BIODIESEL

Dalton Cesar Cordeiro de Miranda[1]

1. INTRODUÇÃO

O projeto editorial desenvolvido pelo InGETA – Instituto de Gestão e Estudos Tributários no Agronegócio, intitulado "Questões controvertidas sobre o ICMS e o Agronegócio", é extremamente valioso para os operadores de Direito, que de posse da obra poderão ter a real compreensão sobre os impactos do Imposto sobre Circulação de Mercadorias e Serviços (ICMS) sobre a cadeia de valor do Agronegócio.

Neste sentido, enfrenta-se aqui – e, espera-se, seja alcançada – a missão de entregar ao leitor uma compreensão e preocupação que norteia a produção de biodiesel no país e sua tributação pelo ICMS, deveras complexa.

E para tal, o expediente em suas primeiras linhas traz breve exposição do tributo em exame, seguido de relato sobre o biodiesel, acompanhado do momento da 'virada de chave' na tributação desse combustível renovável, verificada com a modificação do modelo de comercialização do produto para o de mercado livre e o fim dos leilões públicos, passando-se daí ao enfrentamento do figurino atual da tributação do biodiesel pelo ICMS.

2. DO ICMS

O sistema tributário nacional, além de complexo, é oneroso, o que, aliás e já há alguns anos, criou a obrigação de ser discutida uma Refor-

---

[1] Advogado, especialista em Administração Pública pela EBAP/FGV e em Agronegócio pela USP/ESALQ.

ma Tributária, tema esse hoje consubstanciado nas PEC nº 45 e 110, ambas de 2019 e principais protagonistas, combinadas a tantas outras propostas em discussão no Congresso Nacional, havendo a promessa de que um texto oriundo do Grupo de Trabalho da Reforma Tributária será apreciado em junho pela Câmara dos Deputados.

Mas, para a finalidade deste expediente, deita-se pena ao ICMS que, com a Constituição Federal de 1988, figurou o tributo entre os de competência dos Estados e do Distrito Federal, com abrangência não somente sobre a circulação de mercadorias, mas, também, sobre as prestações de serviços de transporte interestadual e intermunicipal e de comunicação.

Competente para a cobrança do imposto é o Estado em que se verifica sua hipótese de incidência. Esse regramento, entretanto, gera distorções na tributação, pois não produz os efeitos práticos esperados em face da não cumulatividade ínsita ao tributo.

A função do ICMS é fiscal, sendo fonte considerável de arrecadação para os Estados e o Distrito Federal, inclusive por vias transversas, reflexas e "camufladas", como se denota do exame das controvérsias submetidas ao Supremo Tribunal Federal: ADI 7363 e 7366 (Goiás); ADI 6382 (Maranhão); ADI 6420 e 7367 (Mato Grosso); 6365 (Tocantins); cabendo destacar a título ilustrativo e sobre essa modalidade 'camuflada' de exigência do ICMS, o seguinte posicionamento sobre a matéria:

> Por fim, **registro que tem havido uma proliferação, nas unidades federadas, do uso de estratégias como a questionada na presente ação direta**. E, a bem da verdade, elas têm sido usadas sem que os entes subnacionais tenham competência residual para instituir novos impostos ou contribuições (v.g., contribuições no interesse de categorias econômicas ou CIDES) ou outros tributos. (ADI 7363 – grifou-se)

Demonstra-se, então, não haver inibição por parte dos entes federados em utilizar o ICMS com função extrafiscal. Não se desconhece o fato de que a Constituição autorizou a possibilidade desse tributo ser seletivo, com limitações, em função da essencialidade das mercadorias e dos serviços.

Note-se, por oportuno, que com o pacto federativo firmado na ADO 25, cuja finalidade foi a de minimizar o cenário de 'guerra fiscal', Estados e Distrito Federal foram convocados a debater a necessidade de se editar lei para fixar critérios, prazos e condições em que se daria a compensação da isenção sobre exportações de produtos primários e secundários, atualmente exigidos de modo reflexo – mas sob as mesmas bases do ICMS – via fundos estaduais e em especial dos contribuintes atuantes no agronegócio, conforme acima brevemente relatado.

3. DO BIODIESEL

Como apresentação da narrativa histórica sobre o biodiesel no Brasil, adotamos estudo elaborado pela Universidade Federal da Bahia (UFBA), vazado nos seguintes termos:

(...)

As vantagens obtidas pela utilização do biodiesel são muitas, por ser feito de matérias-primas renováveis, biodegradáveis e não tóxicas. Outro impacto ambiental positivo é a redução da poluição atmosférica (redução das emissões de dióxidos e monóxidos de carbono).

O Brasil desponta com um bom potencial de produção de biodiesel, em virtude da grande possibilidade de diversificação de matérias-primas, devido à sua extensão territorial e suas condições favoráveis de solo e clima. Mesmo com essa larga variedade de insumos disponíveis, a soja é a espécie mais usada, chegando a representar mais de 70% da produção nacional, incorrendo assim, em um risco relativamente alto quando baseamos a produção de biodiesel em apenas um tipo de matéria-prima.

(...)

O primeiro relato conhecido da utilização de biodiesel como combustível data de 1900, com Rudolf Christian Karl Diesel, que apresentou um protótipo de motor de injeção indireta que utilizava óleo de amendoim como combustível, na Exposição Universal de Paris. Todavia, o uso do óleo de amendoim levou a uma combustão deficiente em virtude da sua alta viscosidade, que resultou na obstrução dos bicos injetores, causando constantes paradas para a manutenção dos motores (Plá, 2003; Knothe et al., 2006; Martins & Carvalho, 2007).

Em 1937, tal inconveniente foi solucionado, com a aplicação de um processo químico conhecido desde 1853, a transesterificação, que, pela primeira vez, foi empregada em óleos vegetais para a obtenção de combustíveis usados em motores do ciclo diesel, por iniciativa do cientista Dr. George Chavanne, da Universidade de Bruxelas (Bélgica), que patenteou tal processo em 1937. Em 1938, foi feito o primeiro registro de uso de combustível de óleo vegetal para fins comerciais, sendo usado em um ônibus de passageiros da linha entre Bruxelas e Lovaina (Knothe, 2001, apud Plá, 2003).

Uma análise mais cuidadosa da literatura técnica e científica indica que os primeiros a utilizarem a terminologia "biodiesel" para esses tipos de combustíveis foram pesquisadores chineses em 1988 e, depois, utilizado em artigo de 1991. Daí em diante, o termo passou a ser de uso comum (Ramos et al., 2001; Knothe, 2001, apud Plá, 2003; Martins & Carvalho, 2007).

A partir daí, foram surgindo os conceitos de biocombustível e de biodiesel. Os biocombustíveis são considerados os combustíveis derivados de uma biomassa renovável ou reciclável e podem substituir parcial ou totalmente os combustíveis de origem fóssil; assim, o biodiesel é um tipo de biocombustível.

A utilização internacional do biodiesel levou à adoção de uma nomenclatura única para identificar a concentração de biodiesel na mistura, qual seja,"BXX", em que o "B" refere-se o óleo diesel tipo B, e o XX representa a percentagem em volume do biodiesel na mistura diesel/biodiesel. Por exemplo, utilização de uma concentração de 2%, 5%, 20% e 100% de biodiesel representam B2, B5, B20 e B100, respectivamente.
(...)
No Brasil, as experiências pioneiras com combustíveis renováveis foram realizadas desde a década de 1920, através do Instituto Nacional de Tecnologia (INT).
Percebe-se que muitos fatores influenciaram diretamente o curso da história dos biocombustíveis no Brasil, como os aspectos voltados para sua regulação. Estes, em muitos casos, estimularam o desenvolvimento de pesquisas, implementação e consumo de fontes variadas de combustíveis.
Neste cenário cabe destacar a criação do Programa Nacional de Produção e Uso de Biodiesel (PNPB), em 2005, que passou a ter o compromisso de viabilizar a produção e o uso do biodiesel no País, focando a competitividade, a qualidade do biocombustível produzido, a garantia de segurança de seu suprimento, bem como a diversificação das matérias-primas. Outro aspecto do programa foi a inclusão social de agricultores familiares (SAF/MDA, 2011).

Destaque-se que, implementado o biodiesel pela Lei nº 11.097/2005, o país seguiu avançando em sua política de alinhamento para preservação ambiental, observando-se que em 12 de setembro de 2016 o Brasil concluiu o processo de ratificação do Acordo de Paris, firmado com o objetivo de fortalecer a resposta global à ameaça da mudança do clima e de reforçar a capacidade dos países para lidar com os impactos decorrentes dessas mudanças; sendo que 195 países se comprometeram a reduzir emissões de gases de efeito estufa (GEE) no contexto do desenvolvimento sustentável.

Com a ratificação do Acordo de Paris e combinando-se o comando inserto no inciso VI do artigo 170 da Constituição Federal, o Brasil criou a Política Nacional de Biocombustíveis, regulada pela Lei nº 13.576, de 2017, pois a ordem econômica constitucionalmente disciplinada prevê que a "defesa do meio ambiente" se dará "inclusive mediante tratamento diferenciado conforme o impacto ambiental dos produtos e serviços e de seus processos de elaboração e prestação".

A referida Política Nacional de Biocombustíveis – RenovaBio está, em consequência, amparada em Tratado Internacional ratificado e no comando constitucional econômico, tendo por vigas mestras (i) fornecer uma importante contribuição para o cumprimento dos compromissos determinados pelo Brasil no âmbito do Acordo de Paris; (ii) promover a adequada expansão dos biocombustíveis na matriz energética, com ênfase na regularidade do abastecimento de combustíveis; e (iii) assegurar previsibilidade para o mercado de combustíveis, induzindo ganhos de eficiência energética e de redução de emissões de gases causadores do efeito estufa na produção, comercialização e uso de biocombustíveis.

A Política Nacional de Biocombustíveis foi erigida – então – a partir do comando constitucional entalhado no inciso VI do artigo 170, bem como em acordo global firmado para o tema.

O principal instrumento do RenovaBio é o estabelecimento de metas nacionais anuais de descarbonização para o setor de combustíveis, de forma a incentivar o aumento da produção e da participação de biocombustíveis na matriz energética de transportes do país para cumprimento do norte constitucional e a acordo internacional firmado pelo País e ratificando sua posição de nação estruturadora de políticas econômicas sustentáveis.

As metas nacionais de redução de emissões para a matriz de combustíveis foram definidas para o período de 2019 a 2030 pela Resolução CNPE nº 8, de 18 de agosto de 2020, sendo anualmente desdobradas em metas individuais compulsórias para os distribuidores de combustíveis, conforme suas participações no mercado de combustíveis fósseis, nos termos da Resolução ANP nº 797/2020, de 24 de setembro de 2020.

Importante ressaltar que essa Resolução foi aprovada após amplo processo participativo realizado pela Consulta Pública nº 94/2020, promovido pelo Ministério de Minas e Energia – MME após o início da pandemia da COVID-19.

Por meio da certificação da produção de biocombustíveis serão atribuídas, para cada produtor e importador de biocombustível, em valor inversamente proporcional à intensidade de carbono do biocombustível produzido uma Nota de Eficiência Energético-Ambiental, refletindo exatamente a contribuição individual de cada agente produtor para a mitigação de uma quantidade específica de gases de efeito estufa em relação ao seu substituto fóssil (em termos de toneladas de CO^2 equivalente).

Ou seja, as produtoras de biodiesel investem massivamente na produção de combustível cientificamente reconhecimento como sustentável, para minimizar os impactos ambientais da comercialização de combustíveis fósseis pelas distribuidoras, que também exercem as atividades de emissão de notas fiscais sobre a venda desses produtos; conferência da capacidade e das condições dos veículos; orientação aos clientes bandeirados com a marca da distribuidora; e planejamento das rotas de entrega, operações que também exercem forte impacto na emissão de carbono.

A Nota de Eficiência Energético-Ambiental decorrente do processo de certificação da produção de biocombustíveis leva em conta, além da eficiência industrial, a origem da biomassa energética matéria-prima do biocombustível e as emissões relacionadas ao seu processo de produção. No caso de biomassa produzida em território nacional, somente pode ser considerada aquela produzida em imóvel com Cadastro Ambiental Rural (CAR) ativo ou pendente e sem ocorrência de supressão de vegetação nativa a partir dos marcos legais do RenovaBio (volume elegível).

Portanto, somente as matérias primas elegíveis (não originadas de áreas desmatadas) podem ser contabilizadas e, além disso, toda essa produção é avaliada do ponto de vista de sua eficiência energético-ambiental.

Os produtores e importadores de biocombustíveis que desejem aderir ao programa devem investir recursos na contratação de firmas inspetoras credenciadas na ANP para realização da Certificação de Biocombustível e validação da Nota de Eficiência Energético-Ambiental e do volume elegível. O Certificado da Produção Eficiente de Biocombustíveis terá validade de três anos, contados a partir da data de sua aprovação pela Agência, e somente poderá ser emitido pela firma inspetora após a aprovação do processo pela ANP.

A Resolução ANP nº 758, de 23 de novembro de 2018, regulamentou a certificação da produção ou importação eficiente de biocombustíveis e o credenciamento de firmas inspetoras. Uma vez certificados, os produtores e importadores de biocombustíveis poderão gerar lastro para emissão primária de Créditos de Descarbonização (CBIOs), nos termos da Resolução ANP nº 802, de 5 de dezembro de 2019, utilizando-se das notas fiscais de comercialização de biocombustíveis.

Tem-se, portanto, como demonstrada a relevância da Política Nacional de Biocombustíveis – RenovaBio, fundada na necessidade de se (i) promover políticas ambientais direcionadas ao clima; (ii) combater as incertezas dos preços dos combustíveis fósseis, como o petróleo; (iii) buscar e investir em novas fontes de energia limpas; (iv) reduzir as tensões geopolíticas; (v) incentivar as reduções de emissões de gás carbônico; e (vi) dar segurança energética.

Mais ainda, há de se dar destaque aos principais instrumentos que norteiam o RenovaBio: (i) as metas de descarbonização; (ii) a Certificação da Produção de Biocombustíveis; e (iii) os Créditos de Descarbonização (CBIO).

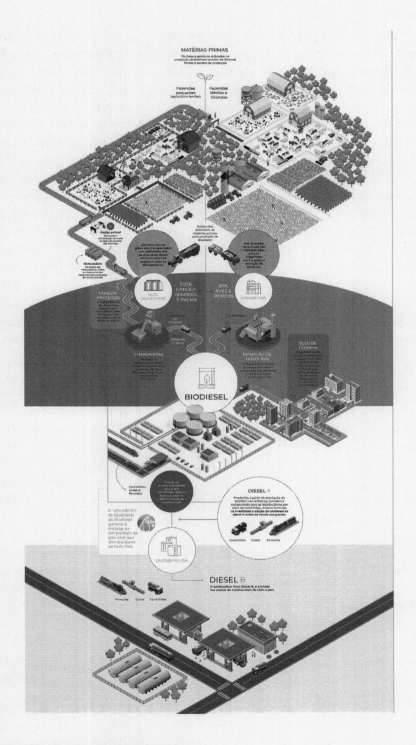

44 HOMENAGEM AO PROFESSOR FÁBIO CALCINI

Dimensionado acima e de modo ilustrativo o tamanho da cadeia produtiva de Biodiesel, é de se ter em boa conta que produção em questão (i) agrega valor aos óleos vegetais e gorduras animais brasileiros, (ii) gera empregos, renda, investimentos e desenvolvimento para o campo e cidades. Além disso, a utilização do Biocombustível é caminho para (iii) reduzir as emissões de Gases de Efeito Estufa e para melhorar a qualidade do ar, o que efetivamente está alinhado com a contemporânea discussão e pauta global.

E a produção do biodiesel tem como metas principais: (i) integrar a produção de oleaginosas, óleos vegetais, animais vivos e gorduras animais à cadeia produtiva do Biodiesel, (ii) promover a produção de matérias primas para biodiesel com os mais elevados padrões de tecnologia agrícola e de respeito à legislação; e, (iii) gerar empregos no campo pelo desenvolvimento regional e pela aquisição de produtos da agricultura familiar, dando movimentação a bens e serviços regionais.

Sofrem também o meio ambiente e as políticas ambientais com atos que venham contra a Política Nacional de Biocombustíveis – RenovaBio, pois o biodiesel se constitui numa contribuição para a matriz energética brasileira sustentável, uma vez que originário de matérias orgânicas, como plantas, lixo orgânico, biomassa. Considerados num balanço ambiental como uma alternativa positiva, que contribui para o desenvolvimento sustentável.

Desde 2007 o Biodiesel tem se consolidado no Brasil como saída tanto para os problemas climáticos resultantes da queima de energia fóssil, quanto para as ameaças de finitude das reservas de petróleo; sendo que os menores índices de poluição influenciam positivamente na qualidade e equilíbrio do meio ambiente, interferindo positivamente contra o problema do efeito estufa e suas consequências.

A atenção global está voltada para o desenvolvimento sustentável. A depredação dos recursos naturais, devido à exploração desmedida, destruição do meio ambiente devido à poluição da terra e o aquecimento global têm ameaçado a existência.

A necessidade é do desenvolvimento de tecnologias e políticas capazes de conservar os recursos naturais ou interromper a geração de poluentes e efetivamente tratar, reutilizar, reciclá-los e diminuir a geração de gases causadores do efeito estufa, levando a um desenvolvimento sustentável, como o legal e constitucionalmente o faz o RenovaBio; pois através do incentivo à produção do biodiesel será possível alavancar o desenvolvimento sustentável no Brasil. Confirma a afirmação a organização Interforum Global (http://www.biodieselbr.com/noticias/biodiesel/biodiesel).

Para os socio-economistas (http://www.nead.org.br/boletim/boletim.php/noticia) a perspectiva de produção do Biodiesel permite um novo ciclo de desenvolvimento que atenda aos problemas de geração de oportunidades para os agricultores familiares, favorecendo a diversificação, apontando-se ainda como grandes problemas do futuro próximo às questões ambientais, que têm como principal dilema as mudanças climáticas, e a crise do petróleo. Essa é a razão pela qual os cientistas tanto insistem na adoção do Biodiesel como uma alternativa de fonte de energia que pode incentivar o desenvolvimento sustentável.

É certo, portanto, que o biodiesel agrega valor à preservação do meio ambiente, aos investimentos em pesquisas para obtenção de tecnologias, em incentivos na produção agrícola e em programas sociais e de restruturação regional, geradores oportunidades de emprego e renda.

Daí que, face a relevância do produto, tem-se que sua tributação pelo ICMS deve ser justa e exigida dentro de parâmetros transparentes, legais e constitucionais, enfretamento para o qual se inclina agora neste expediente.

4. A 'VIRADA DE CHAVE' NA TRIBUTAÇÃO DO BIODIESEL PELO ICMS

Em outubro de 2021 a Agência Nacional do Petróleo, Gás Natural e Biocombustíveis (ANP) publicou Nota informando sobre alterações ao modelo de comercialização do biodiesel, modificações implementadas e que estão em vigor até a presente data:

> A Diretoria da ANP aprovou hoje (28/10) a resolução que irá regulamentar o novo modelo de comercialização de biodiesel em substituição aos leilões públicos, para atendimento do percentual de mistura obrigatória ao diesel de origem fóssil.
>
> A nova norma modifica a dinâmica de mercado e prevê modelo em que as distribuidoras compram o biodiesel diretamente dos produtores. A meta volumétrica compulsória individual de contratação será de 80% do comercializado no mesmo bimestre do ano anterior. No caso das distribuidoras, essa meta será sobre o volume de biodiesel proporcional às suas vendas de óleo diesel B (já com a mistura de biodiesel, vendido das distribuidoras aos revendedores). Já para produtores, a meta é sobre o biodiesel vendido.
>
> A métrica de contratação prévia tem como objetivo gerar a previsibilidade necessária para o abastecimento nacional, enquanto a existência do volu-

me remanescente pretende garantir flexibilidade ao mercado e permitir que os volumes acima da meta mínima possam ser comercializados entre distribuidores e produtores de biodiesel por qualquer outra forma, como mercado à vista, spot, comercialização em bolsa etc.

O novo sistema de comercialização visa ao atendimento ao percentual obrigatório de adição de biodiesel ao diesel fóssil, previsto pela Lei nº 13.033/2014, e foi desenvolvido com base: 1) na proteção dos interesses do consumidor quanto a preço, qualidade e oferta dos produtos; 2) na garantia do suprimento de combustíveis em todo o território nacional; 3) na promoção da livre concorrência; 4) no incremento, em bases econômicas, sociais e ambientais, da participação dos biocombustíveis na matriz energética nacional; e 5) nos objetivos, fundamentos e princípios da Política Nacional de Biocombustíveis.

A minuta de resolução incorporou aprimoramentos em relação à versão submetida à consulta pública, como a eliminação da vedação de comercialização de biodiesel entre produtores, promovendo ambiente de maior liberdade econômica e a possibilidade de autorização excepcional, por parte da ANP, para importação de biodiesel, durante o ano de 2022.

O novo formato de comercialização de biodiesel deverá entrar em vigor até 1º de janeiro de 2022, conforme determina a Resolução nº 14/2020 do CNPE. Portanto, nas próximas semanas, o SRD-Biodiesel, o novo sistema para envio dos dados, estará disponível para os agentes regulados.

E em 2021, ou seja, antes da alteração do modelo de comercialização – de leilões para mercado livre – a tributação do ICMS incidia sobre as operações com combustíveis derivados de petróleo com recolhimento em favor do Estado em que ocorria o consumo final desses recursos, e não para o Estado de origem da mercadoria (artigo 155, §2º, X, "b", da Constituição Federal).

Como o biodiesel não é um combustível derivado de petróleo, o ICMS incidente sobre as operações com biodiesel seguia a regra geral de tributação pelo tributo, de acordo com a qual o imposto deveria ser recolhido para o Estado de origem da mercadoria, que era o Estado competente para tributar as operações em seu território, nos termos da Constituição Federal e da Lei Complementar nº 87, de 13.9.1996 ("LC 87/96").

Neste regime o ICMS-ST recolhido pelas refinarias englobava o ICMS relativo ao biodiesel e o ICMS relativo ao Diesel "A", tendo sido fixada uma mecânica específica de repasse do ICMS relativo ao biodiesel para o Estado de origem (Cláusula 21, §13 do Convênio 110/07), e do ICMS relativo ao Diesel "A" para o Estado de destino (Cláusulas 17, 18 e 19 do Convênio 110/07).

Assim, qualquer mudança que estava prestes a ocorrer no regime de comercialização do biodiesel deveria levar em consideração que o ICMS incidente sobre esse produto deveria ser destinado aos Estados de origem da mercadoria, em especial onde estão localizadas as usinas produtoras, tendo em vista a sistemática de incidência prevista na Constituição Federal, conforme o Convênio ICMS nº 110/07.

Necessário, então, que o novo modelo de tributação do biodiesel pelo ICMS fosse gestado na esfera do Conselho Nacional de Política Fazendária (CONFAZ) – e para o ano de 2022 – sob a premissa de se buscar a máxima proximidade com aquele então vigente em 2021, isto, essencialmente, para dar segurança jurídica a toda a cadeia de produção de biodiesel.

5. O MODELO ATUAL DE TRIBUTAÇÃO DO BIODIESEL PELO ICMS

E com a publicação do Convênio ICMS nº 206, de 9 de dezembro de 2021, dispondo *sobre a concessão de tratamento tributário diferenciado, (...), aos produtores de biodiesel para apuração e pagamento do ICMS incidente nas respectivas operações, realizadas com diferimento ou suspensão do imposto*, estabeleceu-se o Tratamento Tributário Diferenciado (TTD).

O mencionado TTD consistiu, em apertada síntese, no Regime Opcional para produtor de B100, com regulação pelo Ato COTEPE nº 03/2022 – Empresas credenciadas para utilização do TTD; tendo sido seguinte a mecânica de funcionamento do TTD:

I. Usina de biodiesel lança ICMS suspenso/diferido a débito na EFD, apurando o tributo como se devido fosse, combinada à possibilidade de utilização de incentivos fiscais concedidos pelos Estados, facilitado o consumo dos créditos da não cumulatividade – aquisição de insumos. Segue-se o lançamento do crédito extra apuração no valor do ICMS suspenso/diferido, com o recebimento do valor do crédito extra apuração como ressarcimento em espécie da Refinaria; e

II. Refinaria de petróleo ficou responsável pelo ressarcimento em espécie à Usina de biodiesel do valor do crédito extra apuração (ICMS suspenso/diferido); compensando o valor ressarcido quando do recolhimento da diferença de ICMS para o estado de origem.

Como resultado da implementação do Convênio ICMS nº 206/21, verificou-se: (i) a possibilidade de uso de incentivos fiscais de ICMS concedidos e necessários para a viabilidade econômica das Usinas de biodiesel; (ii) o respeito à segurança jurídica e ao direito adquirido; (iii) a observância e funcionamento do regime da não-cumulatividade do ICMS (neutralização ou redução de acúmulo de créditos do tributo); (iv) a redução do impacto do custo tributário na formação do preço do biodiesel, fomentando inserção de combustível sustentável na matriz energética; e (v) a arrecadação integral de ICMS pelos Estados competentes.

Ocorre que, ainda na fase de estabilização operacional do Convênio ICMS nº 206/21 – inclusive com Decretos estaduais sendo publicados e a publicar, que é o caso do Estado de São Paulo até a presente data – e com a finalidade de se buscar solução para o forte impacto causado na economia e política pelas sucessivas altas de preços dos combustíveis, o Congresso Nacional aprovou e a Presidência da República sancionou legislação criada para definir o regime monofásico para o ICMS incidente sobre a gasolina e etanol anidro combustível; o diesel e biodiesel; e o gás liquefeito de petróleo, inclusive o derivado do gás natural: a Lei Complementar nº 192, de 11 de março de 2022.

A Lei Complementar em comento e para seu cumprimento foi, frise-se, objeto de judicialização pela Presidência da República (ADI 7164 – Ministro André Mendonça), seguida de determinação expressa para

> que se implemente efetivamente regime monofásico dotado de alíquotas uniformes em todo o território nacional, nos termos da Lei Complementar nº 192, de 2022. Contudo, advirto antecipadamente que a não implantação efetiva e legítima do regime monofásico importará em apuração de responsabilidades em função do descumprimento de decisão judicial, sem prejuízo de outras medidas pertinentes à situação.

Premido pela determinação judicial, em parte acima transcrita, o CONFAZ construiu e fez publicar o Convênio ICMS nº 199, de 22 de dezembro de 2022, dispondo *sobre o regime de tributação monofásica do ICMS a ser aplicado nas operações com combustíveis nos termos da Lei Complementar nº 192, (…),* com estabelecimento de *procedimentos para o controle, apuração, repasse e dedução do imposto.*

Em decorrência da complexidade do modelo de tributação estabelecido e da dificuldade em se criar as ferramentas operacionais que dessem alicerce à plena vigência do regime monofásico para os combustíveis, em especial para o biodiesel, o prazo para entrada em vigor foi prorrogado para maio de 2023.

Do Convênio ICMS nº 199/22 exigiu-se o seguinte para sua implementação e segurança jurídica para os produtores de biodiesel: (i) a promoção do equilíbrio do modelo financeiro adotado pelos empreendimentos industriais quando da concepção de projetos; (ii) a adaptação do TTD previsto pelo Convênio ICMS nº 206/21, garantidora da viabilidade econômica das Usinas de biodiesel; (iii) a garantia da utilização de incentivos fiscais já concedidos pelos Estados; e, (iv) a permissão da utilização dos créditos na aquisição de insumos e ativos até etapa de produção do biodiesel.

Caso contrário, ou seja, o não atendimento desses tópicos por nova regulamentação e/ou ajustes do Convênio ICMS nº 199/22, acarretar-se-ia

I. a cumulatividade do ICMS na cadeia, em vista da impossibilidade de recuperação dos créditos de ICMS incidente nas operações e prestações antecedentes (cláusula décima sétima);

II. a não recuperabilidade do ICMS incidente nas aquisições de bens e serviços necessários para a produção e venda do biodiesel, agregando-se valor da mercadoria, com repasses para os demais agentes da cadeia;

III. o incremento do contencioso judicial; e

IV. o afastamento do conceito de que regime monofásico não se qualifica como 'isenção' ou 'não incidência', únicas hipóteses constitucionais para mitigar o princípio da não cumulatividade, mas sim em regime de incidência numa única etapa.

Assim, como consequência dos aspectos anteriores, (i) haveria o indesejado aumento do preço do combustível ao consumidor final (preço de bomba), tendo em vista a inafastável inclusão de custos até então inexistentes na cadeia de combustíveis; (ii) inviabilizaria economicamente estruturas já implementadas; desorganizando todo o setor; (iii) reduziria o interesse por novos investimentos; e (iv) fomentaria, pela via transversa, o consumo de combustíveis fósseis, aumentando a carbonização e indo na contramão da agenda ESG e da transição energética; dentre outros efeitos negativos.

Ciente dessa problemática estrutural, legislativa, econômica e ambiental, o CONFAZ publicou em 15 de abril de 2023, o Convênio ICMS nº 22/2023, autorizando os Estados e o Distrito Federal a concederem *crédito fiscal presumido de até 100% (...), do imposto devido, com a finalidade de transformar os benefícios fiscais autorizados até 31 de março de 2023, (...) de modo a adequá-los, (...), à sistemática da tributação monofásica por alíquota 'ad rem', (...).*

Ao assim proceder, tem-se que a atual sistemática de tributação monofásica do ICMS para o biodiesel atendeu parcialmente aos anseios das usinas produtoras desse combustível renovável; pois a eficácia e eficiência para o equilíbrio econômico, aumento dos investimentos e manutenção sadia da concorrência entre os atores e agentes atuantes neste mercado somente alcançará sua plenitude quando se determinar a sujeição passiva integral aos produtores de biodiesel, e não parcial como hoje normatizada (cláusula segunda, VI e VII do Convênio ICMS nº 199/22) e de complexa realização operacional e comprobatória, o que se confirmará por certo no curso do tempo, isto, frise-se, combinada à autorização de créditos na aquisição dos insumos.

6. CONCLUSÃO

Nestas apertadas linhas, buscou-se dar a dimensão da importância e complexidade que se reclama para o tratamento à tributação do biodiesel pelo ICMS, sendo que, uma vez promovidos os ajustes que ainda se fazem necessários, como acima explicitado, será entregue aos contribuintes, repisa-se:

I. segurança jurídica e menor instabilidade econômica para a indústria, viabilizando a manutenção das suas operações e potenciais novos investimentos, tornando o produtor sujeito passivo integral do tributo;

II. cumprimento dos compromissos integrais assumidos pelos contribuintes e pelas autoridades fiscais quando da concessão de incentivos fiscais de ICMS, os quais permaneceriam sendo passíveis de fruição (segurança jurídica);

III. eliminação de novos 'resíduos tributários', especialmente decorrentes da cumulatividade do ICMS incidente nas operações antecedentes, bem como não incremento do já elevado custo de conformidade tributária para o setor;

IV. redução de potenciais contenciosos judiciais relevantes; e

V. fomento à produção e inserção de biocombustíveis na matriz energética, em linha com a agenda ESG, mantendo a atratividade do biocombustível.

Ao final, espera-se que quando da publicação deste texto os ajustes reclamados já tenham sido realizados pelo CONFAZ.

REFERÊNCIAS

ADI 7164. Presidência da República 'vs' CONFAZ. Ministro relator André Mendonça. Supremo Tribunal Federal.

ADI 7363. CNI 'vs' Estado de Goiás. Ministro Dias Toffoli. Supremo Tribunal Federal.

CONFEDERACAO NACIONAL DA INDUSTRIA (CNI)

FUNDEINFRA

Agência Nacional do Petróleo, Gás Natural e Biocombustíveis (ANP). ANP aprova resolução sobre novo modelo de comercialização de biodiesel. Publicado em 28/10/2021 17h46 Atualizado em 31/10/2022 12h33. Disponível em https://www.gov.br/anp/pt-br/canais_atendimento/imprensa/noticias-comunicados/anp-aprova-resolucao-sobre-novo-modelo-de-comercializacao-de-biodiesel. Acesso em 18/04/2023.

BIODIESEL. Associação Brasileira das Indústrias de Óleos Vegetais – ABIOVE. Fonte da ilustração: https://biodiesel.abiove.org.br/. Acesso em 18/04/2023.

PINHO, Lorena de Andrade; TEIXEIRA, Francisco Lima Cruz. Biodiesel no Brasil: Uma Análise da Regulação e seus Reflexos na Diversificação das Matérias-Primas Usadas no Processo de Produção. Universidade Federal da Bahia. Rev. Bras. Adm. Pol., 8(2):141-161.

DOS FUNDOS ESTADUAIS DECORRENTES DA CONCESSÃO DE BENEFÍCIOS E INCENTIVOS FISCAIS DE ICMS E DECISÕES JUDICIAIS SOBRE A MATÉRIA

Danieli Trevisan Julio[1]

1. INTRODUÇÃO

Os incentivos e benefícios fiscais concedidos pelos Estados são fundamentais para a exploração de determinadas atividades empresariais, em razão de sua essencialidade e relevância à economia, em especial ao agronegócio.

É certo que na mesma medida em que há concessão de incentivos e benefícios, enfrentamos de forma exaustiva medidas e processos burocráticos dos entes concedentes, resultando muitas vezes em supressão de direitos com objetivo de incrementar a arrecadação.

---

1 Advogada. Bacharel em Ciências Contábeis. Especialista em Direito Tributário pela Pontifícia Universidade Católica. Profissional com atuação na área corporativa tributária, atuante no segmento do agronegócio.

Nesse sentido, verificamos a criação de mecanismo instituído a partir da publicação do Convênio Confaz nº 42/2016[2], ratificado nacionalmente pelo Ato Declaratório nº 7[3], que permitiu aos Estados condicionarem benefícios e incentivos fiscais à contrapartida pecuniária, seja por cobrança de percentual ou pela própria redução do benefício em si, por meio dos Fundos Estaduais, como uma medida para recomposição e equilíbrio do orçamento Estatal.

Diante dessa autorização, diversos Estados promoveram rapidamente alterações em suas legislações internas para inserir a cobrança de Fundos Estaduais, cuja exação, possibilitada a partir do Convênio, é de no mínimo 10%, e reflete, de forma impactante, os resultados das indústrias que organizam seus investimentos e produção a partir de determinadas reduções fiscais.

Considerando a questionável autorização concedida aos Estados pelo Convênio e o indubitável ímpeto de arrecadação, há muito conhecido, é salutar avaliarmos a legalidade relativa as cobranças dos fundos estaduais, vigiarmos como tem se amoldado às normas e seus desdobramentos no judiciário.

2. A NATUREZA JURÍDICA DOS FUNDOS ESTADUAIS E SEU CARÁTER COMPULSÓRIO

A partir do Convênio CONFAZ nº 42/2016, os fundos foram introduzidos por diversos Estados mediante leis estaduais, e resultam em importante acréscimo de carga fiscal incidente nas operações sujeitas ao ICMS, como um adicional do imposto, o que torna imprescindível a análise quanto à real natureza jurídica.

---

2 MINISTÉRIO DA FAZENDA. CONVÊNIO ICMS 42, de 3 de maio de 2016. Disponível em: https://www.confaz.fazenda.gov.br/legislacao/ convenios /2016/ CV042_16. Acesso em 10.09.2023. Cláusula primeira. Ficam os estados e o Distrito Federal autorizados a, relativamente aos incentivos e benefícios fiscais, financeiro-fiscais ou financeiros, inclusive os decorrentes de regimes especiais de apuração, que resultem em redução do valor ICMS a ser pago, inclusive os que ainda vierem a ser concedidos - condicionar a sua fruição a que as empresas beneficiárias depositem em fundo de que trata a cláusula segunda o montante equivalente a, no mínimo, dez por cento do respectivo incentivo ou benefício; (…)

3 RECEITA FEDERAL. ATO DECLARATÓRIO EXECUTIVO CORAT Nº 7, DE 26 DE ABRIL DE 2022. https://www.gov.br/ receitafederal /pt-br /assuntos/ agenda-tributaria/ arquivos- e-imagens- agenda-tributaria/ agenda-tributaria- 2022/ato- declaratorio- executivo- corat-no-7-de- 26-de-abril-de- 2022-com- anexo.pdf. Acesso em 10.09.2023.

Vejamos abaixo o disposto nos artigos 3º e 4º do código Tributário Nacional acerca do conceito de tributo:

> Art. 3º Tributo é toda prestação pecuniária compulsória, em moeda ou cujo valor nela se possa exprimir, que não constitua sanção de ato ilícito, instituída em lei e cobrada mediante atividade administrativa plenamente vinculada.
>
> Art. 4º A natureza jurídica específica do tributo é determinada pelo fato gerador da respectiva obrigação, sendo irrelevantes para qualificá-la:
>
> I. a denominação e demais características formais adotadas pela lei;
>
> II. a destinação legal do produto de sua arrecadação.

Uma vez expressamente definido, não se pode admitir o desvirtuamento do conceito de tributo, como uma forma de burlar sua aplicação, conforme lição da Ilustre Regina Helena Costa[4]:

> (...) o tributo consiste em prestação pecuniária compulsória, devida por força de lei, implicando a sua satisfação, necessariamente redução do patrimônio do sujeito passivo. [...] Em outras palavras, se o ordenamento constitucional ampara determinados direitos, não pode, ao mesmo tempo, compactuar com a obstância ao seu exercício, mediante uma atividade tributante desvirtuada. A atividade tributante do Estado deve conviver harmonicamente com os direitos fundamentais, não podendo conduzir, indiretamente, à indevida restrição ou inviabilização de seu exercício.

Os fundos estaduais se revestem claramente de natureza de tributo dada sua característica pecuniária e compulsória, não obstante sua denominação e destinação, podendo caracterizar-se como nova espécie de tributo. Ao avaliarmos as leis já introduzidas por alguns estados, é possível identificar facilmente todos os elementos necessários como sujeitos ativo e passivo, hipótese de incidência, base de cálculo e alíquota.

Nesse sentido, muito se discute sobre a obrigação compulsória do recolhimento dos fundos. Os Estados defendem que, uma vez que o benefício ou incentivo depende da opção do contribuinte, ou seja, um ato voluntário, não haveria que se falar em compulsoriedade. Devemos discordar diametralmente, uma vez que o que se vislumbra, na verdade, é que o contribuinte, para usufruir de benefício, sujeita-se a ônus que nunca deveria ter lhe sido exigido.

---

4 COSTA, Regina Helena. Imunidades tributárias. 1. ed., São Paulo: Malheiros, 2001. p. 80/81.

Indaga-se até que ponto há um exercício de vontade, a genuína opção, e onde há de fato uma aplicação desvirtuada da norma e a sujeição pelo contribuinte à menor dose do veneno.

Pois bem, essa questão foi objeto de análise no curso da Ação Direta de Inconstitucionalidade nº 7363[5], promovida pela Confederação Nacional das Indústrias – CNI contra o Estado de Goiás. Extraímos parte do voto vencido do Ministro Dias Toffoli na ADI nº 7363:

> (…) Pedindo vênia aos que entendem de maneira diversa, não vislumbro, em juízo perfunctório, verdadeira facultatividade em tal contribuição, mas falsa facultatividade.
>
> Com efeito, é razoável entender que os contribuintes vão "preferir" deixar de pagar o 1,65% (e, assim, deixar de gozar dos citados benefícios, de toda a efetividade da imunidade ou de regime de substituição tributária) para ficar, com isso, imediatamente sujeitos às alíquotas ou cargas normais de ICMS?
>
> A meu ver, não. Vale lembrar que, usualmente, as alíquotas gerais desse imposto giram em torno de 17% ou de 18% nas unidades federadas. E há casos nos quais as alíquotas de ICMS podem ser muito superiores a esses patamares. Cabe ressaltar que, em relação ao regime especial de fiscalização da imunidade nas exportações, caso o contribuinte resolva não pagar a contribuição ao FUNDEINFRA, terá ele necessariamente de recolher o ICMS. Só depois é que o estado restituirá esse imposto efetivamente pago. No caso de operações que destinem mercadorias para o exterior, ressalte-se que elas são imunes por força do art. 155, § 2º, inciso X, alínea a, da Constituição Federal. Em outras palavras, o que é razoável entender, à luz da legislação ora questionada, é que os contribuintes sempre vão "preferir" pagar a contribuição em questão, a fim de não ficarem sujeitos, imediatamente, às alíquotas ou cargas normais de ICMS. Tentou-se, portanto, camuflar a obrigatoriedade de pagamento da contribuição.

Podemos dizer que é evidente a intenção de desvio de poder da atividade legislativa, uma vez que se ampara em falsa faculdade ao contribuinte como forma de evitar nosso rígido e precioso sistema tributário constitucional, que estabelece diversas formas de limitação ao exercício da competência tributária.

Dito isso, uma vez que os fundos diferenciam-se dos demais tributos já instituídos e de competência dos Estados, estes não poderiam dispor de nova espécie, sendo matéria restrita a Constituição Federal:

> Art. 154. A União poderá instituir:

---

5 SUPREMO TRIBUNAL FEDERAL. Ação Direta de Inconstitucionalidade nº 7363. Relator(a): Min. DIAS TOFFOLI; Redator(a) do acórdão: Min. EDSON FACHIN; Julgamento: 25/04/2023; Publicação: 13/06/2023.

I. mediante lei complementar, impostos não previstos no artigo anterior, desde que sejam não-cumulativos e não tenham fato gerador ou base de cálculo próprios dos discriminados nesta Constituição; (...)

Valendo-se destes mecanismos, os fundos violam garantias constitucionais do contribuinte ao instituir nova espécie tributária, com a não observância aos princípios da anterioridade anual e da não surpresa. Referidos princípios vedam a cobrança de tributos no mesmo exercício em que tenham sido publicadas as leis que os instituíram ou aumentaram, como também da anterioridade nonagesimal, que proíbe cobranças antes de decorridos 90 dias da publicação de lei, nos moldes do artigo 150, III alíneas "b" e "c" da Carta Magna[6].

3. ANÁLISE CONCRETA E PARTICULARIDADES DO FUNDO DO ESTADO DE GOIÁS - FUNDEINFRA

De forma garantir análise mais concreta, avaliamos o Fundo de Goiás, instituído mediante a publicação das Leis nº 21.670/22 e 21.671/22, o chamado FUNDEINFRA, que em seu artigo 5º dispõe sobre a base de constituição de suas receitas:

Art. 5º Constituem receitas do FUNDEINFRA:

I - contribuição exigida no âmbito do Imposto sobre Operações Relativas à Circulação de Mercadorias e sobre Prestações de Serviços de Transporte Interestadual e Intermunicipal e de Comunicação - ICMS como condição para:

a) a fruição de benefício ou incentivo fiscal;

b) o contribuinte que optar por regime especial que vise ao controle das saídas de produtos destinados ao exterior ou com o fim específico de exportação e à comprovação da efetiva exportação; e

c) o imposto devido por substituição tributária pelas operações anteriores ser:

1. pago pelo contribuinte credenciado para tal fim por ocasião da saída subsequente; ou

---

6 Art. 150. Sem prejuízo de outras garantias asseguradas ao contribuinte, é vedado à União, aos Estados, ao Distrito Federal e aos Municípios:

III - cobrar tributos:

b) no mesmo exercício financeiro em que haja sido publicada a lei que os instituiu ou aumentou;

c) antes de decorridos noventa dias da data em que haja sido publicada a lei que os instituiu ou aumentou, observado o disposto na alínea b;

2. apurado juntamente com aquele devido pela operação de saída própria do estabelecimento eleito substituto, o que resultará um só débito por período;

Parágrafo único. A contribuição referida no inciso I deste artigo pode ser cobrada:

I - em percentual não superior a 1,65% (um inteiro e sessenta e cinco centésimos por cento) sobre o valor da operação com as mercadorias discriminadas na legislação do imposto; ou

II - por unidade de medida adotada na comercialização da mercadoria. (...)

Como já anteriormente exposto, da leitura da lei estadual nº 22.206/23, é possível identificar todos os elementos para classificá-lo como tributo, nos moldes dos artigos 3º e 4º do Código Tributário Nacional.

Outro aspecto que merece destaque, o FUNDEINFRA onera sobremaneira o agronegócio uma vez que no rol dos produtos que são base para a dita contribuição, chamada popularmente, inclusive, de nova taxa do agro, estão a cana de açúcar, milho, soja, gado etc. ao arrepio do disposto no artigo 187, I da Constituição Federal[7], que visa proteger o segmento haja vista seu impacto a toda a sociedade.

No tocante a compulsoriedade, trazemos trecho do artigo publicado pelo Professor Fábio Calcini especificamente sobre o Fundo Goiano[8]:

Apesar de, artificialmente, estipular uma opção, não há voluntariedade, uma vez que, ao se analisar todo o contexto normativo, não é possível identificar um verdadeiro e típico ato de vontade, capaz de sua eventual opção (alternativas — escolhas) resultar em uma sanção premial. Como já exposto, ao exemplificar a hipótese do Simples Nacional, podemos notar que ambos os caminhos decisórios levam à exigência e pagamento ao Estado de um montante sobre o valor da operação, dada a plena identidade entre as exações, havendo nítida compulsoriedade por via oblíqua. Deste modo, a suposta condição é meramente formal, sendo nitidamente artificial, não se revelando em uma verdadeira escolha do contribuinte (ato voluntário) capaz de gerar sanção premial.

Todavia, o que torna o FUNDEINFRA ainda mais surpreendente e inovador, no mau sentido do termo, e que resulta por extrapolar os

---

7 Art. 187. A política agrícola será planejada e executada na forma da lei, com a participação efetiva do setor de produção, envolvendo produtores e trabalhadores rurais, bem como dos setores de comercialização, de armazenamento e de transportes, levando em conta, especialmente: I - os instrumentos creditícios e fiscais; (...)

8 CALCINI, Fábio Pallaretti. Inconstitucionalidade da 'contribuição' do Fundeinfra pelo governo de Goiás. Revista Consultor Jurídico, 14 de abril de 2023. Disponível em: . Acesso em: 09.09.2023.

limites do próprio Convênio nº 42, refere-se a sua aplicação inclusive sobre parcela das operações já acobertadas por imunidade tributária do ICMS e relativa às saídas das exportações.

Foi assim que o Estado de Goiás determinou a antecipação do ICMS de operações destinadas ao exterior por meio de documento de arrecadação distinto, uma nova obrigação. O que se propõe é que apenas após comprovada a exportação o contribuinte fará jus a restituição. Caso o contribuinte não intencione recolher o ICMS, que não custa dizer, lhe é imune, é possível requerer regime especial e a partir de sua fruição, será exigido o FUNDEINFRA. Ou seja, cria-se a obrigação acessória para controle de operações cobertas pela imunidade, prevista e aplicada desde a constituição da Magna Carta e, para evitar tal obrigação, que representa importante impacto no fluxo de caixa do contribuinte, lhe é ofertada a possibilidade de regime especial, de forma a preservar a voluntariedade.

4. PRECEDENTES JUDICIAIS SOBRE A MATÉRIA

Fazemos referência à Ação Direta de Inconstitucionalidade nº 2.056-1, anterior ao Convênio nº 42/2016, em que são partes o Estado do Mato Grosso do Sul e a Confederação da Agricultura e Pecuária do Brasil, cujo afastamento do caráter compulsório do Fundo – FUNDERSUL – possibilitou que não se observassem os limites constitucionais para sua instituição:

> EMENTA. AÇÃO DIRERA DE INCONSTITUCIONALIDADE. Artigos 9º a 11 e 22 da Lei nº 1.963 de 1999, do Estado do Mato Grosso do Sul. 2. Criação do Fundo de Desenvolvimento do Sistema Rodoviário do Estado do Mato Grosso do Sul – FUNDERSUL. Diferimento do ICMS em operações internas com produtos agropecuários. 3. A contribuição criada pela lei estadual não possui natureza tributária, pois está despida do elemento essencial da compulsoriedade. Assim, não se submete aos limites constitucionais ao poder de tributar. 4. O diferimento, pelo qual se transfere o momento do recolhimento do tributo cujo fato gerador já ocorreu, não pode ser confundido com a isenção ou com a imunidade e, dessa forma, pode ser disciplinado por lei estadual sem previa celebração de convênio. 5. Precedentes. 6. Ação que se julga improcedente. (STF, ADI 2056, relator (a): GILMAR MENDES, Tribunal Pleno, julgado em 30/05/2007, DJe-082 DIVULG 16-08-2007 PUBLIC 17-08-2007 DJ 17-08-2007 PP-00022 EMENT VOL-02285-02 PP-00365 RTFP v. 15, nº 76, 2007, p. 331-337.).

Fazemos referência à recente e já citada Ação Direta de Inconstitucionalidade nº 7.363, promovida pela Confederação Nacional das Indústrias – CNI contra o Estado de Goiás, julgada desfavoravelmente por não ter restado comprovado o fumus boni iuris relativamente ao artigo 167, IV[9] da Constituição Federal:

> FINANCEIRO-TRIBUTÁRIO. CONTRIBUIÇÃO AO FUNDO ESTADUAL DE INFRAESTRUTURA (FUNDEINFRA) DO ESTADO DE GOIÁS. (IN)CONSTITUCIONALIDADE. MEDIDA CAUTELAR. (IM) PLAUSIBILIDADE DO DIREITO. PERICULUM IN MORA INVERSO.
> Alegada violação à vedação constitucional à vinculação de receita de impostos a fundo (artigo 167, inciso IV, da Constituição Federal), parâmetro de controle de constitucionalidade insuficiente em sede de juízo cautelar. 2. Ausência de fumus boni iuris. Em sede de juízo cautelar não há elementos suficientes para definição da natureza jurídica da exação do FUNDEINFRA, quanto ao menos de eventual espécie tributária e seus consectários jurídicos. 3. Existência de periculum in mora inverso diante do cenário atual do federalismo fiscal brasileiro na pauta deste Eg. Supremo Tribunal Federal. 4. Manifestação pelo não referendo da medida cautelar. (…) STF. Ação Direta de Inconstitucionalidade nº 7363, Supremo Tribunal Federal. Relator(a): Min. DIAS TOFFOLI; Redator(a) do acórdão: Min. EDSON FACHIN; Julgamento: 25/04/2023; Publicação: 13/06/2023.

Ao avaliarmos a composição do FUNDEINFRA, face o artigo 167, IV, resta evidenciado desrespeito ao princípio da não-afetação, razão pela qual era esperada confirmação da decisão liminar concedida pelo Ministro Dias Toffoli. Porém, sobreveio decisão contrária e que destoa de julgados anteriormente submetidos àquela Corte. Como bem expôs o advogado Fernando Facury Scaff, em artigo publicado referente ao julgamento da ADI nº 7363: "constata-se que nem sempre o STF perquire a espécie tributária para estabelecer inconstitucionalidade ao vinculo. Em 2007 foi declarada inconstitucional lei do estado de Santa Catarina, RE 218.874, ministro Eros Grau, pela qual eram vinculados superávits arrecadatórios do ICMS para reajuste de vencimentos de ser-

---

9 Art. 167. São vedados:

IV - a vinculação de receita de impostos a órgão, fundo ou despesa, ressalvadas a repartição do produto da arrecadação dos impostos a que se referem os arts. 158 e 159, a destinação de recursos para as ações e serviços públicos de saúde, para manutenção e desenvolvimento do ensino e para realização de atividades da administração tributária, como determinado, respectivamente, pelos arts. 198, § 2º, 212 e 37, XXII, e a prestação de garantias às operações de crédito por antecipação de receita, previstas no art. 165, § 8º, bem como o disposto no § 4º deste artigo;

vidores públicos, despregando a vinculação dos conceitos formais do Direito Tributário."[10]

Ainda, aguarda-se decisão da ADI nº 7162 movida pela Associação Brasileira de Empresas de Exploração e Produção de Petróleo e Gás – ABEP contra o Estado do Rio de Janeiro, pendente de julgamento pelo Colegiado da Suprema Corte, cuja ementa da decisão monocrática segue abaixo.

> AÇÃO DIRETA DE INCONSTITUCIONALIDADE. DIREITO TRIBUTÁRIO. LEI ESTADUAL Nº 8.645, DE 2019, DO RIO DE JANEIRO, E DECRETO ESTADUAL Nº 47.057, DE 2020. FUNDOS DESTINADOS À MANUTENÇÃO DO EQUILÍBRIO FISCAL DO ESTADO (FEEF E FOT). DEPÓSITOS DOS CONTRIBUINTES DESTINATÁRIOS DE BENEFÍCIOS FISCAIS DE ICMS. SETOR ECONÔMICO DE PETRÓLEO E GÁS. RITO DO ART. 10 DA LEI Nº 9.868, DE 1999: ADOÇÃO. (…) (STF, ADI 7162)

Devemos destacar a existência de fundos semelhantes, e ainda pendentes de análise pelo Supremo Tribunal Federal, como o Fundo de Equilíbrio Fiscal (FEEF) e Fundo Orçamentário (FOT), ambos instituídos pelo Estado do Rio de Janeiro, Fundo de Transporte e Habitação (FETHAB) criado pelo Estado do Mato Grosso do Sul, o Fundo Estadual de Transporte (FET) do Estado do Tocantins, objeto da ADI 7.382.

Face a insegurança aos contribuintes e a aparente liberdade ao poder de arrecadar dos Estados, é urgente a vigília sobre a matéria, inclusive sobre como será recepcionada pela reforma tributária, conforme PEC 45[11], uma vez a previsão do artigo 19, pela recepção da contribuição em substituição aos fundos atuais.

---

10 SCAFF, Fernando Facury. Fundeinfra e outros fundos assemelhados nos 35 anos da Constituição. Revista Consultor Jurídico, 12 de setembro de 2023. Disponível em: https://www.conjur.com.br/ 2023-set-12 /contas -vista -fundeinfra -outros -fundos- assemelhados- 35-anos-cf. Acesso em: 12.09.2023.

11 Art. 19. Os Estados e o Distrito Federal poderão instituir contribuição sobre produtos primários e semielaborados, produzidos nos respectivos territórios, para investimento em obras de infraestrutura e habitação, em substituição a contribuição a fundos estaduais, estabelecida como condição à aplicação de diferimento, de regime especial ou de outro tratamento diferenciado, relacionados com o imposto de que trata o art. 155, II, da Constituição Federal, prevista na respectiva legislação estadual em 30 de abril de 2023. Parágrafo único. O disposto neste artigo aplica-se até 31 de dezembro de 2043.

5. CONSIDERAÇÕES FINAIS

Por muitos ângulos que avaliamos o Convênio e os Fundos já exigidos por determinados Estados, podemos dizer que há diversos pontos que causam inconformismo quanto à sua cobrança face a afronta aos preceitos constitucionais e princípios do direito, restando evidente a intenção da norma em passar ao largo o adequado processo legal, disfarçando sua real natureza jurídica.

O que temos é uma legislação infraconstitucional que ofende princípios diversos e amplamente citados acima e a própria imunidade. Obviamente, há intenção de arrecadação dos Estados em razão das contas públicas e orçamento, todavia, é inadmissível ignorar princípios constitucionais sob pena de fragilizar o estado democrático de direito, sob pretexto de ajuste fiscal. Assim, cabe ao Poder Judiciário expurgar de nosso ordenamento jurídico as legislações estaduais que instituíram os fundos acolhendo as diversas medidas ajuizadas.

A aplicação dos fundos estaduais representa evidente supressão aos benefícios e incentivos fiscais concedidos, em gritante afronta ao ordenamento jurídico constitucional e as regras que norteiam o sistema tributário nacional.

REFERÊNCIAS

CALCINI, Fábio Pallaretti. Inconstitucionalidade da 'contribuição' do Fundeinfra pelo governo de Goiás. Revista Consultor Jurídico, 14 de abril de 2023. Disponível em: https://www.conjur.com.br/ 2023-abr-14/direito -agronegocio -fundeinfra -inconstitucionalidade -contribuicao. Acesso em: 09.09.2023.

COSTA, Regina Helena. Imunidades tributárias. 1. ed., São Paulo: Malheiros, 2001. p. 80/81.

MINISTÉRIO DA FAZENDA. CONVÊNIO ICMS 42, de 3 de maio de 2016. Disponível em: https://www.confaz.fazenda.gov.br/legislacao/convenios/2016/CV042_16. Acesso em 10.09.2023.

SCAFF, Fernando Facury. Fundeinfra e outros fundos assemelhados nos 35 anos da Constituição. Revista Consultor Jurídico, 12 de setembro de 2023. Disponível em: https://www.conjur.com.br/2023-set-12/contas-vista-fundeinfra-outros-fundos-assemelhados-35-anos-cf. Acesso em: 12/09/2023.

RECEITA FEDERAL. ATO DECLARATÓRIO EXECUTIVO CORAT Nº 7, DE 26 DE ABRIL DE 2022. https://www.gov.br/ receitafederal/ pt-br/ assuntos/ agenda-tributaria / arquivos-e-imagens- agenda- tributaria/ agenda- tributaria- 2022/ ato- declaratorio- executivo- corat-no- 7-de- 26- de- abril- de-2022- com-anexo.pdf. Acesso em 10.09.2023.

SUPREMO TRIBUNAL FEDERAL. ADI 2056, relator (a): GILMAR MENDES, Tribunal Pleno, julgado em 30/05/2007, DJe-082 DIVULG 16-08-2007 PUBLIC 17-08-2007 DJ 17-08-2007 PP-00022 EMENT VOL-02285-02 PP-00365 RTFP v. 15, nº 76, 2007, p. 331-337.

SUPREMO TRIBUNAL FEDERAL. Ação Direta de Inconstitucionalidade nº 7363, Supremo Tribunal Federal. Relator(a): Min. DIAS TOFFOLI; Redator(a) do acórdão: Min. EDSON FACHIN; Julgamento: 25/04/2023; Publicação: 13/06/2023.

SUPREMO TRIBUNAL FEDERAL. Ação Direta de Inconstitucionalidade nº 7162.

PROPOSTA DE EMENDA A CONTITUIÇÃO FEDERAL Nº 45. Em trâmite Senado Federal. https://www.congressonacional.leg.br/materias/materias-bicamerais/-/ver/pec-45-2019. Acesso em 12/09/2023.

A CONSTITUCIONALIDADE DO CONVÊNIO ICMS 100/1997 NAS OPERAÇÕES COM DEFENSIVOS AGRÍCOLAS: A CONTROVÉRSIA INSTAURADA NO STF E PERSPECTIVAS À LUZ DA REFORMA TRIBUTÁRIA SOBRE O CONSUMO

Diogo Martins Teixeira[1]
Isabela Cantarelli[2]

---

[1] Bacharel em Direito pela Universidade Presbiteriana Mackenzie. Pós-Graduação *lato sensu* em Direito Tributário pela Pontifícia Universidade Católica de São Paulo – PUC/SP. MBA em Gestão Tributária pela Fundação Instituto de Pesquisas Contábeis, Atuariais e Financeiras – FIPECAFI. Advogado em São Paulo.

[2] Bacharel em Direito pela Pontifícia Universidade Católica de São Paulo – PUC/SP. Pós-Graduação *lato sensu* em Direito Tributário pela Fundação Getúlio Vargas – FGV/SP. Advogada em São Paulo.

1. INTRODUÇÃO: O AGRONEGÓCIO BRASILEIRO E A RELEVÂNCIA DO CONVÊNIO ICMS Nº 100/1997

O setor agropecuário tem se consolidando como uma das principais bases da economia brasileira, impulsionando o desenvolvimento econômico do país, com relevância reconhecida nacional e internacionalmente.

Estudos do Centro de Estudos Avançados em Economia Aplicada (CEPEA) da Escola Superior de Agricultura Luiz de Queiros da Universidade de São Paulo (ESALQ/USP) apontam estimativa que o agronegócio brasileiro representará 24,5% do PIB brasileiro ao final de 2023[3], ficando praticamente estável em comparação com a performance registrada em 2022.

O setor agropecuário também contribui expressivamente para a balança comercial brasileira, tendo iniciado o ano de 2023 com um superávit de exportações da ordem de US$ 8,69 bilhões, conforme apurado pelo Instituto de Pesquisa Econômica Aplicada (IPEA)[4]. O Ministério da Agricultura, Pecuária e Abastecimento (MAPA)[5] também divulgou que, em 2022, as vendas externas do agronegócio representaram 47,6% do total exportado pelo Brasil.

Além das questões essencialmente econômicas, vale mencionar que o setor agropecuário é, ainda, um dos principais propulsores do mercado de trabalho no país, sendo responsável pela geração de empregos em larga escala. Dados divulgados pelo Cadastro Geral de Empregados e Desempregados (CAGED) apontam que, em 2020, mesmo com os

---

3 PIB do Agronegócio Brasileiro. CEPEA, 27 de junho de 2023. Disponível em: PIB do Agronegócio Brasileiro - Centro de Estudos Avançados em Economia Aplicada - CEPEA-Esalq/USP. Acesso em: 25 de julho de 2023.

4 Agronegócio brasileiro começa 2023 com superávit de US$ 8,69 bilhões. IPEA, 10 de fevereiro de 2023. Disponível em: https://www.ipea.gov.br /portal/ categorias/45 -todas-as -noticias /noticias /13523- agronegocio- brasileiro- comeca- 2023- com -superavit -de -us -8-69-bilhoes. Acesso em: 25 de julho de 2023.

5 Exportações do agronegócio fecham 2022 com US$ 159 bilhões em vendas. Ministério da Agricultura e Pecuária. Disponível em: https://www.gov.br/ agricultura/ pt-br/ assuntos/ noticias/ exportacoes- do- agronegocio- fecham -2022 -com -us -159 -bilhoes -em -vendas. Acesso em: 25 de julho de 2023.

efeitos decorrentes da pandemia do coronavírus, o setor apresentou a maior geração de empregos dos últimos 10 anos[6].

Em que pese a significativa representatividade do agronegócio brasileiro, o Brasil ainda enfrenta desafios relevantes em relação à segurança alimentar e nutricional de sua população, havendo estudos da Organização das Nações Unidas (ONU) que indicam que cerca de 10,1 milhões de brasileiros são atualmente atingidos pela fome[7] e 21.1 milhões estão em situação de insegurança alimentar[8]. A questão é tão representativa que, em 2022, o Brasil voltou a figurar no Mapa da Fome das Nações Unidas[9].

Nesse sentido, é evidente que o setor agropecuário tem papel fundamental para a mitigação dessa adversidade, sendo imperativas políticas que possam contribuir para a garantia da oferta alimentar e erradicação da fome no Brasil.

Nesse sentido, o Convênio ICMS nº 100/1997 (Convênio 100) representou e ainda representa um verdadeiro marco dentre as medidas concretas mais relevantes para impulsionar avanços no agronegócio brasileiro. Referido ato normativo estabelece incentivos fiscais do Imposto sobre Circulação de Mercadorias e Serviços (ICMS) aplicáveis a operações envolvendo diversos insumos agropecuários.

A norma, que tem sido sucessivamente prorrogada e está atualmente vigente até 31.12.2025, possui o claro intuito de reduzir a carga tributária do imposto estadual e, consequentemente, o preço associado a produtos considerados relevantes e essenciais para este importante setor da economia.

---

6 Agropecuária tem a maior geração de emprego dos últimos 10 anos. CNA, 29 de janeiro de 2021. Disponível em: https://cnabrasil.org.br /publicacoes /agropecuaria -tem -a -maior -geracao -de -emprego -dos -ultimos -10-anos. Acesso em: 25 de julho de 2023.

7 Brasil tem 10,1 milhões passando fome, diz ONU. Folha de S. Paulo, 12 de julho de 2023. Disponível em: https://folha.com/sw01hrm3. Acesso em: 25 de julho de 2023.

8 The State of Food Security and Nutrition in the World. FAO, Roma, jul. 2023. Disponível em: https://www.fao.org/documents/card/en/c/cc3017en Acesso em: 31 de julho de 2023.

9 Brasil volta ao Mapa da Fome das Nações Unidas. G1, 06 de julho de 2022. Disponível em: https://g1.globo.com/jornal-nacional/noticia/2022/07/06/brasil-volta-ao-mapa-da-fome-das-nacoes-unidas.ghtml

De um modo geral, os benefícios instituídos aplicam-se às saídas de produtos destinados à pecuária, apicultura, aquicultura, avicultura, cunicultura, ranicultura e sericultura, abrangendo, portanto, os diversos ramos no agronegócio brasileiro.

Dentre os tratamentos tributários estabelecidos pela norma, destaca-se, para fins do presente trabalho, a redução da base de cálculo do ICMS em 60% nas saídas interestaduais de produtos definidos na Cláusula Primeira, que incluem os defensivos agrícolas como objeto da presente análise:

> **Cláusula primeira** Fica reduzida em 60% (sessenta por cento) a base de cálculo do ICMS nas saídas interestaduais dos seguintes produtos:
> I - inseticidas, fungicidas, formicidas, herbicidas, parasiticidas, germicidas, acaricidas, nematicidas, raticidas, desfolhantes, dessecantes, espalhantes, adesivos, estimuladores e inibidores de crescimento (reguladores), vacinas, soros e medicamentos, produzidos para uso na agricultura e na pecuária, inclusive inoculantes, vedada a sua aplicação quando dada ao produto destinação diversa;

Vale notar que a regra transcrita acima é bastante abrangente e não limita o seu campo de aplicação a defensivos agrícolas de natureza específica. Aplica-se tanto aos insumos de origem química como aos de origem biológica.

Em adição às saídas interestaduais, o Convênio 100, em sua Cláusula Terceira, também autoriza os Estados e o Distrito Federal a conceder redução de base de cálculo ou isenção do ICMS às operações internas – inclusive importação – realizadas com os produtos referidos nas cláusulas anteriores, bem como os defensivos agrícolas acima, observadas as respectivas condições estabelecidas na norma.

Ademais, nos termos da Cláusula Quarta do referido Convênio, na hipótese de o Estado ou o Distrito Federal não conceder a isenção ou a redução da base de cálculo em percentual, no mínimo, igual ao praticado pela unidade da Federação de origem, fica assegurado, ao estabelecimento que receber os produtos de outra unidade da Federação com redução de base de cálculo, crédito presumido de valor equivalente ao da parcela reduzida.

O Convênio 100 também prevê, em sua Cláusula Quinta, inciso II, que para efeito de fruição dos benefícios fiscais, os Estados e o Distrito Federal estão autorizados a exigir que o estabelecimento vendedor deduza do preço da mercadoria o valor correspondente ao ICMS dispensado, e que esta dedução esteja expressamente demonstrada na

Nota Fiscal. Trata-se de medida que visa à garantia do repasse do incentivo e uma a visibilidade ao adquirente quanto à redução tributária concedida.

À luz dos comentários acima, o presente artigo se propõe a trazer considerações a respeito da constitucionalidade e razoabilidade da redução da base de cálculo do ICMS estabelecida pelo Convênio 100 aos defensivos agrícolas, tema este submetido à análise do Supremo Tribunal Federal (STF) por meio da Ação Direta de Inconstitucionalidade (ADI) 5.553, pendente de conclusão de julgamento.

Além da avaliação jurídica pautada no regime constitucional vigente, pretende-se apresentar breves considerações a respeito do endereçamento do tema na proposta de Reforma Tributária atualmente em discussão no Congresso Nacional, aprovada pela Câmara dos Deputados[10]– a Proposta de Emenda Constitucional nº 45-A de 2019 (PEC 45-A/19).

2. A ADI 5.553: A CONTROVÉRSIA INSTAURADA NO STF

Conforme mencionado, o tema central do presente artigo se refere à controvérsia submetida à análise do STF, especificamente no âmbito da ADI 5.553, sendo relevante trazer breves comentários a respeito da questão e panorama atual da discussão no Tribunal.

A controvérsia tem origem em ação direta de inconstitucionalidade ajuizada pelo Partido Socialismo e Liberdade (PSOL) com o intuito de questionar a constitucionalidade das cláusulas primeira, inciso I e terceira do referido Convênio 100 e dos dispositivos da Tabela de Incidência do Imposto sobre Produtos Industrializados (TIPI) que estabelecem alíquota zero para determinados defensivos agrícolas.

Em linhas gerais, o autor da ação aduz que referidos dispositivos, ao estabelecer benefícios fiscais aplicáveis a – como denomina – "agrotóxicos", estimulariam o uso de tais produtos, implicando violação ao direito à saúde, inclusive dos trabalhadores que os manuseiam, e ao meio ambiente equilibrado, além de afrontar o princípio tributário da seletividade em função da essencialidade.

O Relator designado, ministro Edson Fachin, solicitou manifestações da Procuradoria Geral da República (PGR) e da Advocacia Geral da

---

10 À época da elaboração do presente artigo, a PEC 45/19 estava aprovada na Câmara dos Deputados e encaminhada para apreciação do Senado Federal.

União (AGU), sendo também admitidos diversos *amicus curiae*. As manifestações dos órgãos públicos pautaram-se em diferentes abordagens, sintetizadas abaixo:

- A AGU opinou pela constitucionalidade das normas questionadas e a consequente improcedência do pedido, por entender que "*a concessão de benefícios fiscais em relação aos agrotóxicos não implica, por si só, violação aos princípios constitucionais protetivos do meio ambiente e da saúde*", posicionando-se também pela ausência de ofensa à seletividade tributária. Reforça, ainda, que o objetivo da norma seria reduzir o custo de produção resultando em redução do preço dos alimentos ofertados aos consumidores e que o Poder Público já teria endereçado normas para regular e fiscalizar o uso exacerbado dos defensivos. A manifestação também contempla o fundamento essencialmente jurídico de que a concessão de isenção e demais benefícios fiscais representa ato de caráter discricionário, que não estaria sujeito ao crivo do Poder Judiciário, salvo quanto a critérios meramente formais previstos no art. 151, inciso III da Constituição Federal ("CF/88") e Lei de Responsabilidade Fiscal, conforme já decidido pelo STF.
- A PGR, de outro lado, manifesta-se pela procedência da ação, e, portanto, da inconstitucionalidade dos dispositivos questionados, por entender que as normas fomentariam operações com mercadorias que deveriam ser desincentivadas em razão dos potenciais impactos à saúde, principalmente dos trabalhadores, e ao meio ambiente, decorrentes de sua utilização em larga escala.

O julgamento da ADI foi iniciado em 30 de outubro de 2020, com a divulgação do voto do relator Ministro Fachin e, na oportunidade, suspenso por pedido de vista do Ministro Gilmar Mendes, que apresentou seu voto divergente na sessão virtual ocorrida de 09 de junho a 16 de junho de 2023.

Assim, até o momento, manifestaram-se de formas opostas os ministros Edson Fachin e Gilmar Mendes: o relator entende pela inconstitucionalidade dos benefícios, ao passo que o segundo ministro conclui pela constitucionalidade das normas.

Em seu voto, o ministro Fachin, apesar de reconhecer a importância do Convênio 100 para o fomento da agricultura e que a questão posta é bastante sensível para a economia nacional, se manifesta pela inconstitucionalidade da norma. Dentre os fundamentos utilizados, o

Ministro considera que a concessão de tais incentivos não atenderia ao princípio da seletividade tributária orientado pela essencialidade, o qual, sob uma perspectiva extrafiscal, deveria também ser observado à luz de outros bens tutelados pela Constituição, como o meio ambiente e a saúde do trabalhador (referindo-se à "seletividade ambiental" e à "seletividade sanitária").

Traz, ainda, o entendimento de que os incentivos questionados "*se distanciam do princípio constitucional do poluidor-pagador*", bem como que a potencial contaminação e ingestão humana representariam uma questão de saúde pública a ser considerada, além de apresentar considerações a respeito da necessidade de observância do princípio da precaução pelo Poder Público.

O voto do ministro também enfatiza a importância de incentivar o desenvolvimento e a adoção de práticas agrícolas mais sustentáveis (a "agroecologia"), aptas a reduzir a dependência de agrotóxicos e minimizar os impactos ambientais e à saúde, e aponta que a declaração de inconstitucionalidade "*abre as portas ao diálogo interinstitucional*", notificando diversas autoridades para providências quanto à fixação de alíquotas do IPI.

O ministro Gilmar Mendes, por sua vez, inaugura a divergência e julga a ADI improcedente por entender que os benefícios fiscais questionados não violam o direito à saúde ou ao meio ambiente equilibrado, ponderando que a concessão de incentivos não implicaria a utilização exacerbada dos defensivos, tanto em razão do custo que agregam à produção, quanto em decorrência das rígidas normas de controle e fiscalização atualmente existentes.

A fundamentação adotada pelo ministro é sintetizada, de forma clara e objetiva, no trecho abaixo extraído de seu voto:

> Conclui-se, assim, que a concessão dos benefícios fiscais questionados na presente ação não viola o direito à saúde ou ao meio ambiente equilibrado. A uma, porque **eventual lesividade de um produto não retira o seu caráter essencial**, a exemplo dos medicamentos. A duas, porque **há minucioso regramento no tocante à avaliação toxicológica, ambiental e agronômica para registro de defensivos agrícolas**, a fim de garantir que os seus efeitos negativos sejam minorados e superados pelos benefícios de seu uso. A três, porque **o atual estágio de desenvolvimento técnico-científico não permite a sua completa eliminação** em um país de clima tropical e dimensões continentais como o nosso. A quatro, porque o **benefício deve ser analisado em relação às consequências que produz, qual seja, reduzir o preço dos alimentos**. E, por fim, reitero que não

se trata aqui de uma escolha entre alimentos orgânicos, ou não, mas de ambos servirem ao objeto fundante da República Federativa do Brasil de eliminar a fome. (destaques nossos)

O julgamento encontra-se atualmente suspenso em razão do pedido de vista do Ministro André Mendonça, com o placar parcial de um voto pela inconstitucionalidade dos benefícios (ministro relator Edson Fachin) e um voto pela constitucionalidade (ministro Gilmar Mendes).

Apresentados os breves comentários a respeito da controvérsia instaurada no STF, passamos às nossas considerações a respeito da matéria. Destaca-se que, embora a ADI 5.553 abranja tanto o questionamento relativo ao ICMS quanto ao IPI, o presente artigo dedica-se a aprofundar a discussão sob a perspectiva do imposto estadual,

3. A CONSTITUCIONALIDADE DO BENEFÍCIO FISCAL DE ICMS À LUZ DO REGIME ATUAL

A relevância dos direitos fundamentais à saúde e ao meio ambiente é, a nosso ver, questão indiscutível. Contudo, pretende-se demonstrar que, à luz do regime jurídico constitucional atual e, baseando-se em uma ponderação adequada de valores e nos instrumentos alternativos e efetivos de controle e proteção ambiental, não se vislumbra inconstitucionalidade nos dispositivos do Convênio ICMS questionados no âmbito da ADI 5.553.

Ao traçar os contornos para a instituição do ICMS, a CF/88 conferiu, além da perspectiva arrecadatória, amplitude extrafiscal ao imposto estadual ao dispor que *"poderá ser seletivo, em função da essencialidade das mercadorias e dos serviços"* (art. 155, inciso II c/c §2°, inciso III da CF/88[11]).

---

11 Art. 155. Compete aos Estados e ao Distrito Federal instituir impostos sobre: (Redação dada pela Emenda Constitucional n° 3, de 1993)

II - operações relativas à circulação de mercadorias e sobre prestações de serviços de transporte interestadual e intermunicipal e de comunicação, ainda que as operações e as prestações se iniciem no exterior; (Redação dada pela Emenda Constitucional n° 3, de 1993)

§ 2° O imposto previsto no inciso II atenderá ao seguinte:

III - poderá ser seletivo, em função da essencialidade das mercadorias e dos serviços;

Ressalvadas as discussões relativas à terminologia utilizada para fins de ICMS e IPI (art. 153, inciso IV c/c §3º, inciso I da CF/88[12]), pode-se considerar que o constituinte de 1988 elegeu o critério da essencialidade para orientar a gradação das alíquotas a serem adotadas para o ICMS, de modo que, caso o poder legislativo do ente federativo optasse pela adoção de alíquotas diferenciadas em função da mercadoria ou do serviço, a essencialidade deveria ser considerada o fio condutor dessa definição.

Diante dos relevantes efeitos decorrentes do critério da essencialidade, este conceito é, há tempos, objeto de intenso debate na doutrina e na jurisprudência. No final de 2021, por ocasião do julgamento do Recurso Extraordinário nº 714.139/SC (Tema 745 de Repercussão Geral)[13] o alcance do princípio da seletividade do ICMS definido pelo art. 155, §2º, inciso III da CF/88 foi apreciado pelo STF que, ao se debruçar sobre a questão, determinou que a previsão de alíquotas do imposto sobre operações com energia elétrica e serviços de comunicação superiores às alíquotas previstas para operações em geral afrontaria o princípio da seletividade, dada a evidente essencialidade de tal bem e serviço. Na oportunidade, fixou-se a seguinte Tese:

> Adotada pelo legislador estadual a técnica da seletividade em relação ao Imposto sobre Circulação de Mercadorias e Serviços (ICMS), discrepam do figurino constitucional alíquotas sobre as operações de energia elétrica e serviços de telecomunicação em patamar superior ao das operações em geral, considerada a essencialidade dos bens e serviços.

Veja-se que, no precedente, a fonte geradora da energia elétrica (por exemplo, origem fóssil ou renovável) não foi considerada na fundamentação, sendo a determinação da redução de alíquotas pautada na conclusão evidente de que a energia elétrica é um bem essencial.

Assim, fato é que a instituição de alíquotas diferenciadas de ICMS – sobretudo majoradas – deve necessariamente ser orientada pelo critério da essencialidade, tributando-se de forma mais branda

---

12 Art. 153. Compete à União instituir impostos sobre:

IV - produtos industrializados;

§ 3º O imposto previsto no inciso IV:

I - será seletivo, em função da essencialidade do produto;

13 Recurso Extraordinário nº 714.139/SC. Tema 745 de Repercussão Geral. Relator Ministro Marco Aurélio. Redator do Acórdão Ministro Dias Toffoli.

mercadorias e serviços essenciais e de maneira mais expressiva aqueles considerados supérfluos.

Embora referido critério seja propriamente direcionado à instituição de alíquotas diferenciadas, nos parece que, dentre outros aspectos que orientam a concessão de benefícios fiscais, é possível considerar que a lógica constitucional da essencialidade está, de certa forma, resguardada. É dizer: ainda que os incentivos possam ser concedidos para finalidades diversas que os justifiquem à luz da oportunidade e conveniência dos entes competentes, respeitados os ditames constitucionais e legais para a sua criação, a essencialidade dos produtos beneficiados pode ser uma das diretrizes para a sua instituição.

Nesse sentido, deve-se considerar que os defensivos agrícolas incentivados pelo Convênio 100 – seja de natureza química ou biológica – são eminentemente essenciais para o desenvolvimento da atividade agrícola, nacional e global. Tais insumos permitem a redução significativa das perdas na produção agrícola por meio do controle de pragas, contribuindo para a maior oferta de produtos relevantes, como alimentos humano e animal, culturas agrícolas que dão origem a produtos industrializados e biocombustíveis, os quais representam importante insumo para a transição energética.

Para que se tenha ideia da relevância dos defensivos agrícolas, vale mencionar que um estudo apoiado pelas Nações Unidas, publicado em 2021, aponta que cerca de 40% da produção agrícola global é perdida em razão de pragas e doenças, trazendo consequências econômicas e efeitos para a própria biodiversidade[14].

O mesmo estudo também demonstra o impacto causado pelas mudanças climáticas na proliferação de pragas. Nessa linha, a necessidade de utilização de defensivos agrícolas se revela ainda mais significativa se consideradas as condições climáticas brasileiras, sendo tais produtos fundamentais para a redução de danos à produção agrícola, garantindo a produtividade e os custos acessíveis.

A Nota Técnica nº 40/2016 do MAPA, apresentada nos autos da ADI 5.553, evidencia a imprescindibilidade atual do uso de defensivos agrícola, sobretudo considerando as particularidades do clima prevalecente no Brasil:

DA ESSENCIALIDADE DOS DEFENSIVOS AGRÍCOLAS

---

14 Informações disponíveis em https://www.fao.org/brasil/noticias/detail-events/en/c/1411810/ Acesso em 2 de agosto de 2023.

O consumo de defensivos agrícolas no Brasil é demandado, sobretudo, pelo fato de sua agricultura estar sob o clima tropical, o que exige emprego sistemático de tecnologias para controle de pragas e doenças.

Estando em região tropical, o Brasil exige o emprego de tecnologias próprias para superar suas limitações. (...) No Brasil, todas as culturas agrícolas estão sujeitas a pragas, de modo que medidas de controles são necessárias, incluindo o uso de produtos fitossanitários, para reduzir danos, manter a produtividade, qualidade e custos compatíveis dos produtos agrícolas.

(...) A produtividade no Brasil cresce de maneira muito mais acelerada do que a área plantada, aumentando a disponibilidade de alimentos e preservando o meio ambiente. O aumento da produtividade com a manutenção da área plantada só é possível com o uso de tecnologias, entre elas, a utilização de produtos fitossanitários.

Se os produtos fitossanitários não fossem utilizados, a produção agrícola sofreria redução da ordem de 50%. Sem defensivos seria necessário praticamente dobrar a área cultivada para a produção atual, com a incorporação de terras hoje cobertas de floresta, com elevação nos preços dos alimentos, fibras e agroenergia. O que se pode dizer, na verdade, é que o Brasil é o país mais eficiente no consumo de defensivos.

Em complemento às considerações acima expostas, não é demais reforçar que a maior oferta de alimentos possibilitada pelo uso de defensivos agrícolas é essencial para endereçar um problema antigo, mas ainda muito presente: a fome.

A adoção de medidas de fomento à produção agrícola é, assim, crucial para atingir o direito à alimentação adequada, valor resguardado pela CF/88, não só como inerente ao fundamento da dignidade da pessoa humana[15], mas também explícito nos artigos 6[16] (direitos sociais) e art. 227[17] do texto constitucional.

---

15 Art. 1º A República Federativa do Brasil, formada pela união indissolúvel dos Estados e Municípios e do Distrito Federal, constitui-se em Estado Democrático de Direito e tem como fundamentos:

(...)

III - a dignidade da pessoa humana;

16 Art. 6º São direitos sociais a educação, a saúde, a alimentação, o trabalho, a moradia, o transporte, o lazer, a segurança, a previdência social, a proteção à maternidade e à infância, a assistência aos desamparados, na forma desta Constituição.

Parágrafo único. Todo brasileiro em situação de vulnerabilidade social terá direito a uma renda básica familiar, garantida pelo poder público em programa permanente de transferência de renda, cujas normas e requisitos de acesso serão determinados em lei, observada a legislação fiscal e orçamentária

17 Art. 227. É dever da família, da sociedade e do Estado assegurar à criança, ao adolescente e ao jovem, com absoluta prioridade, o direito à vida, à saúde, à ali-

E é justamente nesse contexto que as medidas tributárias de incentivo se inserem. Os Estados e o Distrito Federal, concordando com a relevância de criar políticas para a redução do custo associado a insumos agropecuários e seguindo os ditames da política agrícola estabelecida pela Lei nº 8.171/1991 (art. 4º, XIV[18]), instituíram o benefício fiscal abrangido pelo Convênio 100, fundamental à oferta alimentar e ao desenvolvimento social e econômico do país.

Isso porque, como já mencionado, ao estabelecer a redução tributária aos defensivos agrícolas, os entes federativos objetivaram, por evidente, reduzir um custo de produção relevante da cadeia agrícola, tendo por intuito baratear e ampliar a oferta de alimentos e outros produtos, impactando, inclusive, os índices inflacionários do país. Além disso, não se pode ignorar que o custo dos produtos oferecidos ao mercado internacional também é afetado pela medida, de modo que, além de ser diretamente benéfica à população, contribui para o incremento das exportações brasileiras.

Vale notar que o custo do ICMS é, em regra, repassado na cadeia até o consumidor final, sendo este mais um elemento relevante a ser considerado na discussão. Isto é dizer que a revogação deste benefício impactaria, ainda que indiretamente, os consumidores, que, em regra, arcam com os custos do produto adquirido, inclusive os tributários.

Diante dessas considerações, tem-se que, em sendo a essencialidade um critério eleito pelo regime constitucional então vigente, não há que se falar em afronta à seletividade e, consequentemente, inconstitucionalidade das cláusulas do Convênio 100 impugnadas. O que se tem, em verdade, é a preservação deste critério pelo benefício discutido, justamente em razão da finalidade de estimular a cadeia produtiva de alimentos, biocombustíveis e demais *commodities*, mediante a redução de um dos custos de produção.

Demonstrado o papel relevantíssimo dos defensivos agrícolas na cadeia de valor do agronegócio, vale destacar que, com a evolução tecno-

---

mentação, à educação, ao lazer, à profissionalização, à cultura, à dignidade, ao respeito, à liberdade e à convivência familiar e comunitária, além de colocá-los a salvo de toda forma de negligência, discriminação, exploração, violência, crueldade e opressão. (…)

18 Art. 4º As ações e instrumentos de política agrícola referem-se a:

(…)

XIV - tributação e incentivos fiscais;

lógica, o desenvolvimento e o emprego destes produtos têm se tornado cada vez mais seguros, além de serem sujeitos a regras de controle bastante rígidas.

Conforme já exteriorizado neste artigo, a preocupação com o meio ambiente e a saúde são, sem dúvidas, pautas constitucionais e internacionais importantíssimas. Por isso é que as práticas potencialmente lesivas devem ser (e são) objeto de rigoroso controle e fiscalização por autoridades técnicas competentes, questões essas totalmente dissociadas da perspectiva tributária indicada acima.

Nessa linha, *"a pesquisa, a experimentação, a produção, a embalagem e rotulagem, o transporte, o armazenamento, a comercialização, a propaganda comercial, a utilização, a importação, a exportação, o destino final dos resíduos e embalagens, o registro, a classificação, o controle, a inspeção e a fiscalização de agrotóxicos"* são estritamente regulamentados pela Lei nº 7.802/1989 e pelo Decreto nº 4.074/2002, que preveem um minucioso processo para a aprovação do registro desses produtos, além de normas fiscalizatórias e sanções impostas aos infratores.

Confira-se, nesse sentido, relevante trecho do voto do Ministro Gilmar Mendes na ADI 5.533:

> A partir dessa disposição legal e do Decreto 4.074/02, percebe-se que, para que um defensivo agrícola tenha o uso autorizado no território brasileiro, é previsto um minucioso processo de análise, aprovação e consequente registro, em que há participação do Ministério da Agricultura, Pecuária e Abastecimento (responsável pela avaliação da eficácia dos produtos), ANVISA (responsável pela avaliação toxicológica) e IBAMA (responsável pela avaliação ambiental).
>
> (...)
>
> Há, portanto, um exame completo do ponto de vista ambiental, toxicológico e da efetividade dos defensivos agrícolas para que eles sejam registrados em território brasileiro.
>
> Ainda na seara normativa, não somente o fornecimento dos agroquímicos é regulado, mas a aplicação dos produtos propriamente deve seguir as determinações legais, fato que busca impedir que o uso exceda os parâmetros governamentais de segurança. Isso porque os produtos devem conter informações específicas que garantam a utilização segura – aprovada pelos órgãos governamentais competentes – e a sua inobservância pode acarretar sanções administrativas, civis e penais. Confira-se, por oportuno, o art. 14, caput e alínea "b" do diploma: (...)

A já mencionada Nota Técnica Nº 40/2016 do MAPA também reforça o elevado nível de rigor fiscalizatório ao qual os defensivos agrícolas são submetidos no Brasil, em diferentes níveis, por diferentes órgãos. Veja-se:

DO REGISTRO DE DEFENSIVOS AGRÍCOLAS

É importante esclarecer que, para que um defensivo agrícola possa ser produzido, utilizado e comercializado é necessário que esteja devidamente registrado nos órgãos federais competentes (Ministério da Agricultura, Pecuária e Abastecimento – MAPA, Agência Nacional de Vigilância Sanitária – ANVISA e Instituto Brasileiro do Meio Ambiente e dos Recursos Naturais Renováveis – IBAMA).

Nesse processo, a ANVISA é responsável pela avaliação toxicológica, o IBAMA pela avaliação ambiental e este Ministério pela avaliação da eficácia dos produtos.

O processo de avaliação desses produtos é rígido, uma vez que para que sejam aprovados são realizados inúmeros testes laboratoriais e de campo, os quais, dentre outros pontos, garantem a sua segurança ambiental e toxicológica. Em média, são avaliados mais de 500 estudos, entre eles estudos sobre resíduos, bioacumulação, persistência, bioquímicos, toxicológicos agudos, crônicos, toxidade para animais superiores, entre outros, antes da concessão de um registro.

O amplo aparato normativo de regulação e fiscalização é direcionado para evitar o uso indiscriminado e permitir uma difusão consciente e controlada dos defensivos agrícolas, contribuindo para que atinjam a sua função precípua de otimizar a produção agrícola, sem causar impactos relevantes à saúde e ao meio ambiente.

Um exemplo das referidas normas de controle refere-se à exigência de receituário prescrito por profissionais legalmente habilitados para a venda de agrotóxicos, prevista no art. 13 da Lei nº 7.820/1989[19]. Assim como medicamentos de uso controlado, a comercialização destes produtos deve ser feita mediante a apresentação de receita assinada por profissional habilitado.

Tem-se, portanto, que além dos instrumentos de natureza econômica (categoria na qual se inserem as políticas fiscais), o Poder Público dispõe de outras formas efetivas para a proteção do meio ambiente, sobretudo os chamados 'instrumentos de comando e controle', que, como

---

19 Art. 13. A venda de agrotóxicos e afins aos usuários será feita através de receituário próprio, prescrito por profissionais legalmente habilitados, salvo casos excepcionais que forem previstos na regulamentação desta Lei.

ensina BARROS, "*se caracterizam pela utilização de formas de regulação direta via legislação e normas*"[20].

E, no caso em questão, o Poder Público elegeu essas medidas para controlar e impedir o emprego abusivo e eventualmente prejudicial dos defensivos agrícolas, garantindo que a utilização desses produtos atenda aos fins almejados, sem, contudo, implicar danos expressivos ao meio ambiente e à saúde.

Sobre o ponto, vale mencionar o próprio §3º do art. 225 da CF/88 que dispõe que "*as condutas e atividades consideradas lesivas ao meio ambiente sujeitarão os infratores, pessoas físicas ou jurídicas, a sanções penais e administrativas, independentemente da obrigação de reparar os danos causados*", prevendo, assim, a sanções penais e administrativas como instrumentos legítimos para garantir a preservação do meio ambiente.

Além de todo o exposto acima, não nos parece haver uma relação necessária e direta entre o incentivo fiscal concedido e o volume de defensivos agrícolas adquiridos e utilizados por agroprodutores[21].

Especificamente, em princípio não há uma tendência direta e objetiva de produtores agrícolas utilizarem quantidades superiores de agrotóxicos tão somente em razão da diminuição de seu preço causada pela política fiscal, dado que (i) ainda que o custo tributário possa ser reduzido, ele ainda existe, bem como o próprio custo de aquisição do defensivo em si; e (ii) o excesso do uso dos defensivos pode vir, em última análise, a reduzir a própria produção agrícola, o que naturalmente não é do seu interesse.

Pode-se dizer, portanto, que a demanda deste produto atualmente é inelástica, de modo que os produtores utilizarão a quantidade necessária para manter a sua produção agrícola protegida dos ataques de pragas e doenças, independentemente de qualquer benefício fiscal, até para manter a sua produtividade e, por via de consequência, lucratividade.

Desse modo, a nosso ver, o benefício fiscal discutido não representa necessariamente um elemento indutor à aquisição de agrotóxicos per se, como é o caso, por exemplo, de benefícios instituídos para automó-

---

20 BARROS, Dalmo Arantes et al. Breve análise dos instrumentos da política de gestão ambiental brasileira. Política & Sociedade, Florianópolis, Vol. 11, Nº 22, nov de 2012, p. 157

21 Essa perspectiva também é abordada na referida Nota Técnica 40/2016 do MAPA.

veis elétricos, painéis solares, dentre outros produtos cujo consumo se pretende estimular. Da mesma forma, não se trata de bens manifestamente prejudiciais à saúde, como cigarros e bebidas alcóolicas, que são diretamente afetados diretamente pela função extrafiscal das normas tributárias.

A conclusão necessária a que se chega é que o objetivo do Convênio 100 não se resume simplesmente à redução da carga tributária aplicável à cadeia de defensivos, mas sim à atenuação de um custo inerente aos produtos agrícolas, com destaque para os alimentos. Uma vez revogado o benefício, o impacto imediato não parece ser a redução da utilização do insumo, mas sim a (i) oneração da cadeia de produção de alimentos, biocombustíveis e outros produtos caros à população brasileira e, por via de consequência, à balança comercial do país; (ii) potenciais efeitos no aumento dos índices de inflação; (iii) a redução da renda de agricultores (com prejuízo significativo aos pequenos produtores); e (iv) indução da informalidade na aquisição de tais produtos.

Como descrito acima, a demanda de mercado dos defensivos agrícolas é inelástica, dado que o seu uso representa nada mais do que a mera proteção da produção agrícola em face de pragas e outras doenças.

Havendo de um lado a demanda inelástica acima mencionada, e por outro, limitações ao preço de venda da produção agrícola – seja para o mercado internacional por se tratarem de commodities, cujo preço é estipulado pelo próprio mercado; seja, para o mercado doméstico, de modo a se viabilizar o acesso a alimentos em um país atualmente acometido pela insegurança alimentar – evidentemente o aumento exacerbado da carga tributária induzirá diretamente o mercado informal de tais produtos, o que não é desejável por qualquer ângulo que se analise.

Isso porque o mercado informal ensejaria tanto a redução no recolhimento dos tributos (não apenas ICMS, mas também tributos federais), como também excluirá os produtos dos controles regulatórios e sanitários, representando, de forma efetiva, risco à saúde dos trabalhadores e ao meio ambiente.

Vale mencionar ainda que um dos aspectos indicados para se alegar a suposta inconstitucionalidade do Convênio 100 consiste na possibilidade de uso de defensivos agrícolas descontinuados em outros países relevantes.

Tal fundamento, quer nos parecer, é estranho ao direito tributário, sendo matéria de natureza eminentemente regulatória. Em sendo comprovado cientificamente que determinado defensivo agrícola é ineficaz ao uso ao qual se destina, ou que sua potencial lesividade é superior à sua produtividade, entendemos que competiria à autoridade regulatória respectiva suspender o direito de importação, produção, comercialização e uso.

Não nos parece fazer sentido ou haver conexão que as autoridades fiscais estaduais – ou mesmo o Poder Judiciário, no contexto de julgamento de índole tributária – deveriam excluir incentivos fiscais de forma ampla e generalizada para todo e qualquer tipo de defensivo agrícola pelo fato de um ou outro não se revelarem producentes do ponto de vista ambiental. Tal incompatibilidade, na nossa visão, é ainda mais latente ao se assumir que, por um lado, se retirariam os incentivos fiscais de ICMS sobre tais defensivos, mas a legislação regulatória manteria a possibilidade de seu uso no país.

Assim, um exame holístico, razoável e proporcional da controvérsia leva ao entendimento de que não há qualquer inconstitucionalidade nas normas do Convênio 100 instituidoras do benefício em discussão. Primeiro porque é clara a essencialidade do insumo para a garantia de estabilidade na oferta de alimentos e outros produtos a um preço justo. Ademais, não há prova de uma relação direta entre o montante de defensivos agrícolas utilizados e o benefício fiscal conferido pelo Convênio 100. Por fim, o registro e a utilização de tais produtos passam por um rígido processo de controle e fiscalização, exercido, conjuntamente, por órgãos e institutos governamentais que atuam nas mais diversas frentes, garantindo o seu uso seguro e racional – o MAPA, o IBAMA e a ANVISA.

Nos parece que a solução conferida foi justamente manter o benefício fiscal para evitar um incremento indesejável no custo de produção de alimentos que, por evidente, seriam repassados aos consumidores finais e, por outro lado, perseguir a proteção do meio ambiente por meio de medidas rigorosas de controle e verificação.

É evidente que deve existir o estímulo, sob múltiplas perspectivas, ao avanço de novos produtos e tecnologias, como as resultantes da chamada "química verde", até que surjam opções alternativas aos defensivos agrícolas atuais em níveis suficientes e acessíveis no mercado[22]. Também deve haver um forte fomento ao desenvolvimento da agroecologia e da agricultura orgânica para que, num futuro, possam ser acessíveis a toda população[23]. Entretanto, entendemos que tais estímulos devem se dar de forma paralela aos incentivos atualmente vigentes, num modelo de transição que não implique a redução imediata de um tratamento que atualmente garante a produção agrícola em larga escala e, consequentemente, a oferta de alimentos.

A busca de equilíbrio e de um ambiente economicamente viável não significa ignorar preocupações ambientais. A abordagem transitória deve se dar de forma gradual e bem estruturada para evitar efeitos adversos de curto e médio prazo. O desafio é justamente criar condições para um ambiente ecologicamente equilibrado às futuras gerações sem comprometer, de forma drástica, as gerações atuais.

4. BREVES COMENTÁRIOS A RESPEITO DOS POSSÍVEIS IMPACTOS À LUZ DA REFORMA TRIBUTÁRIA

A PEC nº 45-A/19, também aqui referida como "PEC da Reforma Tributária", tem por intuito a modificação do Sistema Tributário Nacional, com foco em uma reforma tributária sobre o consumo.

Nesse sentido, a Reforma Tributária tem sido destacada como a prioridade do governo e da legislatura em exercício, mencionada como um vetor para destravar o crescimento econômico do Brasil e melhorar o ambiente de negócios.

Em sessão deliberativa extraordinária ocorrida no dia 07 de julho de 2023, decorrente da adoção de Regime de Tramitação Especial, a PEC nº 45-A/2019 foi aprovada em dois turnos na Câmara dos Deputados, sendo enviada para apreciação e votação em dois turnos no Senado Federal. Embora o texto deva, possivelmente, receber algumas modificações no âmbito do Senado, a condução e os esforços em torno da Reforma Tributária indicam que não deve haver mudanças estruturais no texto encaminhado pela Câmara dos Deputados.

---

22 Conforme manifestado pela AGU nos autos da ADI 5553, "Outrossim, no estágio atual, a ciência ainda não conseguiu proporcionar uma alternativa, realmente, eficaz, ou seja, ainda não viabilizou aumento eficaz e economicamente viável da produção agrícola, sem o uso de agrotóxicos, substâncias que preservam as plantas e os alimentos da ação danosa de seres vivos considerados nocivos".

23 Nesse sentido, há, inclusive, a Política Nacional de Agroecologia e Produção Orgânica, instituída pelo Decreto nº 7.794/2012.

Diante da iminência de uma Reforma Tributária sobre o consumo, não há como ignorar que o tema central do presente artigo também poderá ser significativamente impactado. O presente tópico não possui o intuito de exaurir a análise e os potenciais debates relacionados aos impactos da Reforma Tributária vislumbrados para o agronegócio. Pretende-se apenas trazer alguns elementos importantes que tangenciam o tema ora abordado com breves comentários relativos aos potenciais efeitos e pontos de atenção a serem verificados em caso de promulgação de Emenda Constitucional decorrente da PEC nº 45-A/2019[24].

Em linhas gerais, a PEC nº 45-A/2019 tem por princípios basilares a simplicidade, transparência, justiça tributária, equilíbrio, defesa do meio ambiente, manutenção de carga tributária global e eficiência. Com a pretensão de concretizar tais premissas, a PEC da Reforma Tributária propõe a unificação de cinco tributos atualmente incidentes sobre o consumo (PIS, COFINS, IPI, ICMS e ISS) em apenas três: a Contribuição sobre Bens e Serviços (CBS), de competência federal, o Imposto sobre Bens e Serviços (IBS), de competência estadual/municipal (os quais são conjuntamente denominados IVA Dual) e o Imposto Seletivo (IS), de competência federal.

Dentre os aspectos que permeiam a incidência da CBS e do IBS, destacamos que a proposta prevê: (i) base de incidência ampla, de modo que todas as atividades econômicas com bens, serviços, tangíveis ou intangíveis seriam sujeitas aos tributos; (ii) não incidência na exportação; (iii) incidência "por fora", isto é, sem a inclusão da CBS e IBS nas próprias e respectivas bases; (iv) princípio do destino, com a aplicação de alíquotas e destinação de recursos conforme estado e município de destino; (v) não cumulatividade plena, sendo garantido o direito a crédito da CBS e do IBS em qualquer aquisição de bens e serviços, exceto nos casos de uso e consumo pessoal (critério não definido na PEC), isenção ou não incidência; (vi) ressarcimento de créditos acumulados, com prazo disciplinado por Lei Complementar; e (vii) alíquota única.

De um modo geral, vale destacar que, com relação a vários aspectos relevantes, a PEC nº 45-A/2019 não confere elementos suficientes à adequada compreensão da alteração proposta e aos debates, dado que diversos temas fundamentais são amplamente delegados à Lei Comple-

---

24 As considerações dos autores têm por base o texto aprovado pela Câmara dos Deputados no dia 07 de julho de 2023.

mentar, sem a definição de parâmetros mínimos a orientar a atuação do legislador infraconstitucional.

Feitos esses comentários introdutórios, passa-se a apresentar questões para a reflexão que se relacionam ao tema objeto deste artigo.

O primeiro aspecto a ser considerado é que a Reforma Tributária tem como um dos propósitos extinguir ao máximo os incentivos fiscais e tratamentos tributários diferenciados, com vistas a uniformizar o tratamento aplicável a praticamente todos os setores. Diante disso, a proposta aprovada pela Câmara estabelece restrição à concessão de novos incentivos fiscais ou, ainda, à prorrogação dos atualmente vigentes, mesmo que constitucionalmente instituídos, no âmbito do CONFAZ, como é o caso do incentivo aqui discutido.

A PEC nº 45-A/2019, contudo, prevê categorias de bens e serviços sobre os quais a Lei Complementar poderá estabelecer exceções à alíquota única do CBS e IBS, com redução em 100% (cem por cento) ou 60% (sessenta por cento). Merece destaque a possibilidade de redução em 60% do IVA Dual incidente sobre *produtos agropecuários, aquícolas, pesqueiros, florestais e extrativistas vegetais in natura* e *insumos agropecuários e aquícolas, alimentos destinados ao consumo humano e produtos de higiene pessoal*.

Note-se, assim, que a relevância dos insumos agropecuários – categoria na qual insere-se, sem dúvidas, os defensivos agrícolas – é tamanha, que a própria PEC nº 45-A/2019, apesar de ser orientada pelo vetor da simplicidade e unificação de alíquota, prevê a possibilidade de redução em 60% das alíquotas do IVA Dual aplicáveis sobre tais produtos. Ainda há incerteza quanto aos insumos que serão eleitos pela Lei Complementar para gozar da alíquota reduzida, mas é possível afirmar que a essencialidade desta categoria de bens é reconhecida não só pelo regime tributário constitucional atual, como pelo regime que se pretende constituir.

Ademais, outra premissa da Reforma Tributária é contribuir para a preservação do meio ambiente, o que, tal como já mencionado, é realmente um objetivo a ser perseguido, de maneira equilibrada.

Nesse sentido, a PEC nº 45-A/2019 prevê a instituição do Imposto Seletivo – IS sobre a *produção, comercialização ou importação de bens e serviços prejudiciais à saúde ou ao meio ambiente, nos termos da lei*. Essa redação, contudo, apresenta uma delegação genérica e ampla à lei, o que traz subjetividade e insegurança jurídica sobre quais bens serão potencialmente atingidos pelo novo imposto, o que é agravado pelo fato de que não há limites fixados para a carga tributária relativa ao novo IS.

O conceito de *"bens e serviços prejudiciais à saúde ou ao meio ambiente"* nos parece, inclusive, bastante amplo, sem qualquer referencial objetivo apresentado na proposta de Reforma Tributária. É evidente que, em um esforço interpretativo, diversos produtos podem ser considerados como manifestamente prejudiciais à saúde ou ao meio ambiente, mas outros comportam diferentes níveis de potencial prejudicialidade que trazem consigo um elemento subjetivo muito relevante, de modo que, a nosso ver, critérios mais precisos deveriam ser incluídos da CF.

Veja-se que diversos bens e serviços podem ser avaliados sob óticas distintas e serem qualificados, ou não, como prejudiciais à saúde e ao meio ambiente. Cite-se, como exemplo, a energia elétrica. Embora seja incontroversamente essencial, pode ter origem em diversas fontes: algumas mais poluentes (como carvão e petróleo), fontes intermediárias (como o gás natural), e fontes limpas (como eólica, hidrelétrica e solar). Diante disso, pergunta-se: a energia elétrica será sujeita ao IS? A fonte específica será considerada para esse fim? Não há resposta clara até o momento.

Este exemplo aplica-se também aos defensivos agrícolas dado que, apesar de poderem ser, em situações extremas, potencialmente prejudiciais à saúde e ao meio ambiente, como regra não o são, bem como se qualificam como produtos também considerados essenciais, conforme se extrai do próprio texto proposto ao permitir a redução de alíquotas sobre "insumos agrícolas", e submetidos a rígidas normas de controle para garantia de um emprego seguro.

De qualquer forma, em sendo mantido o texto aprovado pela Câmara dos Deputados, os bens e serviços sujeitos a alíquotas reduzidas da CBS e do IBS não poderão ser sujeitos ao IS, dado que, como acima mencionado, a coexistência de ambos os regimes seria um verdadeiro contrassenso. Em razão disso, há previsão específica que afasta expressamente o IS aos bens e serviços sujeitos a alíquotas reduzidas.

Por fim, não podemos deixar de comentar que, logo antes do início da votação, o mercado foi surpreendido pela apresentação de Emenda Aglutinativa de Plenário (EMA), que modificou e compôs o texto da PEC nº 45-A/2019 aprovado. Nessa oportunidade, inseriu-se o artigo 20 ao texto proposto, atualmente contemplado pelo artigo 19 do texto encaminhado ao Senado Federal, que assim dispõe:

Art. 19. Os Estados e o Distrito Federal poderão instituir contribuição sobre produtos primários e semielaborados, produzidos nos respectivos territórios, para investimento em obras de infraestrutura e habitação, em substituição a contribuição a fundos estaduais, estabelecida como condição à aplicação de diferimento, de regime especial ou de outro tratamento diferenciado, relacionados com o imposto de que trata o art. 155, II, da Constituição Federal, prevista na respectiva legislação estadual em 30 de abril de 2023.

Parágrafo único. O disposto neste artigo aplica-se até 31 de dezembro de 2043.

Esse artigo confere a possiblidade de os estados e o Distrito Federal instituírem contribuição sobre produtos primários e semielaborados produzidos nos seus respectivos territórios em substituição às contribuições existentes na legislação dos estados em 30 de abril de 2023 como condição à fruição de diferimento, de regime especial ou de outro tratamento diferenciado, com vistas a financiar obras de infraestrutura e habitação. Contudo, a própria constitucionalidade atual de tais contribuições a fundos estaduais já é atualmente alvo de grande controvérsia judicial.

A manutenção dessa possível contribuição no texto constitucional – estendendo-a para após a extinção do ICMS, inclusive – pode impactar significativamente o agronegócio brasileiro, por se tratar de um setor primordialmente destinado à produção de produtos primários e semielaborados (como alimentos). Sob a perspectiva econômica, é evidente que essas contribuições resultariam no aumento direto da carga tributária de tais produtos, implicando, ainda, efeitos cumulativos à cadeia dos produtos por ela abrangidos, o que pode agravar não só o custo ofertado aos consumidores nacionais, como resultar perda de competitividade dos produtos brasileiros no mercado internacional.

Assim, entendemos que tal dispositivo deveria ser excluído da PEC, justamente por caminhar na contramão da essência e dos princípios da Reforma Tributária. Refere-se, certamente, a mais um ponto de atenção ao agronegócio, por representar um potencial custo direto a ser agregado a cadeia produtiva, de modo a impactar o preço do produto oferecido no marcado doméstico (alimentos, biocombustíveis) e internacional (exportações), ou, a depender do cenário econômico, pressionar ainda mais a margem já reduzida do produtor agrícola, ensejando desincentivo ao investimento pela relação desproporcional entre assunção de riscos e rentabilidade.

5. CONCLUSÕES

Com base nas considerações apresentadas acima, tem-se que, embora seja sempre desejável um cenário futuro cada vez mais permeado por práticas totalmente sustentáveis, não se vislumbra inconstitucionalidade efetiva no benefício instituído pelo Convênio 100 aos defensivos agrícolas.

Isso porque o intuito do Convênio 100 não é tão somente reduzir a carga tributária incidente sobre os defensivos agrícolas. O objetivo precípuo da norma é atenuar um custo relevante à produção agrícola, impactando o preço de alimentos, biocombustíveis e outros produtos essenciais não só para o mercado doméstico, como para a própria balança comercial brasileira.

Diante disso, entendemos que uma interpretação razoável da controvérsia, objeto de debate no âmbito da ADI nº 5.553, deve conduzir ao entendimento pela ausência de inconstitucionalidade, dado que:

I. Os defensivos agrícolas são insumos claramente essenciais para a garantia de oferta de alimentos acessíveis, atendendo, portanto, o princípio da seletividade tributária;

II. Não é possível estabelecer uma relação direta e necessária entre a quantidade de defensivos agrícolas utilizados e o benefício fiscal concedido, sendo certo que os produtores sempre buscarão otimizar seus custos com vistas a obter maior produtividade e lucratividade; e

III. No Brasil, o registro e a utilização de defensivos agrícolas são submetidos a normas rígidas de controle e fiscalização, exercida por diversos órgãos, com o intuito de evitar o uso exacerbado e garantir a segurança no emprego destes produtos.

Além disso, a preservação desse benefício não impede que o avanço de novas tecnologias e práticas sustentáveis (como a agroecologia) sejam paralelamente incentivadas, para que opções alternativas acessíveis tornem-se realidade no futuro.

A nosso ver, a transição deve se dar de forma racional e gradual, com vistas a contribuir para um ambiente ecologicamente equilibrado para as futuras gerações, sem causar distorções e impactos relevantes às gerações atuais.

Inclusive, caso a crítica se refira aos tipos de defensivos agrícolas utilizados no Brasil, o mecanismo correto para corrigir eventual distorção consiste na via regulatória, mediante a suspensão do direito de comercialização dos respectivos defensivos agrícolas que não apresentam boa relação de custo-benefício ambiental ou sanitário. A ampla supressão de incentivo fiscal setorial, que não atingirá somente tais defensivos agrícolas em espécie, se revela inapropriada e até sem sentido.

De todo modo, o tema é bastante dinâmico e traz reflexões sob as mais diversas perspectivas, sendo importante aguardar o desfecho do julgamento da ADI 5.553 pelo STF, sem se esquecer do andamento e possíveis impactos decorrentes da Reforma Tributária.

ATUALIDADES SOBRE A NÃO INCIDÊNCIA DO ICMS SOBRE AS TRANSFERÊNCIAS ENTRE ESTABELECIMENTOS DO MESMO CONTRIBUINTE: ADC 49, CONVÊNIO ICMS Nº 178/202 E PLP Nº 116/2023

Douglas Mota[1]
Lyvia de Moura Amaral Serpa[2]

---

1 Advogado do escritório Demarest Advogados e Mestre em Direito Tributário pela PUC/SP.

2 Advogada do Demarest Advogados e Doutora em Direito pela UERJ, na linha de Finanças Públicas, Tributação em Desenvolvimento.

1. ADC 49 E A NÃO INCIDÊNCIA DO ICMS SOBRE TRANSFERÊNCIAS ENTRE ESTABELECIMENTOS DO MESMO CONTRIBUINTE

Em abril de 2021, o Supremo Tribunal Federal (STF) julgou improcedente a Ação Declaratória de Constitucionalidade 49 (ADC 49), para declarar a inconstitucionalidade dos arts. 11, § 3º, II, 12, I, no trecho "ainda que para outro estabelecimento do mesmo titular", e 13, § 4º, da Lei Complementar (LC) nº 87/96.

O entendimento adotado na ocasião do julgamento da referida ACD 49 alinhou-se à orientação já firmada anteriormente pelo próprio STF, no rito da repercussão geral (ARE 1.255.885 – Tema 1.099), e ao entendimento sumulado pelo STJ no enunciado nº 166, no sentido de que mero deslocamento de mercadorias entre estabelecimentos do mesmo titular não configura fato gerador da incidência de ICMS.

Entretanto, diante dos efeitos vinculantes decorrentes de uma decisão proferida em sede de controle abstrato de constitucionalidade, nos termos do art. 102, § 2º da Constituição Federal (CF/88), o julgamento da matéria na ADC 49 suscitou uma discussão quanto à obrigatoriedade – ou não – do estorno dos créditos relacionados a tais operações, haja vista o disposto no art. 155, §2º, II da CF/88.

A matéria foi analisada em sede de embargos de declaração, julgados em abril de 2023, ocasião em que o STF esclareceu que a ausência de fato gerador de ICMS nas transferências de mercadorias entre estabelecimentos de mesma titularidade não corresponde à hipótese de "não-incidência" prevista no art. 155, §2º, II da CF/88, restando, portanto, mantido o direito aos créditos de ICMS pelos contribuintes.

Neste sentido, destaca-se a ementa do referido acórdão, publicado em 15/08/2023:

> EMBARGOS DE DECLARAÇÃO EM RECURSO AÇÃO DECLARATÓRIA DE CONSTITUCIONALIDADE. DIREITO TRIBUTÁRIO. IMPOSTO SOBRE CIRCULAÇÃO DE MERCADORIAS E SERVIÇOS- ICMS. TRANSFERÊNCIAS DE MERCADORIAS ENTRE ESTABELECIMENETOS DA MESMA PESSOA JURÍDICA. AUSÊNCIA DE MATERIALIDADE DO ICMS. MANUTENÇÃO DO DIREITO DE CREDITAMENTO. (IN)CONSTITUCIONALIDADE DA AUTONOMIA DO ESTABELECIMENTO PARA FINS DE COBRANÇA. MODULAÇÃO DOS EFEITOS TEMPORAIS DA DECISÃO. OMISSÃO. PROVIMENTO PARCIAL.
> 1. Uma vez firmada a jurisprudência da Corte no sentido da inconstitucionalidade da incidência de ICMS na transferência de mercadorias entre

estabelecimentos da mesma pessoa jurídica (Tema 1099, RG) inequívoca decisão do acórdão proferido.

2. O reconhecimento da inconstitucionalidade da pretensão arrecadatória dos estados nas transferências de mercadorias entre estabelecimentos de uma mesma pessoa jurídica não corresponde a não incidência prevista no art.155, §2º, II, ao que mantido o direito de creditamento do contribuinte.

3. Em presentes razões de segurança jurídica e interesse social (art.27, da Lei 9868/1999) justificável a modulação dos efeitos temporais da decisão para o exercício financeiro de 2024 ressalvados os processos administrativos e judiciais pendentes de conclusão até a data de publicação da ata de julgamento da decisão de mérito. Exaurido o prazo sem que os Estados disciplinem a transferência de créditos de ICMS entre estabelecimentos de mesmo titular, fica reconhecido o direito dos sujeitos passivos de transferirem tais créditos.

4. Embargos declaratórios conhecidos e parcialmente providos para a declaração de inconstitucionalidade parcial, sem redução de texto, do art. 11, § 3º, II, da Lei Complementar nº 87/1996, excluindo do seu âmbito de incidência apenas a hipótese de cobrança do ICMS sobre as transferências de mercadorias entre estabelecimentos de mesmo titular.

Com efeito, o art. 155, § 2º, II, "a" e "b", da CF/88 prevê apenas duas hipóteses nas quais os créditos não poderão ser aproveitados ou anulados se apropriados, sendo elas os casos de isenção ou não incidência. Portanto, com exceção das hipóteses de isenção ou não incidência do ICMS, o direito do aproveitamento do crédito decorrente de operações anteriores é assegurado pela CF/88.

Deste modo, com a publicação do acórdão que julgou os embargos de declaração no bojo da ADC 49, especialmente no que tange ao pedido para o reconhecimento do direito ao crédito de ICMS das operações que antecederam as transferências entre estabelecimentos de mesma titularidade, não há dúvidas de que: (i) a transferência de mercadorias entre estabelecimentos do mesmo titular para fins de ICMS não se amolda à hipótese de "não-incidência" prevista no § 2º, II, do art. 155 da CF/88; e (ii) é incabível a exigência de estorno e/ou anulação dos créditos de ICMS das operações antecedentes a tais transferências entre estabelecimentos.

Na mesma oportunidade, o STF decidiu por modular os efeitos da decisão, a fim de que tenha eficácia somente a partir do exercício financeiro de 2024, ressalvados os processos administrativos e judiciais pendentes de conclusão até a data de publicação da ata de julgamento da decisão de mérito. Também se determinou que, exaurido o prazo sem que os Estados disciplinem a transferência de créditos de ICMS entre estabelecimentos de mesmo titular, fica reconhecido o direito dos sujeitos passivos de transferirem tais créditos.

Por fim, ainda por ocasião do julgamento dos embargos de declaração, o STF fez um ajuste na parte dispositiva da decisão, para declarar a inconstitucionalidade parcial, sem redução de texto, do art. 11, § 3º, II, da LC nº 87/1996, **excluindo do seu âmbito de incidência apenas a hipótese de cobrança do ICMS sobre as transferências de mercadorias entre estabelecimentos de mesmo titular.**

Em face desta decisão, novos embargos de declaração foram opostos, objetivando esclarecimento quanto ao aspecto da (não) incidência em relação ao período pretérito a 2024, e, subsidiariamente, para que a decisão seja aplicável a partir de 2025, de modo que os Estados tenham tempo de disciplinar o tema internamente em suas legislações. Porém, em sessão virtual finalizada em 27/10/2023, os embargos de declaração **não foram conhecidos**[3].

Deste modo, o entendimento do STF sobre o tema – até o momento da elaboração do presente artigo – está consolidado no seguinte sentido: (i) a decisão proferida nos autos da ADC 49 terá eficácia pró-futuro, a partir do exercício financeiro de 2024, ressalvados os processos administrativos e judiciais pendentes de conclusão até a data de publicação da ata de julgamento da decisão de mérito; e (ii) exaurido o prazo sem que os Estados disciplinem a transferência de créditos de ICMS entre estabelecimentos de mesmo titular, fica reconhecido o direito dos sujeitos passivos de transferirem tais créditos.

2. O CONVÊNIO ICMS Nº 178/2023

Aproximando-se do final do prazo estabelecido pelo STF, na decisão proferida no âmbito dos embargos de declaração na ADC 49, os Estados tomaram a frente e buscaram regular a matéria por meio da

---

3 Em face desta decisão foram opostos novos embargos de declaração, apresentados em 30/11/2023 pelo Sindicato Nacional das Empresas Distribuidoras de Combustíveis e de Lubrificantes – SINDICOM, *amicus curiae* admitido na causa, buscando, dentre outros pontos, que seja reconhecida expressamente (i) a possibilidade de aproveitamento dos créditos de ICMS no Estado de origem ou no Estado de destino, a critério do contribuinte, ou, ao menos, (ii) que seja postergada a modulação dos efeitos, ao menos até o exercício financeiro de 2025, a fim de conferir tempo hábil para a edição de ato normativo para disciplinar a discussão nos termos da decisão firmada no mérito da ADC 49.

aprovação de um Convênio ICMS, no âmbito do Conselho Nacional de Política Fazendária (CONFAZ), composto por representantes das Secretarias de Fazenda dos Estados.

Assim, em 01/11/2023 foi publicado o Convênio ICMS nº 174/2023, editado com este objetivo. Entretanto, diante da discordância expressada pelo Estado do Rio de Janeiro (Decreto nº 48.799/2023), o Convênio ICMS nº 174/2023 foi rejeitado pelo CONFAZ.

Posteriormente, foi editado o Convênio ICMS nº 178/2023, que, diferentemente do anterior, não fez qualquer alusão à LC 24/75, que estabelece a necessidade de unanimidade entre os estados. O entendimento do CONFAZ é de que o convênio não trata de benefício fiscal e, portanto, não é obrigatória a sua aprovação por unanimidade.

Igualmente, o Convênio ICMS nº 178/2023 buscou atender às diretrizes fixadas pelo STF, ao dispor sobre as obrigações tributárias acessórias a serem observadas pelos contribuintes que realizarem remessa interestadual de bens e mercadorias entre estabelecimentos de mesma titularidade, para transferência ao estabelecimento destinatário do ICMS incidente nas operações e prestações anteriores tributadas.

Obviamente o assunto é de extrema relevância para toda a economia nacional e não está sendo tratado com o senso se urgência necessário. Contudo, a matéria é especialmente relevante para o agronegócio, uma vez que transferências de mercadorias entre estabelecimentos do mesmo titular são muito comuns neste setor, dado o fluxo descentralizado da operação, em todo o país. Além disso, peculiaridades decorrentes da tributação pelo ICMS no setor também fazem com que tal tema seja decisivo.

Entretanto, referido Convênio incorreu em certas "incorreções" relativas à neutralidade da tributação, distanciando-se do que restou decido pelo STF, causando impactos significantes, inclusive ao setor do agronegócio.

A cláusula primeira do Convênio ICMS nº 178/2023 dispõe que na remessa interestadual de bens e mercadorias entre estabelecimentos de mesma titularidade, é obrigatória a transferência de crédito do ICMS – do estabelecimento de origem para o estabelecimento de destino, no seguinte sentido:

> Cláusula primeira. Na remessa interestadual de bens e mercadorias entre estabelecimentos de mesma titularidade, é obrigatória a transferência de crédito do Imposto sobre Operações Relativas a Circulação de Mercadorias

e sobre Prestações de Serviço de Transporte Interestadual e Intermunicipal e de Comunicação – ICMS – do estabelecimento de origem para o estabelecimento de destino, hipótese em que devem ser observados os procedimentos de que trata esse convênio.

Contudo, ao impedir que todo o crédito se mantenha na origem, estabelecendo uma transferência obrigatória do crédito do estabelecimento de origem para o estabelecimento de destino, o Convênio ICMS nº 178/2023 poderá suscitar discussão de que isso destoa do que foi decidido pelo STF.

Da leitura dos votos proferidos na ocasião do julgamento na ADC 49 e nos primeiros embargos de declaração, percebe-se que a transferência do crédito em tais hipóteses é um direito dos contribuintes e não uma obrigação.

Neste sentido, merece destaque o seguinte trecho do voto do Ministro Luís Roberto Barroso, por ocasião do julgamento dos referidos embargos de declaração:

> É essencial, com efeito, que este Supremo Tribunal Federal, além de conferir prazo para que os Estados adaptem a legislação para permitir a transferência dos créditos, reconheça que, uma vez exaurido esse marco temporal sem que os Estados disponham sobre o assunto, os sujeitos passivos têm o direito de transferir tais créditos, tal como a sistemática anterior permitia.

Tal entendimento também consta claramente no voto do Ministro Edson Fachin, prolatado na ocasião do julgamento dos referidos embargos de declaração, que fixou que "exaurido o prazo sem que os Estados disciplinem a transferência de créditos de ICMS entre estabelecimentos de mesmo titular, fica reconhecido o direito dos sujeitos passivos de transferirem tais créditos".

Portanto, sendo uma faculdade, o contribuinte poderia optar por (i) transferir o crédito, observados os percentuais equivalentes às alíquotas interestaduais do ICMS, definidas nos termos do inciso IV do § 2º do art. 155 da CF/88; (ii) mantê-lo no estabelecimento de origem; ou (iii) estorná-lo em seu estabelecimento de origem.

Assim, para o respeito ao princípio da não cumulatividade do ICMS, seria imperioso facultar aos sujeitos passivos a transferência de créditos entre estabelecimentos de um mesmo titular, de maneira a preservar a não cumulatividade ao longo da cadeia econômica do bem.

Deste modo, tal situação haveria de ser endereçada como mera faculdade, preservando a particularidade de cada operação ou cadeia comercial, de modo a não se impor um ônus ao contribuinte, a ponto de tornar obrigatória uma transferência que, para tal efeito (não cumulatividade), revelar-se-ia inócua.

Um segundo aspecto relevante consiste na definição da base de cálculo do crédito transferido, nos termos da cláusula quarta do Convênio ICMS nº 178/2023:

> Cláusula quarta. O ICMS a ser transferido corresponderá ao resultado da aplicação de percentuais equivalentes às alíquotas interestaduais do ICMS, definidas nos termos do inciso IV do § 2º do art. 155 da Constituição da República Federativa do Brasil de 1988, sobre os seguintes valores dos bens e mercadorias:
> I - o valor correspondente à entrada mais recente da mercadoria;
> II - o custo da mercadoria produzida, assim entendida a soma do custo da matéria-prima, material secundário, mão-de-obra e acondicionamento;
> III – tratando-se de mercadorias não industrializadas, a soma dos custos de sua produção, assim entendidos os gastos com insumos, mão-de-obra e acondicionamento.
> § 1º No cálculo do ICMS a ser transferido, os percentuais de que trata o "caput" devem integrar o valor dos bens e mercadorias.
> § 2º Os valores a que se referem os incisos do "caput" serão reduzidos na mesma proporção prevista na legislação tributária da unidade federada em que situado o remetente nas operações interestaduais com os mesmos bens ou mercadorias quando destinados a estabelecimento pertencente a titular diverso, inclusive nas hipóteses de isenção ou imunidade.

Contudo, para assegurar a neutralidade tributária, deveria ser agregada também a possibilidade de adoção do custo da mercadoria adquirida, de maneira que no inciso I deveria constar também o "custo da mercadoria adquirida pelo estabelecimento de origem ou o valor correspondente à entrada mais recente da mercadoria".

Além disso, o Convênio ICMS nº 178/2023 não previu o tratamento a ser dado às operações sujeitas à substituição tributária do ICMS, dado que a ausência de débito (ICMS-Próprio) na operação interestadual poderia resultar em desbalanceamento da sistemática de cálculo do ICMS-ST devido ao estado de destino.

Sobre esta matéria, a cláusula nona, inciso II, do Convênio ICMS nº 142/2018 dispõe que o regime de substituição tributária não se aplica às transferências interestaduais promovidas entre estabelecimentos do remetente, exceto quando o destinatário for estabelecimento varejista. Contudo, não há qualquer endereçamento do tema no presente Convênio ICMS nº 178/2023.

A precisa definição da base de cálculo nas saídas em transferência também é importante, pois pode afetar diretamente a mensuração dos créditos de ICMS a serem transferidos para o estado de destino. A questão pode levar a controvérsias e desencadear equivocadas glosas de crédito e autuações fiscais.

Por fim, as cláusulas segunda, terceira e quinta do Convênio ICMS nº 178/2023 disciplinam o cumprimento das obrigações acessórias na transferência dos créditos:

> Cláusula segunda. A apropriação do crédito pelo estabelecimento destinatário se dará por meio de transferência, pelo estabelecimento remetente, do ICMS incidente nas operações e prestações anteriores, na forma prevista neste convênio.
>
> § 1º O ICMS a ser transferido será lançado:
>
> I - a débito na escrituração do estabelecimento remetente, mediante o registro do documento no Registro de Saídas;
>
> II – a crédito na escrituração do estabelecimento destinatário, mediante o registro do documento no Registro de Entradas.
>
> § 2º A apropriação do crédito atenderá as mesmas regras previstas na legislação tributária da unidade federada de destino aplicáveis à apropriação do ICMS incidente sobre operações ou prestações recebidas de estabelecimento pertencente a titular diverso do destinatário.
>
> § 3º Na hipótese de haver saldo credor remanescente de ICMS no estabelecimento remetente, este será apropriado pelo contribuinte junto à unidade federada de origem, observado o disposto na sua legislação interna.
>
> Cláusula terceira A transferência do ICMS entre estabelecimentos de mesma titularidade, pela sistemática prevista neste convênio, será procedida a cada remessa, mediante consignação do respectivo valor na NF-e que a acobertar, no campo destinado ao destaque do imposto.
>
> Cláusula quinta A emissão da NF-e a que se refere a cláusula terceira observará as regras atinentes à emissão do documento fiscal relativo a operações interestaduais, sem prejuízo da aplicação de regras específicas previstas na legislação de referência.

A partir da redação destas cláusulas, conclui-se que a transferência dos créditos deve ser realizada do seguinte modo: (i) o lançamento do ICMS a ser transferido deverá corresponder a um débito na escrituração do estabelecimento remetente, mediante o registro do documento no Registro de Saídas; (ii) o lançamento do ICMS a ser transferido deverá corresponder a crédito na escrituração do estabelecimento destinatário, mediante o registro do documento no Registro de Entradas; e (iii) a transferência deve ser realizada a cada remessa, com indicação do valor transferido no campo destinado ao destaque do ICMS na respectiva nota fiscal.

Como se percebe, tais obrigações acessórias criadas pelo Convênio partem erroneamente da premissa de que se estaria diante de operação tributada, com registro de débitos e destaque em nota fiscal.

Tal sistemática está em desacordo com o que foi decidido pelo STF nos autos da ADC 49, que consignou expressamente que a referida operação não configura fato gerador do ICMS.

Desta forma, para que o Convênio atendesse ao determinado pelo STF no âmbito da ADC 49, seria necessário que regulamentasse e disciplinasse uma nota fiscal de crédito, ou estabelecesse um campo independente para seu registro, sem que a transferência seja formalizada como operação tributada.

3. O PLP Nº 116/2023 E IMPACTOS SOBRE O SETOR DO AGRONEGÓCIO

Paralelamente à edição do Convênio ICMS nº 178/2023 no âmbito do CONFAZ, o Congresso Nacional, por meio de uma articulação que atribuiu à matéria regime de urgência, aprovou o Projeto de Lei Complementar (PLP) nº 116/2023, que também buscou tratar da possibilidade da transferência desses créditos entre esses estabelecimentos do mesmo titular.

A disciplina da matéria por meio de Lei Complementar observa a diretriz estabelecida expressamente no voto proferido pelo Ministro Dias Toffoli, por ocasião do julgamento dos primeiros embargos de declaração na ADC 49.

No momento da redação do presente artigo, o PLP nº 116/2023 já havia sido aprovado no Congresso Nacional e remetido à sanção, mas ainda sem manifestação por parte do Presidente da República.

Destacam-se como objetivos do PLP nº 116/2023: (i) viabilizar o correto aproveitamento de créditos tributários pelos contribuintes; (ii) prestigiar o princípio da não-cumulatividade tributária; (iii) evitar o imotivado aumento da carga tributária decorrente de julgamento no qual os contribuintes foram vencedores; e (iv) corrigir desequilíbrios concorrenciais entre contribuintes que exercem as mesmas atividades, em decorrência do acúmulo da carga tributária.

Na redação aprovada pelo Congresso Nacional e encaminhada à sanção presencial, o referido PLP nº 116/2023 altera o disposto no art. 12 da LC 87/96, trazendo a seguinte redação:

Art. 12. Considera-se ocorrido o fato gerador do imposto no momento:
I – da saída de mercadoria de estabelecimento de contribuinte;
(...)
§ 4º Não se considera ocorrido o fato gerador do imposto na saída de mercadoria de estabelecimento para outro de mesma titularidade, mantendo-se o crédito relativo às operações e prestações anteriores em favor do contribuinte, inclusive nas hipóteses de transferências interestaduais em que os créditos serão assegurados:
I – pela unidade federada de destino, por meio de transferência de crédito, limitados aos percentuais estabelecidos nos termos do inciso IV do § 2º do art. 155 da Constituição Federal, aplicados sobre o valor atribuído à operação de transferência realizada;
II – pela unidade federada de origem, em caso de diferença positiva entre os créditos pertinentes às operações e prestações anteriores e o transferido na forma do inciso I deste parágrafo.
§ 5º Alternativamente ao disposto no § 4º deste artigo, por opção do contribuinte, a transferência de mercadoria para estabelecimento pertencente ao mesmo titular poderá ser equiparada a operação sujeita à ocorrência do fato gerador de imposto, hipótese em que serão observadas:
I – nas operações internas, as alíquotas estabelecidas na legislação;
II – nas operações interestaduais, as alíquotas fixadas nos termos do inciso IV do § 2º do art. 155 da Constituição Federal.

Deste modo, considerando-se a redação estabelecida pelo PLP nº 116/2023, a legislação reconhece a não incidência do ICMS sobre tais operações e a possibilidade de transferência dos créditos, bem como que não há obrigatoriedade de estorno de créditos das operações anteriores, ainda que, na prática, seja algo parecido, assegurando a manutenção do crédito e, alternativamente, a possibilidade de o contribuinte optar por equiparar tal operação a uma operação sujeita à ocorrência do fato gerador de imposto.

Entretanto, não há qualquer disposição com relação à possibilidade de o contribuinte optar por não transferir o crédito, mantendo-o no estado de origem, por exemplo. Ademais, há referência à opção do contribuinte em tributar a operação, o que, a nosso ver, deverá ser objeto de questionamento.

O PLP nº 116/2023 também não estabelece expressamente a questão envolvendo as obrigações acessórias e registro fiscal dos créditos, o que, de todo modo, a nosso ver, pode ser feito via Convênio ICMS. Contudo, ponto crucial é que não esclarece quanto à base de cálculo do crédito transferido, e não faz referência a como se dará a transferência de crédito, na situação em que a operação (caso fosse tributada) estivesse sujeita a benefícios fiscais.

Deste modo, ainda se identificam algumas lacunas na legislação, com vistas a garantir maior uniformidade de tratamento por parte dos Estados, reduzindo-se o nível de incerteza para os contribuintes.

Além disso, como se percebe a partir da análise do Convênio ICMS nº 178/2023 e do PLP nº 116/2023, há diversos aspectos da legislação que ainda precisariam ser corrigidos ou aperfeiçoados, com vistas a alcançar uma neutralidade, evitando-se um acúmulo indevido de créditos nos estabelecimentos de origem ou destino ou a supressão de benefícios fiscais que seriam aplicáveis à operação entre estabelecimentos de diferente titularidade.

4. CONCLUSÃO

Conforme exposto, o julgamento da ADC 49 e a declaração de inconstitucionalidade dos arts. 11, § 3º, II, 12, I e 13, § 4º, da LC nº 87/96 trouxeram um significativo impacto para os Estados e para contribuintes de diversos setores da economia, com destaque para o setor do agronegócio.

Tal impacto não passou despercebido pelo STF, que decidiu por modular os seus efeitos de sua decisão, para que passe a produzir efeitos a partir do exercício financeiro de 2024, determinando ainda que os Estados venham a disciplinar a transferência de créditos de ICMS relativos a tais operações realizadas entre estabelecimentos de mesmo titular.

E justamente em atenção ao estabelecido pelo STF no âmbito da ADC 49, os Estados se organizaram com vistas à aprovação de normativos para disciplinar a matéria, resultando na edição do Convênio ICMS nº 178/2023 e do PLP nº 116/2023.

Este movimento pode ser considerado como um exemplo prático da aplicação da teoria dos diálogos institucionais (também conhecida como teoria dos diálogos constitucionais), de modo que não há que se falar em supremacia do Judiciário ou do Legislativo com a relação à última palavra em matérias constitucionais, havendo, na realidade, um diálogo entre os poderes.

Conforme pontua Gustavo da Gama Vital de Oliveira[4], ao afirmar que nenhum dos dois poderes tem o dom natural da "melhor interpretação constitucional", a postura do diálogo possibilita que uma certa interpretação possa ser rediscutida ou corrigida por outro Poder, em uma contínua interação em busca da melhor solução constitucional para o caso.

No caso do Brasil, também vale destacar o entendimento de Rodrigo Brandão[5]:

> (...) deve-se reconhecer que a experiência brasileira, no essencial, confirma as credenciais consequencialistas e epistêmicas da teoria dos diálogos constitucionais. Com efeito, a possibilidade de aprovação de emendas constitucionais permitiu que fossem superadas decisões do STF que, embora fundadas em elementos técnicos e textuais, produziam efeitos práticos muito ruins. Já o STF contribuiu bastante para a solução de problemas constitucionais nos quais o Congresso Nacional simplesmente não conseguia cumprir o seu dever constitucional de legislar, ou em que a norma editada não lograva transcender a influência de grupos de interesses especialmente articulados em sede parlamentar.

Especificamente quanto à postura do STF, Clèmerson Clève e Bruno Lorenzetto[6] destacam que, em uma iniciativa episódica, abraçada por alguns Ministros, nos casos em que o Supremo Tribunal Federal busca provocar os diálogos, de fato, há matérias que, em princípio, reclamam a participação do legislador em sua definição.

No caso do julgamento da ADC 49, ao estabelecer um marco temporal para a produção de efeitos de sua decisão, percebe-se que o STF adotou uma postura de incentivar a deliberação necessária – no contexto do Poder Legislativo – para a adequada e legítima interpretação constitucional, de modo a assegurar o princípio da não cumulatividade e da neutralidade da tributação no contexto da transferência dos créditos de ICMS.

---

4 OLIVEIRA, Gustavo da Gama Vital de. "Diálogo Constitucional no Direito Tributário Brasileiro". *In Direitos Fundamentais e Estado Fiscal – Estudos em homenagem ao Professor Ricardo Lobo Torres*. Coord. CAMPOS, Carlos Alexandre de Azevedo; OLIVEIRA, Gustavo da Gama Vital; MACEDO, Marco Antonio Ferreira. Salvador: JusPodivm, 2019, p. 607.

5 BRANDÃO, Rodrigo. *Supremacia judicial versus diálogos constitucionais: a quem cabe a última palavra sobre o sentido da Constituição?* Rio de Janeiro: Lumen Juris, 2012. p. 299.

6 CLÈVE, Clèmerson Merlin; LORENZETTO, Bruno Meneses. "Diálogos institucionais: estrutura e legitimidade". *In Revista de Investigações Constitucionais*, Curitiba, vol. 2, n. 3, p. 183-206, set./dez. 2015. DOI: http://dx.doi.org/10.5380/rinc.v2i3.44534.

Por outro lado, muito embora exista a expectativa de que a questão da transferência dos créditos terá suas normas gerais disciplinadas até o início do exercício de 2024, diante da edição do Convênio ICMS nº 178/2023 e do PLP nº 116/2023, para os contribuintes ainda não está claro como eles devem agir, notadamente em razão das incongruências de algumas disposições previstas em tais normas, como exposto anteriormente.

Neste cenário, a partir da análise das situações individuais de cada contribuinte ou de grupos de contribuintes em um determinado setor, é possível traçar as estratégias cabíveis, inclusive com a judicialização da matéria, abrindo mais uma rodada de diálogo, a partir daquilo que for estabelecido pelos Estados e pelo Poder Legislativo.

VIOLAÇÕES À IMUNIDADE DO ICMS SOBRE EXPORTAÇÕES DE PRODUTOS AGROPECUÁRIOS: ALGUNS ASPECTOS PRÁTICOS

Fabio Pallaretti Calcini[1]
Gabriel Magalhães Borges Prata[2]

1. INTRODUÇÃO

A vocação do Brasil para o Agronegócio é confirmada ano a ano por todos os números e estatísticas disponíveis. Em 2022, as exportações do setor somaram US$ 159,09 bilhões, o que representou um crescimento de 32% em relação a 2021.[3] No período acumulado de janeiro a julho de 2023, a venda de mercadorias ao exterior experimentou aumento de 3,9% em relação ao mesmo período do ano passado, no valor total US$ 97,12 bilhões. Esse número representa 50% das exportações do país, e é fundamental para a busca do equilíbrio da balança comer-

---

1 Doutor e Mestre pela PUC/SP. Professor FGV/SP e IBET (Especialização e Mestrado). Ex-Membro do CARF. Sócio Brasil Salomão e Matthes Adv.

2 Mestre pela Queen Mary, Universidade de Londres e Mestre pela PUC/SP. Professor IBET. Advogado em São Paulo. Sócio Brasil Salomão e Matthes Adv.

3 https://www.gov.br/agricultura/pt-br/assuntos/noticias/exportacoes-do-agronegocio-fecham-2022-com-us-159-bilhoes-em-vendas. Consultado em 1º de setembro de 2023.

cial, já que o superávit no mesmo período foi de US$ 87,41 bilhões, um crescimento de 4,7% em relação a 2022.[4]

Segundo dados do Ministério da Agricultura, os setores que mais exportaram em 2022 foram os seguintes: "complexo soja (US$ 60,95 bilhões, 38,3% do total); carnes (US$ 25,67 bilhões, 16,1% do total); produtos florestais (US$ 16,49 bilhões, 10,4% do total); cereais, farinhas e preparações (US$ 14,46 bilhões, 9,1% do total) e complexo sucroalcooleiro (US$ 12,79 bilhões, 8% do total)."[5]

O Relatório da OCDE-FAO *Agricultural Outlook 2023-2032*[6], embora aponte uma diminuição no crescimento do comércio de commodities em relação à década anterior, estima um crescimento de 1% ao ano até 2032. O Brasil continua sendo o maior exportador da América Latina e o principal responsável pelo crescimento do comércio exterior na região, cujo crescimento esperado é de 1,8% ao ano.

São inquestionáveis, portanto, o papel de protagonista do Brasil no comércio global do agronegócio e o peso das exportações na economia nacional, inobstante os entraves de toda sorte que são colocados aos exportadores, desde questões relacionadas à infraestrutura, burocracia, instabilidade política e, por que não dizer, a complexidade e insegurança tributária.

Esse breve artigo pretende abordar alguns entraves práticos e jurídicos relacionados à imunidade do ICMS frequentemente enfrentados pelos exportadores de commodities no Brasil, desde dificuldades em se comprovar a efetiva ocorrência da exportação (aos olhos dos fiscos estaduais), tributação de perdas e quebras de produtos destinados ao exterior, até o condicionamento ilegal do direito de imunidade.

---

4 https://www.agricultura.sp.gov.br/ pt/ b/ exportacoes- do- agro- em- sao-paulo -crescem-5-4- e-atingem-us-15-15-bilhoes-em-julho-de-2023#:~:text =Agro %20 brasileiro&text=Na %20an %C3 %A1lise %20setorial %2C %20as %20exporta %C3 %A7 %C3 %B5es,50 %25 %20do %20total %20nacional). Consultado em 1º de setembro de 2023.

5 https://www.gov.br /agricultura/ pt-br/ assuntos/ noticias/ exportacoes- do- agro- negocio- fecham- 2022- com- us- 159- bilhoes- em- vendas#:~:text= Dezembro%- 2F2022&text=O%20setor%20com%20mais%20exporta%C3%A7 %C3 %B5es,deste %20setor %20foi %20o %20milho.

6 https://www.oecd-ilibrary.org/sites/08801ab7-en/1/3/1/index.html?itemId= /content /publication /08801ab7 -en&_csp_= cdae8533d2f4 a8eebccf87e7 e1e64ccd&itemIGO =oecd&item Content Type= book#section-d1e4648 -64de0238c4

2. CONSIDERAÇÕES SOBRE A IMUNIDADE ESPECÍFICA DO ICMS

As operações que destinam mercadorias ao exterior estão protegidas pela imunidade prevista no artigo 155, parágrafo 2º, X, "a", da Constituição Federal de 1988, cuja redação foi alterada pela Emenda Constitucional 42/03, para determinar que o imposto não incidirá "sobre operações que destinem mercadorias para o exterior, nem sobre serviços prestados a destinatários no exterior, assegurada a manutenção e o aproveitamento do montante do imposto cobrado nas operações e prestações anteriores."[7]

As imunidades tributárias são normas de incompetência tributária, que, ao conformarem as competências impositivas, impedem a incidência sobre certos bens, fatos e pessoas. Segundo Paulo de Barros Carvalho[8], a normas de imunidade são "uma classe finita e imediatamente determinável de normas jurídicas constitucionais que estabelecem a incompetência das pessoas políticas de direito constitucional interno para expedir regras instituidoras de tributos que alcancem situações específicas e suficientemente caracterizadas".

Tais disposições constitucionais conformam as regras de competência tributária, na medida em que estabelecem "proibições (incompetências) para que as entidades tributantes onerem com exações fiscais certas pessoas, seja em função de sua natureza jurídica, seja porque coligadas a determinados fatos, bens ou situações". [9]

As normas imunizantes muitas vezes intentam preservar determinados valores positivados na Carta Maior, de modo que a sua interpretação deve ser feita sempre em vista do atingimento de tais finalidades ou valores elevados ao nível constitucional. É o caso, por exemplo, da regra de imunidade recíproca, que diz diretamente com o Princípio Federativo. Ao impedir que as unidades federadas oponham umas relações às outras, pretensão de natureza tributária, ao menos em matéria de impostos, o legislador constituinte originário prestigia o referido princípio.

Se as normas de imunidades são regras de estrutura que, de um lado, proíbem determinadas condutas aos legisladores no exercício das com-

---

7 Cf. CALCINI, Fabio Pallaretti. ICMS, PEC 37 e o futuro das exportações no agronegócio. CONJUR, 09/02/2018. Disponível em: https://www.conjur.com.br/2018-fev-09/icms-pec-372007-futuro-exportacoes-agronegocio.

8 Curso de Direito Tributário, 16ª Ed., São Paulo: Saraiva, 2007, p. 181.

9 Carrazza, Roque Antonio. ICMS.18. ed., São Paulo: Malheiros, 2020, p. 514.

petências tributárias, de outro garantem o direito subjetivo das pessoas diretamente protegidas, ou que realizem os fatos e situações tutelados pelas normas negativas de competência; possuem, pois, caráter dúplice, na medida em que, nos dizeres de Regina Helena Costa[10], constituem "direito público subjetivo" das pessoas por elas afetadas direta ou indiretamente.

Fundamental, pois, que o processo de interpretação de uma imunidade seja norteado pelo valor positivado a que a norma se refere. Não se nega a possibilidade de imposição de deveres instrumentais para fins de fiscalização e verificação do correto exercício do direto à imunidade; o que não autoriza os estados, contudo, a sobrepujarem referido direito mediante exigência formais excessivas ou condicioná-lo a, por exemplo, o recolhimento de outros tributos.

No caso da imunidade específica do ICMS, buscou o legislador constituinte derivado fomentar as exportações de produtos brasileiros, desonerando-as do ICMS – e assegurando a manutenção do crédito respectivo, em ordem a garantir maior competitividade das empresas nacionais no mercado estrangeiro. Nas palavras de Roque Antonio Carrazza[11], tal norma intenta "favorecer as exportações de mercadorias e a prestação de serviços de transporte e de comunicação a destinatários localizados no exterior, fazendo com que tais mercadorias e serviços tenham bons preços no mercado internacional."

Trata-se da adoção do princípio do país de destino, tão caro no comércio internacional, que visa a tributação das operações internacionais com bens e serviços uma única vez no país importador, de modo a determinar, nas palavras de Scaff e Bevilacqua[12], a "exoneração do ônus tributário do produto/mercadoria com destino ao exterior", evitando-se, assim, a chamada "exportação de tributos".

Nesse sentido, o constituinte alinhou-se aos padrões do *General Agreement on Tariffs and Trade – GATT*, ratificado pelo Decreto Legislativo nº 30/1994 e promulgado pelo Decreto nº 1.355/1994, o qual consagra o princípio da tributação no país do destino para os impostos sobre o consumo, tal qual o ICMS. A norma imunizante realiza, ainda,

---

10 Imunidades Tributárias. 3ª ed., São Paulo: Malheiros, 2015.

11 op. cit. p. 522.

12 Scaff, Fernando Facury; Bevilacqua, Lucas. Imunidades Tributárias do Agroexportador via *Trading Companies, in* Agronegócio, Tributação e Questões Internacionais – Volume II. São Paulo: Quartier Latin, 2021. p. 117.

o Princípio da Neutralidade Econômica do ICMS, garantindo que o imposto onere uniformemente a cadeia de exportação, além de promover o equilíbrio econômico-financeiro e a livre concorrência das empresas, esse último um valor caro ao nosso legislador constituinte, consoante artigo 170, I da Constituição Federal.

Tamanha é a importância de tal política que, na esteira da imunidade específica do ICMS em análise, o legislador complementar, no exercício da competência que lhe foi dada pelo art. 146, II, da Constituição Federal, reiterou – ainda que de forma prolixa – a não incidência do ICMS sobre operações que destinassem mercadorias e serviços ao exterior, conforme previsão do artigo 3º c/c 21, §2º, da Lei Complementar 87/96.[13] Tais dispositivos refirmam a não incidência do ICMS também nos casos de operações ou prestações internas voltadas para a exportação, sem que se impusesse a observância de formalidades excessivas que pudessem amesquinhar o alcance da regra de imunidade.

Por tudo isso, é possível fixar a premissa de que a imunidade específica do ICMS é objetiva e incondicionada. Objetiva porque não se refere a pessoas específicas, mas a operações que destinem mercadorias e serviços ao exterior. E incondicionada porque não está atrelada a observância de nenhum requisito legal ou infralegal, ante a ausência de norma remissiva no texto constitucional.

Ademais, a jurisprudência do Supremo Tribunal Federal parece alinhada com a ideia de que as imunidades devem ser interpretadas de forma ampla e finalística, o que lhes confere a máxima efetividade. Esse entendimento levou a Corte a declarar inconstitucionais as exigências da contribuição ao PIS e da COFINS sobre receitas de variação cambial[14], bem como das mesmas contribuições não cumulativas sobre

---

13 "Art. 3º – o imposto não incide sobre: II – operações e prestações que destinem ao exterior mercadorias, inclusive produtos primários e produtos industrializados semi-elaborados, ou serviços; § único – equipara-se às operações de que trata o inciso II à saída de mercadoria realizada com o fim específico de exportação para o exterior destinada a: I – empresa comercial exportadora, inclusive tradings ou outro estabelecimento da mesma empresa; II – armazém alfandegado ou entreposto aduaneiro;" (grifou-se)

14 EMENTA RECURSO EXTRAORDINÁRIO. CONSTITUCIONAL. TRIBUTÁRIO. IMUNIDADE. HERMENÊUTICA. CONTRIBUIÇÃO AO PIS E COFINS. NÃO INCIDÊNCIA. TELEOLOGIA DA NORMA. VARIAÇÃO CAMBIAL POSITIVA. OPERAÇÃO DE EXPORTAÇÃO. I - Esta Suprema Corte, nas inúmeras oportunidades em que debatida a questão da hermenêutica constitucional aplicada ao tema das imunidades, adotou a interpretação teleológica do instituto, a emprestar-lhe abrangência maior, com esco-

valores recebidos por empresa exportadora em razão da transferência a terceiros de créditos de ICMS[15].

po de assegurar à norma supralegal máxima efetividade. II - O contrato de câmbio constitui negócio inerente à exportação, diretamente associado aos negócios realizados em moeda estrangeira. Consubstancia etapa inafastável do processo de exportação de bens e serviços, pois todas as transações com residentes no exterior pressupõem a efetivação de uma operação cambial, consistente na troca de moedas. III – O legislador constituinte - ao contemplar na redação do art. 149, § 2º, I, da Lei Maior as "receitas decorrentes de exportação" - conferiu maior amplitude à desoneração constitucional, suprimindo do alcance da competência impositiva federal todas as receitas que resultem da exportação, que nela encontrem a sua causa, representando consequências financeiras do negócio jurídico de compra e venda internacional. A intenção plasmada na Carta Política é a de desonerar as exportações por completo, a fim de que as empresas brasileiras não sejam coagidas a exportarem os tributos que, de outra forma, onerariam as operações de exportação, quer de modo direto, quer indireto. IV - Consideram-se receitas decorrentes de exportação as receitas das variações cambiais ativas, a atrair a aplicação da regra de imunidade e afastar a incidência da contribuição ao PIS e da COFINS. V - Assenta esta Suprema Corte, ao exame do leading case, a tese da inconstitucionalidade da incidência da contribuição ao PIS e da COFINS sobre a receita decorrente da variação cambial positiva obtida nas operações de exportação de produtos. VI - Ausência de afronta aos arts. 149, § 2º, I, e 150, § 6º, da Constituição Federal. Recurso extraordinário conhecido e não provido, aplicando-se aos recursos sobrestados, que versem sobre o tema decidido, o art. 543-B, § 3º, do CPC. (RE 627815, Relator(a): ROSA WEBER, Tribunal Pleno, julgado em 23/05/2013, ACÓRDÃO ELETRÔNICO REPERCUSSÃO GERAL - MÉRITO DJe-192 DIVULG 30-09-2013 PUBLIC 01-10-2013 RTJ VOL-00228-01 PP-00678)

15 EMENTA RECURSO EXTRAORDINÁRIO. CONSTITUCIONAL. TRIBUTÁRIO. IMUNIDADE. HERMENÊUTICA. CONTRIBUIÇÃO AO PIS E COFINS. NÃO INCIDÊNCIA. TELEOLOGIA DA NORMA. EMPRESA EXPORTADORA. CRÉDITOS DE ICMS TRANSFERIDOS A TERCEIROS. I - Esta Suprema Corte, nas inúmeras oportunidades em que debatida a questão da hermenêutica constitucional aplicada ao tema das imunidades, adotou a interpretação teleológica do instituto, a emprestar-lhe abrangência maior, com escopo de assegurar à norma supralegal máxima efetividade. II - A interpretação dos conceitos utilizados pela Carta da República para outorgar competências impositivas (entre os quais se insere o conceito de "receita" constante do seu art. 195, I, "b") não está sujeita, por óbvio, à prévia edição de lei. Tampouco está condicionada à lei a exegese dos dispositivos que estabelecem imunidades tributárias, como aqueles que fundamentaram o acórdão de origem (arts. 149, § 2º, I, e 155, § 2º, X, "a", da CF). Em ambos os casos, trata-se de interpretação da Lei Maior voltada a desvelar o alcance de regras tipicamente constitucionais, com absoluta independência da atuação do legislador tributário. III – A apropriação de créditos de ICMS na aquisição de mercadorias tem suporte na técnica da não cumulatividade, imposta para tal tributo pelo art. 155, § 2º, I, da Lei Maior, a fim de evitar que a sua incidência em cascata onere demasiadamente a atividade econômica e gere distorções concorrenciais. IV - O art. 155, § 2º, X, "a", da CF – cuja finalidade é o incen-

Ainda nesse sentido, mais recentemente o tribunal declarou inconstitucional a IN RFB 971, de 13 de dezembro de 2009, por violação à norma de imunidade prevista no artigo 149, §2º, I da CF. Para a Corte, tal dispositivo também abarca as receitas decorrentes de exportação indireta, ou seja, as operações realizadas entre os produtores e as empresas comerciais exportadoras, de modo que a receita auferida pelos primeiros não estão sujeitas às contribuições sociais e de intervenção

---

tivo às exportações, desonerando as mercadorias nacionais do seu ônus econômico, de modo a permitir que as empresas brasileiras exportem produtos, e não tributos -, imuniza as operações de exportação e assegura "a manutenção e o aproveitamento do montante do imposto cobrado nas operações e prestações anteriores". Não incidem, pois, a COFINS e a contribuição ao PIS sobre os créditos de ICMS cedidos a terceiros, sob pena de frontal violação do preceito constitucional. V – O conceito de receita, acolhido pelo art. 195, I, "b", da Constituição Federal, não se confunde com o conceito contábil. Entendimento, aliás, expresso nas Leis 10.637/02 (art. 1º) e Lei 10.833/03 (art. 1º), que determinam a incidência da contribuição ao PIS/PASEP e da COFINS não cumulativas sobre o total das receitas, "independentemente de sua denominação ou classificação contábil". Ainda que a contabilidade elaborada para fins de informação ao mercado, gestão e planejamento das empresas possa ser tomada pela lei como ponto de partida para a determinação das bases de cálculo de diversos tributos, de modo algum subordina a tributação. A contabilidade constitui ferramenta utilizada também para fins tributários, mas moldada nesta seara pelos princípios e regras próprios do Direito Tributário. Sob o específico prisma constitucional, receita bruta pode ser definida como o ingresso financeiro que se integra no patrimônio na condição de elemento novo e positivo, sem reservas ou condições. VI - O aproveitamento dos créditos de ICMS por ocasião da saída imune para o exterior não gera receita tributável. Cuida-se de mera recuperação do ônus econômico advindo do ICMS, assegurada expressamente pelo art. 155, § 2º, X, "a", da Constituição Federal. VII - Adquirida a mercadoria, a empresa exportadora pode creditar-se do ICMS anteriormente pago, mas somente poderá transferir a terceiros o saldo credor acumulado após a saída da mercadoria com destino ao exterior (art. 25, § 1º, da LC 87/1996). Porquanto só se viabiliza a cessão do crédito em função da exportação, além de vocacionada a desonerar as empresas exportadoras do ônus econômico do ICMS, as verbas respectivas qualificam-se como decorrentes da exportação para efeito da imunidade do art. 149, § 2º, I, da Constituição Federal. VIII - Assenta esta Suprema Corte a tese da inconstitucionalidade da incidência da contribuição ao PIS e da COFINS não cumulativas sobre os valores auferidos por empresa exportadora em razão da transferência a terceiros de créditos de ICMS. IX - Ausência de afronta aos arts. 155, § 2º, X, 149, § 2º, I, 150, § 6º, e 195, caput e inciso I, "b", da Constituição Federal. Recurso extraordinário conhecido e não provido, aplicando-se aos recursos sobrestados, que versem sobre o tema decidido, o art. 543-B, § 3º, do CPC. (RE 606107, Relator(a): ROSA WEBER, Tribunal Pleno, julgado em 22/05/2013, ACÓRDÃO ELETRÔNICO REPERCUSSÃO GERAL - MÉRITO DJe-231 DIVULG 22-11-2013 PUBLIC 25-11-2013 RTJ VOL-00227-01 PP-00636)

do domínio econômico.[16] No voto condutor do Ministro Alexandre de Moraes, foi destacado que tal interpretação atenderia à finalidade do próprio instituto, na medida em que a desoneração das exportações torna o produto brasileiro mais competitivo no exterior, o que contribui para a geração de divisas e o desenvolvimento nacional, que é um objetivo buscado pela Constituição Federal (art. 3º , II).

Também o Superior Tribunal de Justiça já decidiu que exigências infralegais, com o mero pretexto de criar regime de controle de exportações, não podem restringir a regra isentiva do artigo 3º, II, da Lei Complementar 87/.[17]A noção segundo a qual as imunidades de-

---

16 Ementa: CONSTITUCIONAL E TRIBUTÁRIO. CONTRIBUIÇÕES SOCIAIS E DE INTERVENÇÃO NO DOMÍNIO ECONÔMICO. ART. 170, §§ 1º e 2º, DA INSTRUÇÃO NORMATIVA DA SECRETARIA DA RECEITA FEDERAL DO BRASIL (RFB) 971, DE 13 DE DEZEMBRO DE 2009, QUE AFASTA A IMUNIDADE TRIBUTÁRIA PREVISTA NO ARTIGO 149, § 2º, I, DA CF, ÀS RECEITAS DECORRENTES DA COMERCIALIZAÇÃO ENTRE O PRODUTOR E EMPRESAS COMERCIAIS EXPORTADORAS. PROCEDÊNCIA. 1. A discussão envolvendo a alegada equiparação no tratamento fiscal entre o exportador direto e o indireto, supostamente realizada pelo Decreto-Lei 1.248/1972, não traduz questão de estatura constitucional, porque depende do exame de legislação infraconstitucional anterior à norma questionada na ação, caracterizando ofensa meramente reflexa (ADI 1.419, Rel. Min. CELSO DE MELLO, Tribunal Pleno, julgado em 24/4/1996, DJ de 7/12/2006). 2. O art. 149, § 2º, I, da CF, restringe a competência tributária da União para instituir contribuições sociais e de intervenção no domínio econômico sobre as receitas decorrentes de exportação, sem nenhuma restrição quanto à sua incidência apenas nas exportações diretas, em que o produtor ou o fabricante nacional vende o seu produto, sem intermediação, para o comprador situado no exterior. 3. A imunidade visa a desonerar transações comerciais de venda de mercadorias para o exterior, de modo a tornar mais competitivos os produtos nacionais, contribuindo para geração de divisas, o fortalecimento da economia, a diminuição das desigualdades e o desenvolvimento nacional. 4. A imunidade também deve abarcar as exportações indiretas, em que aquisições domésticas de mercadorias são realizadas por sociedades comerciais com a finalidade específica de destiná-las à exportação, cenário em que se qualificam como operações-meio, integrando, em sua essência, a própria exportação. 5. Ação Direta de Inconstitucionalidade julgada procedente.

(ADI 4735, Relator(a): ALEXANDRE DE MORAES, Tribunal Pleno, julgado em 12/02/2020, PROCESSO ELETRÔNICO DJe-071 DIVULG 24-03-2020 PUBLIC 25-03-2020)

17 "TRIBUTÁRIO – ICMS – PRODUTOS DESTINADOS À EXPORTAÇÃO. ISENÇÃO. ART. 3º, II, DA LC 87/96. OBRIGAÇÕES ADICIONAIS INSTITUÍDAS POR PORTARIAS ESTADUAIS. IMPOSSIBILIDADE.

1. A imunidade estabelecida no art. 155, § 2º, X, "a", da Constituição da República não se confunde com a regra isentiva prevista no art. 3º, II, da LC n.º 87/96,

vem ser interpretadas de forma ampla e com vistas ao atingimento de suas finalidades é essencial   para nortear as conclusões do presente trabalho. Como já dito acima, os contribuintes, e mais especificamente aqueles ligados ao agronegócio, muitas vezes se deparam com resistências e exigências dos fiscos estaduais para o exercício do direito à imunidade do ICMS, em direta afronta ao entendimento firmado pelas cortes Superiores.

É o que procuraremos demonstrar a seguir.

3. A INCONSTITUCIONAL EXIGÊNCIA DE ICMS SOBRE QUEBRAS DE MERCADORIAS

No setor do agro é bastante comum que haja perda no processo produtivo e logístico com mercadorias agrícolas. Até porque, em geral, trata-se de produtos não rastreáveis, ou seja, bens fungíveis que não podem ser identificados unitariamente, como é caso dos grãos, que são vendidos por peso. Tomemos essa categoria de produtos como exemplo.

Desde o local em que são produzidas, tais mercadorias são transportadas pelos mais diversos modais logísticos (rodoviário, ferroviário etc.), passando por silos, armazéns, até chegarem ao ponto de embarque para exportação. Durante o trajeto, é comum que os grãos se sujeitem a avarias decorrentes das mais diversas causas, como condições climáticas adversas, furtos, perdas decorrentes do manuseio e transbordo, perdas decorrentes das más condições da infraestrutura de escoamento (estradas, ferrovias e terminais portuários em situação precária) e até mesmo a perda natural que os acomete em decorrência das variações de temperatura e umidade a que estão expostos.

Tais intempéries, decorrentes do processo logístico (armazenagem e transporte), ocasionam o que se convencionou chamar de "quebras"

---

que abrange, além das operações, as prestações de serviços que destinem produtos ao exterior.

2. São ilegais as exigências inseridas em normativos editados no âmbito das Secretarias de Fazenda dos Estados que, a pretexto de criar um regime de controle das operações envolvendo produtos destinados à exportação, acabam por restringir o exercício da garantia isencional prevista no artigo 3º, inc. II, da LC n. 87/96, extrapolando os limites da simples regulamentação que lhes competia promover.

3. Recurso ordinário provido."

(STJ, RMS nº 18.835 MT, rel. Min. João Otávio Noronha, julgado em 15.12.2005, grifou-se)

de mercadorias, que são variações negativas de peso e quantidade dos produtos quando comparados os montantes que saem do produtor e os montantes efetivamente exportados. Trata-se, portanto, de operações que não deveriam se sujeitar à incidência do ICMS.

O Convênio ICMS 84/09, a pretexto de regulamentar as operações de saída de mercadorias realizadas com o fim específico de exportação, mediante o estabelecimento de obrigações acessórias, o cumprimento de obrigações acessórias, estabeleceu hipóteses em que seria afastada a regra de imunidade, conforme se vê de sua Cláusula Sexta:

> Cláusula sexta O estabelecimento remetente ficará obrigado ao recolhimento do imposto devido, inclusive o relativo à prestação de serviço de transporte quando for o caso, monetariamente atualizado, sujeitando-se aos acréscimos legais, inclusive multa, segundo a respectiva legislação estadual, em qualquer dos seguintes casos em que não se efetivar a exportação:
> I - no prazo de 180 (cento e oitenta) dias, contado da data da saída da mercadoria do seu estabelecimento;
> **II - em razão de perda, furto, roubo, incêndio, calamidade, perecimento, sinistro da mercadoria, ou qualquer outra causa;**
> III - em virtude de reintrodução da mercadoria no mercado interno;
> IV - em razão de descaracterização da mercadoria remetida, seja por beneficiamento, rebeneficiamento ou industrialização, observada a legislação estadual de cada unidade federada.

Dentre as situações descritas, destaca-se o inciso II, que permitiria ao Fisco Estadual exigir imposto em caso de perda, perecimento ou sinistro de mercadoria, entre outras que, em verdade, configuram hipóteses de não incidência tributária; ou seja, situações que não podem ensejar a incidência do ICMS.

Em primeiro lugar, porque a perda ou perecimento de mercadoria é fato que não se quadra ao critério material da regra matriz de incidência do ICMS, plasmada no artigo 155, II da CF. Não há operação relativa à circulação de mercadoria[18] ante a ausência de negócio jurídico oneroso (operação) que implique a troca de troca de titularidade jurídica (circulação) de mercadoria. A mercadoria que perece não é alienada a

---

18 Vale a sempre preciosa lição de Geraldo Ataliba sobre o significado da locução: "a sua perfeita compreensão e a exegese dos textos normativos a ele referentes evidencia prontamente que toda a ênfase deve ser posta no termo 'operação' mais do que no tema 'circulação'. A incidência é sobre operações e não sobre o fenômeno da circulação. O fato Gerador do tributo é a operação que causa a circulação e não esta (Ataliba, Geraldo. Sistema Constitucional Tributário Brasileiro. 1ª ed. São Paulo: Editora RT, 1996. p. 246)

ninguém (salvo em remotas hipóteses de salvados de sinistro), e tampouco esse fato revela qualquer capacidade econômica – ao contrário, implica em prejuízo ao titular da mercadoria "quebrada".

Esse mesmo entendimento levou o Supremo Tribunal Federal, ao julgar a ADC 49, a afastar a exigência de ICMS sobre transferência de mercadorias entre estabelecimentos do mesmo titular. Foram declarados inconstitucionais os dispositivos da Lei Kandir que determinava a incidência do imposto sobre operações desprovidas de mercancia, quais sejam dos artigos 11, §3º, II, 12, I, no trecho 'ainda que para outro estabelecimento do mesmo titular', e 13, §4º, da Lei Complementar Federal n. 87, de 13 de setembro de 1996. Em seu voto condutor, o Ministro Edison Fachin repisou os argumentos de que "segundo a Constituição da República, a circulação de mercadorias que gera incidência de ICMS é a jurídica" e que, consequentemente, "o mero deslocamento entre estabelecimentos do mesmo titular, na mesma unidade federada ou em unidades diferentes, não é fato gerador de ICMS".

O mesmo raciocínio vale para as quebras verificadas durante o transporte e armazenamento da mercadoria até a efetiva exportação dos produtos, ou sobre retenções contratuais, haja vista que tais situações não realizam o conceito de operação relativa à circulação de mercadorias, conforme demonstrado acima, de modo que não estão sujeitas à incidência do ICMS.

Em segundo lugar, e retomando as premissas estabelecidas no tópico anterior, a exigência de ICMS sobre quebras viola o primado da máxima eficácia das normas de imunidade, consagrado pelo STF. Como visto, as imunidades que desoneram produtos e serviços destinados ao exterior buscam prestigiar a competitividade do produtor nacional no mercado exterior e permitir o desenvolvimento do país. Tributar quebras ocorridas nesse contexto implica um enorme contrassenso: as exportações concretizadas, desprovidas de conteúdo econômico, estão livres da incidência do imposto; já as operações não concretizadas em razão das quebras de armazenagem ou transporte, que em verdade geram prejuízo ao contribuinte, devem se submeter à tributação, onerando indiretamente o processo de exportação!

Como visto acima, a norma de imunidade visa atingir as operações que destinem mercadorias ao exterior – e não apenas as operações de exportação propriamente ditas. Em outros termos, se a mercadoria é destinada à exportação, ela está imune a incidência do ICMS. E se tal exportação não ocorreu por perda ou perecimento da mercadoria (o que, como visto acima, não representa fato gerador do imposto), esse fato não permite a paralisação da norma de imunidade para se exigir imposto.

Retomemos o conceito de imunidade enquanto norma de incompetência tributária: a saída de mercadoria destinada ao exterior é fato que sequer potencialmente pertence às categorias dos eventos compreendidos na competência dos Estados e Distrito Federal em relação ao ICMS. Se a mercadoria saiu do estabelecimento com destino à exportação, esse fato está protegido pela regra de imunidade. Mas se houve perda ou quebra no caminho, essa eventualidade não permite o afastamento da proteção constitucional, até porque ambos os fatos (saída com destino ao exterior e quebra/perecimento da mercadoria) não realizam o conteúdo da regra matriz do ICMS.

Sob essa ótica, não faz qualquer sentido lógico-jurídico exigir-se imposto sobre perdas verificadas no decorrer – e como consequência natural – do processo de exportação.

O fenômeno das variações de peso (sobretudo negativas) de grãos é reconhecida não só pela legislação federal, mas também por normas específicas de alguns estados[19], que toleram percentuais específicos na

---

19 Citem-se os artigos 352 do RICMS/MT e 450-E do RICMS/SP: Art. 352 (RICMS/MT): Na hipótese do inciso II do caput do artigo 350, fica dispensada a emissão de documento fiscal para complementação da diferença positiva de grãos transportados a granel, verificada entre a quantidade consignada no documento fiscal que acobertou a respectiva operação e a efetivamente entregue no estabelecimento do destinatário ou, quando admitido na legislação, em local por ele indicado, desde que, cumulativamente: I – a diferença verificada em relação a cada operação não seja superior a 1% (um por cento) da quantidade de cada espécie de mercadoria, discriminada no documento fiscal correspondente; II – o total da diferença obtido em cada mês-calendário, em relação a cada espécie de mercadoria, por remetente, não seja superior a 0,1% (um décimo por cento) do total das quantidades, por espécie e por remetente, consignadas nos documentos fiscais que acobertaram as respectivas operações de remessa, no referido mês-calendário. Parágrafo único: Não serão, igualmente, consideradas como diferença, as variações negativas de grãos transportados a granel, respeitadas as mesmas condições e limites fixados no caput deste artigo e nos respectivos incisos.

Artigo 450-E (RICMS/SP): Relativamente a resíduos, subprodutos e perdas do processo industrial, deverá ser observado o seguinte, para fins desta seção: I - os resíduos e subprodutos do processo industrial que se prestarem à utilização econômica deverão ser: a) exportados; b) destinados para consumo no mercado interno, hipótese em que será devido o imposto relativo à operação de saída; c) destruídos, às

referida variação sem que isso desencadeie consequências tributárias. Vale notar que tais normas não veiculam favores fiscais ou isenções sobre as quebras, mas apenas reconhecem que são irrelevantes para fins tributários. Nesse sentido, a regra do artigo 66 da Lei nº 10.833/2003 permite variações até o limite de 1% no que se refere às mercadorias a granel:

> Art. 66. As diferenças percentuais de mercadoria a granel, apuradas em conferência física nos despachos aduaneiros, não serão consideradas para efeito de exigência dos impostos incidentes, até o limite de 1% (um por cento), conforme dispuser o Poder Executivo.
> Nesse mesmo sentido, o Regulamento Aduaneiro vigente determina:
> Art. 251. O fato gerador da contribuição para o PIS/PASEP-Importação e da COFINS-Importação é a entrada de bens estrangeiros no território aduaneiro (Lei nº 10.865, de 2004, art. 3º, caput, inciso I).
> § 1º Para efeito de ocorrência do fato gerador, consideram-se entrados no território aduaneiro os bens que constem como tendo sido importados e cujo extravio tenha sido verificado pela autoridade aduaneira (Lei nº 10.865, de 2004, art. 3º, § 1º). (Redação dada pelo Decreto nº 8.010, de 2013)
> § 2º O disposto no § 1º não se aplica (Lei nº 10.865, de 2004, art. 3º, § 2º):
> I - às malas e às remessas postais internacionais; e
> II - à mercadoria importada a granel que, por sua natureza ou condições de manuseio na descarga, esteja sujeita a quebra ou a decréscimo, desde que o extravio não seja superior a um por cento.

Embora tais dispositivos versem sobre importação de produtos, o mesmo raciocínio há de ser aplicado às exportações. As perdas no processo produtivo não configuram fato gerador de qualquer tributo, tampouco do ICMS. Seja porque não realizam o seu critério material, seja porque são desprovidos de conteúdo econômico.

A não tributação das perdas decorrentes de transporte ou armazenamento ou retenções técnicas, ademais, garante tratamento isonômico de contribuintes situados nas mais diversas regiões do país. Ora, é sabido que tão maiores são as perdas quanto mais distantes encontrem-se os contribuintes dos respectivos locais de exportação. A tributação de quebras, portanto, acarretaria maior carga tributária para

---

expensas do beneficiário do regime; II - para a perda do processo industrial, assim entendida a redução quantitativa de estoque de matéria-prima, produto intermediário ou material de embalagem que, por motivo de deterioração ou defeito de fabricação, tornaram-se inúteis para utilização produtiva, ou que foram inutilizadas acidentalmente no processo produtivo, fica estabelecido o percentual máximo de tolerância de 1% (um por cento).

contribuintes distantes de tais locais, em expressa afronta ao Princípio da Isonomia previsto no artigo 150, I da Constituição, e ao primado que veda a imposição de tratamento tributário diverso em decorrência da procedência ou destino da mercadoria, previsto no artigo 152 da mesma Carta.

É dizer, a norma de imunidade deve ser aplicada de forma igualitária para todos os contribuintes, sem distinção ou prejuízo relacionado à sua localização.

4. DAS DIFICULDADES IMPOSTAS À COMPROVAÇÃO DAS EXPORTAÇÕES. DA INDEVIDA PRESUNÇÃO DE VENDA INTERNA DA MERCADORIA EM CASO DE NÃO COMPROVAÇÃO.

Como visto, o Convênio ICMS 84/09 dispõe sobre as formalidades necessárias para a comprovação da exportação das mercadorias, tais como campos e informações a serem preenchidas nas notas fiscais relacionadas e na Declaração Única de Exportação (DU-E).

A DU-E, que buscou simplificar as obrigações acessórias relativas à exportação, substituiu o Registro de Exportação e a Declaração de Exportação a partir de 1º de outubro de 2018.

Até então, a complexidade para se comprovar a exportação era ainda maior, eis que o exportador era obrigado a apresentar uma série de documentos como (i) nota de remessa para forma de lotes para exportação; (ii) notas de retorno simbólico; (iii) notas de exportação; (iv) registro de exportação; (v) declaração de exportação; e (vi) memorado de exportação (no caso do exportador adquirentes de mercadorias destinadas ao exterior), todos devidamente entrelaçados e referenciados entre si para comprovar a exportação.

Ocorre que o formalismo em excesso sempre é utilizado pelos Fiscos Estaduais para, uma vez verificado o erro de preenchimento de um dos campos dos documentos em questão ou a ausência de preenchimento de um deles, que toda a documentação seja desprezada e se presuma, assim, a venda no mercado interno com a exigência do ICMS.

É comum, por exemplo, a ausência da informação da nota de remessa para formação de lote na nota de exportação, e basta isso para se alegar que foi possível comprovar a exportação, o que acarreta, além da exigência do imposto, pesadas multas ao exportador. Mesmo erros formais – como o CNPJ ou endereço do remente – servem de pretexto para se negar o direito constitucionalmente assegurado de não recolhimento do ICMS sobre exportações de mercadorias, sob o manto da presunção de venda interna, sem que nenhuma prova nesse sentido seja efetivamente produzida.

Ainda que quase todos os indícios e a coerência dos documentos fiscais apontem para exportação do produto, alguns Fiscos estaduais simplesmente desprezam tais evidências para exigir o ICMS sobre vendas internas, ainda que muitas vezes não haja quaisquer dúvidas de que tais mercadorias, por exemplo, retornaram ao estabelecimento exportador em razão de alguma circunstância que impediu a sua exportação, tais como recusa por qualidade do produto, contaminação etc.

Essa postura se torna ainda mais gravosa quando se exportam produtos a granel, como, por exemplo, grãos. São produtos que não podem ser individualizados e rastreados, de modo que apenas a comparação entre as unidades de medida (quilograma, tonelada, por exemplo) permite a comprovação de sua exportação em caso de alguma inconsistência formal na documentação de exportação. Nessas situações, os contribuintes se tornam ainda mais vulneráveis às exigências desproporcionais por parte dos fiscos, a não admitirem qualquer omissão de informação ou erro na documentação, ainda que meramente formal. É o que também noticia Leonardo Furtado Loubet, em artigo sobre o tema:

> Essa conduta dos Fiscos estaduais revela uma evidente postura sancionatória no trato desse tema. (...). Com isso, simplesmente todos os documentos que instruem a operação são ignorados, em especial a nota fiscal de venda do contribuinte que comercializou os grãos com finalidade de exportação. Trata-se a operação como *presumivelmente* operação internada, apoiada apenas em qualquer inconsistência da cadeia de documentos que forma e exportação, e o que é pior, sem que a alegada venda interna seja minimamente comprovada pelo Fisco.

Não se nega, aqui, que eventuais irregularidades no cumprimento de obrigações assessórias estão sujeitas a imposição de penalidades.[20] O que não se pode admitir, contudo, é que tais infrações deem azo à exigência de ICMS, amparada em uma presunção (ou mera suposição) de que as mercadorias foram vendidas no mercado interno.

---

20 No Estado de São Paulo é possível a dispensa da lavratura de autor de infração em razão do descumprimento de obrigações acessórias, nos termos da Portaria SER n. 51/23, ou até mesmo a sua relevação, ainda que constituída, nos termos das legislações estaduais caso não se verifique a ausência de descumprimento da obrigação principal, conforme artigo 527-A do RICMS.

Trata-se de restrição indevida da regra de imunidade do ICMS, o que, como visto no tópico anterior, exige interpretação ampla e teleológica, em ordem a se prestigiar os demais valores consagrados na Constituição Federal.

Mais gravosa ainda se torna a situação nos estados cujas legislações que regem o processo administrativo tributário não permitem a produção de prova pericial. O contribuinte se vê obrigado a produzir laudos técnicos contábeis que, muitas vezes, são tidos por imprestáveis, porquanto produzidos de forma unilateral. Mas se o processo administrativo não permite tal fase probatória, qual seria a solução? No mínimo, que fosse franqueada tal possibilidade ao contribuinte, mediante aplicação subsidiária das regras do Código de Processo Civil, conforme determina o artigo 15 desse mesmo diploma, e em atenção aos Princípios da Ampla Defesa e Contraditório.

Na maioria das vezes, no entanto, bastaria o exame cuidadoso e razoável dos documentos de exportação, ainda na fase fiscalizatória, para se reconhecer a aplicação da regra de imunidade. Mesmo o sistema utilizado pelo exportador, muitas vezes, permite a verificação da regularidade das exportações. A política arrecadatória de dados estados, no entanto, vai na contramão da finalidade de tal direito constitucional, e impõe às autoridades administrativas o dever de autuar o contribuinte em face de divergências mínimas e na maioria das vezes justificáveis quando considerado o volume de operações realizadas.

5. A EXIGÊNCIA DE FUNDOS ESTADUAIS COMO CONDIÇÃO AO EXERCÍCIO DO DIREITO À IMUNIDADE DO ICMS

Na esteira do Fundersul, instituído pelo Estado do Mato Grosso do Sul, diversos Estados passaram a instituir exações semelhantes, incidentes sobre produtos agropecuários, óleo e gás, supostamente facultativas e com previsão de destinação dos produtos de suas arrecadações para finalidades específicas como infraestrutura e habitação. Citem-se, como exemplos, o Fundo Estado de Infraestrutura – Fundeinfra (GO), Fundo de Desenvolvimento Econômico – FDE (PA) e o Fundo Estadual de Transporte e Habitação – Fethab (MT).

Tomemos essa última contribuição, instituída pelo Estado de Goiás pela Lei nº 21.670/2022, cujo artigo 5º dispõe que o fundo será composto, dentre outras receitas, pela "contribuição exigida no âmbito do Imposto sobre Operações Relativas à Circulação de Mercadorias e sobre Prestações de Serviços de Transporte Interestadual e Intermunicipal e de Comunicação (ICMS) como condição para: a) a fruição de benefício ou incentivo fiscal; b) o contribuinte que optar por regime especial que vise ao controle das saídas de produtos destinados ao exterior ou com o fim específico de exportação e à comprovação da efetiva exportação; e c) o imposto devido por substituição tributária pelas operações anteriores ser: 1. pago pelo contribuinte credenciado para tal fim por ocasião da saída subsequente; ou 2. apurado juntamente com aquele devido pela operação de saída própria do estabelecimento eleito substituto, o que resultará um só débito por período".

Tal exação incidiria "em percentual não superior a 1,65% (um inteiro e sessenta e cinco centésimos por cento) sobre o valor da operação com as mercadorias discriminadas na legislação do imposto; ou por unidade de medida adotada na comercialização da mercadoria".

Tendo em vista a flagrante inconstitucionalidade de alguns aspectos dessa contribuição, foram propostas as ADIs 7.363 e 7366, pela Confederação Nacional da Indústria (CNI) e Associação Brasileira dos Produtores de Soja (Aprosoja), respectivamente. Em um primeiro momento, foi deferida, pelo Min. Dias Toffoli, liminar para se suspender a eficácia do dispositivo acima citado; no entanto, o plenário do Supremo Tribunal Federal não referendou a decisão. Ou seja, a lei continua válida e vigente, aguardando-se eventual julgamento do mérito das ações.

Em recente artigo sobre o tema, o coautor Fabio Pallaretti Calcini[21] elencou os diversos vícios de inconstitucionalidades que maculam a "contribuição":

> (...) 1) viola os direitos fundamentais voltados à segurança alimentar, bem como a imposição constitucional do artigo 187, I, que determina e ordena que o Estado irá fomentar e promover o setor, inclusive, por meio de incentivos fiscais, o que se tem feito é exatamente o oposto; 2) trata-se de um tributo disfarçado por suposta voluntariedade, que não observa diversos limites constitucionais; 3) ao ter como alvo principal, onerando produtos específicos agropecuários, desrespeita à igualdade; 4) a lei, ao delegar, sem limites e parâmetros, ao decreto a eleição dos produtos e o percentual da contribuição, descumpre a legalidade; 5) onera os produtos destinados à exportação, o que está em total descompasso com o preconizado no texto constitucional no sentido de não gerar de qualquer forma, direta

---

21 Inconstitucionalidade da 'contribuição' do Fundeinfra pelo governo de Goiás. Conjur, publicado em 14 de abril de 2013. https://www.conjur.com.br/2023-abr-14/direito-agronegocio-fundeinfra-inconstitucionalidade-contribuicao#_ftnref1

ou indireta, tais formas de exações; 6) não respeita os limites estabelecidos no Convênio Confaz 42/2016; 7) revela nítido de desvio de poder da atividade legislativa, uma vez que busca, por subterfúgios, como a expressão 'contribuição' e a facultatividade, burlar o rígido sistema tributário constitucional, que estabelece diversas formas de limitação ao exercício da competência tributária.

Se aquele estudo focou na natureza jurídica da contribuição, com o intuito de lhe revelar a verdadeira faceta tributária, aqui nos voltaremos ao vício elencado no item 5): tal exação, ainda que se pudesse aceitar o seu caráter 'facultativo' – o que se admite por argumentação, jamais poderia condicionar o exercício do direito a uma imunidade constitucional.

Como visto acima, a norma de imunidade específica do ICMS implica direito público subjetivo do contribuinte que realize a situação objetiva por ela contemplada, sem que haja a imposição de qualquer condicionante a ser instituída por ato infraconstitucional. Além disso, como toda regra de imunidade, há de ser interpretada de forma ampla e teleológica, de modo a se preservar o fim buscado pela Constituição Federal: a desoneração das exportações.

Qualquer limitação imposta a esse direito, portanto, será inconstitucional. Regimes especiais, exigência de recolhimento prévia mediante restituição do imposto ou a imposição de uma condicionante como a presente (recolhimento de contribuição estadual) para fins de gozo da desoneração da cadeia de exportação estão em contradição direta com a imunidade em questão.

Além disso, a tentativa de vários estados em exigirem referidas contribuições sobre as exportações viola o princípio constitucional da desoneração tributária das exportações. Como afirma Pedro Guilherme Gonçalves de Souza[22], esse princípio (não expressamente positivado, vale dizer) decorre da clara adoção desse valor pela Constituição Federal, que estabelece "quatro hipóteses de não incidência constitucional previstas: (i) imunidade das receitas obtidas com a exportação em relação às contribuições sociais e de intervenção no domínio econômico (CF, art. 149, §2º, inciso I); (ii) a imunidade dos 'produtos industrializados destinados à exportação' (CF, art, 153. §3º, inciso III); (iii) a regra que estabelece a não incidência do ICMS 'sobre operações que destinem mercadorias para o exterior' e 'sobre serviços prestados

---

22 *La Mano de Dios:* o FETHAB e a Suprema Jurisprudência, *in* Agronegócio, Tributação e Questões Internacionais – Volume II. São Paulo: Quartier Latin, 2021. p. 187.

a destinatários no exterior' (CF, art. 155, §2º, inciso X); e, finalmente, (iv) a orientação para que a Lei Complementar que condiciona a incidência do ISS exclua da sua incidência a exportação de serviços para o exterior (Art. 156, o, inciso II)."

Se a mera exigência das contribuições sobre operações que destinem mercadorias ao exterior já é, por si, violadora do princípio em questão, não há dúvidas de que condicionar a imunidade específica do ICMS ao recolhimento de tais exações revela-se ainda mais grave e contrária regra específica de imunidade do ICMS.

6. CONCLUSÕES

O setor do agronegócio ocupa cada vez mais posição de destaque e importância para a economia do país, sendo o protagonista no campo das exportações e fundamental para a balança comercial brasileira. Talvez, até por isso, desperta tanto a atenção dos Fiscos Estaduais, que buscam incrementar suas arrecadações, muitas vezes, mediante exigências e posturas que violam a norma de imunidade tributária específica do ICMS.

As imunidades tributárias são regras de estrutura, postas em nível constitucional, que fixam a incompetência dos entes políticos para gravar tributariamente determinadas pessoas e/ou situações. Dada a finalidade de consagrar valores e fins visados pela Constituição Federal, devem ser interpretadas de forma ampla e teleologicamente, em ordem a se preservarem tais valores e fins.

A imunidade específica do ICMS é objetiva e incondicionada, porque não se destina a pessoas específicas, mas a operações que destinem mercadorias e serviços ao exterior. Ante a ausência de qualquer norma remissiva no texto constitucional que delegue ao legislador infraconstitucional competência para regulamentar ou disciplinar tais imunidades, qualquer de se restringir a sua aplicação será inconstitucional.

O fenômeno das quebras, tão comum na cadeia de exportação do agro, além de não configurar fato gerador do ICMS, não podem ser oneradas pelo ICMS quando ocorrem ao longo do processo de exportação. Se a finalidade da imunidade é desonerar a cadeia de exportação no que se refere a venda de mercadorias ao mercado estrangeiro, não faz sentido lógico-jurídico onerar as perdas naturais a tais operações, seja porque viola o princípio da não exportação de tributos, seja porque recai sobre fato desprovido de capacidade econômica.

No mesmo sentido, meras irregularidades formais no rol de documentos que comprovam a exportação não permitem a presunção pura e simples de venda de mercadoria no mercado interno, com imposição do ICMS, sobretudo quando tais formalidades não prejudiquem ou não impeçam a comprovação da exportação. Meios indiretos de prova, tais como laudos e controles internos do contribuinte, devem ser aceitos, sempre em ordem a se prestigiar a norma de imunidade e o princípio da desoneração das exportações.

Por fim, também se revelam inconstitucionais as exigências de contribuições a fundos estaduais, muitas vezes travestidos de 'facultativos', como condição ao gozo do direito à imunidade específica do ICMS. Ainda que se admita que tais fundos não possuem natureza tributária – escapando, assim, ao regime jurídico próprio dos tributos, as imunidades constitucionais não podem ser condicionadas a qualquer contrapartida, haja vista a inexistência de previsão, nesse sentido, no texto constitucional.

OS DESAFIO DAS EMPRESAS EXPORTADORAS DIANTE DO ACÚMULO DE CRÉDITOS DE ICMS E OS ENTRAVES FISCAIS

Gabriel Hercos da Cunha[1]

Bruna Chan[2]

1. INTRODUÇÃO

Em seus diversos dispositivos legais, a Constituição Federal confere aos entes políticos competências específicas para criar e instituir tributos. Concomitantemente à concessão ao poder de tributar, a Carta Magna também estabelece determinadas limitações à União, aos Esta-

---

[1] Advogado atuante no tributário, agronegócios e planejamento patrimonial. Graduado pelo Mackenzie. Fez pós-graduação em Direito Tributário Internacional pelo Instituto Brasileiro de Direito Tributário e tem MBA pela USP/Esalq. Cursando LLM em Direito Tributário Internacional. É um dos coordenadores do Comitê Jurídico e integrante do Comitê Tributário, ambos da Sociedade Rural Brasileira. É um dos fundadores do Instituto de Gestão e Estudos Tributários no Agronegócio. Participou de diversas Comissões da OAB/SP. Foi monitor da Especialização em Direito Tributário e do curso de Tributação do Agronegócio, ambos da FGV/SP. Foi um dos coordenadores de dois livros com foco em Tributação no Agronegócio.

[2] Advogada graduada pela Universidade Presbiteriana Mackenzie e Pós-graduada em Direito Processual Civil pela Pontifícia Católica de São Paulo e em Direito Tributário pela Fundação Getúlio Vargas de São Paulo.

dos, ao Distrito Federal e aos Municípios no que se refere à cobrança de tributos.

Dentre mencionadas limitações, as quais estão dispostas no artigo 150 e seguintes do texto constitucional, estão as imunidades tributárias que nada mais são do que situações do mundo fático que não estão sujeitas à tributação, em decorrência de determinação legal oriunda da norma constitucional.

Com redação dada pela Emenda Constituição n. 42/2003, o texto legal garante que as operações de exportação sejam desoneradas do Imposto sobre Operações Relativas à Circulação de Mercadorias e sobre Prestações de Serviços de Transporte Interestadual e Intermunicipal e de Comunicação (ICMS), nos termos do artigo 155, parágrafo 2º, inciso X, alínea "a":

> Art. 155. Compete aos Estados e ao Distrito Federal instituir impostos sobre: (...)
> § 2º O imposto previsto no inciso II atenderá ao seguinte: (...)
> X - não incidirá:
> a) sobre operações que destinem mercadorias para o exterior, nem sobre serviços prestados a destinatários no exterior, assegurada a manutenção e o aproveitamento do montante do imposto cobrado nas operações e prestações anteriores;

A imunidade tributária do ICMS nas exportações tem como objetivo assegurar a neutralidade tributária ao eliminar a discriminação entre os produtos nacionais e estrangeiros, garantindo, por consequência, que os primeiros estejam em condições de competir com os demais em um cenário internacional.

Assim, a não exportação de tributos é uma prática adotada internacionalmente, a fim de baratear o produto nacional e aumentar sua competitividade em comparação ao produto dos outros países.

Vale mencionar que, além de determinar a não incidência do imposto estadual sobre operações que destinem mercadorias e serviços para o exterior, mencionado dispositivo legal ainda garante a devolução ao exportador de qualquer montante de ICMS cobrado nas operações e prestações anteriores.

No mesmo sentido, a Lei Kandir, especificamente em seu artigo 25, §1º, estabelece que, a partir de setembro de 1996, verificado saldo credor acumulado por estabelecimento que realize operações e prestações que destinem mercadorias ou serviços ao exterior, pode este transferir o saldo remanescente a outros contribuintes do mesmo Estado, mediante a emissão pela autoridade competente de documento que reconheça o crédito.

Entretanto, não é prática recente a postura fazendária em criar mecanismos visando dificultar o aproveitamento dos créditos de ICMS oriundos de operações e prestações que destinem mercadorias ou serviços ao exterior.

Isso porque, conforme restará exposto a seguir, a recuperação dos créditos acumulados de ICMS pelos exportadores pode perdurar por décadas, podendo, inclusive, não se efetivar a depender dos obstáculos impostos pelos Estados e pelo Distrito Federal.

2. OS ENTRAVES CRIADOS PELOS ESTADOS PARA OBSTAR O APROVEITAMENTO E TRANSFERÊNCIA DOS CRÉDITOS DE EXPORTAÇÃO

Conforme exposto, frequentemente os contribuintes se deparam com legislações estaduais que impõe restrições à não cumulatividade do ICMS, de modo a dificultar a utilização e a transferência dos saldos credores acumulados do imposto estadual.

Dentre as principais dificuldades enfrentadas pelas empresas exportadoras, estão: (i) a exigência de autorização prévia do Fisco Estadual; (ii) limitação de valores; e (iii) condicionamento da utilização dos créditos acumulados à inexistência de débitos pelo exportador, ainda que estejam com a exigibilidade suspensa.

A título exemplificativo, verifica-se o Estado de Santa Catarina, no qual foi estabelecido um limite para transferência de créditos relativos a operações ou prestações subsequentes isentas ou não tributadas, de acordo com a disponibilidade financeira do erário.

Isso é o que consta no Regulamento do ICMS (RICMS) no referido Estado (Decreto n. 2.870/2001):

> Art. 40. Consideram-se acumulados os saldos credores decorrentes de manutenção expressamente autorizada de créditos fiscais relativos a operações ou prestações subseqüentes isentas ou não tributadas. (...)
>
> § 3º Poderão ser transferidos, a qualquer estabelecimento do mesmo titular ou para estabelecimento de empresa interdependente, neste Estado, os saldos credores acumulados por estabelecimentos que realizem operações e prestações:
>
> I - destinadas ao exterior, de que tratam o art. 6º, II, e seus §§ 1º e 2º: (...)

ICMS E O AGRONEGÓCIO **123**

§ 4º O saldo credor acumulado, na hipótese do § 3º, I, poderá também: (...)

II – ser alienado a outros contribuintes deste Estado, **de acordo com a disponibilidade financeira do erário,** para: (g.n.)

Em outras palavras, o legislador estadual acabou por limitar o direito de transferência do saldo credor acumulado por contribuintes exportadores, sob a alegação de que se deve preservar a disponibilidade financeira do Erário.

Não fosse só, da leitura dos artigos 48 a 52 do RICMS/SC, infere-se que a utilização dos créditos acumulados por seu titular original e sua transferência dependem de procedimento prévio de reserva dos créditos e posterior autorização para utilização dos denominados créditos reservados.

Vale mencionar que o artigo 52-C da mencionada norma prevê a possibilidade de autorização de limites adicionais para a transferência de créditos acumulados, por meio de regime especial concedido pelo Secretário de Estado da Fazenda, condicionada a investimentos em projetos de expansão de atividades ou criação de novos negócios em território catarinense.

No mesmo sentido dispõe o Regulamento do ICMS do Estado de São Paulo (Decreto n. 45.490/2000), em seu artigo 73, ao estipular normas restritivas que possibilitam aos contribuintes exportadores apenas a transferência dos créditos de ICMS para o pagamento de fornecedores nas compras de matéria-prima, bens para o ativo imobilizado, dentre outras situações específicas.

Além disso, infere-se da leitura do artigo 84, inciso II, do RICMS/SP que a transferência dos créditos acumulados depende de autorização do Secretário da Fazenda Estadual.

Por fim, no Estado de São Paulo foi instituído o Programa de Ampliação de Liquidez de Créditos a Contribuintes com Histórico de Aquisições de Bens Destinados ao Ativo Imobilizado (ProAtivo) por meio do Decreto n. 66.398/2021 e da Resolução SFP n. 67/2021 que concede maior liquidez de crédito acumulado ao contribuinte que comprove investimento em ativo imobilizado no Estado.

Mencionado programa é executado por meio de sucessivas rodadas de autorização de transferência de crédito acumulado, nas quais são fixados valores globais, limites mensais e períodos de utilização.

A título exemplificativo, em maio de 2023 a Secretaria da Fazenda e Planejamento do Estado de São Paulo (SEFAZ/SP) autorizou nova rodada limitando a R$ 600 milhões a liberação de créditos acumulados.

Apesar dos entraves criados pelas legislações estaduais para obstar o aproveitamento e a transferência dos créditos acumulados de ICMS – como os mencionados a título exemplificativo acima pelos Estados de Santa Catarina e de São Paulo –, o Superior Tribunal de Justiça (STJ) tem entendimento pacificado pela desnecessidade de edição de lei estadual regulamentadora para que os exportadores possam realizar as transferências dos créditos, sob o entendimento de que o artigo 25, §1º, da Lei Kandir é norma de eficácia plena.

Isso é o que se infere das decisões cujas ementas seguem abaixo colacionadas, nas quais o STJ veda a possibilidade de os Estados criarem quaisquer obstáculos ao aproveitamento ou transferências dos créditos de ICMS pelos exportadores, sob pena de violação ao princípio da não cumulatividade:

> TRIBUTÁRIO. ICMS. LC N. 87/96. TRANSFERÊNCIA A TERCEIROS DE CRÉDITOS ACUMULADOS EM DECORRÊNCIA DE OPERAÇÕES DE EXPORTAÇÃO. ART. 25, § 1º, DA LC 87/96. INVIABILIDADE DE VEDAÇÃO À TRANSFERÊNCIA.
> 1. Os Créditos de ICMS previstos no art. 25, § 1º da LC 87/96, oriundos das operações constantes no art. 3º, II do mesmo diploma legal podem ser transferidos a terceiros, sem qualquer vedação por parte da legislação estadual, sob pena de ferir o princípio da não cumulatividade (AgRg no REsp 1232141/MA, Rel. Ministro Teori Albino Zavascki, Primeira Turma, DJe 24/08/2011; AgRg no AREsp 187.884/RS, Rel. Ministro Arnaldo Esteves Lima, Primeira Turma, DJe 18/06/2014). 2. Agravo regimental a que se nega provimento.
> (AgRg no REsp n. 1.020.816/RS, relator Ministro Sérgio Kukina, Primeira Turma, julgado em 10/3/2015, DJe de 13/3/2015.)
> TRIBUTÁRIO. ICMS. LC N. 87/96. TRANSFERÊNCIA A TERCEIROS DE CRÉDITOS ACUMULADOS EM DECORRÊNCIA DE OPERAÇÕES DE EXPORTAÇÃO. ART. 25, § 1º, DA LC N. 87/96. NORMA DE EFICÁCIA PLENA. DESNECESSIDADE DE EDIÇÃO DE LEI ESTADUAL REGULAMENTADORA. INVIABILIDADE DE VEDAÇÃO À TRANSFERÊNCIA. AGRAVO NÃO PROVIDO.
> 1. "Por ser autoaplicável o § 1º do art. 25 da Lei Complementar n. 87/96, e sendo os créditos oriundos de operações disciplinadas no art. 3º, inciso II, do mesmo normativo, "não é dado ao legislador estadual qualquer vedação ao aproveitamento dos créditos do ICMS, sob pena de infringir o princípio da não-cumulatividade, quando este aproveitamento se fizer em benefício de qualquer outro estabelecimento seu, no mesmo Estado, ou de terceiras pessoas, observando-se para tanto a origem no art. 3º" (RMS 13544/PA,

Rel. Min. Eliana Calmon, Segunda Turma, DJ 2/6/03). 2. Agravo regimental não provido.

(AgRg no AREsp n. 187.884/RS, relator Ministro Arnaldo Esteves Lima, Primeira Turma, julgado em 5/6/2014, DJe de 18/6/2014.)

Além da ofensa ao princípio da não cumulatividade, da leitura das ementas acima, verifica-se que o STJ entende que as limitações impostas pelos Estados, também, violam a Lei Kandir.

No mesmo sentido das ementas acima, vale mencionar que, em maio de 2016, o STJ foi provocado a analisar a legislação maranhense atinente à utilização e transferência dos saldos credores acumulados do ICMS em decorrência de operações de exportação de mercadorias (Lei Estadual nº 8.615/2007), uma vez que esta condicionava o aproveitamento dos mencionados créditos à autorização por parte do Fisco, além de impor limites mensais globais de valores para as mencionadas transferências[3].

Devidamente processado o feito, a Primeira Turma concluiu nos autos do AgRg no REsp nº 1.383.147/MA pela ilegalidade das exigências da norma estadual, por violarem o direito à transferência dos créditos acumulados, assegurados pela jurisprudência daquele Tribunal:

> Acerca da aplicabilidade do disposto no art. 25, § 1º, da Lei Complementar n. 87/96, que trata do aproveitamento de créditos de ICMS acumulados em decorrência de operações de exportação, encontra-se pacificado nesta Corte o entendimento segundo o qual trata-se de norma de eficácia plena, não sendo permitido à lei local impor qualquer restrição ou vedação à transferência dos referidos créditos, porquanto resultaria em infringência ao princípio da não cumulatividade.

Pelo exposto, apesar da legislação pátria garantir o integral aproveitamento dos créditos de ICMS pelas exportadoras, referidas empresas se veem obrigadas a recorrer ao Poder Judiciário para terem reconhecido o seu direito constitucionalmente garantido, sendo que, não raro, a demanda do contribuinte é reconhecida e consequentemente julgada procedente, apenas e tão somente, quando os autos são alçados ao STJ, após derrotas sucessivas nas instâncias de piso e nos Tribunais de Justiça locais, gerando custos desnecessários para os contribuintes para o litígio no Poder Judiciário, bem como perda de caixa – pois o tributo pago não é ressarcido.

---

3 AgRg no REsp 1383147/MA, Rel. Ministra REGINA HELENA COSTA, PRIMEIRA TURMA, julgado em 03/05/2016, DJe 13/05/2016.

3. CONSIDERAÇÕES FINAIS

O acúmulo de créditos tributários é um dos principais fatores que inibem a competitividade das empresas exportadoras brasileiras no cenário internacional. Esta situação não é diferente, no que se refere ao ICMS, considerando todos os obstáculos verificados.

Se por um lado a Constituição Federal e a Lei Kandir determinam a não incidência do imposto estadual sobre operações que destinem mercadorias para o exterior e, ainda, garantem ao exportador a devolução de qualquer montante de ICMS cobrado nas operações e prestações anteriores, por outro lado os Estados criam diversos obstáculos para a recuperação dos mencionados créditos, de modo a obrigar os contribuintes a desembolsarem valores para adimplirem suas obrigações tributárias.

Assim, o valor não recuperado transforma-se em custo e, consequentemente, é incorporado ao preço da mercadoria exportada, frustrando o comando constitucional de não exportar tributos.

Apesar de ser uma questão presente há muitos anos na realidade das empresas exportadoras, este ponto ganha contornos mais sensíveis atualmente com a reforma tributária, que mudará totalmente a sistemática da tributação estadual.

Dito isso, enquanto os Fiscos Estaduais continuaram a impor entraves ao aproveitamento dos créditos do imposto estadual, as empresas exportadoras podem e devem recorrer ao Poder Judiciário visando garantir seu direito de utilizar seus créditos de ICMS e, consequentemente, afastar as limitações impostas pelo Fisco, a fim de não suportarem os prejuízos oriundos das imposições estaduais e, assim, conquistarem uma posição competitiva no mercado internacional.

REFERÊNCIAS

BRASIL. [Constituição (1988)]. Constituição da República Federativa do Brasil. Brasília, DF: Senado Federal, 2016, p. 496 Disponível em: https://www2.senado.leg.br/bdsf/bitstream/handle/id/518231/CF88_Livro_EC91_2016.pdf. Acesso em: 05 de novembro 2023.

BRASIL. Lei Complementar n. 87, de 13 de setembro de 1996. Dispõe sobre o imposto dos Estados e do Distrito Federal sobre operações relativas à circulação de mercadorias e sobre prestações de serviços de transporte interestadual e intermunicipal e de comunicação, e dá outras providências. (LEI KANDIR). Disponível em:

https://www.planalto.gov.br/ccivil_03/leis/lcp/lcp87.htm. Acesso em: 06 de novembro de 2023.

BRASIL. Decreto n. 2.870, de 27 de agosto de 2001. Aprova o Regulamento do Imposto sobre Operações Relativas à Circulação de Mercadorias e sobre Prestações de Serviços de Transporte Interestadual e Intermunicipal e de Comunicação do Estado de Santa Catarina. Disponível em: https://legislacao.sef.sc.gov.br/consulta/views/Publico/Frame.aspx?x=/Cabecalhos/frame_ricms_01_00_00.htm. Acesso em: 07 de novembro de 2023.

BRASIL. Decreto n. 66.398, de 28 de dezembro de 2021. Introduz alteração no Regulamento do Imposto sobre Operações Relativas à Circulação de Mercadorias e sobre Prestações de Serviços de Transporte Interestadual e Intermunicipal e de Comunicação – RICMS. Disponível em: https://legislacao.fazenda.sp.gov.br/Paginas/Decreto-66398-de-2021.aspx. Acesso em: 07 de novembro de 2023.

BRASIL. Resolução SFP n. 67, de 29 de dezembro de 2021. Institui o Programa de Ampliação de Liquidez de Créditos a Contribuintes com Histórico de Aquisições de Bens Destinados ao Ativo Imobilizado – ProAtivo. Disponível em: https://legislacao.fazenda.sp.gov.br/Paginas/Resolu%C3%A7%C3%A3o-SFP-67-de-2021.aspx. Acesso em: 07 de novembro de 2023.

SUPERIOR TRIBUNAL DE JUSTIÇA. AgRg n. REsp n. 1.020.816/RS, Relator Ministro Sérgio Kukina, Primeira Turma, julgado em 10/3/2015, DJe de 13/3/2015.

SUPERIOR TRIBUNAL DE JUSTIÇA. AgRg n. REsp 1.383.147/MA, Relatora Ministra Regina Helena Costa, Primeira Turma, julgado em 03/05/2016, DJe 13/05/2016.

SUPERIOR TRIBUNAL DE JUSTIÇA. RMS 13544/PA, Relatora Ministra Eliana Calmon, Segunda Turma, DJe 2/6/03.

ASPECTOS CONTRATUAIS E RECOLHIMENTO DE ICMS NO PROCEDIMENTO DE COMPRA E VENDA DE MACIÇO FLORESTAL

Igor Lopes Braga[1]
Adriana Maugeri[2]

1. INTRODUÇÃO

O tema que será abordado neste trabalho, aspectos contratuais e recolhimento de ICMS na compra e venda de maciço florestal (floresta plantada), é passível de discussões e dúvidas, tanto no âmbito con-

---

1 Graduado em Direito Pela Pontifícia Universidade Católica de Minas Gerais, campus São Gabriel. Pós-Graduado em Direito Ambiental pela Universidade Gama Filho.

Pós-Graduado em Direito dos Contratos pelo Centro de Estudos em Direito e Negócio. E-mail: igor@amif.org.br

2 Graduada em Direito Pela Pontifícia Universidade Católica de Minas Gerais, campus Praça da Liberdade.

Graduada em Comunicação Social Pela Pontifícia Universidade Católica de Minas Gerais, campus Coração Eucarístico. Pós-Graduada em Gestão em Responsabilidade Ambiental pela Pontifícia Universidade Católica de Minas Gerais, campus Coração Eucarístico.

Presidente Executiva da Associação Mineira da Indústria Florestal – AMIF. E-mail: adriana@amif.org.br

tratual e direito civil, quanto no âmbito tributário e acadêmico. Com isso, buscamos trazer o entendimento mais condizente com a realidade brasileira, principalmente o praticado no estado de Minas Gerais.

O trabalho foi desenvolvido com o objetivo de esclarecer as principais questões contratuais na venda de floresta em pé, bem como as recentes alterações na dinâmica de recolhimento de ICMS, tendo em vista a legislação tributária pertinente, os diversos entendimentos sobre o tributo citado, da análise dos demais princípios de Direito Contratual que poderão ser aplicados aos casos, referências Doutrinárias, além do estudo de hipóteses e revisões contratuais, principalmente após a publicação do Decreto Estadual 47.575/2019 (atualmente Decreto Estadual 48.589/2023), que alterou o regulamento de ICMS de Minas Gerais, visando contribuir para diminuir os conflitos contratuais e fiscais existentes, além de aumentar a segurança jurídica do contribuinte.

Esse assunto ainda foi pouco discutido, tanto na doutrina quanto na jurisprudência, o que deixa várias lacunas, tanto legais quanto interpretativas, demandando uma apurada análise da matéria.

Ao final tentaremos responder às seguintes questões: diante da falta de disponibilidade do tema na jurisprudência e na doutrina, qual seria o melhor posicionamento acerca do tema? Há necessidade de adequação contratual para os contratos firmados antes da vigência do Decreto Estadual 47575/2019? Como serão tratados os contratos firmados após?

O trabalho foi dividido em quatro partes, sendo que a primeira visa introduzir o assunto. A segunda parte tem como objetivo destacar os princípios de direito contratual relevantes ao caso. A terceira caracterizou o procedimento de venda de maciço florestal, desde a definição do tipo de bem objeto do negócio jurídico, passando pela visa do fisco acerca do tipo de negócio realizada, recolhimento de ICMS e, por fim, adentramos nos aspectos contratuais, reunindo todos os elementos estudados, e verificamos a necessidade de orientações para os novos negócios, bem como possíveis adequações de contratos já firmados. A última parte é reservada para as conclusões obtidas pelo trabalho.

Através de uma linha "crítico-metodológica", foi realizado o trabalho aqui exposto, além de métodos empíricos. Isto, pois, o referido método traz em seu inteiro teor uma teoria crítica da realidade.

Além disso, utilizamos a pesquisa didático-doutrinária, feita por um processo de construção de conhecimentos que tem como metas principais gerar novos conhecimentos e/ou corroborar ou refutar algum conhecimento pré-existente. Foi utilizada a pesquisa documental, principalmente por meio de doutrinas, artigos científicos e jurisprudências.

2. PRINCÍPIOS DE DIREITO DOS CONTRATOS

2.1. AUTONOMIA DA VONTADE X AUTONOMIA PRIVADA

O princípio da autonomia da vontade surgiu em meados do século XVIII, com base em ideais iluministas advindos da Revolução Francesa, e perdurou até meados do século XX. Tem como preceito a vontade individual das partes, a partir do requisito da capacidade jurídica, bem como o poder e vontade de contratar.

Uma de suas bases conceituais era a preocupação extrema com a estrutura do contrato a ser firmado, sua forma de redação, em detrimento da essência do negócio jurídico a ser praticado. Com isso, bastava atender aos requisitos estruturais dos contratos, como forma, capacidade das partes, ausência de coação/coerção, dolo e etc., para a validade dos termos contratuais[3].

Essa teoria contratual eleva a vontade das partes como o requisito principal para o negócio jurídico, fazendo-se valer a máxima de que "um contrato é lei entre as partes". Nota-se que um acordo vinculava somente as partes contratantes, não produzindo efeitos contra terceiros.

Corroborando com o aludido sobre a autonomia da vontade, temos o seguinte entendimento de Carlos Roberto Gonçalves:

> O princípio da autonomia da vontade se alicerça exatamente na ampla liberdade contratual, no poder dos contratantes de disciplinar os seus interesses mediante acordo de vontades, suscitando efeitos tutelados pela ordem jurídica. Têm as partes a faculdade de celebrar ou não contratos, sem qualquer interferência do Estado. Podem celebrar contratos nominados ou fazer combinações, dando origem a contratos inominados.[4] (GONÇALVES 2016, p. 46)

---

3 AMORIM, Bruno de Almeida Lewer. Autonomia e boa-fé objetiva: O primado das cláusulas gerais de direito. Jornal da Faculdade Milton Campos Nº 167, p. 6

4 GONÇALVES, Carlos Roberto. Direito civil brasileiro, volume 3: contratos e atos unilaterais – 14. ed. – São Paulo: Saraiva, 2017, p. 46.

Seguindo a descrição feita por Nelson Rosenvald, em sua obra Curso de Direito Civil IV, 2017:

> Na órbita do direito, a autonomia da vontade, fruto do voluntarismo dos oitocentos, concebia o vínculo contratual como resultado de simples fusão entre manifestações de vontade. A autonomia do querer era o único fundamento da *vinculatividade*. A autonomia clássica era absoluta, como valor em si, abstratamente conferida a todos.[5] (ROSENVALD; FARIAS, 2017, p. 150)

Desse entendimento nasce o *pacta sunt servanda,* ou seja, a obrigatoriedade do acordo, contrato firmado entre as partes, deve ser respeitada, uma vez que resulta na manifestação da vontade das partes, independente de equilíbrio contratual, invalidando qualquer interferência externa, principalmente advinda do Estado.

Podemos dizer que o *pacta sunt servanda* era a máxima manifestação da autonomia da vontade dos contratantes, dando completa liberdade contratual livre de interferência de terceiros[6]. Com isso, há a ampla liberdade nas negociações, que esbarra somente nos limites legais.

Entretanto, a partir do século XX e com os avanços acadêmicos alcançados, houve uma evolução do pensamento contratual, a fim de garantir o equilíbrio entre contratantes, proteção dos hipossuficientes, aplicação da lei ao caso concreto, garantindo assim a função social dos contratos e seus efeitos na sociedade.

Destarte, surgiu a teoria da prevalência da autonomia privada, que não se confunde com a autonomia da vontade.

Acerca dessa nova forma de avaliar as relações contratuais concluiu Nelson Rosenvald:

> Porém, as transformações do cenário jurídico há muito já eram anunciadas. Norberto Bobbio asseverou que o predomínio da teoria pura do direito de Kelsen orientou o estudo do direito por um longo tempo para a análise da estrutura do ordenamento jurídico em detrimento da sua função. Mas o direito não é um sistema fechado e independente como se coloca do ponto de vista de sua estrutura formal. Fundamental não é averiguar como o direito é. produzido, mas, sim, perceber as consequências sociais para as quais se dirige o direito subjetivo, ou seja, a sua finalidade (função), para

---

5 ROSENVALD, Nelson; FARIAS, Cristiano Chaves de. Curso de Direito Civil IV, 7ª Ed atual. – Salvador; Ed. JusPodivm, 2017, p. 150.

6 SUBTIL, António Raposo. O Contrato e a Intervenção do Juiz. Porto: Ed. Vida Econômica, 2012. p. 32.

tanto se impondo a abertura do sistema jurídico para outros sistemas de igual relevância."[7] (ROSENVALD; FARIAS, 2017:150)

De certa forma, o *pacta sunt servanda* prevalece até os tempos atuais, com devidas limitações, como veremos a seguir.

A partir desse momento, passou a haver maior atenção ao preceito *Rebus sic stantibus*, que em primeira tradução significa a manutenção do contrato enquanto as coisas estejam assim. Ou seja, se as condições iniciais que regiam a vontade contratual estiverem presentes, o contrato original mantém sua validade. Mas, se houver alguma alteração que cause o desequilíbrio na relação contratual, poderá haver alteração da condição inicialmente proposta.

Essa nova forma de entendimento veio com uma exceção ao *pacta sunt servanda*, permitindo a revisão contratual em caso de excessiva onerosidade, ou descumprimento da função social do contrato, que nada mais é do que o cumprimento de contrato de acordo com o objeto contratual (recebimento de aluguéis em contrato de aluguel).

Pode-se dizer, conforme Rosenvald e Farias[8], que houve uma passagem do estruturalismo para o funcionalismo, buscando entendimento entre leis, vontade e intenção das partes e respeito a direitos de terceiros, a fim de garantir harmônica convivência entre justiça, segurança jurídica e dignidade da pessoa humana.

Como exemplo da absorção dessa teoria contratual no ordenamento jurídico brasileiro, temos o Código Civil de 2002, que expressou nos seguintes artigos:

> Art. 317. Quando, por motivos imprevisíveis, sobrevier desproporção manifesta entre o valor da prestação devida e o do momento de sua execução, poderá o juiz corrigi-lo, a pedido da parte, de modo que assegure, quanto possível, o valor real da prestação.
> (...)
> *art. 427. A proposta de contrato obriga o proponente, se o contrário não resultar dos termos dela, da natureza do negócio, ou das circunstâncias do caso."*
> (...)
> Art. 480. Se no contrato as obrigações couberem a apenas uma das partes, poderá ela pleitear que a sua prestação seja reduzida, ou alterado o modo de executá-la, a fim de evitar a onerosidade excessiva."

---

7 ROSENVALD, Nelson; FARIAS, Cristiano Chaves de. Curso de Direito Civil IV, 7ª Ed atual. - Salvador; Ed. JusPodivm, 2017, p. 150.

8 ROSENVALD, Nelson; FARIAS, Cristiano Chaves de. Curso de Direito Civil IV, 7ª Ed atual. - Salvador; Ed. JusPodivm, 2017, p. 151.

Nessa toada seguiu o Código de Direito do Consumidor, Lei nº. 8.078/1990, que deixou a possibilidade de revisão contratual mais explícita, pelos motivos de onerosidade excessiva nos contratos de relação de consumo, a fim de proteger o consumidor, chegando até em casos de nulidade de cláusulas, conforme disposto nos art. 6º e art. 51:

> Art. 6º São direitos básicos do consumidor:
> V – a modificação das cláusulas contratuais que estabeleçam prestações desproporcionais ou sua revisão em razão de fatos supervenientes que as tornem excessivamente onerosas;
> art. 51. São nulas de pleno direito, entre outras, as cláusulas contratuais relativas ao fornecimento de produtos e serviços que:
> § 1º Presume-se exagerada, entre outros casos, a vantagem que:
> III – se mostra excessivamente onerosa para o consumidor, considerando-se a natureza e conteúdo do contrato, o interesse das partes e outras circunstâncias peculiares ao caso.

Novamente o Código Civil de 2002 se preocupou em disciplinar tal intervenção, ao deixar expresso no art. 479 que "A resolução poderá ser evitada, oferecendo-se o réu a modificar equitativamente as condições do contrato".

Feitas essas observações, ressalta-se que apesar da cláusula *Rebus sic stantibus* ser uma exceção ao *pacta sunt servanda,* o ideal será sempre a manutenção do negócio jurídico, caso haja a possibilidade da sua continuidade, após intervenção judicial, que deve fazer a adequação e promover o equilíbrio. Porém, tal intervenção deve ser a *ultima ratio.*

A conjugação desses princípios é um dos principais fatores para a regulamentar a saudável relação contratual entre as partes contratantes e os efeitos que suas ações causam na sociedade, além de criar ambiente favorável aos negócios e equilíbrio de mercado.

2.2. BOA-FÉ OBJETIVA

O princípio da boa-fé objetiva, quando tratamos de contratos, visa embutir a honestidade, ética e lealdade nas relações, tornando-se um dever das partes.

Conforme Gagliano e Pamplona Filho[9] afirmam que "a boa-fé é, antes de tudo, uma diretriz principiológica de fundo ético e espec-

---

9 GAGLIANO, Pablo Stolze; FILHO, Rodolfo Pamplona. Novo curso de direito civil, volume 4: contratos, tomo I: teoria geral. 8. ed. rev. atual. e ampl. — São Paulo: Saraiva, 2012, p. 102.

tro eficacial jurídico", sendo que "a boa-fé se traduz em um princípio de substrato moral, que ganhou contornos e matiz de natureza jurídica cogente".

A boa-fé se divide entre a forma objetiva e a subjetiva. A última é fruto de estado de ignorância, ausência de conhecimento de uma parte, agente, sobre determinado assunto, cabendo a lei corrigir ou proteger tal situação, sendo esta uma situação presumível[10].

Já a forma objetiva é uma regra de comportamento esperado que se tem em uma determinada situação, pautado na ética de convivência social, de forma obrigacional, aparecendo positivada no direito civil brasileiro a partir do Código Civil de 2002.

Sobre a boa-fé subjetiva, Carlos Roberto Gonçalves destaca o entendimento de que:

> A *boa-fé subjetiva* esteve presente no Código de 1916, com a natureza de regra de interpretação do negócio jurídico. Diz respeito ao conhecimento ou à ignorância da pessoa relativamente a certos fatos, sendo levada em consideração pelo direito, para os fins específicos da situação regulada. Serve à proteção daquele que tem a consciência de estar agindo conforme o direito, apesar de ser outra a realidade[11]. (GONÇALVES 2016, p. 65)

Seguindo adiante, no que tange à boa-fé objetiva, eis a conclusão de Carlos Roberto Gonçalves:

> Todavia, a boa-fé que constitui inovação do Código de 2002 e acarretou profunda alteração no direito obrigacional clássico é a *objetiva*, que se constitui em uma norma jurídica fundada em um princípio geral do direito, segundo o qual todos devem comportar-se de boa-fé nas suas relações recíprocas. Classifica-se, assim, como regra de conduta. Incluída no direito positivo de grande parte dos países ocidentais, deixa de ser princípio geral de direito para transformar-se em *cláusula geral* de boa-fé objetiva. É, portanto, fonte de direito e de obrigações[12]. (GONÇALVES 2016, p. 65)

Conforme mencionado acima, o Código Civil de 2002 trouxe importantes inovações sobre a boa-fé objetiva para as relações civil no âmbito do direito brasileiro. Como destaque temos os arts. 113, 187 e destaque para o art. 422, conforme abaixo:

---

10 GAGLIANO, loc. cit.

11 GONÇALVES, Carlos Roberto. Direito civil brasileiro, volume 3: contratos e atos unilaterais – 14. ed. – São Paulo: Saraiva, 2017, p. 65.

12 GONÇALVES, loc. cit.

> Art. 113. Os negócios jurídicos devem ser interpretados conforme a boa-fé e os usos do lugar de sua celebração.
> (...)
> Art. 187. Também comete ato ilícito o titular de um direito que, ao exercê-lo, excede manifestamente os limites impostos pelo seu fim econômico ou social, pela boa-fé ou pelos bons costumes.
> (...)
> Art. 422. Os contratantes são obrigados a guardar, assim na conclusão do contrato, como em sua execução, os princípios de probidade e boa-fé.

Nas relações contratuais, a boa-fé limita a ação das partes contratantes ao não permitir que cada parte tome ações como bem entenderem, garantindo mínimo cumprimento da legislação vigente e preceitos morais nas relações contratuais.

A boa-fé contratual é espremida, de maneira geral, a partir do art. 422, sendo um dever imposto a ambas partes, independentemente de sua posição.

Em suma, não importa se a parte é credora ou devedora, ambas devem agir de boa-fé além da questão patrimonial envolvida, a fim de garantir o ordenamento jurídico, a honestidade e lealdade, devendo esta atitude ocorrer tanto na fase negocial, pré-contratual, quanto no momento da elaboração e execução do contrato[13].

2.3. FUNÇÃO SOCIAL DOS CONTRATOS

A função social dos contratos é mais um dos princípios norteadores e limitadores das relações contratuais imprimido no Código Civil de 2002 e no Código de Defesa do Consumidor, que em conjunto aos demais princípios visam garantir o equilíbrio das relações contratuais entre as partes e entre terceiros envolvidos, como a sociedade.

Ou seja, deve-se haver equilíbrio entre a vontade individual das partes contratantes (direito subjetivo) com os interesses e garantias sociais, em especial as constantes na Constituição Federal.

É um princípio que atuará como "cláusula geral" obrigatória em todos os contratos e deve ser respeitada por todos.

A origem embrionária da concepção da função social, de maneira geral, não é uma novidade no ordenamento jurídico brasileiro. A Cons-

---

13 ROSENVALD, Nelson; FARIAS, Cristiano Chaves de. Curso de Direito Civil IV, 7ª Ed atual.- Salvador; Ed. JusPodivm, 2017, p.186.

tituição Federal de 1988 trouxe expressamente a função social como princípio constitucional, nos incisos XXII e XXIII do artigo 5º.

Miguel Reale[14] explicou que "a realização da função social da propriedade somente se dará se igual princípio for estendido aos contratos, cuja conclusão e exercício não interessa somente às partes contratantes, mas a toda coletividade".

A partir desse princípio, a avaliação e elaboração contratual não se atém aos requisitos formais do contrato somente, mas também deve passar pela análise dos impactos a outras garantias legais, como respeito ao meio ambiente ecologicamente equilibrado, advindo do art. 225 da Constituição Federal, reflexos trabalhistas, compliance, proteção de dados de terceiros, dentre outros.

Com isso, um contrato formalmente correto, em que há a boa-fé contratual entre as partes, pode ser considerado inválido, caso infrinja deliberadamente normas ambientais, por exemplo. Da mesma forma os contratos comerciais que acabam por ferir direitos do consumidor, sob o argumento de não respeito à função social que os contratos devem guardar.

Para Carlos Roberto Gonçalves, a função social do contrato ocorre quando presentes duas situações:

> É possível afirmar que o atendimento à função social pode ser enfocado sob dois aspectos: um individual, relativo aos contratantes, que se valem do contrato para satisfazer seus interesses próprios, e outro, público, que é o interesse da coletividade sobre o contrato. Nesta medida, a função social do contrato somente estará cumprida quando a sua finalidade – distribuição de riquezas – for atingida de forma justa, ou seja, quando o contrato representar uma fonte de equilíbrio social[15]. (GONÇALVES, 2017, p. 26)

No âmbito do Direito Civil e Contratual o Código Civil de 2002, em seu artigo 421, trouxe expressa observância ao princípio da Função Social dos Contratos, no Título V, Contratos em Geral, Capítulo I, das Disposições Gerais, sendo um dos requisitos mais importantes na relação contratual. vejamos:

> Art. 421. A liberdade contratual será exercida nos limites da função social do contrato. (Redação dada pela Lei nº 13.874, de 2019)

---

14 REALE, Miguel. Visão geral do projeto de Código Civil. Revista dos Tribunais, n. 752, jun. 1998, p. 22.

15 GONÇALVES, Carlos Roberto. Direito civil brasileiro, volume 3: contratos e atos unilaterais – 14. ed. – São Paulo: Saraiva, 2017, p. 26.

Parágrafo único. Nas relações contratuais privadas, prevalecerão o princípio da intervenção mínima e a excepcionalidade da revisão contratual. (Incluído pela Lei n° 13.874, de 2019)

É possível notar que o art. 421 do Código Civil foi alterado pela Lei 13874, conhecida como Lei da Liberdade Econômica, que deixou a liberdade de contratar limitada aos preceitos da função social dos contratos e as revisões contratuais poderão ocorrer, porém de forma excepcional, trazendo equilíbrio entre todos os princípios contratuais, bem como a continuidade do negócio jurídico, caso seja possível. A lei trouxe o que comumente era apontado nas mais importantes doutrinas.

Tal atualização veio para corrigir a equivocada redação anterior, que inibia a vontade contratual ao não respeitar a liberdade negocial.

Acerca da interpretação quando da vigência do antigo do art. 421, o que corrobora com a acertada mudança feita em 2019, destaca Nelson Rosenvald:

> Aqui surge em potência a função social do contrato. Não para coibir a *liberdade de contratar,* como induz a literalidade do art. 421, mas para legitimar a *liberdade contratual.* A liberdade de contratar é plena, pois não existem restrições ao ato de se relacionar com o outro. Todavia, o ordenamento jurídico deve submeter a composição do conteúdo do contrato a um controle de merecimento, tendo em *vista* as finalidades pelos valores que estruturam a ordem Constitucional. Em outras palavras, cláusula autorregulatórias nascidas da plena autodeterminação das partes e integradas pela boa-fé objetiva serão de alguma forma sancionadas pelo ordenamento em sua validade ou eficácia, face à ausência de legitimidade entre os seus objetivos e os interesses dignos de proteção no sistema jurídico[16]. (ROSENVALD; FARIAS, 2017, p. 221)

Portanto, a função social dos contratos, como limitador objetivo ao texto e efeito dos contratos, atua diretamente aos demais princípios contratuais, em especial a boa-fé e autonomia privada, trabalhando em sistema de peso e contrapeso.

Sobre o tema, é importante verificar as palavras de Carlos Roberto Gonçalves, ao citar Caio Mário, que condensa dizendo:

> Segundo CAIO MÁRIO, a função social do contrato serve precipuamente para limitar a autonomia da vontade quando tal autonomia esteja em confronto com o interesse social e este deva prevalecer, ainda que essa limi-

---

16 ROSENVALD, Nelson; FARIAS, Cristiano Chaves de. Curso de Direito Civil IV, 7ª Ed atual.- Salvador; Ed. JusPodivm, 2017, p. 221.

tação possa atingir a própria liberdade de não contratar, como ocorre nas hipóteses de contrato obrigatório[17]. (GONÇALVES, 2017, p. 25)

Visando arrematar a questão, cabe enaltecer a frase de Gagliano e Pamplona Filho[18] ao afirmarem que "de nada adianta concebermos um contrato com acentuado potencial econômico ou financeiro, se, em contrapartida, nos depararmos com um impacto negativo ou desvalioso no campo social".

2.4. EQUILÍBRIO CONTRATUAL

Como verificado nos princípios estudados nos itens acima, em especial a autonomia privada, regulada pela função social e percepção da boa-fé, a regra geral de um contrato é a permanência dos termos acordados entre as partes, podendo haver alterações, por terceiros, em casos específicos, conforme art. 421 do Código Civil.

Acerca do mencionado, Menezes Cordeiro *apud* Nelson Rosenvald explica a correlação entres os princípios contratuais:

> Explica Menezes Cordeiro que o princípio da autonomia privada associa-se a uma concepção formal de correção ou de justiça do contrato e a uma concepção subjetiva do princípio da equivalência entre a prestação e contraprestação; o princípio da boa-fé associa-se a uma concepção material de correção da justiça do contrato e a uma concepção objetiva do princípio da equivalência entre a prestação e a contraprestação.[19] (ROSENVALD; FARIAS, 2017 p. 253)

Porém em determinadas situações é necessária atenção especial sobre o definido pelas partes. Tais situações podem ter ocorrido por alguma situação não prevista, que gerou o desequilíbrio contratual, com por exemplo a situação de calamidade pública causada pela pandemia do COVID-19. O desequilíbrio contratual pode gerar ônus desproporcional para uma das partes.

Desse modo o fato passível de gerar repactuação deve algo além dos riscos presentes e previsto no momento da negociação. Portanto o fato

---

17 GONÇALVES, Carlos Roberto. Direito civil brasileiro, volume 3: contratos e atos unilaterais – 14. ed. – São Paulo: Saraiva, 2017, p. 25.

18 GAGLIANO, Pablo Stolze; FILHO, Rodolfo Pamplona. Novo curso de direito civil, volume 4: contratos, tomo I: teoria geral. 8. ed. rev. atual. e ampl. — São Paulo: Saraiva, 2012, p. 81.

19 Menezes Cordeiro *apud* Nelson Rosenvald, 2017, p.253.

imprevisível deve ser posterior à negociação, ou mesmo quando previsível, onere uma das partes de maneira excessiva, a ponto de tornar o contrato inexequível.

Visando corrigir essas situações, o legislador tratou de explicitar, no Código Civil de 2002, a possibilidade de análises contratuais pelo judiciário, a fim de tentar garantir o fiel cumprimento do proposito contratual.

Esse esforço está positivado no art. 317[20], ao dispor que o judiciário poderá corrigir o contrato para assegurar o valor real da prestação, e nos arts. 478[21] a 480[22], que tratam da resolução contratual por onerosidade excessiva.

Nesse sentido, discorrem Pablo Stolze Gagliano e Rodolfo Pamplona Filho:

> Em verdade, tal princípio pode ser considerado um desdobramento da manifestação intrínseca da função social do contrato e da boa-fé objetiva, na consideração, pelo julgador, do desequilíbrio recíproco real entre os poderes contratuais ou da desproporcionalidade concreta de direitos e deveres, o que, outrora, seria inadmissível[23] (GAGLIANO; FILHO, 2012, p. 98).

Seguindo a mesma linha de interpretação, temos as brilhantes palavras de Nelson Rosenvald[24]:

> O desequilíbrio econômico é exteriorizado e sancionado no Código Civil pelos modelos jurídicos da lesão e da alteração das circunstâncias. Em

---

20 Art. 317. Quando, por motivos imprevisíveis, sobrevier desproporção manifesta entre o valor da prestação devida e o do momento de sua execução, poderá o juiz corrigi-lo, a pedido da parte, de modo que assegure, quanto possível, o valor real da prestação.

21 Art. 478. Nos contratos de execução continuada ou diferida, se a prestação de uma das partes se tornar excessivamente onerosa, com extrema vantagem para a outra, em virtude de acontecimentos extraordinários e imprevisíveis, poderá o devedor pedir a resolução do contrato. Os efeitos da sentença que a decretar retroagirão à data da citação.

22 Art. 480. Se no contrato as obrigações couberem a apenas uma das partes, poderá ela pleitear que a sua prestação seja reduzida, ou alterado o modo de executá-la, a fim de evitar a onerosidade excessiva.

23 GAGLIANO, Pablo Stolze; FILHO, Rodolfo Pamplona. Novo curso de direito civil, volume 4: contratos, tomo I: teoria geral. 8. ed. rev. atual. e ampl. — São Paulo: Saraiva, 2012, p. 98

24 ROSENVALD, Nelson; FARIAS, Cristiano Chaves de. Curso de Direito Civil IV, 7ª Ed atual.- Salvador; Ed. JusPodivm, 2017, p. 255.

> ambos há uma intromissão de fato ensejador de pactuação injusta ou que se evidencia em sua fase de execução, subtraindo a normalidade da contratação. Prestigia-se o sinalagma negocial; seja em seu momento genético (art. 157, CC), ou em sua fase funcional (arts. 317 e 478, CC). A ofensa à equivalência material poderá implicar invalidade, resolução, revisão contratual ou reparação por danos. Com efeito, na justa proporção entre as prestações, "em todas as etapas do processo obrigacional, reside o sinalagma. A sua ausência propicia o rompimento da intangibilidade contratual. Portanto, a harmonização entre as obrigações correspectivas é um imperativo para que o contrato já ingresse no mundo jurídico qualificado pela normalidade, ou que seja a ela restituído caso impregnado de uma patologia ao tempo de sua execução. (ROSENVALD; FARIAS, 2017, p. 255)

Diante disso, o princípio do equilíbrio poderá ser utilizado para a revisão ou extinção de contratos quando presentes os seguintes requisitos: fato extraordinário ou imprevisto, bem como excessiva onerosidade a uma das partes.

Portanto, o princípio do equilíbrio contratual nasceu de uma junção entre diversos outros princípios, a fim de garantir o fiel cumprimento do contrato inicialmente avençado, como uma premissa positivada no Código Civil de 2002. Porém, caso seja impossível a continuidade da prestação contratual, pode o judiciário decidir por modificar o contrato ou até o extinguir.

3. DA COMPRA E VENDA DE MACIÇO FLORESTAL

3.1. CONCEITO DE BEM IMÓVEL E O PLANTIO DE FLORESTA PLANTADA

Com o objetivo de classificar a melhor forma de procedimento contratual em operação de compra e venda de maciço florestal ("floresta em pé"), faz-se necessário discutir a natureza jurídica do bem objeto de alienação, uma vez que há divergência, conforme veremos adiante, se é uma operação de compra e venda de bem imóvel ou de "bem móvel por antecipação".

De acordo com o código civil em seu art. 79 temos a clara definição dos bens imóveis: "são bens imóveis o solo e tudo quanto se lhe incorporar natural ou artificialmente".

Temos ainda o art. 82 do CC de 2002 dispondo que bens móveis são "os bens suscetíveis de movimento próprio, ou de remoção por força alheia, sem alteração da substância ou da destinação econômico-social".

A partir dos artigos legais acima citados, podemos ver clara distinção entre as duas modalidades de bens, além de perceber que as plantações florestais se constituem como bens imóveis, já que estão incorporados ao solo.

Cumpre informar que não há outra classificação dos bens ao longo do texto legal, sendo somente esses os dois conceitos firmados por meio de Lei formal.

Dessa feita, temos o entendimento proferido pelo Carlos Roberto Gonçalves:

> **Imóveis por acessão artificial ou industrial** – *Acessão significa justaposição ou aderência de uma coisa a outra. O homem também pode incorporar bens móveis, como materiais de construção e sementes, ao solo, dando origem às acessões artificiais ou industriais. As construções e* **plantações** *são assim denominadas porque derivam de um comportamento ativo do homem, isto é, do trabalho ou indústria do homem. Constituem, igualmente, modo originário de aquisição da propriedade imóvel. Toda construção ou plantação existente em um terreno presume-se feita pelo proprietário e à sua custa, até que se prove o contrário (CC, art. 1.253).*[25] (GONÇALVES, 2016, p. 261)

Outro exemplo que reforça a classificação das árvores, ainda que destinadas ao corte, como bens imóveis por acessão física, vem das relações contratuais de venda de propriedades que possuem plantações florestais.

Nessa situação (venda de propriedade rural), que possui árvores provenientes de reflorestamento (maciço florestal ou plantação florestal), as mesmas são consideradas como bens imóveis, salvo por disposição expressa ao contrário.

Como não há disposição em lei que se manifeste de maneira distinta, podemos presumir que a condição da árvore, independentemente de sua destinação, como bem imóvel somente poderia se alterar mediante disposição contratual, ou no momento em que deixar de ser incorporado ao solo, ou seja, após a colheita, tornando-se madeira.

Acerca do relatado acima, a 4ª Turma do Superior Tribunal de Justiça, no julgamento do Recursos Especial nº 1.576.479 – PR (2011/0271419-1), manifestou que as árvores são bens imóveis, ci-

---

25 GONÇALVES, Carlos Roberto. Direito civil brasileiro, volume 3: contratos e atos unilaterais – 14. ed. – São Paulo: Saraiva, 2017, p. 261.

tando os arts. 79 e 92[26] do Código Civil, além de considerar que possuem a mesma natureza jurídica da terra uma vez que o bem acessório acompanha o principal, conforme art. 287 do Código Civil[27], senão vejamos:

> Conforme consta dos artigos 79 e 92 do Código Civil, salvo expressa disposição em contrário, as árvores incorporadas ao solo mantêm a característica de bem imóvel, pois acessórios do principal, motivo pelo qual, em regra, a acessão artificial recebe a mesma classificação/natureza jurídica do terreno sobre o qual é plantada.

E no julgado há a complementação no sentido de que as árvores plantadas são bens acessórios que seguem o principal:

> Ademais, diante da presunção legal de que o acessório segue o principal e em virtude da ausência de anotação/observação quando da dação em pagamento acerca das árvores plantadas sobre o terreno, há que se concluir que essas foram transferidas juntamente com a terra nua.

Mais adiante o Relator, na manifestação de voto, afirmou:

> [...] em regra, a acessão artificial operada no caso (plantação de árvores de pinus ssp) receberia a mesma classificação/natureza jurídica do terreno, sendo considerada, portanto, bem imóvel, ainda que acessório do principal, nos termos do artigo 92 do Código Civil, por se tratar de bem reciprocamente considerado.

Paulo Honório[28] explica que acerca dos plantios florestais como ativo imobilizado foi emitido o Parecer Normativo do Coordenador do Sistema de Tributação (CST) nº 108, de 31 de dezembro de 1978:

> **os empreendimentos florestais, independentemente da sua finalidade, devem ser considerados como integrantes do ativo permanente**. Portanto, o ativo permanente registrará:
> *no imobilizado*, **as florestas** destinadas à exploração dos respectivos frutos e **as que se destinem ao corte para comercialização**, consumo ou industrialização, bem como os direitos contratuais de exploração de florestas, com prazo de exploração superior a dois anos." – (grifamos) (FREIRE; JÚNIOR, 2017, p. 8).

---

26 Art. 92. Principal é o bem que existe sobre si, abstrata ou concretamente; acessório, aquele cuja existência supõe a do principal.

27 Lei 10.406/2002: "**art. 287.** Salvo disposição em contrário, na cessão de um crédito abrangem-se todos os seus acessórios."

28 FREIRE, W; JÚNIOR, P.H. A (não) incidência de ICMS, PIS e COFINS na venda de floresta plantada, no Estado de Minas Gerais. 2017, p. 8.

No Parecer jurídico elaborado por Paulo Honório Júnior[29] há a citação do Acórdão nº 3201-000.934, de 2012, no qual o CARF também se pronunciou de maneira parecida com o Parecer normativo CST, ao afirmar que:

> *os empreendimentos florestais, independentemente de sua finalidade, devem ser considerados integrantes do ativo permanente, em nada desrespeitando o art. 179 da Lei. 6404/1976.* (FREIRE; JÚNIOR, 2017, p. 8)

Frisa-se que as florestas plantadas, pertencentes ao ativo biológico, não se confundem com a madeira em si, que é considerada como produto agrícola objeto da colheita florestal. Este último pode ser considerado como bem móvel, por ser mercadoria[30].

Diante do verificado acima resta claro que, de acordo com o Código Civil Brasileiro, Lei 10.406/2002, arts. 79 e 92, bem como pela Receita Federal, com base nas regras fiscais e contábeis, a floresta plantada é um bem imóvel por acessão física.

3.2. BEM MÓVEL POR ANTECIPAÇÃO

Apesar da conceituação legislativa demonstrada no item acima (bem móvel x bem imóvel), demonstrada nos arts. 79 e 82 do Código Civil Brasileiro, a doutrina brasileira, em especial a que versa sobre direito civil, apresentou mais uma forma de conceituação dos bens, sendo uma conceituação fictícia com base no objetivo que se pretende ao adquirir uma determinada coisa.

Tal conceituação é a conhecida como "bens móveis por antecipação" que são os temporariamente incorporados ao solo, com o objetivo de serem desincorporados posteriormente, dependendo da destinação a ser dada.

Nesse sentido, temos o seguinte entendimento proferido pelo Washington de Barros Monteiro:

> As árvores, enquanto ligadas ao solo, são bens imóveis por natureza (art. 43, I). Entretanto, se destinam ao corte, para transformação em lenha ou carvão, ou outra finalidade industrial, convertem-se em móveis.
> O fim que se tem em vista, na compra e venda de mata, é, pois, decisivo. Destinada à derrubada, o que se vende é a árvore abatida, a madeira cor-

---

29 FREIRE, 2017, loc. Cit.

30 JÚNIOR, Paulo Honório de Castro. O controle das ficções jurídicas no direito tributário: um estudo a partir da venda de floresta plantada. 2018.

tada. Não se trata assim de bem imóvel, mas de bens móveis por antecipação[31] (MONTEIRO, 1997, p. 146).

Esse tipo de conceituação se caracteriza como uma ficção jurídica, prática e comum, em especial no Direito Civil, utilizada para aproximar conceitos, que não foram determinados em legislação formal, ou trazer a aplicação de conceitos criados e utilizados em outros países, por exemplo.

A ficção jurídica basicamente é criação ou utilização de conceito doutrinário de uma esfera do direito ou conhecimento para justificar ou amoldar determinada situação, denotando verossimilhança a outra coisa ou conceito, criando uma interpretação não incialmente prevista na norma.

Porém as ficções jurídicas não possuem o condão de criar novas obrigações, além das dispostas em lei, conforme será demonstrado adiante.

3.2.1. BEM MÓVEL POR ANTECIPAÇÃO COMO UMA FICÇÃO JURÍDICA E SUA APLICAÇÃO NO DIREITO TRIBUTÁRIO

Conforme delineado no subitem anterior há a construção doutrinária, por alguns autores, da existência do conceito de bem móvel por antecipação, como sendo os bens temporariamente incorporados ao solo, com o objetivo de serem desincorporados posteriormente. Importante lembrar que se trata de uma mera presunção.

No entanto, ao verificar o Código Civil resta claro que somente existem dois tipos de bens, os móveis e os imóveis, sendo essa distinção a vontade do legislador ao definir as duas modalidades de bens.

Para o direito tributário a prática de criar ficções jurídicas conceituais, que refletem na tributação, é terminantemente vedada, uma vez que a vertente tributária é guiada pelo princípio da legalidade.

O citado princípio tem como objetivo garantir que um tributo seja cunhado e tenha seu mecanismo de cobrança mediante criação legal, protegendo a sociedade de abusos e tributações indevidas[32].

O pilar básico do princípio da legalidade está descrito na Constituição Federal, em seu art. 5, II, que determina que "ninguém será

---

31 MONTEIRO, Washington de Barros. Curso de Direito Civil. 35ª ed. São Paulo: Saraiva, 1997, p. 146.

32 CARRAZA, Roque Antonio. Curso de direito constitucional tributário. 22ª ed. São Paulo: Malheiros, 2006.

obrigado a fazer algo ou deixar de fazer senão em virtude da lei", além do art. 150, I, ao estabelecer que *"sem prejuízo de outras garantias asseguradas ao contribuinte, é vedado à União, aos Estados e aos Municípios exigir ou aumentar tributo sem lei que o estabeleça".*

A partir da leitura do art. 150 da Constituição, não há a possibilidade de utilizar conceitos ou presunções doutrinárias para fins de tributar, devendo as situações de incidência de um determinado tributo estarem descritas de forma positivada, ou seja, em lei formal, em sentido estrito, pelo órgão ou entidade competente para tanto.

Com esse princípio há clara restrição ao Poder Executivo de definir as situações de obrigações que devem ser impostas ao administrado, devendo se ater aos seus atos de competência originária, reservando tal competência somente ao Poder Legislativo[33].

Nesse sentido, Roque Carrazza[34], um dos principais tributaristas brasileiros, explica:

> De fato, em nosso ordenamento jurídico, os tributos só podem ser instituídos e arrecadados com base em lei. Este postulado vale não só para os impostos, como para as taxas e contribuições que, estabelecidas coercitivamente, também invadem a esfera patrimonial privada.
>
> No direito positivo pátrio o assunto foi levado às últimas conseqüências, já que uma interpretação sistemática do Texto Magno revela que só a lei ordinária (lei em sentido orgânico-formal) pode criar ou aumentar tributos. Dito de outro modo só à lei -tomada na acepção técnico-específica de ato do Poder Legislativo, decretado em obediência aos trâmites e formalidade exigidos pela Constituição – é dado criar ou aumentar tributos. (CARRAZA, 2006)

Para os ditos bens móveis por antecipação serem objeto de recolhimento de ICMS, deveria o legislador ter previsto tal situação em Lei específica, com o necessário detalhamento. Como essa situação não foi diretamente abordada, não pode o fisco se utilizar de interpretação doutrinária para estender a incidência do tributo, devendo se ater, por meio de regulamento, a direcionar o cumprimento do mandamento legal.

---

33 CAVALCANTI, Thiago Rodrigues. Medidas compensatórias: (i)legalidades na legislação e na forma de aplicação pelo órgão ambiental do Estado de Minas Gerais. Dissertação (Mestrado Sustentabilidade Socioeconômica Ambiental) – Escola de Minas da Universidade Federal de Ouro Preto, Ouro Preto. 2020.

34 CARRAZA, Roque Antonio. Curso de direito Constitucional Tributário. 22ª ed. São Paulo: Malheiros, 2006, p. 296.

3.3. VENDA COISA FUTURA OU ATUAL E AUTONOMIA NEGOCIAL

Os contratos onerosos, como no caso de compra e venda de maciço florestal, podem ser comutativos ou aleatórios, tendo por objeto coisa atual ou futura, conforme disposto no Art. 483, do Código Civil.

Contrato comutativo é o que cada uma das partes contratantes faz prestações equivalentes, conhecendo o que é objeto do pacto.

Nesse sentido dispõe Gagliano que "quando as obrigações se equivalem, conhecendo os contratantes, *ab initio*, as suas respectivas prestações, como, por exemplo, na compra e venda ou no contrato individual de emprego, fala-se em um *contrato comutativo*[35]".Sobre os contratos comutativos, afirma Gonçalves que "*Comutativos* são os de prestações certas e determinadas. As partes podem antever as vantagens e os sacrifícios, que geralmente se equivalem, decorrentes de sua celebração, porque não envolvem nenhum risco[36]".

Os contratos aleatórios versam sobre coisas ou obrigações futuras, mas somente um dos contratantes assume o risco da sua não execução. Essa modalidade contratual está expressa no art. 485 do Código Civil de 2002:

> Art. 458. Se o contrato for aleatório, por dizer respeito a coisas ou fatos futuros, cujo risco de não virem a existir um dos contratantes assuma, terá o outro direito de receber integralmente o que lhe foi prometido, desde que de sua parte não tenha havido dolo ou culpa, ainda que nada do avençado venha a existir.

Diante disso, resta claro que a compra e venda de maciço florestal pode ser por contrato comutativo ou aleatório, conforme o caso, bem como possuir como objeto coisa atual ou futura.

Segundo as normas contábeis vigentes no Brasil, a floresta plantada se caracteriza como bem do ativo imobilizado, que passou a se chamar ativo biológico, pertence ao ativo não circulante, por ser uma cultura permanente e de ciclo longo, o que reforça a ideia de ser um

---

35 GAGLIANO, Pablo Stolze; FILHO, Rodolfo Pamplona. Novo curso de direito civil, volume 4: contratos, tomo I: teoria geral. 8. ed. rev. atual. e ampl. — São Paulo: Saraiva, 2012, p. 163.

36 GONÇALVES, Carlos Roberto. Direito civil brasileiro, volume 3: contratos e atos unilaterais – 14. ed. – São Paulo: Saraiva, 2017, p. 117.

bem imóvel. Acerca disso expõe Paulo Honório Júnior, ao citar José Carlos Marion[37]:

> No caso de cultura permanente, os custos necessários para a formação da cultura serão considerados Ativo Permanente – Imobilizado [nota da Disit: conforme Parecer Normativo CST nº 108, de 28 de dezembro de 1978, item 8.1.a]. Os principais custos são: adubação, formicidas, forragem, fungicidas, herbicidas, mão-de-obra, encargos sociais, manutenção, arrendamento de equipamentos e terras, seguro da cultura, preparo do solo, serviços de terceiros, sementes, mudas, irrigação, produtos químicos, depreciação de equipamentos utilizados na cultura etc. ... Há casos em que a cultura permanente não passa do estágio de cultura em formação para cultura formada, pois, no momento de se considerar acabada, ela é ceifada. São, normalmente, a cana-de-açúcar, o palmito, o eucalipto, o pinho e outras culturas extirpadas do solo ou cortadas para brotarem novamente. (JÚNIOR, 2018, p. 307)

O aludido acima tem correspondência na contabilidade por meio do Pronunciamento Técnico CPC nº 27 ("Ativo Imobilizado"), aprovado pela Deliberação CVM nº 583/2009 e tornado obrigatório pela Resolução CFC nº 1.177/2009, ao definir o *ativo imobilizado* como um ativo tangível que, além de destinado à manutenção das atividades da companhia, **se espera utilizar por mais de um ano**[38]. Critério este também incorporado pela legislação do ICMS em Minas Gerais, conforme redação do inciso XII, art. 5º, da Parte Geral do RICMS, dentre outros[39].

Corroborando com a classificação do maciço florestal como integrante ao ativo imobilizado temos o Acórdão Conselho Administrativo de Recursos Fiscais ("CARF") nº 3201-000.934, de 22 de março de 2012:

> Destarte, segundo o citado Parecer CST, os empreendimentos florestais, independentemente de sua finalidade, devem ser considerados integrantes do ativo permanente, em nada desrespeitando o art. 179 da Lei. 6404/1976.

Paulo Honório[40] ainda cita Eliseu Martins, et al, ao definir que:

> Atividade agrícola propriamente dita. Tem no Imobilizado contas para as Culturas Permanentes, como as de café, laranjais, cana-de-açúcar e outras

---

37 JÚNIOR, Paulo Honório de Castro. O controle das ficções jurídicas no direito tributário: um estudo a partir da venda de floresta plantada. 2018, p. 307.

38 JÚNIOR, loc. cit, 2018.

39 JÚNIOR, loc. cit, 2018.

40 FREIRE, W; JÚNIOR, P.H. A (não) incidência de ICMS, PIS e COFINS na venda de floresta plantada, no Estado de Minas Gerais. 2017, p. 5.

que produzem frutos por diversos anos (valor e depreciação acumulada). Semelhantemente ao item anterior, tratamento contábil específico é fornecido no Capítulo 15. Atentar que esses casos de ativos biológicos (animais e vegetais) os ativos imobilizados têm tratamento totalmente diferente do restante do imobilizado, porque são valorizados a valor justo, e não ao custo sujeito a depreciação ou exaustão.

Portanto, comprar e vender um maciço florestal é o mesmo que transacionar ativo biológico, pertencente ao ativo não circulante, o que indica que a operação correta seria a compra e venda de bem imóvel, pertencente ao ativo não circulante, portanto coisa atual.

Ademais, como há a possibilidade de um contrato de compra e venda versar sobre coisa futura, que no caso de maciço florestal (bem imóvel), para empreendimentos florestais essa possibilidade existe quando "pactuada a venda de madeira, que é "Produto Agrícola", classificado no estoque, no ativo circulante"[41].

Vale destacar que venda de madeira é diferente de venda de maciço florestal. Este é considerado produto/mercadoria, já aquele é bem imóvel pertencente ao ativo não circulante.

Nesse caso, dependo da forma da pactuação contratual poderia se considerar que a transação fosse a antecipação de um bem móvel ainda não existente.

No entanto, se o objeto contratual for, de forma expressa, a própria floresta plantada (Ativo Biológico/bem imóvel), não há que se falar em venda de coisa futura, caracterizando a prática de bem imóvel, conforme normas contábeis citadas.

Portanto resta claro que de acordo com a vontade negocial das partes e o objeto do contrato, respaldada no princípio da autonomia da vontade, o negócio jurídico será concretizado após a tradição do bem, que se traduz na transmissão da propriedade, mediante registro, quando se trata de bem imóvel, ou a entrega do bem, em se tratando de bem imóvel.

---

41 JÚNIOR, Paulo Honório de Castro. O controle das ficções jurídicas no direito tributário: um estudo a partir da venda de floresta plantada. 2018, p. 311.

3.4. TRIBUTAÇÃO REFERENTE À VENDA DE MACIÇO FLORESTAL

3.4.1. POSSIBILIDADE DE RECOLHIMENTO DE ICMS

De acordo com a Constituição Federal, em seu art. 155, II, compete aos Estados e ao Distrito Federal a instituir o imposto sobre **operações** relativas **à circulação de mercadorias** e sobre prestações de serviços de transporte interestadual e intermunicipal e de comunicação, ou seja, o imposto conhecido como ICMS.

Portanto, para a possibilidade de incidência de ICMS, deve haver uma operação, ato jurídico, envolvendo a circulação (mudança de titularidade), de mercadoria, bem móvel[42].

O Regulamento de ICMS de Minas Gerais definiu a incidência do imposto da seguinte forma:

> **Art. 1º**- O Imposto sobre Operações Relativas à Circulação de Mercadorias e sobre Prestações de Serviços de Transporte Interestadual e Intermunicipal e de Comunicação (ICMS) incide sobre:
>
> (**63**) **I** - a operação relativa à circulação de mercadoria, inclusive o fornecimento de alimentação e bebida em bar, restaurante e estabelecimento similar;

Já no seu art. 2º define as hipóteses de fato gerador do imposto, sendo estas sempre no tocante a saída de mercadorias ou prestação de serviços.

No entanto, em que pese o ICMS incidir sobre bem móvel, mercadoria e circulante, há em Minas gerais o recolhimento de ICMS na venda floresta em pé, com possibilidade de diferimento.

Porém questionar o mérito da incidência ou não de ICMS para as operações de venda de maciço florestal não é o objeto do presente trabalho, mas é importante levantar reflexões sobre o tema, uma vez que afetam diretamente a forma de elaborar os contratos de compra e venda de maciço florestal em Minas Gerais.

Podemos notar que não há clareza na norma sobre quando se deve considerar ocorrida a transferência da propriedade da floresta em pé, dadas as diferentes formas de comercialização praticadas; isto é, quando do se deve considerar verificada a tradição das árvores?

---

42 FREIRE, W; JÚNIOR, P.H. A (não) incidência de ICMS, PIS e COFINS na venda de floresta plantada, no Estado de Minas Gerais. 2017

Por consequência, sendo a emissão de documento fiscal condicionante para a fruição do diferimento; e havendo severas penalidades na legislação mineira, tanto para a emissão de documento fiscal que não corresponda a uma efetiva saída de mercadoria, bem como para a saída de mercadoria desacobertada; conclui-se que há grave insegurança jurídica, no que tange a distinção exata dos momentos fiscais, que pode resultar na cobrança de ICMS e múltiplas penalidades sobre a venda de floresta em pé, mesmo que, de boa-fé, os contribuintes tentem dar fiel cumprimento ao determinado no decreto estadual nº 47.757/2019.

Essa insegurança deverá ser totalmente exaurida para a melhor forma de estabelecer uma relação contratual.

Acerca do entendimento adotado em Minas Gerais, importante observar o que segue.

3.4.2. ENTENDIMENTO E PRÁTICA ADOTADA PELO FISCO MINEIRO

Durante toda a década de 1990 e início dos anos 2000, o Fisco Mineiro carregava o entendimento de que a venda de maciço florestal se tratava de venda de bem imóvel, uma vez que era bem incorporado ao solo.

Comprovando tal percepção temos a solução de consulta SEFAZ nº 284/1993 ao dispor que para a comercialização de mata em pé não é devido o recolhimento de ICMS, senão vejamos:

> nos termos do art. 43, inciso II, do Código Civil Brasileiro, **a mata em pé constitui imóvel por acessão física, não configurando, a transmissão de sua propriedade, em fato gerador do ICMS.**

O Conselho de Contribuintes da Fazenda Pública de Minas Gerais firmou o entendimento de que o ICMS não incide sobre comercialização de bem imóvel, por força do disposto na própria Constituição Federal quando impõe aos Estados instituírem tributos sobre operações com mercadorias (Acórdão nº 18177/2007). Resumo abaixo:

> É pacífico o entendimento de que o ICMS não incide sobre comercialização de bem imóvel, por força do disposto na própria Constituição Federal quando impõe aos Estados instituírem tributos sobre operações com mercadorias. O ordenamento jurídico admite a venda/exploração de bens imóveis, incidindo sobre esse negócio jurídico outros impostos, entre os quais não se encontra o ICMS.
>
> Destarte, mata em pé, além de pertencer ao ativo imobilizado, sujeitando-se à exaustão – artigo 183, § 2.º, alínea "c", da Lei n.º 6.404/76 -, tam-

ICMS E O AGRONEGÓCIO **151**

bém é um bem imóvel (artigo 79, do Código Civil/2002), como também o é uma mina de exploração, independente do fim que lhe seja dado pelo adquirente, seja para comercialização ou uso próprio.

Desta forma demonstram-se insubsistentes as exigências fiscais constantes do item 3 do Auto de Infração, correspondentes à imputação de saída de madeira através de contrato de compra e venda sem emissão de nota fiscal, e sem recolhimento de ICMS.

Porém importante notar que a partir desse acórdão o Fisco mineiro passou a tentar utilizar o argumento de possível simulação contratual, a fim de desconsiderar o negócio jurídico, por supostamente não se tratar de venda de floresta, mas, sim, venda de madeira em forma de produto, sujeito ao recolhimento imediato de ICMS.

No entanto o Conselho de Contribuinte não concordou com o entendimento da SEFAZ e seguiu no entendimento de que a floresta em pé (maciço florestal) é bem imóvel, confirmando não haver vício contratual.

É possível notar que, até então, o fisco entendia a natureza jurídica da venda de maciço florestal (em pé) como venda de bem imóvel, sendo a venda da madeira cortada (lenha ou tora) como bem móvel.

Contudo, em 2009 houve decisão do Recurso Especial nº 1158.403 – ES (2009/0186228-8), no qual a Ministra Relatora Eliana Calmon expôs que:

> Tributar o adquirente da floresta é tributar etapa anterior da operação mercantil, o que é inadmissível frente ao princípio da estrita legalidade tributária. Assim, a ação anulatória merece provimento porque inexistente o fato gerador do ICMS na venda de florestas em pé.

A partir do acórdão acima e com a interpretação dada pela Resposta à Consulta SEFAZ nº 121/2011, a SEF passou a entender que madeira em pé é bem móvel por antecipação:

> Também, neste mesmo vetor e de forma conclusiva, têm-se as palavras de Nestor Duarte, em obra coordenada pelo Ministro Cezar Peluso, Código Civil Comentado (2009), 3ª edição, página 83, onde explica: "As árvores destinadas ao corte e os frutos que devem ser colhidos consideram-se móveis por antecipação, do que decorre a desnecessidade de outorga uxória e a incidência de imposto sobre circulação de mercadorias e não de transmissão de bens imóveis.

A título de comparação e definição sobre a incidência de ICMS na venda de maciço florestal, o estado de Goiás, por meio do Parecer Nº 751/2013–GEOT, proferiu o entendimento de que o ICMS incide

somente sobre circulação de mercadorias, sendo a venda objeto de análise (floresta em pé) não passível do recolhimento do referido tributo, uma vez que não houve fato gerador, o que ocorreria somente no momento da saída da madeira cortada (mercadoria/produto).

Ao não incidir o principal, também não incide as obrigações acessórias, como emissão de nota fiscal.

Sobre o apresentado pelo fisco goiano temos, no mencionado Parecer:

> Em conformidade com o disposto nos artigos 2º e 4º, I, do Decreto 4.852/97 (RCTE), o ICMS é o tributo que incide sobre a operação de circulação de mercadoria, quando também ocorre o seu fato gerador, portanto, a venda do direito de exploração e extração de uma floresta em pé de madeira não constitui fato gerador do ICMS, pois este somente ocorrerá com a saída da madeira (mercadoria) do estabelecimento produtor ou extrator. Neste sentido, estão os Pareceres nºs 219/11 e 1.393/11.

Nota-se uma dicotomia interpretativa entre dois estados da federação acerca do fato gerador do mesmo tributo, o que não deveria acontecer.

Visando selar a situação, o estado de Minas Gerais publicou o Decreto Estadual 47.757 de 19 de novembro de 2019, que alterou o Regulamento do ICMS – RICMS, aprovado pelo Decreto nº 43.080, de 13 de dezembro de 2002.

Acerca do mencionado, dispõe o decreto estadual nº 47.757/2019, que alterou o Regulamento do ICMS – RICMS –, aprovado pelo Decreto nº 43.080, de 13 de dezembro de 2002, que (i) a venda de lenha ou madeira **in natura** (antes a norma mencionava "em toras"), destinada a estabelecimento de contribuinte do imposto, **fica sujeita ao diferimento**; e (ii) **que a venda de floresta em pé, destinada a contribuinte no Estado, fica diferida, desde que seja emitido documento fiscal <u>na data</u>** da transferência da propriedade da floresta, conforme a seguir:

> 52: Saída, com destino a estabelecimento de contribuinte do imposto, dos seguintes
> produtos:
> (...)

Lenha ou madeira in natura.

Além disso, alterou a parte 1 do Anexo II do RICMS/MG fica acrescida do item 82, deixando claro que o diferimento se aplica apenas a operações internas posteriores à publicação do Decreto, desde que seja emitida a Nota Fiscal, conforme a seguinte redação:

82 Operação de venda de floresta em pé destinada a contribuinte do imposto situado no
Estado.
82.1 O diferimento de que trata este item fica condicionado à emissão de documento fiscal na data da transferência de propriedade da floresta em pé concretizada com a tradição das árvores.

Diante das mudanças trazidas podemos inferir que se passou a admitir o amplo diferimento do recolhimento de ICMS para a venda de maciços florestais, o que trouxe mais clareza à norma.

Portanto é importante frisar que o diferimento fica condicionado à emissão de documento fiscal **na data da transferência de propriedade** da floresta em pé concretizada com **a tradição das árvores.**

Nota-se, porém, que contrariando os conceitos de bens móveis e imóveis citados anteriormente, a Secretaria de Estado de Fazenda de Minas Gerais confirmou a incidência de ICMS e consequente concessão de diferimento, com base em criação doutrinária do conceito de bens móveis por antecipação.

No entanto, a depender da natureza do negócio jurídico, a tradição poderá ocorrer em momentos distintos, sendo que a propriedade da florestal, em alguns casos, é repassada no momento da assinatura do contrato; em outros é repassada conforme o planejamento de colheita, sob termo de imissão em posse; bem como pode ser transferida a partir da obtenção de documento que comprove a Declaração de Florestal – DCF ou Comunicação de Colheita Florestal – CCF, ambos expedidos pelo IEF.

Diante desses apontamentos, levando em consideração a atualização normativa realizada no âmbito do regulamento de ICMS, dúvidas persistiram após a publicação do Decreto 47.757/2019, tais como as definidas abaixo.

Uma das principais controvérsias a partir da publicação do Decreto 47757/2019 se refere ao *momento* de emissão de documento fiscal (Nota Fiscal), tendo em vista a expressão no item 8.2 do Anexo II do RICMS/MG "na data da transferência de propriedade da floresta em pé", que seria "concretizada com a tradição das árvores".

Por se tratar de venda de ativo não circulante, o conceito de tradição das árvores é obscuro, porque pressupõe entrega física ao seu adquirente, o que não ocorre no momento de venda da floresta, uma vez que mesmo com a celebração contratual o bem permanece ligado à terra.

Tal questionamento é de vital importância para a ideal redação contratual, a fim de evitar vícios que possam prejudicar ou invalidar a relação jurídica, causando prejuízos incomensuráveis para as partes, podendo até resultar em lides fiscais, em especial o encerramento do diferimento, por não emissão de documento fiscal, com a exigência do ICMS, somada a penalidade de multa por saída desacobertada, além de multa por emissão de documento fiscal que não corresponde a uma efetiva saída de mercadoria.

Parte dos questionamentos acima expostos foram objeto de resposta de Consulta de Contribuinte, conforme solução de consulta de contribuinte nº 118/2020, que explicou:

> ICMS – DIFERIMENTO – NOTA FISCAL – LENHA OU MADEIRA IN NATURA – A nota fiscal prevista no subitem 82.1 da Parte 1 do Anexo II do RICMS/2002 deverá ser emitida pelo vendedor na data da transmissão da propriedade da Floresta plantada mediante a sua tradição, que se efetiva pela imissão do adquirente na posse das árvores, pela entrega de título representativo ou de outro documento previsto em contrato ou em data específica estabelecida pelas partes contratantes, o que primeiro ocorrer.
> [...]
> Resposta:
> 1 – Considerando as diferentes formas de contratação adotadas na comercialização da Floresta em pé, inclusive sem a celebração de contrato formal, a nota fiscal prevista no subitem 82.1 da Parte 1 do Anexo II do RICMS/2002 deverá ser emitida na data da transmissão da propriedade da Floresta plantada mediante a sua tradição, que se efetiva pela imissão do adquirente na posse das árvores, pela entrega de título representativo ou de outro documento previsto em contrato ou em data específica estabelecida pelas partes contratantes, o que primeiro ocorrer.
> – A emissão da nota fiscal de venda da Floresta em pé deverá ser emitida pelo seu vendedor, ou seja, o proprietário e transmitente da mercadoria, observado o disposto no art. 634 da Parte 1 do Anexo IX do RICMS/2002. Acrescente-se que o vendedor da Floresta em pé, se produtor rural pessoa física, deverá emitir Nota Fiscal de Produtor ou Nota Fiscal Avulsa de Produtor, modelo 4, conforme inciso I do art. 37 da Parte 1 do Anexo V do RICMS/2002, ou Nota Fiscal Avulsa Eletrônica – NFA-e por meio do SIARE, nos termos dos arts. 53-C e 53-I da citada Parte 1 do Anexo V . Se inscrito no Cadastro de Contribuintes do ICMS, emitirá Nota Fiscal, modelo 1 ou 1-A, ou Nota Fiscal Eletrônica (NF-e), modelo 55, de acordo com o art. 1º da Parte 1 do mesmo Anexo.
> Nesse sentido, vide as Consultas de Contribuinte nos 256/2013 e 094/2018.
> – A expressão "madeira in natura" remonta aos produtos oriundos da supressão da Floresta em pé, que ainda não foram submetidos a algum tipo de processo industrial e é mais abrangente que o termo "madeira em tora",

alcançando também as demais formas de apresentação e corte como toretes, postes e mourões, por exemplo.

Necessário destacar que em 13 de dezembro de 2019 foi celebrado e publicado pelo Conselho Nacional de Política Fazendária – CONFAZ[43], o Convênio ICMS nº 226, que autoriza o Estado de Minas Gerais a conceder anistia de multas (punitivas e moratórias) e juros de débitos tributários, constituídos ou não, inscritos ou não em dívida ativa, inclusive ajuizados, bem como parcelamento do ICMS pelas saídas internas de floresta em pé, cujos fatos geradores tenham ocorrido até 31/12/2018.

A anistia de multas punitivas mencionada acima se aplica também à penalidade relativa à não emissão de Nota Fiscal na venda de floresta plantada.

No entanto, apesar do diferimento amplo para o recolhimento de ICMS na venda de maciço florestal ter sido concedido no âmbito do Decreto 47757/2019, com o intuito de adequar as relações contratuais, afastando possíveis vícios, ainda que forma infralegal, não respeitando o princípio da legalidade, permanece a crítica acerca do entendimento do fisco mineiro sobre o recolhimento de ICMS na venda de maciço florestal, uma vez que, como demonstrado durante o trabalho, trata-se de negócio jurídico envolvendo bem imóvel, assim entendido tanto no direito civil quanto nas normas contábeis.

Apesar do entendimento pronunciado pelo fisco mineiro, no sentido da incidência de ICMS na venda de floresta em pé, o TJMG proferiu, em caso recente, entendimento diverso, convergindo para a não incidência de ICMS, por se tratar de venda de bem imóvel, com base no entendimento do STJ, no julgamento do Recurso Especial nº 1.158.403/ES.

Inicialmente, em fevereiro de 2022 a 6ª Câmara Cível proferiu entendimento no sentido de que a venda de floresta em pé é uma operação de venda de bem móvel por antecipação, acolhendo o pedido do estado de Minas Gerais[44].

---

43 CONSELHO NACIONAL DE POLÍTICA FAZENDÁRIA. Convênio ICMS 226/19, de 13 de dezembro de 2019. Ratificação Nacional no DOU de 02.01.20, pelo Ato Declaratório 23/19: Autoriza o Estado de Minas Gerais a conceder anistia e parcelamento de débitos tributários relativos ao ICMS na forma que especifica.

44 BRASIL. Tribunal de Justiça do Estado de Minas Gerais – TJMG. Apelação Cível nº 1.0878.17.000396-5/002. Relator Desembargador Edilson Olímpio Fernandes, j. 29/03/2022, DJe 04/04/2022.

No entanto, houve **decisão proferida pela Vice-Presidência do** TJMG **concedendo efeito suspensivo ao** REsp **interposto pela empresa,** *"tendo em vista que o Superior Tribunal de Justiça, no julgamento de situação semelhante à dos autos, já emitiu pronunciamento que parece favorecer a argumentação recursal".*

Em outro caso concreto podemos perceber uma nova tendência de posicionamento. Em sede de recurso de Agravo de Instrumento em Embargos à Execução, apresentado pelo contribuinte, foi concedido efeito suspensivo e confirmado após apresentação da Apelação, proferido pela 19ª Câmara Cível, visto que foi demonstrada a probabilidade do direito, pois a empresa vendedora não realizou atos de colheita e transporte da madeira, mas, sim, a venda de ativo imobilizado, sendo somente uma etapa preparatória ao ato de colheita, além de similaridade com o entendimento proferido pelo STJ:

> Há, em análise preliminar, indicação de probabilidade de provimento do recurso, dado que a controvérsia envolve a aplicação de precedente do Superior Tribunal de Justiça (STJ) sobre a não incidência de ICMS na venda de florestas em pé, o que guarda similaridade com o caso ora em exame. (ESTADO DE MINAS GERAIS – MG. Tribunal de Justiça de Minas Gerais – TJMG. Agravo de Instrumento Cível nº 1.0000.22.099211-9/001. Relator Desembargador Leite Praça, 19ª Câmara Cível, j. 17/11/2022, DJe 24/11/2022)

De forma similar foi concedida **decisão favorável, em sede de Agravo de Instrumento, sob relatoria do Des. Kildare Carvalho, em alusão à decisão proferida pelo** STJ:

> É "descabida a cobrança de ICMS sobre a venda de 'árvores em pé', por se tratar de etapa preparatória que não necessariamente implica corte e industrialização da madeira, sendo certo que gravar referida operação ofende a estrita legalidade tributária." (ESTADO DE MINAS GERAIS – MG. Tribunal de Justiça de Minas Gerais – TJMG. Agravo de Instrumento nº 1.0000.19.159330-0/001, Relator Desembargador Kildare Carvalho, 4ª Câmara Cível, j. 11/03/2021, DJe 12/03/2021)

Por fim, destacamos que transitou em julgado, sem recurso para os tribunais superiores, acórdão proferido pela **2ª Câmara Cível do** TJMG, **sob relatoria do Des. Afrânio Vilela, conforme ementa:**

> APELAÇÃO CÍVEL – MANDADO DE SEGURANÇA – ICMS – VENDA DE "ÁRVORES EM PÉ" – FATO GERADOR – AUSÊNCIA – NULIDADE DA COBRANÇA – RESP Nº. 1158403/ES - ORDEM CONCEDIDA – RECURSO PROVIDO. **1. Conforme posicionamento reiterado do E. Superior Tribunal de Justiça, a venda de "árvores em pé" não constitui fato gerador de ICMS, sendo nula a cobrança. 2. Recurso provido.** (ESTADO DE MINAS

GERAIS – MG. Tribunal de Justiça de Minas Gerais – TJMG. Apelação Cível nº 5007421-80.2020.8.13.0433, Relator Desembargador Afrânio Vilela, 2ª Câmara Cível, j. 19/04/2022, DJe 28/04/2022)

À luz dos recentes casos apreciados pelo TJMG, podemos verificar uma tendencia de convergência ao entendimento proferido pelo STJ, no sentido de que a venda de floresta em pé árvores, se comporta como venda de ativo imobilizado, portanto é venda de bem imóvel e etapa preparatória para a colheita e transporte, que geralmente é uma atividade realizada pelo adquirente. Contudo, é devido sempre verificar o caso concreto.

3.5. FORMA E POSSÍVEIS REVISÕES CONTRATUAIS

Diante das percepções levantadas nos itens anteriores e resposta à consulta de contribuinte preferida pela Secretaria de Estado de Fazenda, a realidade e tradição contratual serão amplamente modificadas, impactando significativamente a elaboração das cláusulas contratuais para a venda de maciços florestais, resultando em um planejamento das cláusulas dos contratos de forma diligente e específica, visando afastar possíveis vícios contratuais, além de possibilitar o aproveitamento do diferimento de ICMS.

Com a publicação do Decreto 47.757/2019 foram percebidos os seguintes riscos: (i) emissão de Nota Fiscal que não corresponda a uma efetiva saída de mercadoria, aos olhos do Fisco; e (ii) saída desacobertada de mercadoria; e encerramento do diferimento, por não emissão de Nota Fiscal, com a consequente cobrança do ICMS.

Somando o exposto no Decreto e orientações advindas da Consulta de Contribuinte nº 118/2020, faz-se necessária análise acurada no momento da redação e celebração dos contratos, a fim de evitar prejuízos futuros e garantir a adoção dos princípios da boa-fé contatual e função social do contrato, uma vez o mesmo esbarra em questões tributárias.

Deve-se observar, como análise pré-contratual, seguindo os preceitos preferidos pela SEF/MG, que a emissão de nota fiscal deverá ser realizada pelo vendedor, observada a data da transmissão da propriedade da floresta plantada, que se dá por sua tradição, com a imissão do adquirente na posse das árvores. Tal data deverá ser especificada em contrato pelas partes, pela entrega de título representativo ou de outro documento previsto em contrato, o que ocorrer primeiro.

No caso de a posse da floresta ser concedida de forma parcial, ou seja, à medida que as colheitas ocorrerem, o contrato deve garantir tal situação, sendo emitido um termo de posse para as diferentes datas de real imissão, com especificação do local, bem como especificar a emissão de nota fiscal para cada "frente de colheita".

Importante destacar, como questão conceitual da atividade florestal e abordada no Decreto 47757/2019, que a expressão "madeira in natura" diz respeito aos produtos oriundos da colheita de da floresta, seja plantada ou natural, que ainda não foram submetidos a algum tipo de processo industrial. O decreto tornou o conceito mais abrangente do que o anteriormente empregado ("madeira em tora"), alcançando também as demais formas de apresentação e corte como toretes, postes e mourões, por exemplo.

Aliado a isso o Decreto Estadual 47749/2019[45] conceitua, em seu art. 2º, inciso XXI, que produtos in natura são aqueles que não passaram por processos de transformação, corroborando com o acima descrito.

Necessário destacar a necessidade de inserção de um texto com data específica para a efetiva imissão do adquirente na posse das árvores. Caso isso não seja possível, o recomendado seria que o instrumento contratual contenha disposição clara de que, em momento oportuno, será editado instrumento complementar para formalizar expressamente a data de imissão na posse.

Ambas as medidas são propostas com o objetivo de dar segurança jurídica às operações de venda de floresta plantada e evitar a incidência do ICMS e de múltiplas penalidades, como o afastamento do diferimento, com assento nos esclarecimentos da Consulta de Contribuinte nº 118/2020.

Para os contratos finalizados antes da publicação da Consulta de Contribuinte nº 118/2020 e do Decreto 47757/2019, que não contenham data expressa ou cláusula que permita indicar o momento da imissão do adquirente na posse da floresta plantada, prevalecerá a adoção dos outros critérios apontados pela SEF/MG, entre os seguintes, o que primeiro ocorrer: (i) efetiva imissão do adquirente na posse das árvores , consubstanciado pelo início da colheita da madeira; e (ii) entrega de título representativo ou de outro documento previsto em contrato, como a entrega do instrumento contratual ou outro documento que demonstre o direito de posse do adquirente da florestada plantada.

---

45 MINAS GERAIS. Decreto nº 47.749, de 11 de novembro de 2019.

Os contratantes devem se atentar a medidas com a finalidade de aproveitamento do diferimento constante no RICMS-MG, tais como: (i) o objeto contratual referente a compra e venda de floresta plantada em pé/maciço florestal; e (ii) precificar a operação com base em inventário do volume da floresta e a valor de mercado, sem qualquer referência ao volume de madeira cortada ou à sua destinação.

Além disso, deve-se observar que em uma venda de floresta plantada, o adquirente deverá escriturá-la no seu ativo não circulante, como ativo biológico, ao qual serão aplicáveis quotas de exaustão, à medida que ocorrer a extração da madeira.

Importante destacar que as revisões de contratos já firmados, à luz dos princípios pacta sunt servanda, rebus sic e função social do contrato, e equilíbrio contratual é a melhor saída. Torna-se mais favorável uma revisão do contrato para adaptá-lo às reais condições das partes e situações normativas do que uma ruptura deste contrato.

Deve-se considerar as condições que levaram a uma possível alteração contratual, para não gerar prejuízo a uma das partes, nem ao erário, com o objetivo de promover a segurança jurídica dos atos.

4. CONCLUSÃO

Por todo o estudo apresentado, vale ressaltar que a venda de maciço florestal ("floresta em pé"), coisa atual, é uma venda de bem imóvel, conforme art. 79 do Código Civil, já que é um bem acessório ao solo e diretamente a ele ligado, se tornando bem imóvel por acessão física.

Essa é a premissa fundamental para avaliar toda e qualquer operação de compra e venda de maciço florestal.

Por outro lado, existe a conceituação doutrinaria somente, de que um bem com características de imóvel possa ser considerado como "bem móvel por antecipação".

Esse entendimento foi o adotado pela Secretaria de Estado de Fazenda do estado de Minas Gerais, a fim de garantir o recolhimento de ICMS nas operações de compra e venda de maciço florestal, sendo possível afirmar que não houve alteração de lei em sentido estrito que amparasse o fisco mineiro.

No entanto, de acordo com os princípios e normas que regem a legislação tributária, em especial o princípio da legalidade, garantido constitucionalmente, os tributos e sua incidência devem ser instituídos mediante lei formal, *stricto sensu*, não cabendo tributar por analogia ou por interpretação doutrinária, gerando grave conflito.

Verificamos que os maciços florestais são considerados, de forma legal, como bens imóveis e da mesma forma é tratado nas normas contábeis brasileiras, o colocando na conta dos ativos biológicos, conceito equiparado ao ativo imobilizado.

Vimos que o maciço florestal não é mercadoria (bem móvel), conceito que se refere aos produtos provenientes da madeira, como a lenha, que não é objeto da venda de maciço florestal.

O fisco ao longo das duas décadas passadas alterou o entendimento acerca do recolhimento de ICMS na venda de floresta plantada, sem que houvesse alteração em Lei, passando do entendimento de que seria bem imóvel, não passível de recolhimento de ICMS, para bem móvel por antecipação, passível do recolhimento de ICMS.

Porém diante da divergência existente na incidência e recolhimento de ICMS em Minas Gerais os contratos devem, a priori, seguir o disposto nas normas e leis vigentes, sendo que há a necessidade de diversas observações nas relações contratuais na venda de floresta plantada, seja no passado, presente ou futuro, a fim de evitar lides, garantir o aproveitamento do diferimento, mesmo que a incidência do imposto seja discutida posteriormente.

Pelo exposto, vê-se que a adequação dos futuros contratos e a revisão dos contratos válidos já firmados é de extrema importância, uma vez que houve fato superveniente extraordinário e imprevisível (mudança de entendimento sobre recolhimento de ICMS na venda de maciço florestal). Dessa forma evita-se que onere uma das partes de maneira excessiva, a ponto de tornar o contrato inexequível, aliado ao fato de viabilizar a manutenção das operações, garantindo a boa-fé e a função social dos contratos.

REFERÊNCIAS

AMORIM, Bruno de Almeida Lewer. Autonomia e boa-fé objetiva: O primado das cláusulas gerais de direito. Jornal da Faculdade Milton Campos Nº 167, p. 6, junho de 2013.

AMORIM, Bruno de Almeida Lewer. *Técnicas de Redação de Contratos*. Belo Horizonte. Faculdade CEDIN. Pós-Graduação em Direito dos Contratos, 1º semestre de 2020. 2 páginas. (Notas de Aula).

BRASIL. Lei n. 10.406 de 10 de janeiro de 2002. Disponível em: <http://www.planalto.gov.br/ccivil_03/leis/2002/L10406.htm>. Acesso em 16 de fevereiro de 2021.

BRASIL. Constituição da República Federativa do Brasil de 1988. Disponível em: <http://www.planalto.gov.br/ccivil_03/constituicao/constituiçao.htm>. Acesso em: 10 de fevereiro de 2021.

BRASIL. Lei, nº 8.078, de 11 de setembro de 1990. Disponível em: <http://www.planalto.gov.br/ccivil/leis/l8078.htm>. Acesso em: 10 de fevereiro de 2021.

BRASIL. Superior Tribunal de Justiça. Recurso Especial 1.576.479 – PR. Relator: MINISTRO RELATOR MARCO BUZZI -quarta turma. Diário de Justiça Eletrônico, Brasília, 18 jun. 2019. Disponível em: <https://processo.stj.jus.br/processo/revista/documento/mediado/?componente=ITA&sequencial=1837410&num_registro=201102714191&data=20190618&formato=PDF>. Acesso em: 09/02/2021.

BRASIL. Superior Tribunal de Justiça. Recurso Especial 1.158.403 – ES Relatora: MINISTRA RELATORA Eliana Calmon -segunda turma. Diário de Justiça Eletrônico, Brasília, 22 set. 2010. Disponível em: <https://scon.stj.jus.br/SCON/GetInteiroTeorDoAcordao?num_registro=200901862288&dt_publicacao=22/09/2010>. Acesso em: 09/02/2021.

BRASIL. Tribunal de Justiça do Estado de Minas Gerais – TJMG. Apelação Cível nº 1.0878.17.000396-5/002. Relator Desembargador Edilson Olímpio Fernandes, j. 29/03/2022, DJe 04/04/2022.

CARRAZA, Roque Antonio. Curso de direito constitucional tributário. 22ª ed. São Paulo: Malheiros, 2006.

CAVALCANTI, Thiago Rodrigues. Medidas compensatórias: (i)legalidades na legislação e na forma de aplicação pelo órgão ambiental do Estado de Minas Gerais. Dissertação (Mestrado Sustentabilidade Socioeconômica Ambiental) - Escola de Minas da Universidade Federal de Ouro Preto, Ouro Preto. 2020. Disponível em: <https://www.repositorio.ufop.br/bitstream/123456789/13053/1/DISSERTA%c3%87%c3%83O_MedidasCompesat%c3%b3riasIlegalidade.pdf>. Acesso em: 17 de março de 2021.

CONSELHO NACIONAL DE POLÍTICA FAZENDÁRIA. Convênio ICMS 226/19, de 13 de dezembro de 2019. Ratificação Nacional no DOU de 02.01.20, pelo Ato Declaratório 23/19.

ESTADO DE MINAS GERAIS – MG. Tribunal de Justiça de Minas Gerais – TJMG. Agravo de Instrumento Cível nº 1.0000.22.099211-9/001. Relator Desembargador Leite Praça, 19ª Câmara Cível, j. 17/11/2022, DJe 24/11/2022.

ESTADO DE MINAS GERAIS – MG. Tribunal de Justiça de Minas Gerais – TJMG. Agravo de Instrumento nº 1.0000.19.159330-0/001, Relator Desembargador Kildare Carvalho, 4ª Câmara Cível, j. 11/03/2021, DJe 12/03/2021.

ESTADO DE MINAS GERAIS – MG. Tribunal de Justiça de Minas Gerais – TJMG. Apelação Cível nº 5007421-80.2020.8.13.0433, Relator Desembargador Afrânio Vilela, 2ª Câmara Cível, j. 19/04/2022, DJe 28/04/2022.

FREIRE, W; JÚNIOR, P.H. A (não) incidência de ICMS, PIS e COFINS na venda de floresta plantada, no Estado de Minas Gerais. 2017.

GAGLIANO, Pablo Stolze; FILHO, Rodolfo Pamplona. Novo curso de direito civil, volume 4: contratos, tomo I: teoria geral. 8. ed. rev. atual. e ampl. — São Paulo: Saraiva, 2012.

GOIÁS. SECRETARIA DA FAZENDA. Parecer Nº 751/2013–GEOT. Goiás. Publicado no Diário Oficial de Goiás em 05 de agosto de 2013. Disponível em < http://aplicacao.sefaz.go.gov.br/perguntaresposta/problema_popup.php?cod_problema=956.

GONÇALVES, Carlos Roberto. Direito civil brasileiro, volume 3: contratos e atos unilaterais – 14. ed. – São Paulo: Saraiva, 2017.

GONÇALVES, Carlos Roberto, Direito Civil Brasileiro, Volume 1, Parte Geral, 14ª Ed. – São Paulo, Saraiva, 2016.

JÚNIOR, Paulo Honório de Castro. O controle das ficções jurídicas no direito tributário: um estudo a partir da venda de floresta plantada. 2018. Disponível em: <http://williamfreire.com.br/wp-content/uploads/2018/08/Paulo-Honorio-Artigo.pdf>. Acesso em 01/03/2021.

JÚNIOR, Paulo Honório de Castro. *Seminário Gestão Tributária no Setor Florestal*. Associação Mineira de Silvicultura; William Freire Advogados Associados. Belo Horizonte. Faculdade CEDIN. 21 de novembro de 2018. 19 páginas. (Notas de Palestra).

JÚNIOR, Paulo Honório de Castro. ICMS sobre a venda de floresta plantada.

MINAS GERAIS. Decreto nº 47.757, de 1 de novembro de 2019. Disponível em: <https://www.almg.gov.br/consulte/legislacao/completa/completa.html?tipo=DEC&num=47757&-comp=&ano=2019&aba=js_textoOriginal#texto>. Acesso em: 20/10/2020.

MINAS GERAIS. Decreto nº 47.749, de 11 de novembro de 2019.

MONTEIRO, Washington de Barros. Curso de Direito Civil. 35ª ed. São Paulo: Saraiva, 1997.

REALE, Miguel. Visão geral do projeto de Código Civil. Revista dos Tribunais, n. 752, jun. 1998.

ROSENVALD, Nelson; FARIAS, Cristiano Chaves de. Curso de Direito Civil IV, 7ª Ed atual.- Salvador; Ed. JusPodivm, 2017.

SECRETARIA DE ESTADO DE FAZENDA. Solução de consulta de contribuinte nº 118/2020. Publicado em 25 de maio de 2020, LégisFácil. Belo Horizonte. Disponível em: <http://www6.fazenda.mg.gov.br/sifweb/MontaPaginaPesquisa?pesqBanco=ok&login=false&caminho=/usr/sef/sifweb/www2/empresas/legislacao_tributaria/consultas_contribuintes/cc118_2020.html&searchWord=118/2020&tipoPesquisa=todasPalavras#ancora>. Acesso em 07 de agosto de 2020.

SECRETARIA DE ESTADO DE FAZENDA. Solução de consulta de contribuinte nº 121/2011. Publicado em 28 de junho de 2011, LégisFácil. Belo Horizonte. Disponível em: < http://www6.fazenda.mg.gov.br/sifweb/MontaPaginaPesquisa?pesqBanco=ok&login=false&caminho=/usr/sef/sifweb/www2/empresas/legislacao_tributaria/consultas_contribuintes/cc121_2011.html&searchWord=121/2011&tipoPesquisa=todasPalavras#ancora>. Acesso em 15 de fevereiro de 2021.

SUBTIL, António Raposo. O Contrato e a Intervenção do Juiz. Porto: Ed. Vida Econômica, p. 32. 2012.

DA INCONSTITUCIONALIDADE DA CONTRIBUIÇÃO AO FUNDEINFRA DO ESTADO DE GOIÁS E NOVAS PERSPECTIVAS PARA OS FUNDOS ESTADUAIS COM A REFORMA TRIBUTÁRIA

Igor Nascimento de Souza[1]

Marcos Antonio Campanatti Filho[2]

Gustavo Bretas Nascimento Baptista[3]

[1] Sócio fundador do SouzaOkawa Advogados, com destacada atuação no contencioso administrativo fiscal federal, junto ao Conselho Administrativo de Recursos Fiscais – CARF, representando empresas nacionais e estrangeiras de grande porte, bem como com relevante experiência na assessoria de consultoria tributária, com implementação de estruturas de planejamento fiscal para pessoas jurídicas, reorganizações sucessórias e patrimoniais para famílias empresárias no Brasil e no exterior. É bacharel em direito pela PUC-SP, com pós-graduação em Direito Tributário pela Universidade de São Paulo e formado no curso "Leadership in Law Firms" pela Harvard Law School. Possui larga atuação de diferentes associações e entidades da área tributária, sendo membro do Instituto Brasileiro de Direito Tributário (IBDT), da Associação Brasileira de Direito Financeiro (ABDF) e da International Fiscal Association (IFA).

[2] Advogado tributarista no SouzaOkawa Advogados, com larga atuação em contencioso administrativo e judicial tributário, além de desenvolver trabalhos de consultoria, com reestruturações, pareceres e consultas envolvendo empresas de médio e grande porte. É especialista em Direito Tributário pelo Insper, especialista em Direito Empresarial pela FGV e formado em Direito pela Instituição Toledo de Ensino. Tem cursos de especialização em Tributação do Agronegócio pela FGV, de Contabilidade e Tributação no Agronegócio pela APET e Tributação das Cooperativas também pela APET. É certificado em Curso de Extensão em Planejamento Tributário pela FGV e Contabilidade Tributária pelo IBET.

[3] Advogado tributarista no SouzaOkawa Advogados, com larga atuação em direito administrativo federal, estadual e municipal, além de desenvolver trabalhos de

1. INTRODUÇÃO

O presente trabalho aborda os aspectos relacionados à (in)constitucionalidade do Fundo Estadual de Infraestrutura (FUNDEINFRA), criado no final de 2022 pelo Estado de Goiás, bem como das principais discussões relacionadas aos diversos fundos estaduais de ICMS criados nos últimos anos, incidentes em especial sobre a cadeia agroindustrial, inclusive nas atividades de exportação.

Também serão analisadas as perspectivas futuras para as discussões envolvendo esses Fundos, inclusive em razão da recente aprovação pelo Congresso Nacional da Proposta de Emenda Constitucional (PEC) nº 45/2019, que institui a Reforma Tributária na tributação sobre o consumo no Brasil e propõe, em linhas gerais, extinguir PIS, COFINS, IPI, ICMS e IPI e criar um Imposto sobre Bens e Serviços (IBS), nos moldes de um Imposto sobre Valor Agregado (IVA), com competência da União (CBS), e dos Estados, do Distrito Federal e dos Municípios (IBS).

Neste sentido, em 06 de dezembro de 2022, o Estado de Goiás aprovou a Lei nº 21.670, criando o FUNDEINFRA, com o declarado objetivo de arrecadar recursos financeiros para o desenvolvimento econômico do Estado de Goiás.

Segundo o art. 5º da Lei nº 21.670/2022, o FUNDEINFRA compreende a cobrança de contribuição exigida no âmbito do Imposto sobre Operações Relativas à Circulação de Mercadorias e sobre Prestações de Serviços de Transporte Interestadual e Intermunicipal e de Comunicação (ICMS) como condição para: a) fruição de benefício ou incentivo fiscal; b) o contribuinte que optar por regime especial que vise ao controle das saídas de produtos destinados ao exterior ou com o fim de exportação e à comprovação da efetiva exportação; e c) o imposto devido por substituição tributária pelas operações anteriores ser: 1. pago pelo contribuinte credenciado para tal fim por ocasião da saída subsequente; ou 2. apurado juntamente com aquele devido pela operação de saída própria do estabelecimento eleito substituto, o que resultará um só débito por período.

Como se vê, a despeito do caráter *aparentemente* voluntário, o FUNDEINFRA é utilizado como norma impositiva e condicionante para frui-

---

consultoria relacionados aos tributos indiretos para empresas de médio e grande porte dos mais diversos setores. É especialista em Direito Tributário pela Pontifícia Universidade Católica de São Paulo e bacharel em Direto pela Universidade Presbiteriana Mackenzie de São Paulo.

ção de benefícios ficais e do regime da substituição tributária, bem como para plena aplicabilidade da imunidade nas exportações.

Neste contexto, a cobrança do FUNDEINFRA acaba por onerar especialmente a cadeia agroindustrial, dada a sua incidência em operações envolvendo produtos como cana-de-açúcar, milho, soja, carne bovina, gado bovino etc.

Entre os produtos que sofrem a incidência da contribuição ao FUNDEINFRA, nota-se que, como bem observado por Fábio Pallaretti Calcini, estão quase que exclusivamente os do agronegócio, como se observa do Anexo XVI, do Regulamento do Código Tributário de Goiás (RCTE): cana-de-açúcar (1,2%), milho (1,1%), soja (1,65%), carne (0,50%), gado bovino e bufalino (0,50%), entre outros[4].

A este respeito, os dados disponibilizados pela Secretaria de Fazenda de Estado da Economia de Goiás indicam um recolhimento até dez/2023 de quase 1 bilhão de reais ao Fundo, o que deixa claro o efeito orçamentário com que este Fundo impacta o estado de Goiás[5], confirmando a expectativa inicial de arrecadação do Governo[6].

Não obstante o já esperado "sucesso arrecadatório" do Fundo, é importante destacar que o FUNDEINFRA tem sido objeto de intensas discussões sobre sua constitucionalidade, notadamente no âmbito das Ações Diretas de Constitucionalidade (ADI) nºs 7.363 e 7.366.

Diante do exposto, o presente estudo tem por objetivo analisar o histórico legislativo relativo a Fundos desta natureza, que vêm sendo cada vez mais utilizados no ordenamento pátrio com manifesta intenção arrecadatória, bem como a sua constitucionalidade diante do sistema tributário brasileiro e o rol de princípios e limitações ao poder de tributar.

---

4 CALCINI, Fábio Pallaretti. Inconstitucionalidade da 'contribuição' do Fundeinfra pelo governo de Goiás. Revista Consultor Jurídico, 14 de abril de 2023. Disponível em: <https://www.conjur.com.br/2023-abr-14/direito-agronegocio-fundeinfra-inconstitucionalidade-contribuicao/>. Acesso em: 10 de novembro de 2023.

5 Conforme apresentação conjunta da Secretaria da Fazenda de Goiás ("SEFAZ/GO") e Secretaria de Estado da Infraestrutura ("SEINFRA"). Disponível em: <https://app.powerbi.com/view?r=eyJrIjoiMDFjNDE4NzYtN2YwZC00NmY0LTk4OTAtZDI0ZTZlMWQ0ZGU3IiwidCI6ImIzZDE4N2Y0LWE2NzEtNDQ5Yy04MDYxLTM5ZjEzNTQxYzgxNyJ9> Acesso em: 12 de novembro de 2023.

6 "Governo encaminha à Assembleia projeto de lei que cria o Fundeinfra". Categoria: agronegócio. Disponível em: < https://goias.gov.br/governo-encaminha-a-assembleia-projeto-de-lei-que-cria-o-fundeinfra/>. Acesso em: 12 de novembro de 2023.

Assim, o presente estudo investigará se esses Fundos podem ser vistos como "tributos" à luz da definição legal do art. 3º do Código Tributário Nacional (CTN) e, em caso positivo, de qual tributo se trataria.

Por fim, este estudo abordará os reflexos da Reforma Tributária (PEC nº 45/2019) na cobrança destes Fundos.

2. HISTÓRICO DOS FUNDOS E O SEU REGIME JURÍDICO

Como mencionado, uma parcela cada vez mais expressiva dos entes da federação tem instituído fundos de desenvolvimento financiados por contribuintes que utilizem de incentivos e benefícios fiscais relacionados ao ICMS, o que tem levantado preocupações cada vez maiores na comunidade jurídica e nos setores envolvidos, como o agronegócio, sobretudo pela possibilidade, não rara, de que as contribuições a esses Fundos incidam inclusive nas operações de exportação, que gozam de imunidade expressamente prevista no texto constitucional.

Infelizmente, esse movimento não é recente, sendo que suas origens remontam ainda ao século passado, com a criação do Fundo de Desenvolvimento do Sistema Rodoviário do Estado de Mato Grosso do Sul (FUNDERSUL), o qual detinha certas características que seriam aproveitadas pelos estados nas décadas seguintes, dentre elas, o "mascarado" caráter voluntário da contribuição[7] e sua incidência sobre o agronegócio.

Neste sentido, desde o momento em que estas espécies de contribuição foram criadas, os contribuintes e o setor agropecuário como um todo questionam a sua constitucionalidade, haja vista o seu intrínseco viés arrecadatório e sua similaridade com as espécies tributárias já instituídas, notadamente o ICMS, já incidentes nas operações destes contribuintes com produtos agrícolas.

A existência dessas controvérsias, contudo, não foi suficiente para impedir a chancela do Conselho Nacional de Política Fazendária (CONFAZ), o qual, no ano de 2016, publicou o Convênio nº 42/2016, autorizando Estados e Distrito Federal a criarem Fundos de cobran-

---

7 Art. 2º. O pagamento da contribuição referida no artigo anterior é, cumulativamente, uma:

I - faculdade do contribuinte;

II - condição para a fruição dos benefícios fiscais indicados neste Decreto.

ça relacionados ao agronegócio, chamados de *contribuições*, nos seguintes termos:

> **Cláusula primeira**. Ficam os estados e o Distrito Federal autorizados a, relativamente aos incentivos e benefícios fiscais, financeiro-fiscais ou financeiros, inclusive os decorrentes de regimes especiais de apuração, que resultem em redução do valor ICMS a ser pago, inclusive os que ainda vierem a ser concedidos:
> I - condicionar a sua fruição a que as empresas beneficiárias depositem em fundo de que trata a cláusula segunda o montante equivalente a, no mínimo, dez por cento do respectivo incentivo ou benefício; ou
> II - reduzir o seu montante em, no mínimo, dez por cento do respectivo incentivo ou benefício.
> §1º. O descumprimento, pelo beneficiário, do disposto nos incisos I e II do caput por 3 (três) meses, consecutivos ou não, resultará na perda definitiva do respectivo incentivo ou benefício.
> §2º. O montante de que trata o inciso I do caput será calculado mensalmente e depositado na data fixada na legislação estadual ou distrital.
> **Cláusula segunda**. A unidade federada que optar pelo disposto no inciso I da cláusula primeira instituirá fundo de desenvolvimento econômico e ou de equilíbrio fiscal, destinado ao desenvolvimento econômico e ou à manutenção do equilíbrio das finanças públicas estaduais e distrital, constituídos com recursos oriundos do depósito de que trata o inciso I da cláusula primeira e outras fontes definidas no seu ato constitutivo.

Assim, com base na interminável crise financeira e na também interminável necessidade arrecadatória dos estados, caixa de pandora frequentemente utilizada para legitimar a promoção de cobranças em desacordo com o nosso ordenamento, referido convênio autorizou os Estados e o Distrito Federal a condicionarem a fruição de incentivos fiscais a depósitos aos Fundos, pelas empresas beneficiárias, de valor equivalente a, no mínimo, 10% do respectivo incentivo ou benefício (inciso I); ou reduzir o montante do benefício em, no mínimo, 10% (inciso II).

Com a edição do referido Convênio pelo CONFAZ, diversos estados instituíram os referidos fundos, notadamente Goiás[8], Rio de Janeiro[9] e

---

8 FUNDEINFRA, instituído pelas Leis Estaduais nº 21.670/2022 e 21.671/2022.

9 Fundo Estadual de Equilíbrio Fiscal ("FEEF"), instituído pela Lei nº 7.428/2016, revogada pela Lei nº 8.645/2019.

Mato Grosso do Sul[10], além de terem sido mantidos os fundos já criados por aqueles estados que já o detinham[11].

Como adverte Leonardo Loubet, todos esses "fundos estaduais" apresentam em comum as seguintes características: (i) são intitulados de "contribuições"; (ii) são vinculados a um "fundo"; (iii) são exigidos como condição à fruição de incentivo, benefício ou diferimento; (iv) incidem sobre atividades do agronegócio; e (v) são geridos por um conselho diretivo, composto por diversos órgãos, na tentativa de legitimá-los. Em essência, o que muda é a destinação dos recursos: recomposição de estradas, construções de moradia, apoio a famílias carentes etc., destinações tipicamente custeadas por tributos, notadamente impostos[12].

E, como mencionado, a produção agropecuária é diretamente afetada por essa cobrança, considerando-se que, em função das peculiaridades dessa atividade, goza dos mais variados benefícios/incentivos fiscais relacionados ao ICMS[13] que, agora, passaram a ser condicionados ao

---

10 Fundo de Apoio ao Desenvolvimento Econômico e de Equilíbrio Fiscal do Estado (FADEPE), instituído pela Lei Complementar 241/2017, do Mato Grosso do Sul.

11 A título de exemplo, é possível citar o Estado do Mato Grosso do Sul, que instituiu o Fundo de Desenvolvimento do Sistema Rodoviário do Estado de Mato Grosso do Sul (FUNDERSUL) em 1999, além do Estado do Mato Grosso, que em 2000 instituiu o Fundo Estadual de Transporte e Habitação (FETHAB) pela Lei nº 7.263/2000 e, em 2002, o Fundo de Desenvolvimento Industrial do Estado do Mato Grosso, através da Lei nº 7.874/2002, a qual determinava que 5% dos benefícios fiscais de ICMS outorgados às usinas produtoras de álcool deveriam ser recolhidos para o Fundo. Essa cobrança foi declarada inconstitucional pelo Supremo Tribunal Federal (STF) na ADI nº 2.823.

12 LOUBET, Leonardo Furtado. *As flagrantes inconstitucionalidades do "Fundersul" e do "Fethab": o Supremo precisa pôr um freio nesses mecanismos paralelos de arrecadação.* Instituto Brasileiro de Estudos Tributários ("IBET"), p. 833. Disponível em: <https://www.ibet.com.br/as-flagrantes-inconstitucionalidades-do-fundersul-e-do-fethab-o-supremo-precisa-por-um-freio-nesses-mecanismos-paralelos-de-arrecadacao-por-leonardo-furtado-loube/> Acesso em 20 de novembro de 2023.

13 A tributação diferenciada ao agronegócio não é privilégio, mas apenas tratamento desigual aos desiguais, na medida de suas desigualdades, visto que o setor tem peculiaridades que outros setores não tem. Dentre as principais peculiaridades, merecem destaque: (i) sazonalidade da produção (dependente de condições climáticas, safra e entressafra, implicando em variações de preços, necessidade de infraestrutura para estocagem e conservação, períodos maior de insumos e fatores de produção, receitas concentradas em curtos períodos, logística mais exigente, sazonalidade no emprego); (ii) influência de fatores biológicos (os produtos estão sujeitos a

pagamento dessas contribuições a Fundos de desenvolvimento, criados com declarado propósito arrecadatório.

Assim, é importante investigar se essa cobrança tem natureza de tributo para, depois, verificar se é compatível com o sistema tributário pátrio, tal qual erigido pela Constituição Federal de 1.988 e pelo Código Tributário Nacional.

3. DO SISTEMA CONSTITUCIONAL TRIBUTÁRIO E DA DISCRIMINAÇÃO DE COMPETÊNCIAS NA CONSTITUIÇÃO FEDERAL

A ordem jurídica brasileira caracteriza um sistema de normas, algumas de comportamento, outras de estrutura, concebido pelo homem para motivar e alterar a conduta da sociedade. Este sistema é composto por subsistemas que se entrecruzam em múltiplas direções, mas que se afunilam na busca de seu fundamento último de validade que é a Constituição, que ocupa o tópico superior do ordenamento[14].

A Carta Magna brasileira, neste contexto, prevê uma multiplicidade infindável de previsões em matéria tributária, tendo tratado do nosso sistema tributário de forma minudente, abundante, analítica, farta[15].

---

doenças e pragas, que podem gerar diminuição da produção ou mesmo sua perda total, resultando em elevação de custos de produção, riscos para os operadores e meio ambiente, possibilidade de resíduos tóxicos, inviabilizando a venda, além de tais fatos exigirem frequente investimento em pesquisa, desenvolvimento de novas formas de produção, serviços especializados); (iii) perecibilidade rápida (produtos cuja vida útil pode ser de horas, dias, semanas ou meses, gerando a necessidade de cuidados na colheita, classificação e tratamento de produtos, além de logística); (iv) influência dos elementos e fatores climáticos (dependência na produção do clima, ou seja, temperatura, umidade, radiação, pressão etc., interferindo diretamente na produção, sendo uma atividade de alto risco; (v) baixo valor agregado aos produtos agropecuários (cf. CALCINI, Fábio Pallaretti. *Tributação diferenciada no agronegócio não é privilégio*. Revista Consultor Jurídico, 20 de outubro de 2017. Disponível em: <https://www.conjur.com.br/2017-out-20/direito-agronegocio-tributacao-diferenciada-agronegocio-nao-privilegio/#:~:text=Reiteramos%20que%20%E2%80%9C-Tributar%20de%20forma,e%20o%20sistema%20jur%C3%ADdico%20brasileiro%E2%80%9D>. Acesso em: 20 de novembro de 2023.

14 CARVALHO, Paulo de Barros. *Curso de Direito Tributário*. São Paulo: Saraiva, 2018, p. 173.

15 ÁVILA, Humberto B. "Neoconstitucionalismo": entre a ciência do direito e o "direito da ciência". In: *Revista Eletrônica de Direito do Estado*, nº 17, Salvador: IBDP,

Neste sentido, uma peculiaridade de nosso sistema é que, enquanto outros países de cultura ocidental pouco se demoraram neste campo, limitando-se a referir a possibilidade de exigir tributos para fazer face às necessidades do Estado pela observância de algumas diretrizes principiológicas de caráter geral, o sistema por nós adotado, além de fixar e delimitar os princípios norteadores da atividade impositiva, também introduziu no texto constitucional uma rígida discriminação de competências dos entes tributantes e traçou uma série de prescrições que circunscrevem o exercício desta competência.

Este tratamento minucioso, encartado numa Constituição rígida[16], acarreta como consequência inevitável um sistema tributário de acentuada rigidez, como demonstrou Geraldo Ataliba na obra *Sistema constitucional tributário brasileiro*[17].

Esta profusão de comandos relativos à tributação teve registro de Aliomar Baleeiro, que separou mais de cem regras tributárias inseridas no texto da Carta Magna brasileira[18].

No mesmo sentido, Régis Fernandes de Oliveira lembra-nos que, diversamente do que ocorre em outros países, o Brasil adotou, no texto constitucional, toda uma legislação restritiva ao exercício da competência tributária[19].

A Constituição Federal inicia o sistema tributário no "Título VI: Da Tributação e do Orçamento", com o "Capítulo I: Do Sistema Tributário Nacional".

A primeira Seção, denominada "Dos Princípios Gerais", inicia-se com a possibilidade de instituição de impostos, taxas e contribuições de melhoria (art. 145), seguida da consagração do princípio da capacidade contributiva (art. 145, §1°), para, então, conferir à lei complementar certas tarefas institucionais (art. 146 e seguintes). Na sequên-

---

2009, p. 1-7.

16 Nossa Constituição é da categoria rígida porque exige, para sua alteração, procedimento mais solene e complexo do que o exigido para a elaboração das demais leis. Neste sentido, propostas de emenda constitucional precisam ser aprovadas por três quintos dos votos, em cada Casa do Congresso Nacional (art. 60, §2° da CF/88).

17 ATALIBA, Geraldo. *Sistema constitucional tributário*. São Paulo: RT, 1968, p. 22-39.

18 CARVALHO, Paulo de Barros. *Curso de direito tributário*. São Paulo: Saraiva, 2019, p. 175.

19 OLIVEIRA, Régis Fernandes de. *Receitas públicas originárias*. São Paulo: Malheiros, 1994, p. 20.

cia, vem a possibilidade de criação de empréstimos compulsórios (art. 148) e de contribuições sociais, econômicas e profissionais (art. 149).

Na seção seguinte, intitulada de "Limitações ao Poder de Tributar" (arts. 150 a 152), a Carta Magna arrolou uma série de garantias individuais destinadas a frear o apetite estatal pela arrecadação.

Neste sentido, previu ser vedado exigir ou aumentar tributo sem lei que o estabeleça (art. 150, I); dar tratamento desigual entre contribuintes em situação equivalente, proibida distinção em razão de ocupação profissional ou função, independentemente da denominação jurídica dos rendimentos, títulos ou direitos (art. 150, II); cobrar tributos: (i) em relação a fatos geradores ocorridos antes do início da vigência da lei que os houver instituído ou aumentado (art. 150, III, 'a'); (ii) no mesmo exercício financeiro em que haja sido publicada a lei que os instituiu ou aumentou (art. 150, III, 'b'); (iii) antes de decorridos 90 dias da publicação da lei que os instituiu ou aumentou (art. 150, III, 'c'); utilizar tributo com efeito de confisco (art. 150, IV), entre outros.

Ainda, a Constituição discriminou a competência tributária entre os entes federativos, assim entendida como a aptidão constitucionalmente atribuída para criar tributos.

Essa aptidão, no ordenamento pátrio, foi minuciosamente dividida e distribuída entre União, Estados e Municípios, em rol taxativo.

De um lado, todos os entes têm competência comum em relação a impostos, taxas e contribuições de melhoria (art. 145). De outro, a União tem competência exclusiva para criar empréstimos compulsórios (art. 148) e contribuições sociais (art. 149).

Ainda existe a figura da competência residual, também atribuída à União, para criar, por lei complementar, impostos não previstos no art. 153, desde que sejam não cumulativos e não tenham fato gerador ou base de cálculo próprios dos discriminados na Constituição (art. 154, I), bem como a competência extraordinária para instituir, na iminência ou guerra externa, impostos extraordinários, compreendidos ou não em sua competência tributária (art. 154, II).

A competência tributária relativa aos impostos, por sua vez, foi dividida, uma a uma, a cada ente federativo; (i) à União, foram atribuídos os seguintes impostos: importação (II) e exportação (IE); renda e proventos de qualquer natureza (IR); produtos industrializados (IPI); operações de crédito, câmbio e seguro, ou relativas a títulos ou valores mobiliários (IOF); propriedade territorial rural (ITR); grandes fortunas, nos termos de lei complementar (IGF) (art. 153); (ii) aos Estados, os seguintes: transmissão causa mortis e doação, de quaisquer bens ou direitos (ITCMD); operações relativas à circulação de mercadorias e sobre prestações de serviços de transporte interestadual e intermunicipal e de comunicação (ICMS); e propriedade de veículos automotores (IPVA) (art. 155); e (iii) finalmente, aos Municípios, foram atribuídos os impostos sobre a propriedade predial e territorial urbana (IPTU); transmissão "inter vivos", a qualquer título, por ato oneroso, de bens imóveis, por natureza ou acessão física, e de direitos reais sobre imóveis, exceto os de garantia (ITBI); e sobre os serviços de qualquer natureza (ISS) (art. 156).

Como afirma Sacha Calmon, vivemos num país *"[...] cuja Constituição é a mais extensa e minuciosa em tema de tributação"*, do que decorrem três conclusões: (i) os fundamentos do Direito Tributário brasileiro estão enraizados na Constituição, a partir da qual se projetam as ordens jurídicas parciais, da União, dos Estados e dos Municípios; (ii) a primazia que merece o "Direito Tributário posto na Constituição" em qualquer análise a ser realizada pelos juristas e operadores do direito em geral, haja vista ser este o texto fundante da ordem jurídico-tributária brasileira; e (iii) a necessária cautela com que devem ser recebidas doutrinas estrangeiras, haja vista as diversidades constitucionais existentes[20].

Heleno Taveira Torres identifica que existem quatro tipos de constituições no mundo no que diz respeito à forma de determinação dos conteúdos materiais da atribuição de poderes em matéria tributária: (i) constituições com ausência de competência tributária, sem qualquer previsão a este respeito (Argentina); (ii) constituições com competência tributária genérica, ou seja, que submetem a tributação à reserva de lei (Áustria, Suécia, Bélgica, entre outros); (iii) constituições que atribuem competência tributária por meio de tipos (Israel, Suíça, entre outros); (iv) constituições com competências como garantias tributárias, com previsão de extensas limitações ao poder de tributar, como ocorre no Brasil[21].

---

20 COÊLHO, Sacha Calmon Navarro. *Curso de direito tributário brasileiro*. 8ª ed. Rio de Janeiro: Forense, 2005, p. 47-48.

21 TORRES, Heleno Taveira. *Direito constitucional tributário e segurança jurídica:* metódica da segurança jurídica do sistema constitucional tributário. São Paulo: RT, 2012, p. 425 e seguintes.

Por isso é que a doutrina costuma apontar, com razão, a Constituição Federal brasileira como uma carta de garantia aos contribuintes, haja vista que o Constituinte demonstrou ter uma grande preocupação em limitar o poder de tributar do Estado e o fez tanto por princípios, comandos axiológicos de valor, como por regras, de conteúdo objetivo.

Cristiano Carvalho ensina que razões históricas, culturais e psicológicas poderiam ser resgatadas para compreender a razão de tamanha prolixidade do constituinte. Provavelmente poder-se-ia atribuir à conta do fim de um período político autoritário em nosso país, em que o contribuinte não possuía garantia efetiva de seus direitos fundamentais. Também poderia ser atribuído a um possível ânimo positivista burocrático do constituinte, bem como por um senso de insegurança, talvez pelo período histórico em que se deu a Assembleia Constituinte[22].

Luís Eduardo Schoueri bem resume: *"Em extensão inigualável, o Constituinte houve por bem descer às minúcias do exercício daquela competência [tributária]"*[23].

E essa característica do sistema tributário constitucional brasileiro conduz à conclusão de que as competências tributárias foram discriminadas de forma exaustiva no texto constitucional, de modo que os entes federativos não podem (i) instituir tributos de competência de outro ente federativo; e (ii) instituir tributos não previstos no texto constitucional.

4. DA NATUREZA JURÍDICA DO FUNDEINFRA

O FUNDEINFRA tem como receitas contribuições relacionadas a operações objeto do campo de incidência do ICMS. Todavia, não se trata apenas de mera aproximação/similaridade, mas, sim, de efetiva cobrança de tributo com a mesma matriz tributária do ICMS, o que é vedado pela Constituição Federal de 1988.

Nesse sentido, o art. 3º do CTN define o conceito de tributo nos seguintes termos: *"Tributo é toda prestação pecuniária compulsória, em moeda ou cujo valor nela se possa exprimir, que não constitua sanção de ato ilícito, instituída em lei e cobrada mediante atividade administrativa plenamente vinculada"*.

---

22 CARVALHO, Cristiano. *Teoria da decisão tributária.* São Paulo: Almedina, 2018, p. 140.

23 SCHOUERI, Luís Eduardo. *Direito tributário.* São Paulo: Saraiva, 2019, p. 71.

Sobre o conceito de tributo no CTN, Luciano Amaro afirma que, para ser considerado tributo, é necessário que a prestação (i) tenha caráter pecuniário; (ii) seja compulsória, de modo que o *"o dever jurídico de prestar o tributo é imposto pela lei, abstraída a vontade das partes que vão ocupar os polos ativo e passivo da obrigação tributária"*; (iii) não decorra de punição por ilicitude, afastando sua natureza de multas em razão do cometimento de infrações; (iv) seja determinada em lei para cobrança/instituição, com todos os elementos da hipótese de incidência tributária (material, pessoal, temporal e quantitativo); (v) seja cobrada mediante atividade administrativa plenamente vinculada[24].

Eis, então, os requisitos para a classificação de dada cobrança como tributo: (i) prestação pecuniária compulsória; (ii) em moeda ou cujo valor nela se possa exprimir; (iii) que não seja sanção por ato ilícito; (iv) instituída em lei; e (v) cobrada mediante atividade administrativa plenamente vinculada.

Da análise da natureza jurídica do FUNDEINFRA e da Lei Estadual n° 21.670/2022, compreendemos que a cobrança preenche todos os requisitos para se caracterizar como tributo, uma vez que:

i. <u>Tem caráter pecuniário</u>: o parágrafo único do art. 5º da Lei n° 21.670/2022 e o Anexo Único do Decreto n° 10.187/2022 preveem que a contribuição ao FUNDEINFRA será cobrada em percentual não superior a 1,65% sobre o valor da operação com as mercadorias discriminadas na legislação do ICMS, de acordo com a mercadoria ou por unidade de medida adotada na comercialização da mercadoria, o que representa uma cobrança *pecuniária em moeda ou cujo valor nela se possa exprimir;*

ii. <u>Tem caráter não sancionatório</u>: a contribuição não está atrelada a qualquer sanção ou infração, mas sim a operações abarcadas por regimes especiais no Estado de Goiás, não tendo a cobrança, portanto, caráter sancionatório;

iii. <u>É determinada em lei</u>: a contribuição ao FUNDEINFRA foi prevista na Lei Estadual n° 21.760/2022, preenchendo também o requisito de a cobrança ser realizada com base em lei;

iv. <u>É cobrada mediante atividade administrativa vinculada</u>: a exigência da contribuição se dá por atividade administrativa plenamente vinculada, haja vista a total falta de discricionariedade

---

24 AMARO, Luciano. Direito Tributário Brasileiro. 12. ed. rev. e atual. São Paulo: Saraiva, 2006, p. 18.

na hipótese de ocorrência do fato gerador (se não for recolhida a contribuição ao FUNDEINFRA, o contribuinte perde direito ao benefício fiscal de ICMS).

Quanto ao requisito legal da *compulsoriedade*, compreendemos que a contribuição ao FUNDEINFRA merece maior atenção, como se passa a expor.

Em primeiro lugar, é importante mencionar o entendimento de Hugo de Brito Machado, para quem o requisito em lume pode ser aplicado mesmo para prestações que se originam da vontade, no seguinte sentido:

> Mesmo as prestações originadas da vontade podem ser compulsórias, vale dizer, obrigatórias. E em geral o são. O que importa, porém, para a adequada compreensão da definição legal de tributo como prestação pecuniária compulsórias é a distinção entre as obrigações decorrentes da lei e as obrigações decorrentes da vontade. Dizer que o tributo é prestação compulsória não quer dizer apenas que ele seja obrigatório. Quer dizer também que ele não nasce de uma relação contratual. Em outras palavras, quer dizer que na formação da relação jurídica tributária o elemento volitivo não participa.
>
> Assim, é correto dizer que o tributo não é uma prestação voluntária, no sentido de que não nasce de nenhum ato de vontade. O ser de uma prestação compulsória é exatamente o oposto da prestação voluntária, nesse sentido. E, sendo assim, nenhuma redundância há nesse qualificativo[25].

Em suma, para o autor, prestação pecuniária compulsória é obrigação decorrente da lei, como o FUNDEINFRA, que não nasce de uma relação contratual entre particulares, mas da relação de império do Estado para com o súdito.

Isso significa que, praticado o fato gerador abstrato previsto em lei, o contribuinte não tem opção a não ser recolher a prestação devida: ou se recolhe o FUNDEINFRA e se goza dos incentivos fiscais de ICMS, ou se recolhe o ICMS pelo regime normal de apuração.

Nesse ponto, é comum que, na discussão sobre a natureza jurídica do FUNDEINFRA, os Estados argumentem que <u>não</u> há *compulsoriedade* no recolhimento da contribuição, uma vez que seria possível ao contribuinte optar pelo não recolhimento atrelado ao regime de apuração normal de ICMS, sem utilizar os benefícios fiscais que se encontram atualmente condicionados ao pagamento da contribuição ao FUNDEINFRA.

---

25 MARTINS, Ives Gandra da Silva (coord.). Comentários ao Código Tributário Nacional, v. 2. (arts. 96 a 218). 5. ed ver. e atual. São Paulo: Saraiva, 2008, p. 24-25.

No entanto, da perspectiva pragmática não existe voluntariedade alguma, haja vista que qualquer empresa do setor que opte pelo não recolhimento da contribuição ao FUNDEINFRA perderá imediatamente a competitividade simplesmente por não mais poder gozar os benefícios fiscais de ICMS concedidos pelos entes federativos aos contribuintes que realizarem os pagamentos ao FUNDEINFRA.

Deste modo, a contribuição ao FUNDEINFRA (assim como as demais contribuições a outros Fundos estaduais – *como o FUNDERSUL, FETHAB etc.*) deixa os contribuintes sem opção a não ser pagá-las apenas para que possam se manter competitivas.

Afinal, ao optar por não recolher o FUNDEINFRA, é inegável que a empresa perderá integralmente a sua competitividade no setor.

É o que Heleno Taveira Torres chamou de compulsoriedade "por indução" ou "por derivação normativa do ICMS".

Neste sentido, em parecer jurídico elaborado para a Sociedade Rural Brasileira (SRB) e tratando de contribuição análoga ao FUNDEINFRA, o FETHAB, do Estado do Mato Grosso, o autor afirmou <u>não haver dúvida alguma de que a contribuição ao FETHAB</u>, **e de resto todos os demais fundos**, <u>assume o lugar do ICMS, pelo expediente canhestro da *voluntariedade*, porquanto o uso do ICMS traria o ônus de carregar consigo todas as vedações do regime constitucional tributário.</u>

Desta forma, nesta substituição de nomes, o FETHAB (raciocínio que se aplica integralmente ao FUNDEINFRA) vê-se travestido de obrigação contratual, quando nada mais é do que um verdadeiro tributo, na forma de adicional de ICMS[26].

Ainda nas lições do autor, *"o emprego de expressões jurídicas artificiais em textos normativos não se sobrepõe às garantias constitucionais e sequer transmutam a natureza jurídica de conceitos fundamentais do sistema tributário nacional, como o de tributo".*

É exatamente o que prevê o art. 4º do CTN, no sentido de que a natureza jurídica do tributo é determinada pelo fato gerador da respectiva obrigação, sendo irrelevantes para qualificá-la a denominação e demais características formais adotadas pela lei, bem como a destinação legal do produto de sua arrecadação[27].

---

26 Doc. 9 da ADI nº 6.314.

27 Art. 4º. A natureza jurídica específica do tributo é determinada pelo fato gerador da respectiva obrigação, sendo irrelevantes para qualificá-la:

Não basta, portanto, o *"ardil terminológico da denominação empregada por parte do legislador para que as cobranças ao FETHAB – assim como as do FUNDEINFRA – sejam consumadas como meras contribuições voluntárias"*.

Isso porque, na prática, o contribuinte não tem efetiva liberdade de escolha: caso ele não recolha o FUNDEINFRA, sujeitar-se-á ao recolhimento normal do ICMS, que possui alíquota-padrão, na data de elaboração deste artigo, de 17%[28] e reduzida de 12% para algumas culturas agrícolas, como açúcar, arroz, café, farinha de mandioca, milho, trigo etc.

Assim, se para gozar de benefícios fiscais de ICMS o contribuinte tem que recolher a contribuição ao FUNDEINFRA – *de até 1,65% sobre o valor da operação* –, é evidente que o contribuinte é induzido a recolher a contribuição em vez do ICMS, simplesmente porque o regime normal de apuração do ICMS é mais oneroso.

Além disso, se o contribuinte optar pelo não recolhimento ao FUNDEINFRA, estará em absoluta desvantagem com os concorrentes que optaram pelo recolhimento da contribuição.

Basta imaginar, em exemplo hipotético, o cenário em que a mercadoria do contribuinte sai com ICMS de 12% (açúcar, v.g.) enquanto a do concorrente sairá apenas com 1,2% relativo ao FUNDEINFRA.

Ainda, em caso envolvendo a substituição tributária "para trás" (aplicável, v.g., ao algodão, à cana-de-açúcar, leite etc.) ou o diferimento, substituição tributária "para frente" (aplicável, v.g., animais vivos em geral, como cavalo, gado, suínos, carnes, peixes, ovos etc.), não haveria ICMS a recolher pelo contribuinte, o que deixa ainda mais claro a discrepância de tratamentos que inegavelmente induz o contribuinte a pagar a contribuição ao FUNDEINFRA em vez do ICMS.

De fato, não se pode negar a "engenhosidade jurídica" dos entes federados, como bem exposto por Leonardo Loubet, uma vez que as leis que criaram as contribuições aos Fundos Estaduais foram de iniciativa *para lá* de criativa ao mascararem o seu caráter compulsório com uma

---

I - a denominação e demais características formais adotadas pela lei;

II - a destinação legal do produto da sua arrecadação.

28 Em 05 de dezembro de 2023, o Plenário da Câmara dos Deputados aprovou, em 1º turno, o aumento da alíquota modal de ICMS para 19% (Projeto de Lei nº 8.219/2023).

retórica de facultatividade[29] que já cativou, inclusive, até o Supremo Tribunal Federal[30].

Todavia, pragmaticamente não há voluntariedade de escolha do contribuinte de optar (ao menos não livremente), ou não, pelo recolhimento da contribuição ao FUNDEINFRA, sendo uma exigência fiscal para a efetiva manutenção da competitividade de suas operações, não havendo dúvida de que se trata de tributo, e não de contribuição de natureza não tributária, como defendem os Estados.

Esse também é o entendimento de Fábio Pallaretti Calcini, para quem a natureza tributária de uma exigência estatal há de ser extraída a partir de uma visão que considere não apenas ser esta resultante de lei, mas também da *coatividade* ou *coerção estatal*, por meio do exercício do poder de império ou ato de autoridade, gerador de uma obrigação pecuniária com vínculo jurídico de direito público. E assim o é porque, segundo o autor, deve-se atentar ao fato de que, em várias ocasiões, a aparente voluntariedade, faculdade ou opção conferida ao contribuinte, em verdade não retira, dentro do contexto normativo, a noção de compulsoriedade, que impõe entre ele e o Estado um vínculo jurídico de direito público, em que a ocorrência do fato jurídico tributário continuará a decorrer da lei, gerando a obrigação pecuniária que

---

29 LOUBET, Leonardo Furtado. *As flagrantes inconstitucionalidades do "Fundersul" e do "Fethab": o Supremo precisa pôr um freio nesses mecanismos paralelos de arrecadação.* Instituto Brasileiro de Estudos Tributários ("IBET"). Disponível em: <https://www.ibet.com.br/as-flagrantes-inconstitucionalidades-do-fundersul-e-do-fethab-o-supremo-precisa-por-um-freio-nesses-mecanismos-paralelos-de-arrecadacao-por-leonardo-furtado-loube/> Acesso em 12 de novembro de 2023.

30 Na ADI nº 2.056, o Supremo considerou que o FUNDERSUL não teria natureza tributária justamente pela ausência de compulsoriedade. Eis a ementa: "Ação Direta de Inconstitucionalidade. Artigos 9º a 11 e 22 da Lei n. 1.963, de 1999, do Estado do Mato Grosso do Sul. 2. Criação do Fundo de Desenvolvimento do Sistema Rodoviário do Estado de Mato Grosso do Sul - FUNDERSUL. Diferimento do ICMS em operações internas com produtos agropecuários. 3. A contribuição criada pela lei estadual não possui natureza tributária, pois está despida do elemento essencial da compulsoriedade. Assim, não se submete aos limites constitucionais ao poder de tributar. 4. O diferimento, pelo qual se transfere o momento do recolhimento do tributo cujo fato gerador já ocorreu, não pode ser confundido com a isenção ou com a imunidade e, dessa forma, pode ser disciplinado por lei estadual sem a prévia celebração de convênio. 5. Precedentes. 6. Ação que se julga improcedente" (STF, ADI nº 2.056/MS, Relator Ministro Gilmar Mendes, Data de Julgamento 30.05.2007, Tribunal Pleno).

não permite às partes, por sua pura e exclusiva vontade (como ato de liberdade – ou autonomia), furtar-se aos efeitos legais[31].

Com efeito, é imediata a natureza jurídica de tributo da contribuição ao FUNDEINFRA, tendo sido criada espécie tributária que extrapola as competências constitucionais dos Estados e do Distrito Federal previstas no arts. 145, inciso I, e 155, incisos I a III da CF/88.

Em se tratando de tributo, resta indagar se os valores pagos ao FUNDEINFRA teriam natureza de imposto, contribuições ou taxas.

A respeito do tema, relembramos o teor do art. 4º do CTN, que estabelece que a natureza do tributo é definida pelo fato gerador da respectiva obrigação, sendo irrelevantes para qualificá-la a denominação e demais características formais adotadas pela lei, bem como a destinação legal do produto da sua arrecadação.

Se fosse contribuição, como indica o *nomen juris*, faltaria competência ao Estado de Goiás para institui-la, haja vista que as contribuições sociais são de competência exclusiva da União. Além disso, o FUNDEINFRA não ostenta a nota marcante das contribuições, qual seja, a referibilidade de beneficiar um grupo determinado de pessoas.

Sob outro giro, as taxas representam contraprestações a serviços, específicos e divisíveis postos à disposição do contribuinte ou, ainda, como contraprestação pelo exercício do poder de polícia. Fosse taxa, não seria específico e divisível para quem paga o FUNDEINFRA, visto que seria impossível mensurar a parcela do serviço de infraestrutura utilizado ou posto à disposição do contribuinte. Semelhantemente, à luz da hipótese de incidência da contribuição ao FUNDEINFRA, observa-se que o fato gerador que dá azo à cobrança é simplesmente realizar a operação de circulação de mercadoria, não havendo poder de polícia envolvido a justificar a remuneração através de taxa.

Quanto à definição legal de imposto, o art. 16 do CTN dispõe que *"Imposto é o tributo cuja obrigação tem por fato gerador uma situação independente de qualquer atividade estatal específica, relativa ao contribuinte"*.

Neste ponto, a Lei nº 21.670/2022 é clara quanto à vinculação da cobrança à operação realizada no âmbito do ICMS. Eis o teor do art. 5º da referida lei:

---

31 CALCINI, Fábio Pallaretti. Inconstitucionalidade da 'contribuição' do Fundeinfra pelo governo de Goiás. Revista Consultor Jurídico, 14 de abril de 2023. Disponível em: < https://www.conjur.com.br/2023-abr-14/direito-agronegocio-fundeinfra-inconstitucionalidade-contribuicao/>. Acesso em: 20 de novembro de 2023.

Art. 5º Constituem receitas do FUNDEINFRA:

I - contribuição exigida no âmbito do Imposto sobre Operações Relativas à Circulação de Mercadorias e sobre Prestações de Serviços de Transporte Interestadual e Intermunicipal e de Comunicação - ICMS como condição para:

a) a fruição de benefício ou incentivo fiscal;

b) o contribuinte que optar por regime especial que vise ao controle das saídas de produtos destinados ao exterior ou com o fim específico de exportação e à comprovação da efetiva exportação; e

c) o imposto devido por substituição tributária pelas operações anteriores ser:

1. pago pelo contribuinte credenciado para tal fim por ocasião da saída subsequente; ou;

2. apurado juntamente com aquele devido pela operação de saída própria do estabelecimento eleito substituto, o que resultará um só débito por período.

Ou seja, a receita do FUNDEINFRA tem origem na operação objeto de cobrança do ICMS, possuindo o mesmo fato gerador deste, sem relação com qualquer serviço específico a ser realizado pelo Estado de Goiás.

Portanto, no caso do FUNDEINFRA, o fato gerador é realizar operação de circulação de mercadorias, que dá origem à cobrança de ICMS e, semelhantemente, da contribuição ao Fundo de Goiás, o que denota a característica acessória deste (FUNDEINFRA) em relação àquele (ICMS).

Por sua vez, a base de cálculo da contribuição ao FUNDEINFRA é o valor da operação, sendo a alíquota de até 1,65% ou por unidade de medida adotada.

Por fim, o contribuinte é a pessoa, física ou jurídica, que pratica a operação sujeita ao ICMS (sendo, portanto, o mesmo contribuinte deste).

Tem-se, assim, que:

	ICMS	FUNDEINFRA
Critério material	Circulação de mercadoria	Circulação de mercadoria
Critério espacial	Estado de Goiás	Estado de Goiás
Critério temporal	Por operação	Por operação
Critério pessoal	Sujeito que realiza a operação de circulação de mercadoria	Sujeito que realiza a operação de circulação de mercadoria
Critério quantitativo (base de cálculo)	Valor da operação	Valor da operação
Critério quantitativo (alíquota)	17% (alíquota-padrão) ou 12% (alíquota reduzida)	Até 1,65% ou por unidade de medida adotada

Em suma, tem-se que o FUNDEINFRA possui os mesmos critérios da hipótese de incidência tributária do ICMS, à exceção da alíquota, razão pela qual entendemos que a sua natureza jurídica é de imposto.

Foi esse entendimento, inclusive, que prevaleceu no STF quando do julgamento da ADI nº 5.635/DF, que discutia a constitucionalidade da cobrança do Estado do Rio de Janeiro para o Fundo Estadual de Equilíbrio Fiscal (FEEF), destinado ao equilíbrio fiscal do Estado, posteriormente substituído pelo Fundo Orçamentário Temporário (FOT), criado pela Lei Estadual nº 8.645/2019, o qual tinha, em tese, natureza transitória e passageira, de caráter emergencial. Na ocasião, o Supremo entendeu que a cobrança ao FEEF e ao FOT tinham a natureza de ICMS e representaram apenas uma redução de benefício fiscal concedida no âmbito deste imposto.

Diante disso, considerando que o fato gerador da contribuição ao FUNDEINFRA prevê <u>ato desvinculado de qualquer atuação estatal específica</u> (operação de circulação de mercadoria), conclui-se pela natureza de *imposto* da cobrança em questão, como um verdadeiro adicional de ICMS, que condiciona a fruição de benefício fiscal do imposto ao recolhimento da contribuição ao Fundo.

5. DAS RAZÕES QUE LEVAM À INCONSTITUCIONALIDADE DO FUNDEINFRA

5.1. DA IMPOSSIBILIDADE DE VINCULAÇÃO DE IMPOSTO A FUNDO DE QUALQUER NATUREZA

A primeira inconstitucionalidade diz respeito à violação ao previsto no art. 167, inciso IV, da CF/88, que prevê ser vedada a vinculação de receita de *impostos* a órgão, fundo ou despesa, ressalvadas a repartição do produto da arrecadação dos impostos a que se referem os arts. 158 e 159, a destinação de recursos para as ações e <u>serviços públicos de saúde</u>, para <u>manutenção e desenvolvimento do ensino</u> e para realização de atividades da administração tributária, como determinado, respectivamente, pelos arts. 198, § 2º, 212 e 37, XXII, e a <u>prestação de garantias às operações de crédito</u> por antecipação de receita, previstas no art. 165, § 8º, bem como o disposto no § 4º deste artigo.

Do exposto no dispositivo mencionado acima, verifica-se que o FUNDEINFRA não é exceção à vedação da vinculação de receita de impostos a fundo, uma vez que os serviços públicos de infraestrutura não foram contemplados no referido dispositivo constitucional, como os de saúde e ensino.

Neste aspecto, a própria Lei nº 21.670/2022 estabelece que o FUNDEINFRA foi criado com o objetivo de arrecadar recursos para (i) gerir os recursos oriundos da produção agrícola, pecuária e mineral no Estado de Goiás; e (ii) implementar, em âmbito estadual, políticas e ações de infraestrutura agropecuária, dos modais de transporte, recuperação, manutenção, conservação, pavimentação e implantação de rodovias, sinalização, artes especiais, pontes, bueiros, edificação e operacionalização de aeródromos (art. 1º). Além disso, a lei também prevê que os recursos do FUNDEINFRA serão empregados em projetos, atividades e ações inerentes aos seus objetivos e empenhados à conta das dotações específicas administradas pela GOINFRA, com recursos transitados pela conta única do Tesouro Estadual (art. 6º).

Portanto, está claro que as receitas arrecadadas com o FUNDEINFRA – *cuja natureza é de imposto* – possuem destinação vinculada a projetos de infraestrutura, o que é vedado pelo art. 167, inciso IV, da CF/88, o qual é, nesta medida, violado pela inconstitucional cobrança.

5.2. DO IMPEDIMENTO DO FUNDEINFRA AO APROVEITAMENTO PLENO DA IMUNIDADE TRIBUTÁRIA DE ICMS NA EXPORTAÇÃO

O FUNDEINFRA ainda viola o art. 155, §2º, inciso X, alínea "a" da Constituição Federal, que determina expressamente que as operações de exportação são imunes de ICMS.

É o que prevê o texto constitucional: o ICMS *"X – não incidirá: a) sobre operações que destinem mercadorias para o exterior, nem sobre serviços prestados a destinatários no exterior, assegurada a manutenção e o aproveitamento do montante do imposto cobrado nas operações e prestações anteriores"*.

Nesse sentido, trata-se de imunidade constitucional irrestrita ou incondicionada, na expressão de Artur Mitsuo Miúra, Alexandre Tomaschitz e Maurício Darli Timm do Valle[32], em relação à qual o legislador

---

[32] MIURA, Artur Mitsuo; TOMASCHITZ, Alexandre; VALLE, Maurício Dalri Timm do. O Fundo Estadual de Transporte e Habitação (FETHAB) do Estado de Mato Grosso.

infraconstitucional não pode criar impedimentos ou condicionantes, sob pena de incorrer em flagrante inconstitucionalidade.

Assim, a imunidade em questão não pode ser condicionada ao sabor do legislador infraconstitucional, uma vez que, se assim o fosse, o constituinte faria ressalva expressa como *"atendidos os requisitos da lei"*, *"na forma da lei"*, ou ainda *"observadas as condições previstas em lei complementar"*, como ocorre na imunidade das entidades de assistência social sem fins lucrativos, prevista no art. 150, inciso VI, alínea "c"[33].

No entanto, o art. 5º, inciso I, alínea "b", e seu parágrafo único, da Lei Estadual nº 21.670/2022, o art. 1º da Lei Estadual nº 21.671/2022, na parte em que acrescenta os art. 38-A, §§ 1º, inciso I, e 2º, ao Código Tributário do Estado de Goiás, estipulam regras condicionantes para não incidência do ICMS sobre operações de exportação.

Neste sentido, caso o contribuinte não opte pelo regime especial, com o consequente recolhimento da contribuição ao FUNDEINFRA, ele deverá recolher o ICMS de cada operação no momento da saída da mercadoria do estabelecimento para o exterior, por meio de documento de arrecadação próprio, que indica que a restituição do valor pago ocorrerá apenas quando a efetiva exportação for comprovada.

Percebe-se, assim, que os dispositivos legais em voga impõem ao contribuinte efetivo impedimento ao aproveitamento da imunidade plena do ICMS nas exportações.

Ora, se o ICMS não incide na exportação, o contribuinte não pode ser obrigado a pagar o imposto para, depois, recuperá-lo, no tempo da Administração Tributária e dependendo da boa vontade desta.

Aliás, a desconfiança do contribuinte não é infundada: são recorrentes as críticas ao atual modelo dos Estados pela dificuldade de obter a devolução dos valores pagos aos cofres estaduais a maior ou indevidamente.

Revista Direito Tributário Atual nº 51. ano 40, São Paulo: IBDT, 2º quadrimestre 2022, p. 65-67.

33 Art. 150. Sem prejuízo de outras garantias asseguradas ao contribuinte, é vedado à União, aos Estados, ao Distrito Federal e aos Municípios:

VI – instituir impostos sobre:

c) patrimônio, renda ou serviços dos partidos políticos, inclusive suas fundações, das entidades sindicais dos trabalhadores, das instituições de educação e de assistência social, sem fins lucrativos, atendidos os requisitos da lei.

Por outro lado, se o contribuinte recolher a contribuição ao FUN-DEINFRA, ficaria dispensado de recolher o ICMS, que já não incide nas operações de exportação.

Ocorre que o direito do contribuinte à não incidência do ICMS na exportação decorre de norma de eficácia plena, na célebre definição de José Afonso da Silva, não podendo ser, ficar ou estar condicionada ao recolhimento de outra exação (como ao FUNDEINFRA).

É claro que é ônus do contribuinte comprovar a efetiva exportação da mercadoria ao exterior para fazer jus à imunidade de ICMS. Todavia, esse ônus não pode ser substituído pelo recolhimento ao FUNDEINFRA, nem mesmo pode o contribuinte que optar por não recolhê-lo ficar sujeito à incidência do imposto para, apenas depois, obter a restituição, se e quando o Estado lhe aprouver.

A imunidade, neste contexto, é norma autoaplicável que deve ser observada por todos os entes federativos.

Se o contribuinte declarou que o destino da mercadoria é a exportação, ele pode ser intimado a comprovar a ocorrência desta. Neste caso, não comprovada a exportação, o Estado pode e deve autuá-lo, com a cobrança dos valores devidos, acrescidos de multas, juros e demais encargos legais.

O que não se pode admitir é que o recolhimento ao FUNDEINFRA seja a salvaguarda para um contribuinte e o seu não recolhimento seja a punição para outro, ao condicioná-lo à prévia comprovação de exportação.

Por fim, não se pode deixar de mencionar que, ainda que se tratasse de uma imunidade condicionada, esse papel caberia à lei complementar, nos termos do art. 146, II, da CF/88, a quem cabe regular as limitações constitucionais ao poder de tributar, e não aos Estados da federação, menos ainda por leis ordinárias[34].

---

[34] MIURA, Artur Mitsuo; TOMASCHITZ, Alexandre; VALLE, Maurício Dalri Timm do. O Fundo Estadual de Transporte e Habitação (FETHAB) do Estado de Mato Grosso. Revista Direito Tributário Atual nº 51. ano 40, São Paulo: IBDT, 2º quadrimestre 2022, p. 65-67.

5.3. OUTRAS VIOLAÇÕES

Outras violações ainda poderiam ser citadas, como o fizeram Fábio Pallaretti Calcini[35] e a própria Confederação Nacional da Indústria (CNI) no âmbito da ADI nº 7.363, como (i) os direitos fundamentais à segurança alimentar, bem como a imposição constitucional do art. 187, I, da CF/88 que determina que o Estado irá fomentar e promover o agronegócio, inclusive por meio de incentivos fiscais; (ii) o tributo, disfarçado por suposta voluntariedade, não observa diversos limites constitucionais; (iii) ao ter como alvo principal produtos agrícolas específicos, fundamentais para a alimentação humana, desrespeita a isonomia; (iv) a lei, ao delegar, sem limites e parâmetros, ao decreto a eleição dos produtos e o percentual da contribuição, viola a legalidade; (v) onera produtos destinados à exportação em descompasso com o previsto no texto constitucional; (vi) revela desvio de poder da atividade legislativa, pois busca, por subterfúgios (do que são exemplos a expressão "contribuição" e a facultatividade), burlar o rígido sistema tributário constitucional, que estabelece várias formas de limitação ao exercício do poder de tributar; (vii) inobservância dos princípios da anterioridade nonagesimal e da não surpresa tributária; (viii) violação ao pacto federativo, entre outros.

6. DO ENTENDIMENTO DO STF SOBRE O FUNDEINFRA (ADIS Nº 7.363 E 7.366) E DA JURISPRUDÊNCIA EM COBRANÇAS ANÁLOGAS

Como antecipado, desde a instituição do FUNDEINFRA – *e outros Fundos Estaduais análogos* –, o Poder Judiciário tem sido constantemente acionado para discutir se a cobrança é ou não constitucional.

Nesse ponto, merecem destaque as ADIs nºs 7.363 e 7.366, ajuizadas respectivamente pela CNI e pela Associação Brasileira dos Produtores de Soja (Aprosoja Brasil) questionando diversos dispositivos relacionados à instituição da cobrança.

Nessas ações, as entidades requereram a concessão de medida cautelar para suspender, imediatamente, os artigos de lei e as contribuições

---

35 CALCINI, Fábio Pallaretti. Inconstitucionalidade da 'contribuição' do Fundeinfra pelo governo de Goiás. Revista Consultor Jurídico, 14 de abril de 2023. Disponível em: < https://www.conjur.com.br/2023-abr-14/direito-agronegocio-fundeinfra-inconstitucionalidade-contribuicao/>. Acesso em: 10 de novembro de 2023.

deles decorrentes, com o reconhecimento da inconstitucionalidade da contribuição ao FUNDEINFRA.

Em decisão liminar datada de 03.04.2023, o Ministro Relator Dias Toffoli decidiu pelo **deferimento parcial** da medida cautelar no âmbito da ADI nº 7.363, suspendendo uma parte dos dispositivos tidos por inconstitucionais pela CNI, nos seguintes termos:

> Por fim, ressalto que não vislumbro, por ora, razões para se suspender a eficácia do art. 2º da Lei nº 21.671/22 na parte em que conferiu nova redação ao art. 2º, § 1º, I, da Lei nº 13.194/97. Registre-se que esse último dispositivo, em sua nova redação, faz menção ao FOMENTAR. Em razão da manutenção da eficácia de tal parte, faz-se necessário também manter, quanto a ela, a eficácia do art. 5º da Lei nº 21.671/22.
>
> Ante o exposto, defiro em parte a medida cautelar, *ad referendum* do Plenário, para suspender a eficácia do art. 5º, I e parágrafo único, da Lei nº 21.670/22, dos arts. 1º; 2º, na parte em que conferiu nova redação ao inciso II do § 1º e ao § 1º-A do art. 2º da Lei nº 13.194/97; 3º e 4º da Lei nº 21.671/22 bem como, por arrastamento, do Decreto nº 10.187/22 e das Instruções Normativas SEE/GO nºs 1.542/23 e 1.543/2023.
>
> Tendo em vista se tratar de referendo de medida liminar, o qual pode ser apresentado em mesa para julgamento independentemente de pauta (art. 21, XIV, RISTF), submeto esta decisão à referendo do Plenário na sessão virtual que se inicia dia 14 de abril de 2023.

Em seu voto, o Relator Ministro Dias Toffoli inicialmente destacou a incompatibilidade do FUNDEINFRA com as disposições do art. 167, IV, da CF/88, haja vista que esse dispositivo define como *inconstitucional* a vinculação de receita dos impostos.

Neste sentido e como visto acima, a existência de vinculação inconstitucional da receita dos impostos se encontra expressamente prevista nos arts. 1º, 2º, 3º e 6º da Lei 21.670/2022, não havendo dúvida de que os recursos do FUNDEINFRA são destinados à (i) gestão dos recursos oriundos da produção agrícola; e (ii) implementação de políticas e ações administrativas de infraestrutura agropecuária, dos modais de transporte, recuperação, manutenção, conservação, pavimentação e implantação de rodovias, sinalização, artes especiais, pontes, bueiros, edificação e operacionalização de aeródromos.

Por isso, o Ministro Relator considerou que, mesmo que a vinculação prevista na lei seja indireta, através de um Conselho (cf. arts. 2º e 3º da Lei nº 21.670/2022), a norma permaneceria sendo inconstitucional. Em suas palavras: *"Julgo, em sede de juízo perfunctório, que as disposições impugnadas, naquilo em que se conectam com a matéria relativa à contribuição destinada ao FUNDEINFRA, violam o art. 167, IV, do texto constitucional, por resultarem justamente em vinculação indireta de receita advinda do ICMS a tal fundo".*

Outro fundamento citado por Dias Toffoli se refere às restrições impostas pelo governo estadual para o aproveitamento da imunidade do ICMS nas exportações, dada a imposição ao recolhimento da contribuição ao FUNDEINFRA para dispensa do pagamento do ICMS nas operações com fim específico de exportação. Neste aspecto, o voto do Ministro é claro sobre a inconstitucionalidade da lei estadual goiana:

> Também em sede de juízo perfunctório, considero inconstitucionais as novas condicionantes estabelecidas nas normas questionadas para o gozo da imunidade tributária prevista no art. 155, § 2º, X, a, da Constituição Federal, em razão de elas afetarem ou reduzirem, de maneira relevante, a própria efetividade do benefício constitucional. Atente-se, ainda, que, de acordo com o texto constitucional, compete apenas à lei complementar federal 'regular as limitações constitucionais ao poder de tributar' (art. 146, II).

Cumpre ressaltar que o Ministro Relator não analisou outros pontos suscitados na ADI, notadamente os relativos à natureza de tributo do FUNDEINFRA e da criação de espécie tributária não prevista na Constituição Federal de 1.988.

Ato seguinte, os autos foram incluídos na pauta de julgamento do Plenário do STF na sessão virtual de 14 a 24 de abril de 2023, oportunidade em que os Ministros do STF decidiram por não referendar a medida cautelar concedida, restabelecendo a eficácia dos dispositivos anteriormente suspensos, conforme ementa abaixo transcrita:

> FINANCEIRO-TRIBUTÁRIO. CONTRIBUIÇÃO AO FUNDO ESTADUAL DE INFRAESTRUTURA (FUNDEINFRA) DO ESTADO DE GOIÁS. (IN) CONSTITUCIONALIDADE. MEDIDA CAUTELAR. (IM) PLAUSIBILIDADE DO DIREITO. *PERICULUM IN MORA INVERSO*. 1. Alegada violação à vedação constitucional à vinculação de receita de impostos a fundo (artigo 167, inciso IV, da Constituição Federal), parâmetro de controle de constitucionalidade insuficiente em sede de juízo cautelar. 2. Ausência de *fumus boni iuris*. Em sede de juízo cautelar não há elementos suficientes para definição da natureza jurídica da exação do FUNDEINFRA, quanto ao menos de eventual espécie tributária e seus consectários jurídicos. 3. Existência de *periculum in mora inverso* diante do cenário atual do federalismo fiscal brasileiro na pauta deste Eg. Supremo Tribunal Federal 4. Manifestação pelo não referendo da medida cautelar.

Neste contexto, a maioria dos Ministros da Suprema Corte seguiu o voto proferido pelo Ministro Edson Fachin, que entendeu ausentes os requisitos do *fumus boni iuris* e do *periculum in mora* necessários para a concessão da medida liminar, por considerar que:

> Oportuno registrar que vigoram vários outros fundos estaduais aportados por 'contribuições voluntárias' como condicionantes à fruição de incentivos e benefícios fiscais de ICMS, a citar: Rio de Janeiro, Maranhão, Tocantins, Ceará, Paraíba, Pernambuco, Rio de Janeiro, Rio Grande do Norte, Rondônia e Mato Grosso; alguns dos quais já em análise perante este Eg. STF, com destaque para o FETHAB; objeto da ADI n. 6.420, sob a relatoria do Min. Gilmar Mendes, no qual proferido parecer (PGR) assim ementado [...].
>
> Nesse cenário jurisprudencial e federativo, considerando os argumentos sustentados pela CNI no sentido da natureza tributária da exação, e refutações trazidas pelo Estado de Goiás pela ausência de compulsoriedade, revela-se inapropriado em sede de juízo perfunctório, inerente ao procedimento cautelar, a definição exata da natureza jurídica da exação do FUNDEINFRA, prevista no art. 5º, I, da Lei nº 21.670/2021; razão pela qual me eximo de denominá-la qualquer que seja seu epíteto: 'contribuição facultativa', 'contribuição voluntária', 'adicional de ICMS', 'taxa do agro', 'CIDE estadual' etc.

Portanto, os Ministros do STF, em juízo liminar, eximiram-se de analisar a natureza jurídica do FUNDEINFRA, justificando que a existência de diversos fundos estaduais e suas contribuições seriam suficientes para fundamentar a manutenção dos dispositivos questionados, tendo em vista a ausência de constatação imediata da existência de "nova espécie tributária" e da compulsoriedade da exigência em relação aos contribuintes.

Os Ministros destacaram, ainda, que por não se tratar de matéria nova (fundos estaduais) e que já foi objeto de reiterados julgamentos pelo STF, há, em certa medida, uma presunção de constitucionalidade dos fundos, a qual não foi infirmada pelos fundamentos apresentados.

Ainda, em se tratando da incompatibilidade do FUNDEINFRA com a impossibilidade de vinculação de receita prevista no art. 167, inciso IV, da CF/88, o voto vencedor destacou que a contribuição não afeta a receita de imposto ou altera a relação jurídica tributária, reiterando o argumento do Estado de Goiás de que não há alteração nas receitas do ICMS, ainda em conta única do tesouro estadual, de forma que o argumento exposto em sede de ADI não se subsume ao caso concreto.

Assim, o STF, ao menos em cognição sumária, na apreciação do pedido liminar, julgou por bem acolher os velhos argumentos suscitados em defesa dos Fundos Estaduais, que ignoram as disposições constitucionais frente à inesgotável necessidade de arrecadação dos entes federativos.

Observa-se que, em seu voto, o Ministro Relator Dias Toffoli foi preciso ao apontar tais incoerências, tendo em vista que a contribuição ao FUNDEINFRA acaba por efetivamente condicionar a fruição de benefícios fiscais, a plena imunidade tributária das exportações e o uso do regime de substituição tributária, afetando assim toda a regra matriz de incidência tributária do ICMS:

> [...] a contribuição e os condicionamentos questionados na presente ação direta interferem, verdadeiramente, na relação jurídica tributária concernente ao ICMS. Ora, é só com o pagamento da contribuição em tela que o contribuinte passa a gozar de benefícios fiscais, de toda a efetividade da imunidade tributária ou do regime de substituição tributária. Todos esses institutos se conectam, propriamente, com os aspectos da regra matriz de incidência tributária.

Todavia, o entendimento majoritário do STF, que entendeu por não referendar a medida cautelar concedida pelo Relator Ministro Dias Toffoli, destoa de outros precedentes da Suprema Corte em análoga matéria de direito.

Isso porque em várias oportunidades o Supremo já considerou inconstitucional a prática de condicionar a manutenção de benefício fiscal ao pagamento de "contribuição", exatamente por entender que, nestes casos, houve a vinculação de valores devidos a título de imposto:

- Na ADI nº 2.823, o Supremo Tribunal Federal concedeu medida cautelar para suspender os efeitos da Lei nº 7.874/2002, do Mato Grosso, que determinava que 5% dos benefícios fiscais de ICMS outorgados às usinas produtoras de cana-de-açúcar deveriam ser recolhidos para o Fundo de Desenvolvimento Industrial do Mato Grosso;

- Na ADI nº 1.750, o STF declarou inconstitucional a Lei Complementar nº 26/97 do Distrito Federal, que atrelou a concessão de benefícios fiscais de ISS, IPTU e IPVA ao recolhimento ao Programa de Incentivo às Atividades Esportivas;

- Na ADI nº 2.722, a Suprema Corte considerou inconstitucional a Lei nº 13.670/2002 do Paraná, que previa que uma parcela do benefício de ICMS concedido às indústrias de confecção, fiação e tecelagem deveria ser recolhido para apoiar os produtores e pesquisas de algodão;

- Na ADI nº 3.550, o Supremo declarou inconstitucional a Lei nº 4.546/2005 do Rio de Janeiro, que condicionava a concessão de créditos de ICMS ao recolhimento de contribuição para o Fundo de Aplicações Econômicas e Sociais do Estado ("FAES").

Em contrapartida, também é possível encontrar precedentes contrários na jurisprudência da Corte:

- Na ADI nº 2.056, que discutia a constitucionalidade do FUNDERSUL, o STF considerou constitucional a cobrança, haja vista que, naquela ocasião, o Tribunal considerou que a contribuição criada pela lei estadual não teria natureza tributária, pois despida do elemento da *compulsoriedade*, não se submetendo, assim, aos limites constitucionais ao poder de tributar;
- Na ADI nº 5.635, que discutia a constitucionalidade do Fundo Estadual de Equilíbrio Fiscal ("FEEF"), destinado ao equilíbrio fiscal do Estado do Rio de Janeiro, posteriormente substituído pelo Fundo Orçamentário Temporário ("FOT"), criado pela Lei Estadual nº 8.645/2019, o STF entendeu que se tratava de Fundo atípico, sem destinar recursos a um programa específico, razão pela qual não se aplicaria, a essa situação, a vedação do art. 167, IV, da Constituição Federal.

Por fim, na ADI nº 6.314 – *que discutia a constitucionalidade do FETHAB* –, o Supremo entendeu que a Sociedade Rural Brasileira não teria legitimidade para ajuizar a ação, que foi extinta sem resolução de mérito (art. 485, inciso VI, do CPC).

Recentemente, na ADI nº 7.382 o Relator Ministro Luiz Fux considerou inconstitucional o Fundo Estadual de Transporte ("FET"), instituído pelo Estado do Tocantins através da Lei nº 3.617/2019. Segundo o Ministro, a cobrança tem natureza tributária, pois compulsória, estando sujeita às limitações constitucionais ao poder de tributar.

No entanto, o Ministro distinguiu a situação do FET do FUNDEINFRA, afirmando que a contribuição de Tocantins é cobrada no âmbito do ICMS, destinada a fundo de infraestrutura estadual, exigida como condição para a fruição de incentivos fiscais e/ou regime especial de fiscalização e técnica de arrecadação (ICMS-ST), ao passo que o FUNDEINFRA decorreria da fruição de regime especial de controle de exportação.

Como se vê, o *distinguishing* promovido pelo Ministro não procede, uma vez que, assim como o FET, o FUNDEINFRA também (i) é cobrado no âmbito do ICMS; (ii) é destinado a fundo de infraestrutura estadual; e (iii) é exigido como condição para fruição de benefícios fiscais de ICMS.

Já no caso da ADI nº 2.056, que tratava do FUNDERSUL, nota-se que é possível fazer o *distinguishing* do caso do FUNDEINFRA, uma vez que aquele, ao contrário deste, tratava de puro e simples diferimento. Este, ao contrário, trata não apenas de diferimento, como imunidade tributária na exportação (objetiva e incondicionada), isenção, substituição tributária ("para trás" e "para a frente" – onde se situa o *diferimento)*, além de ter estrutura intimamente relacionada com o ICMS (fato gerador, base de cálculo, sujeitos ativos e passivos etc.)[36].

Portanto, espera-se que, quando do julgamento de mérito das ADIs nºs 7.363 e 7.366, o STF de fato se debruce sobre a questão, com a seriedade que se espera da mais alta Corte do país, para reconhecer a inconstitucionalidade da cobrança ao FUNDEINFRA, uma vez que a cobrança é análoga ao FET, que já tem o voto do Ministro Luiz Fux pela inconstitucionalidade, e totalmente desassemelhada do FUNDERSUL, a qual foi reconhecida constitucional.

Deste modo, a engenhosidade empregada pelos Estados, embora criativas, não podem receber a chancela do ordenamento jurídico brasileiro, visto que está frontalmente vulnerando de morte os mais variados e comezinhos dispositivos constitucionais, em especial no que toca à matéria tributária.

7. DA REFORMA TRIBUTÁRIA E A FIGURA DOS FUNDOS ESTADUAIS

Não bastasse toda a controvérsia – *e inconstitucionalidades* – envolvendo as cobranças dessas "contribuições" a Fundos Estaduais vincu-

---

36 CALCINI, Fábio Pallaretti. Inconstitucionalidade da 'contribuição' do Fundeinfra pelo governo de Goiás. Revista Consultor Jurídico, 14 de abril de 2023. Disponível em: < https://www.conjur.com.br/2023-abr-14/direito-agronegocio-fundeinfra-inconstitucionalidade-contribuicao/>. Acesso em: 10 de novembro de 2023.

lados ao ICMS, foi inserido no texto da PEC nº 45/2019 um dispositivo que autoriza a manutenção da cobrança pelos Estados.

Aliás, essa atropelada e despropositada inclusão, quando já em curso a votação da PEC pela Câmara dos Deputados, estarreceu a comunidade jurídica a ponto de ser o único dispositivo sobre o qual houve consenso no sentido de que essa previsão deveria ser rechaçada pelo Senado Federal.

Na versão originalmente distribuída e aprovada pela Câmara dos Deputados, essa era a redação do dispositivo:

> Art. 19. Os Estados e o Distrito Federal poderão instituir contribuição sobre produtos primários e semielaborados, produzidos nos respectivos territórios, para investimento em obras de infraestrutura e habitação, em substituição a contribuição a fundos estaduais, estabelecida como condição à aplicação de diferimento, de regime especial ou de outro tratamento diferenciado, relacionados com o imposto de que trata o art. 155, II, da Constituição Federal, prevista na respectiva legislação estadual em 30 de abril de 2023.
>
> Parágrafo único. O disposto neste artigo aplica-se até 31 de dezembro de 2043.

Entretanto, muito embora alguns poucos aperfeiçoamentos tenham sido feitos, o Senado Federal entendeu pela manutenção do referido dispositivo, o qual foi aprovado com a seguinte redação:

> Art. 136. Os Estados que possuíam, em 30 de abril de 2023, fundos destinados a investimentos em obras de infraestrutura e habitação e financiados por contribuições sobre produtos primários e semielaborados estabelecidas como condição à aplicação de diferimento, regime especial ou outro tratamento diferenciado, relativos ao imposto de que trata o art. 155, II, da Constituição Federal, poderão instituir contribuições semelhantes, não vinculadas ao referido imposto, observado que:
>
> I – a alíquota ou o percentual de contribuição não poderão ser superiores e a base de incidência não poderá ser mais ampla que os das respectivas contribuições vigentes em 30 de abril de 2023;
>
> II – a instituição de contribuição nos termos deste artigo implica a extinção da contribuição correspondente, vinculada ao imposto de que trata o art. 155, II, da Constituição Federal, vigente em 30 de abril de 2023;
>
> III – a destinação de sua receita deverá ser a mesma das contribuições vigentes em 30 de abril de 2023;
>
> IV – a contribuição instituída nos termos do caput será extinta em 31 de dezembro de 2043.
>
> Parágrafo único. As receitas das contribuições mantidas nos termos deste artigo não serão consideradas como receita do respectivo Estado para fins

do disposto no art. 130, II, "b" e 131, § 2º, II, "b", ambos deste Ato das Disposições Constitucionais Transitórias.

Como se vê, houve uma pequena evolução da PEC no Senado Federal, haja vista que esta Casa legislativa estabeleceu diretrizes mais objetivas para a cobrança no sentido de que (i) a alíquota ou o percentual de contribuição não poderão ser superiores e a base de cálculo não poderá ser mais ampla do que as contribuições vigentes em 30 de abril de 2023; (ii) a instituição de contribuição desta natureza implica a extinção da antiga contribuição; e (iii) a destinação da receita deverá ser a mesma das contribuições já vigentes.

Ainda assim, a previsão está muito longe do ideal, que seria a sua remoção do texto constitucional.

Isso porque a previsão da PEC representa, na percuciente expressão de Fernando Facury Scaff, um *verdadeiro jabuti*[37], porque é contrária a todos os princípios da PEC 45, como a simplicidade, a uniformidade, a neutralidade, a não cumulatividade plena e a desoneração das exportações.

Neste sentido, as contribuições aos Fundos Estaduais são complexas, por condicionarem o seu recolhimento à concessão de benefícios fiscais como isenções, diferimentos e reduções de base de cálculo e não são uniformes porque incidem pelas mais variadas bases de cálculos e alíquotas. O FUNDEINFRA, por exemplo, possui alíquotas variadas: cana-de-açúcar (1,2%), milho (1,1%), soja (1,65%), carne (0,50%), gado bovino e bufalino (0,50%) etc.

Ainda, essas contribuições incidem na origem, são cumulativas e, inclusive, oneram as exportações, tradicionalmente desoneradas.

Incidem, ademais, sobre produtos primários e semielaborados, os quais em geral são fundamentais para a população.

Por fim, chama atenção também o longo prazo que os Estados poderão prosseguir com a cobrança dessas contribuições: 31 de dezembro de 2043, o que igualmente não tem sentido.

Afinal, essas contribuições estão atreladas aos regimes especiais e às exportações de ICMS que, com a reforma, será extinto em 2033.

---

[37] SCAFF, Fernando Facury. A velha novidade da contribuição dos estados na PEC 45-A. Revista Consultor Jurídico, 21 de agosto de 2023. Disponível em: <https://www.conjur.com.br/2023-ago-21/justica-tributaria-velha-novidade-contribuicao-estados-pec-45/>. Acesso em 02 de dezembro de 2023.

Ora, se o ICMS será extinto em 2033, é completamente teratológico permitir que essas contribuições continuem onerando o setor agrícola até 2043.

Neste sentido, se as contribuições condicionam a fruição de regimes especiais de ICMS, que serão extintos juntamente com o imposto em 2033, qual será a base normativa para que as contribuições continuem incidindo? Elas incidirão sobre os regimes especiais do IBS? Que terá por princípios a tributação no destino e a não cumulatividade plena?

Bem se vê, portanto, que é fundada a grande preocupação do setor a respeito do assunto.

Desta forma, de qualquer ângulo que se analise, o que se verifica, infelizmente, é que a PEC tentou convalidar uma cobrança sabidamente inconstitucional e que assim poderia ser reconhecida pelo STF.

De fato, a ideia foi "constitucionalizar" o que vem sendo discutido há décadas no Poder Judiciário e cuja inconstitucionalidade é matéria incontroversa na comunidade jurídica.

Lamentavelmente, não foi esse o entendimento do Congresso Nacional, que introduziu no texto constitucional essas aberrações jurídicas que os Estados tentam, de há muito, cobrar à força dos contribuintes, em especial do agronegócio, que, agora, terão que recolhê-las ao menos até 2043 sem saber sequer sobre o que elas incidirão a partir de 2033, quando o ICMS será extinto.

8. CONCLUSÃO

A contribuição ao FUNDEINFRA, instituída pelo Estado de Goiás, tem natureza jurídica de tributo, preenchendo os requisitos do art. 3º do CTN, do que merece destaque a sua *compulsoriedade* por indução, por derivação normativa do ICMS ou por coerção estatal.

Afinal, se o contribuinte tem que "escolher" entre pagar *até* 1,65% de FUNDEINFRA ou de 12 a 17% de ICMS (ou até mesmo nada em caso de substituição tributária ou diferimento), naturalmente escolherá pelo recolhimento ao FUNDEINFRA.

Do mesmo modo, se o contribuinte tiver que "escolher" entre pagar *até* 1,65% para a contribuição ao FUNDEINFRA para gozar da *imunidade* na exportação, garantida pela própria Magna Carta brasileira, é evidente que ele escolherá por recolher a contribuição.

Que escolha é essa, se não é livre?

Sob o manto da "voluntariedade", portanto, esconde-se o verdadeiro arbítrio dos Estados membros que instituem contribuições desta natureza, que cada vez mais vêm ganhando espaço e volume no ordenamento pátrio.

Essa é a tônica da preocupação manifestada por Leonardo Loubet:

> Há algo muito grave acontecendo no Brasil, que talvez as pessoas (inclusive juristas da área tributária) não saibam. Por força de um movimento iniciado no ano de 1999 no Estado de Mato Grosso do Sul, criou-se um *mecanismo paralelo* de arrecadação, que, na prática, *usa o sistema tributário para não arrecadar tributos*. Isso se deu através da criação de uma 'contribuição facultativa' vinculada ao 'FUNDERSUL – Fundo de Desenvolvimento do Sistema Rodoviário do Estado de Mato Grosso do Sul', o qual passou a onerar a cadeia do agronegócio sul-mato-grossense.
>
> Como se fosse um passe de mágica, o criativo legislador estadual sul-mato-grossense batizou a figura de 'contribuição' e atrelou a ele um pretenso caráter 'facultativo'. Foi o que bastou para que, marotamente, conseguisse escapar das amarras do Sistema Tributário Nacional, e o que é pior, com o respaldo do Supremo Tribunal Federal, quando provocado logo após a instituição de tão canhestra figura" (destaques no original)[38].

Atualmente, existem quase duas dezenas desses Fundos, com arrecadações bilionárias (o FETHAB tem arrecadação próxima a 2 bilhões, o FUNDERSUL tem arrecadação de 1,5 bilhão e o FUNDEINFRA já arrecadou quase 1 bilhão de reais no seu primeiro ano em vigor).

Essa cobrança, com natureza jurídica de *imposto*, dado que o seu fato gerador prevê *uma situação independente de qualquer atividade estatal específica, relativa ao contribuinte*, não pode prevalecer, haja vista que nasce eivada de dezenas de inconstitucionalidades/ilegalidades mencionadas brevemente neste trabalho e em diversos estudos/questionamentos judiciais nos últimos 20 anos.

Em especial, destaca-se a vedada vinculação da receita de impostos a Fundos (art. 167, VI, da CF/88) e a condicionante da imunidade de exportação ao recolhimento da contribuição ao FUNDEINFRA (art. 155, §2º, inciso X, alínea "b" da CF/88).

Admitir-se que cobranças desta natureza estejam livres das amarras constitucionais por uma voluntariedade falaciosa (que não existe) é fazer tábula rasa do rígido sistema tributário brasileiro, que paulatinamente deixaria de existir e que seria substituído por essas cobranças travestidas de "voluntárias".

---

38 LOUBET, Leonardo Furtado. As flagrantes inconstitucionalidades do "Fundersul" e do "Fethab": o Supremo precisa pôr um freio nesses mecanismos paralelos de arrecadação. Instituto Brasileiro de Estudos Tributários ("IBET"), p. 832.

Não se pode admitir que o setor, com tamanha relevância no cenário macroeconômico brasileiro e mundial, possa perder competitividade em razão de caprichos e imposições estatais com declarada necessidade por arrecadação, muitas vezes decorrentes do próprio descontrole estatal das contas públicas.

A despeito disso, na apreciação da PEC 45/2019, o Congresso Nacional entendeu por bem chancelar a reprovável postura dos Estados ao possibilitar que os entes federativos possam continuar cobrando essas contribuições até 2043, na contramão de tudo aquilo que a reforma originalmente defendia, como a neutralidade, a tributação no destino, a não cumulatividade plena e a desoneração das exportações.

Essas contribuições, como visto, são cobradas na origem, de forma cumulativa e podem incidir inclusive sobre a exportação.

O legislador, portanto, desperdiçou uma oportunidade única de solucionar as injustiças que afligem o setor do agronegócio, em especial com essa engenhosidade que é a contribuição ao FUNDEINFRA (e aos demais Fundos estaduais).

REFERÊNCIAS

AMARO, Luciano. *Direito Tributário Brasileiro*. 12. ed. rev. e atual. São Paulo: Saraiva, 2006.

ATALIBA, Geraldo. *Sistema constitucional tributário*. São Paulo: RT, 1968.

ÁVILA, Humberto B.. "Neoconstitucionalismo": entre a ciência do direito e o "direito da ciência". In: Revista Eletrônica de Direito do Estado, nº 17, Salvador: IBDP, 2009.

CALCINI, Fábio Pallaretti. Inconstitucionalidade da 'contribuição' do Fundeinfra pelo governo de Goiás. *Revista Consultor Jurídico*, 2023, Disponível em: <https://www.conjur.com.br/2023-abr-14/direito-agronegocio-fundeinfra-inconstitucionalidade-contribuicao/>. Acesso em: 10 de novembro de 2023.

————. CALCINI, Fábio Pallaretti. Tributação diferenciada no agronegócio não é privilégio. *Revista Consultor Jurídico*, 2017. Disponível em: <https://www.conjur.com.br/2017-out-20/direito-agronegocio-tributacao-diferenciada-agronegocio-nao-privilegio/#:~:text=Reiteramos%20que%20%E2%80%9CTributar%20de%20forma,e%20o%20sistema%20jur%C3%ADdico%20brasileiro%E2%80%9D>. Acesso em: 20 de novembro de 2023.

CARVALHO, Cristiano. *Teoria da decisão tributária*. São Paulo: Almedina, 2018.

CARVALHO, Paulo de Barros. *Curso de Direito Tributário*. São Paulo: Saraiva, 2018.

COÊLHO, Sacha Calmon Navarro. *Curso de direito tributário brasileiro*. 8ª ed. Rio de Janeiro: Forense, 2005.

LOUBET, Leonardo Furtado. As flagrantes inconstitucionalidades do "Fundersul" e do "Fethab": o Supremo precisa pôr um freio nesses mecanismos paralelos de arrecadação. *Instituto Brasileiro de Estudos Tributários ("IBET")*, Disponível em: <https://www.ibet.com.br/as-flagrantes-inconstitucionalidades-do-fundersul-e-do-fethab-o--supremo-precisa-por-um-freio-nesses-mecanismos-paralelos-de-arrecadacao-por--leonardo-furtado-loube/> Acesso em 20 de novembro de 2023.

MARTINS, Ives Gandra da Silva (coord.). *Comentários ao Código Tributário Nacional*, v. 2. (arts. 1 a 95). 5. ed ver. e atual. São Paulo: Saraiva, 2008.

MIURA, Artur Mitsuo; TOMASCHITZ, Alexandre; VALLE, Maurício Dalri Timm do. O Fundo Estadual de Transporte e Habitação (FETHAB) do Estado de Mato Grosso. *Revista Direito Tributário Atual nº 51.* ano 40. p. 58-77. São Paulo: IBDT, 2º quadrimestre 2022.

OLIVEIRA, Régis Fernandes de. *Receitas públicas originárias*. São Paulo: Malheiros, 1994.

SCAFF, Fernando Facury. A velha novidade da contribuição dos estados na PEC 45-A. *Revista Consultor Jurídico*, 21 de agosto de 2023, Disponível em: <https://www.conjur.com.br/2023-ago-21/justica-tributaria-velha-novidade-contribuicao-estados--pec-45/>. Acesso em 02 de dezembro de 2023.

SCHOUERI, Luís Eduardo. *Direito tributário*. São Paulo: Saraiva, 2019.

TORRES, Heleno Taveira. *Direito constitucional tributário e segurança jurídica:* metódica da segurança jurídica do sistema constitucional tributário. São Paulo: RT, 2012.

CONTRIBUIÇÕES E FUNDOS ESTADUAIS COMO A FRAUDE À CONSTITUIÇÃO E ÀS NORMAS DE ICMS

Jimir Doniak Jr.[1]

Já faz longos anos que alguns Estados da Federação começaram a utilizar-se de contribuições alternativas e fundos de recursos como formas adicionais de arrecadação. Esse fenômeno tornou-se mais comum nos últimos anos.

Também passaram a ser mais incisivos o inconformismo e as críticas dos contribuintes, que passaram a resistir, seja na esfera política, pressionando pela não aprovação dessas medidas, seja na esfera judicial, questionando-as nos Tribunais.

Há muitas bem fundamentadas razões contra essas contribuições e fundos. Várias têm sido exploradas em artigos e em manifestações judiciais. Uma delas, porém, que nos afigura decisiva, não tem tido a atenção merecida.

Já nos manifestamos sobre essa razão em breve artigo publicado[2]: as contribuições alternativas e fundos estaduais configuram verdadeiras

---

1 Advogado, Mestre e Doutor em Direito pela PUC/SP.

2 DONIAK JUNIOR, Jimir. *Goiás e a fraude à Constituição*. In JOTA (https://www.jota.info/opiniao-e-analise/artigos/goias-e-a-fraude-a-constituicao-22122022), 22/12/2022, visualizado em 24/09/2023.

fraudes à Constituição Federal de 1988. Neste artigo tencionamos explorar um pouco mais essa faceta do problema.

Para tanto, inicialmente convém reafirmar as normas constitucionais de proteção ao contribuinte. A seguir destacaremos algumas dessas normas. A violação a elas pode se dar diretamente ou indireta e sorrateiramente, caracterizando a fraude à Constituição. Dados esses alicerces, identificaremos as características das contribuições alternativas e dos fundos estaduais. Cada Estado estabelece suas próprias regras, com algumas diferenças, mas que se aproximam em suas características centrais. A fim de evitar o risco de nossas considerações ficarem algo abstratas, focaremos em uma das últimas contribuições e fundo, o FUNDEINFRA, de Goiás, que foi alvo de forte resistência por parte dos contribuintes. Com isso, teremos condições de contrapor as regras das contribuições alternativas e fundos estaduais às regras constitucionais, para demonstrar como aquelas procuram contornar estas, caracterizando a fraude à Constituição Federal.

1. AS NORMAS CONSTITUCIONAIS TRIBUTÁRIAS COMO UM "ESTATUTO CONSTITUCIONAL DO CONTRIBUINTE"

É quase lugar-comum afirmar que a Constituição Federal Brasileira tem grande preocupação com a tributação. Talvez como nenhuma outra no mundo, a nossa já concede competências tributárias precisas aos entes federativos e estabelece uma série princípios e regras, gerais e específicos a certos tributos. Há dois objetivos principais nesse tratamento detalhado: um, o de diminuir conflitos entre os entes da Federação, e dois, o de proteger os contribuintes de abusos nas exigências estatais[3]. É certo que a Constituição, no que toca aos temas tributários, é um complexo de enunciados prescritivos, os quais também impõem obrigações aos contribuintes e dispõem sobre os direitos do Poder Público, de resto porque este necessita de recursos para realizar seus fins, em benefício dos próprios particulares, reunidos em sociedade.

Ainda assim, não se pode desprezar ou menosprezar a função protetiva que a Constituição Federal tem em relação aos contribuintes. Cientes da tendência da política nacional de sempre procurar aumentar a arrecadação e do histórico de abusos, a Constituinte procurou

---

3 Por exemplo: CARVALHO, Paulo de Barros. *Curso de direito tributário.* 27ª ed. São Paulo: Saraiva, 2016, p. 159-160.

cercar a atividade de tributação de limites. Daí já impor a legalidade, a igualdade, a irretroatividade, a anterioridade, a vedação ao efeito de confisco, as imunidades. O mesmo se diga ao fixar as competências (conceder a competência é também delimitá-la) e delegar à lei complementar que regulasse as limitações constitucionais ao poder de tributar e estabelecesse normas gerais em matéria de legislação tributária.

Não somente isso. A Constituinte foi além: não se preocupou somente com o tributo antes da arrecadação, mas também com o que ocorre depois. Por isso as regras a propósito da repartição das receitas tributárias e o zelo com as finanças públicas e os temas orçamentários.

Enfim, inegável a preocupação em criar um cenário de maior segurança e proteção aos contribuintes.

Atento a essa realidade jurídica, o Supremo Tribunal Federal – STF tem jurisprudência consolidada ressaltando o carácter protetivo das normas constitucionais tributárias. O Min. Celso de Mello, em muitos precedentes, ressalta que a Constituição estabelece um verdadeiro "Estatuto Constitucional do Contribuinte"[4].

---

4 Entre outros precedentes, podem ser mencionados estes:

"<u>Não são absolutos</u> os poderes de que se acham investidos os órgãos e agentes da administração tributária, **pois** o Estado, **em tema** de tributação, **inclusive** em matéria de fiscalização tributária, **está sujeito à observância** de um complexo de direitos e prerrogativas **que assistem**, constitucionalmente, aos contribuintes e aos cidadãos em geral. **Na realidade**, os poderes do Estado encontram, nos direitos e garantias individuais, **limites intransponíveis**, cujo desrespeito **pode caracterizar** ilícito constitucional.

- <u>**A administração tributária**</u>, por isso mesmo, <u>**embora**</u> podendo muito, <u>**não pode tudo**</u>. **É que**, ao Estado, <u>**é somente lícito**</u> atuar, "<u>**respeitados**</u> os direitos individuais <u>**e nos termos**</u> da lei" (CF, art. 145, § 1º), <u>**consideradas**</u>, sobretudo, e para esse específico efeito, <u>**as limitações**</u> jurídicas decorrentes do próprio sistema **instituído** pela Lei Fundamental, <u>**cuja eficácia**</u> - <u>**que prepondera**</u> sobre todos os órgãos e agentes fazendários - <u>**restringe-lhes**</u> o alcance do poder de que se acham investidos, **especialmente** quando exercido em face do contribuinte **e** dos cidadãos da República, **que são titulares** de garantias **impregnadas** de estatura constitucional **e que**, por tal razão, **não podem ser transgredidas** por aqueles **que exercem** a autoridade **em nome** do Estado." (HC nº 82.788, sessão de 12/04/2005 – destaques do original).

"O ordenamento **constitucional** brasileiro, ao definir o **estatuto** dos **constribuinte**, instituiu, em favor dos sujeitos passivos que sofrem a ação fiscal dos entes estatais, expressiva garantia de ordem jurídica que limita, de modo significativo, o poder de tributar de que o Estado se acha investido." (ADI nº 2.551-MC-QO, sessão de 02/04/2003 – destaques do original).

Vejamos algumas dessas normas constitucionais protetivas relacionadas à tributação.

2. ALGUMAS NORMAS CONSTITUCIONAIS RELEVANTES PARA O TEMA

Como afirmado, a Constituição Federal é um documento normativo complexo e a interpretação de cada parte não pode se dar isoladamente do conjunto, afinal, em todo o texto há um contexto e não se interpreta o direito em tiras[5].

No contexto da Constituição como estatuto de proteção do contribuinte e com a preocupação com os tributos inclusive no pós-arrecadação, algumas normas merecem particular destaque aqui. Entre outras:

- Legalidade: é vedado exigir ou aumentar tributo sem lei que o estabeleça (com algumas exceções), isso porque é o Legislativo, que de modo mais amplo representa a sociedade, o local adequado para a aprovação dos tributos (art. 150, I).

- Igualdade, levando em consideração a capacidade econômica do contribuinte e outros critérios estabelecidos na Constituição (arts. 150, II, e 145, § 1º).

- Competência residual restrita à União Federal para, mediante lei complementar, instituir impostos não previstos na Constituição (art. 154, I).

- Concessão da competência dos Estados para instituir impostos sobre transmissão "causa mortis" e doação – ITCMD, operações relativas à circulação de mercadorias e sobre prestação de serviços de transporte interestadual e intermunicipal e de comunicação – ICMS e de propriedade de veículos automotores – IPVA (art. 155, incisos I a III).

"Em suma: **a prerrogativa institucional de tributar**, que o ordenamento positivo reconhece ao Estado, **não lhe outorga** o poder de suprimir (**ou de inviabilizar**) direitos de caráter fundamental, constitucionalmente assegurados ao contribuinte, **pois este dispõe**, nos termos da própria Carta Política, **de um sistema de proteção** destinado a ampará-lo **contra eventuais excessos** cometidos pelo poder tributante **ou**, ainda, **contra exigências irrazoáveis** veiculadas em diplomas normativos por este editados." (ARE nº 915.424 – AgR/SP, sessão de 20/10/2015 – destaques do original).

5 GRAU, Eros Roberto. *Ensaio e discurso sobre a interpretação/aplicação do Direito*. São Paulo: Malheiros. 2002, p. 34.

- O ICMS será não-cumulativo, compensando-se o que for devido em cada operação com o montante cobrado nas anteriores (art. 155, § 2º, I).
- A despeito da competência estadual, o ICMS é um tributo com vocação nacional, razão pela qual cabe ao Senado Federal estabelecer as alíquotas nas operações interestaduais e as alíquotas mínimas nas operações internas (art. 155, § 2º, IV e V, "a").
- Como regra, as alíquotas internas do ICMS não poderão ser inferiores às previstas para as operações interestaduais (art. 155, § 2º, VI).
- O ICMS não incidirá sobre operações que destinem mercadorias ao exterior (art. 155, § 2º, X, "a").
- Cabe à lei complementar sobre o ICMS fixar muitas regras específicas sobre ess imposto (art. 155, § 2º, XII).
- Pertencem aos Municípios 25% do produto da arrecadação do ICMS (art. 158, IV).
- Ainda que de iniciativa do Poder Executivo, o plano plurianual, as diretrizes orçamentárias e os orçamentos anuais são formalizados em leis aprovadas pelos Poderes Legislativos da União, dos Estados e dos Municípios (art. 165). Novamente, a premissa é o Legislativo representar mais amplamente a sociedade, sendo o local adequado para aprovar como os recursos públicos serão gastos, inclusive os coletados por meio de tributos (art. 165).
- É vedada a vinculação de receita de impostos a órgão, fundo ou despesa (art. 167, IV).
- É vedada a criação de fundo público, quando seus objetivos puderem ser alcançados mediante vinculação de receitas orçamentárias específicas ou mediante a execução direta por programação orçamentária financeira de órgão ou entidade da administração pública (art. 167, XIV).

Inegável a atenção dada ao tema tributário na Constituição Federal e a intenção de proteção ao contribuinte, para limitar a liberdade de atuação do Poder Público no que se refere às atividades de tributar, arrecadar e destinar os recursos derivados da arrecadação.

É essencial deixar claro que essas regras, como de resto a Constituição como um todo, não podem ser violadas. A violação não pode ocorrer diretamente, mas também não o pode indiretamente. É o que se passa a verificar.

3. INADMISSIBILIDADE DA FRAUDE À CONSTITUIÇÃO

A competência para legislar sobre dado tema, constante da Constituição e por ela concedida, não é um poder absolutamente livre, de modo que o Poder Público possa estabelecer quaisquer regras sobre o tema, atuando de modo arbitrário.

Há muito doutrina e jurisprudência esforçam-se em evidenciar os limites. Labor delicado, pois, afinal, o legislador é o primeiro (lógica e cronologicamente) intérprete da Constituição[6]. Inaceitável, sob a escusa de evitar a violação à Constituição, cercear as legítimas escolhas políticas do legislador.

Dado o necessário e oportuno alerta, o Supremo Tribunal Federal – STF já estatuiu que o Judiciário deve estar atento à necessidade de conter os excessos que podem caracterizar desvio no plano das atividades legislativas do Estado, quando geram situações normativas de distorção e de subversão dos fins que regem o desempenho da função estatal. A atividade legislativa deve desenvolver-se em estrita relação de harmonia com o interesse jurídico, nas lições de Santi Romano e de Caio Tácito, lembradas pelo STF[7].

---

6 Advertência oportuna de Geraldo Ataliba, amparado em Biscaretti di Ruffia: "*Nem se pode esquecer a oportuna advertência de BISCAREFFI DI RUFFIA, quando sinala que o primeiro (lógica e cronologicamente) intérprete da Constituição é o legislador, quando se entrega à tarefa de desenvolver os instrumentos legislativos, mediante os quais assegurará a eficácia dos princípios e regras contidos na **Lex Maxima***" (ATALIBA, Geraldo. Extensão do conceito de bem público para efeito de controle financeiro interno e externo. In *Revista de Informação Legislativa*. Brasília: Senado Federal. A. 22, 1985 (abr./jun.), p. 287).

7 "A essência do **substantive due process of law** reside na necessidade de **conter os excessos do Poder**, quando o Estado edita legislação que se revele **destituída** do necessário coeficiente de razoabilidade.

Isso significa, **dentro da perspectiva** da extensão da teoria do desvio de poder ao plano das atividades legislativas do Estado, que este **não dispõe** de competência para legislar **ilimitadamente**, de forma imoderada e irresponsável, gerando, com o seu comportamento institucional, situações normativas de absoluta distorção e, até mesmo, de subversão dos fins que regem o desempenho da função estatal.

Daí a advertência de CAIO TÁCITO (RDP 100/11-12), que, ao relembrar a lição pioneira de SANTI ROMANO, destaca que a figura do **desvio de poder legislativo** impõe o reconhecimento de que, mesmo nas hipóteses de seu discricionário exercício, a atividade legislativa deve desenvolver-se em estrita relação de harmonia com o interesse jurídico.

Enfim, a atividade de legislar não é plenamente livre. Não é de forma geral e ainda com mais razão não o é na delicada criação das normas tributárias infraconstitucionais. Novamente, é o STF que assim ressalta[8].

Não poderia ser de outro modo. Afinal, há uma premissa que não pode ser menosprezada, contida no próprio ordenamento jurídico enquanto tal: o direito não pode ser usado contra o próprio direito.

Entre outras consequências dessa premissa está a intolerância com a figura da fraude à lei. Nos limites deste breve estudo, pode-se afirmar que a fraude à lei é uma violação indireta à lei[9], um ataque sinuoso ao ordenamento jurídico no seu conjunto por meio da prática de um ato executado com amparo na chamada norma de cobertura[10]. Pode-se utilizar a expressão popular de um "drible no direito": sub-

---

A jurisprudência constitucional do Supremo Tribunal Federal, bem por isso, **tem censurado a validade jurídica** de atos estatais, que, **desconsiderando** as limitações que incidem sobre o poder normativo do Estado, **veiculam** prescrições **que ofedem os padrões de razoabilidade** e que se revelam **destituídos** de causa legítima, **exteriorizando** abusos inaceitáveis e **institucionalizando** agravos inúteis e nocivos aos direitos das pessoas (**RTJ 160/140-141**, Rel. Min. CELSO DE MELLO – **ADI 1.063/DF**, Rel. Min. CELSO DE MELLO, **v.g.**)." (ADI 2551, Rel. Min. Celso de Mello – negritos do original, sublinhados nossos).

8 "A prerrogativa institucional de tributar, que o ordenamento positivo reconhece ao Estado, não lhe outorga o poder de suprimir (ou de **inviabilizar**) direitos de caráter fundamental constitucionalmente assegurados ao contribuinte. É que este dispõe, nos termos da própria Carta Política, de um sistema de proteção destinado a ampará-lo contra eventuais excessos cometidos pelo poder tributante ou, ainda, contra exigências irrazoáveis veiculadas em diplomas normativos editados pelo Estado" (ADI 2551 MC-QO, Rel. Min. Celso de Mello, DJ 20.04.2006).

9 "A fraude à lei decorre de uma violação indireta da lei. A ação perpetrada é fundada ou advém de atos ou fatos aparentemente lícitos, mas que, verdadeiramente, consubstanciam ofensa a princípio cogente ou ao chamado espírito da lei." (BARRETO, Paulo Ayres. *Planejamento tributário:* limites normativos. São Paulo: Noeses, 2016, p. 146).

10 "*El fraude a la ley es un ataque indirecto al ordenamiento jurídico en su conjunto mediante la ejecución de un o una pluralidad de actos, que se concretan el amparo de una norma de cobertura en la obtención de un resultado prohibido por la norma prohibitiva o imperativa que se aspira a eludir.*" (ROSEMBUJ, Tulio. *El fraude de ley, la simulación y el abuso de las formas en el derecho tributario*. Madrid: Marcial Pons, 1999, p. 38).

trair-se à aplicação de uma norma, para tanto procurando respaldo/apoio em outra[11].

Na mesma linha, há a fraude à Constituição, já reconhecida pelo Supremo Tribunal Federal em alguns precedentes.

Pode ser mencionada, como exemplo, a Medida Cautelar em Ação Direta de Inconstitucionalidade nº 2.984-3/DF[12]. Como decorrência da Emenda Constitucional nº 32/2001, foi afirmada a impossibilidade de reedição de medida provisória revogada, sob pena de fraude à Constituição. Realmente, a Constituição veda a reedição, na mesma sessão legislativa, de medida provisória que tenha sido rejeitada ou que tenha perdido sua eficácia pelo decurso de prazo[13]. Entretanto, bem precário seria esse limite se fosse possível ao Poder Executivo revogar a medida provisória antes de sua rejeição ou antes do decurso de prazo por meio de uma nova medida provisória, que tivesse idêntico conteúdo. Esse "jogo de gato e rato", na expressão do Min. Sepúlveda Pertence, não é tolerável. Afinal: "(...) *o que a Constituição proíbe obter diretamente, não se pode obter por meios transversos, que configuraria clássica de* (sic) *fraude à Constituição*"[14].

---

11 "Fundamentalmente, pode dizer-se que estamos perante a fraude à lei quando alguém procura subtrair-se à aplicação de certo preceito imperativo, mas ao mesmo tempo realizar o interesse que por ele é proibido prosseguir, através do recurso inusitado a outros tipos legais. O não preencher a hipótese da norma cujo imperativo seria normalmente aplicável, assumindo um comportamento que se vai acolher à previsão de uma outra norma, em vista da produção do mesmo efeito, é que distingue precisamente o acto *in fraudem legis* do acto *contra legem*: a actividade fraudatória está na fuga ao preceito imperativo para, através do recurso a uma norma diferente daquela a que se pretende escapar, lograr a obtenção do efeito que ela imperativamente proíbe, enquanto que o acto *contra legem* viola diretamente, frontalmente, a mesma específica proibição normativa." (SÁ, Fernando Augusto Cunha de. *Abuso de direito*. 2ª Reimpressão. Coimbra: Almedina, 2005, p. 532-533).

12 "5. O sistema instituído pela EC nº 32 leva à impossibilidade – sob pena de fraude à Constituição – de reedição da MP revogada, cuja matéria somente poderá voltar a ser tratada por meio de projeto de lei." (Supremo Tribunal Federal, Pleno, MC em ADI nº 2.984-3/DF, rel. a Min. Ellen Gracie, sessão de 04/09/2003).

13 Art. 62, § 10: "§ 10. É vedada a reedição, na mesma sessão legislativa, de medida provisória que tenha sido rejeitada ou que tenha perdido sua eficácia por decurso de prazo".

14 "A letra desse parágrafo (§ 10 do art. 62), efetivamente não abrangeria a hipótese de ser a medida provisória revogada no curso de sua apreciação, donde, concluem os requerentes, estaria aberto o espaço para o Governo do jogo de *'gato e rato'*: revogava-se a medida provisória, aprovava-se aquilo que a sua pendência estaria

Já na Reclamação nº 8.025/SP, relativo à eleição para o cargo de tribunal, foi identificada a frustração a preceito da LOMAN, que caracterizaria fraude à lei e à Constituição[15].

A mesma temática foi enfrentada no MS nº 28.447, tendo sido novamente admitida a figura da fraude à Constituição (embora tenha sido negado que ela tivesse ocorrido). Neste caso, oportuno mencionar trecho do voto (a despeito de vencido) do Min. Cezar Peluso, quando explica que a fraude à lei, ou à Constituição, não requer a malícia ou o dolo, mas o simples evitar que uma norma cogente seja aplicada, contornando-a[16].

Por fim, a ADPF nº 523, na qual, ainda que não reconhecida no caso concreto, foi admitida a figura da fraude à Constituição[17].

---

a obstruir e, logo em seguida editava-se nova medida provisória, com o mesmo conteúdo da revogada.

Creio, Sr. Presidente, que isso seria possível, mas tenho fé que não o será enquanto existir o Supremo Tribunal Federal – parafraseando Holmes –, porque o que a Constituição proíbe obter diretamente, não se pode obter por meios transversos, que configuraria hipótese clássica de fraude à Constituição" (Medida Cautelar em Ação Direta de Inconstitucionalidade nº 2.984-3/DF).

15 "5. A incidência do preceito da LOMAN resulta frustrada. A fraude à lei importa, fundamentalmente, frustração da lei. Mais grave se é à Constituição, frustração da Constituição. Consubstanciada a autêntica *fraus leis*.

6. A fraude é consumada mediante renúncia, de modo a ilidir-se a incidência do preceito." (Supremo Tribunal Federal, Pleno, Reclamação nº 8.025/SP, rel. o Min. Eros Grau, sessão de 09/12/2009).

16 "Não, porém, no campo da Teoria Geral do Direito, onde a famosa 'fraude à lei', a *fraus legis*, que é instituto que deita raízes no Direito Romano, nada tem de indagação subjetiva. Não se trata, no exame desse instituto, de verificar se a pessoa agiu, ou não, com propósito de vulnerar a lei, com propósito de causar dano a outrem, com propósito, enfim, de falsear alguma coisa. A 'fraude à lei' significa postura tendente a evitar que uma norma cogente, que incidiu, seja aplicada e, como diz Pontes de Miranda, mediante expediente de invocar-se outra norma, cuidando que o juiz se engane na aplicação das normas. Noutras palavras, a 'fraude à lei' pode ocorrer sem que as pessoas envolvidas tenham um mínimo ânimo de malícia, de má-fé, de dolo. Trata-se de colher dado objetivo, isto é, de verificar se há, ou não, expediente tendente a contornar a aplicação de norma cogente que incidiu, mas que não foi aplicada. Por quê? Porque se levou ou poderia levar o juiz a um engano. É disso que se trata no caso." (Supremo Tribunal Federal, Pleno, MS nº 28.447/DF, rel. o Min. Dias Toffoli, sessão de 25/08/2011).

17 "A própria redação do art. 102, § 1º, da Constituição da República, ao aludir a preceito fundamental 'decorrente desta Constituição', é indicativa de que os pre-

Sergio André Rocha faz importante alerta a propósito da anomalia que ele chama de "planejamento tributário estatal abusivo": "situações de leis formalmente válidas, mas artificiais, editadas em 'fraude à Constituição', (...)"[18]. E acrescenta: "A falta de instrumentos para o questionamento do desvio de finalidade e da artificialidade das leis torna-a um veículo de dominação do contribuinte pela legalidade formal"[19].

Em suma, assim como há a fraude à lei, existe a fraude à Constituição. Esta se configura quando ocorre uma violação indireta à Constituição, ainda que por meio do aparentemente lícito exercício do poder de legislar, mas consubstanciando a ofensa a normas constitucionais e ao conteúdo dessas[20]. Trata-se de um ataque indireto à Constituição[21], amparando-se na competência para legislar e até ao recurso inusitado a tipos jurídicos para com isso subtrair-se à aplicação de restrições constitucionais[22].

---

ceitos em questão não se restringem às normas expressas no seu texto, incluindo, também, prescrições implícitas, desde que revestidas dos indispensáveis traços de **essencialidade** e **fundamentalidade**. É o caso, v.g., de princípios como o da razoabilidade e o da confiança, realidades deontológicas integrantes da nossa ordem jurídica, objetos de sofisticados desenvolvimentos jurisprudenciais nesta Corte, embora não expressos na literalidade do texto da Constituição. É também o que autoriza o conhecimento, pelo menos em tese, da ADPF fundada em alegação de fraude à Constituição.

Isso porque os conteúdos normativos – preceitos – da Constituição são revelados hermeneuticamente a partir da relação entre intérprete e texto, tomada a Constituição não como agregado de enunciados independente, e sim como sistema normativo qualificado por sistematicidade e coerência interna." (Supremo Tribunal Federal, Pleno, ADPF nº 523/DF, rel. a Min. Rosa Weber, sessão de 09/02/2021).

18 ROCHA, Sergio André. Reconstruindo a confiança na relação Fisco-contribuinte. In GOMES, Marcus Lívio, OLIVEIRA, Francisco Marconi de e PINTO, Alexandre Evaristo (coords.). *Estudos tributários e aduaneiros do V Seminário CARF*. Brasília: CARF, 2020, p. 65.

19 *Idem.*

20 Adaptamos as considerações antes transcritas de Paulo Aires sobre fraude à lei para a fraude à Constituição (BARRETO, Paulo Ayres. *Planejamento tributário*: limites normativos. São Paulo: Noeses, 2016, p. 146).

21 Já aqui a inspiração decorre de trechos de Tulio Rosembuj (ROSEMBUJ, Tulio. *El fraude de ley, la simulación y el abuso de las formas en el derecho tributario*. Madrid: Marcial Pons, 1999, p. 38.

22 Esta parte decorre da lições de Cunha de Sá (SÁ, Fernando Augusto Cunha de. *Abuso de direito*. 2ª Reimpressão. Coimbra: Almedina, 2005, p. 532-533).

Feita essa incursão teórica, vamos agora para os dispositivos normativos das contribuições estatuais alternativas e de seus fundos públicos, utilizando como base o já mencionado FUNDEINFRA goiano.

4. CARACTERÍSTICAS CENTRAIS DAS CONTRIBUIÇÕES ALTERNATIVAS E FUNDOS ESTADUAIS

O FUNDEINFRA foi criado pela Lei nº 21.670, promulgada em 06/12/2022. FUNDEINFRA significa Fundo Estadual de Infraestrutura. Ou seja, trata-se de um fundo público, assim estatuído (aqui já com a redação dada pela Lei nº 21.792/2023):

> Art. 1º Fica instituído, na Secretaria de Estado da Infraestrutura – SEINFRA, o Fundo Estadual de Infraestrutura – FUNDEINFRA, de natureza orçamentária e dotado de autonomia administrativa, contábil e financeira, para a captação de recursos destinados ao desenvolvimento econômico do Estado de Goiás, sem prejuízo das dotações consignadas em outros fundos e entidades com a mesma finalidade, e ele tem ainda os seguintes objetivos:
> I - gerir os recursos oriundos da produção agrícola, pecuária e mineral no Estado de Goiás, além das demais fontes de receitas definidas nele; e
> II - implementar, em âmbito estadual, políticas e ações administrativas de infraestrutura agropecuária, dos modais de transporte, recuperação, manutenção, conservação, pavimentação e implantação de rodovias, sinalização, artes especiais, pontes, bueiros, edificação e operacionalização de aeródromos.
> § 1º Para o desenvolvimento e a consecução dos objetivos do FUNDEINFRA, poderão ser contratados estudos técnicos de planejamento e avaliação de infraestrutura e logística.
> § 2º Compete à SEINFRA garantir o suporte técnico e material necessário à organização administrativa e contábil para a implementação do FUNDEINFRA.

O artigo 2º estabelece que a destinação dos recursos do FUNDEINFRA ficará a cargo de seu Conselho Gestor[23]. Este será composto com representantes do Estado de Goiás e da iniciativa privada, sendo todos nomeados pelo Governador de Goiás, com mandado de 12 meses[24]. É

---

23 "Art. 2º A destinação dos recursos do FUNDEINFRA ficará a cargo de seu Conselho Gestor, o qual será composto por um presidente e demais membros com seus suplentes, em composição paritária, e terá representantes do Estado de Goiás e da iniciativa privada."

24 "§ 2º As deliberações do Conselho Gestor serão por maioria, e o Presidente votará somente em caso de empate."

a esse Conselho Gestor que compete a gestão e a definição do destino dos recursos[25].

A regra principal do FUNDEINFRA é a que prevê suas receitas. Eis algumas delas: recursos oriundos de convênios firmados com o Governo Federal para a aplicação na infraestrutura geral do Estados de Goiás e verbas; convênios e doações provenientes de organismos internacionais; dotações orçamentárias do Tesouro Estadual; doações realizadas por pessoas físicas e jurídicas, públicas e privadas. A principal, porém, é a exótica "contribuição exigida no âmbito do ICMS", como condição para algumas ações do contribuinte. Esta a redação:

> Art. 5º Constituem receitas do FUNDEINFRA:
> I – contribuição exigida no âmbito do Imposto sobre Operações Relativas à Circulação de Mercadorias e sobre Prestações de Serviços de Transporte Interestadual e Intermunicipal e de Comunicação – ICMS como condição para:
> a) a fruição de benefício ou incentivo fiscal;
> b) o contribuinte que optar por regime especial que vise ao controle das saídas de produtos destinados ao exterior ou com o fim específico de exportação e à comprovação da efetiva exportação;
> c) o imposto devido por substituição tributária pelas operações anteriores ser:
> 1. pago pelo contribuinte credenciado para tal fim por ocasião da saída subsequente; ou
> 2. apurado juntamente com aquele devido pela operação de saída própria do estabelecimento eleito substituto, o que resultará um só débito por período;
> (...)
> Parágrafo único. A contribuição referida no inciso I deste artigo pode ser cobrada:
> I – em percentual não superior a 1,65% (um inteiro e sessenta e cinco centésimos por cento) sobre o valor da operação com as mercadorias discriminadas na legislação do imposto; ou
> II – por unidade de medida adotada na comercialização da mercadoria.

A Lei nº 21.670/2022 traz alguns outros dispositivos normativos, não relevantes para o escopo deste estudo.

Foi também aprovada a Lei nº 21.671/2022. Esta alterou o Código Tributário do Estado de Goiás, a Lei nº 11.651/1991. Seu artigo 1º criou o artigo 38-A do mencionado Código, com esta redação:

> Art. 1º A Lei nº 11.651, de 26 de dezembro de 1991, Código Tributário do Estado de Goiás - CTE, passa a vigorar com as seguintes alterações:

---

25 "Art. 3º Competem ao Conselho Gestor do FUNDEINFRA a gestão e a definição da destinação dos recursos de que disporá, conforme está previsto no § 2º do art. 1º desta Lei."

"Art. 38-A. A não incidência a que se referem a alínea 'a' do inciso I do *caput* do art. 37 e o art. 38, em relação a mercadorias discriminadas em regulamento, fica condicionada à comprovação da efetiva exportação, na forma e no prazo estabelecidos na legislação tributária.

§ 1º Para o controle das operações destinadas ao exterior e a comprovação da efetiva exportação, o regulamento pode:

I - exigir o pagamento do ICMS relativo a cada operação ou prestação no momento da saída da mercadoria do estabelecimento remetente por meio de documento de arrecadação distinto, garantida a restituição do valor do imposto efetivamente pago após a comprovação da efetiva exportação; e

II - em substituição ao disposto no inciso I deste parágrafo, instituir regime especial ao contribuinte que optar pelo pagamento de contribuição para fundo destinado a investimento em infraestrutura, mediante termo de credenciamento celebrado com a Secretaria de Estado da Economia, na forma, nas condições e nos prazos que dispuser.

§ 2º O valor do ICMS previsto no inciso I do § 1º deste artigo deve ser obtido por meio da aplicação da alíquota prevista para as operações internas com a mercadoria objeto da operação sobre:

I - o valor constante da pauta de valores elaborada pela Secretaria de Estado da Economia vigente no último dia do mês anterior ao da saída da mercadoria; ou

II - o valor da operação, quando inexistir valor estabelecido para a mercadoria objeto da operação na pauta de valores de que trata o inciso I deste parágrafo.

§ 3º A contribuição prevista no inciso II do § 1º deste artigo fica dispensada nas hipóteses em que o correspondente pagamento já houver ocorrido em operações anteriores com a mercadoria objeto da exportação.»

Ou seja, o contribuinte que realizar exportação – a despeito da regra constitucional de imunidade, que afasta a incidência do ICMS – deverá se submeter ao ICMS, recolhendo-o, tal como se não existisse imunidade. Somente após, em algum momento no futuro, seria garantida a restituição do valor do imposto pago, quando fosse feita a comprovação da efetiva exportação. Todavia, esse ônus é afastado para o contribuinte que "optar" pelo pagamento da contribuição ao FUNDEINFRA.

Tratamento e regras semelhantes são estabelecidos no restante da Lei nº 21.671/2022, de condicionar tratamentos mais benéficos para o ICMS, que reduzem a carga tributária desse imposto, sob a condição da contribuição ao FUNDEINFRA, ou criar tratamentos mais onerosos, afastados sob a mesma condição.

Já o Decreto nº 10.241, que regulamenta o FUNDEINFRA e foi publicado somente em 24/03/2023, traz outros dispositivos relevantes.

Podem ser financiados com recursos do FUNDEINFRA projetos, atividades e ações voltadas à infraestrutura, a serem avaliados por órgãos e entidades da administração pública e após remetidos à Secretaria Executiva do Conselho Gestor do FUNDEINFRA, para que sejam apreciados pelo colegiado e autorizada sua implementação, se for o caso (art. 2º).O artigo 8º reafirma que o destino dos recursos do FUNDEINFRA ficará a cargo de seu Conselho Gestor[26]. Ele é composto por nove membros, sendo quatro secretários de estado (da Infraestrutura, da Secretaria-Geral de Governo, da Agricultura e da Indústria), pelo Presidente da Agência Goiana de Infraestrutura e Transportes e quatro representantes da inciativa privada (que são nomeados pelo Governador). O Presidente do Conselho Gestor, que é o Secretário de Estado da Infraestrutura, votará somente em caso de empate. Bem se vê que o destino dos recursos sempre ocorrerá na forma como decidirem os integrantes do Governo, em cargos de confiança do Governador.

A norma que trouxe os percentuais da exótica contribuição ao FUNDEINFRA foi o Decreto nº 10.187, de 30/12/2022, que alterou o Regulamento do Código Tributário do Estado de Goiás.

É estatuído que a não incidência constitucional em razão das exportações é condicionada à comprovação da efetiva exportação somente para alguns produtos: milho, soja, carne, amianto, ferroliga, minério

---

26 É certo que o art. 6º igualmente prevê que os recursos do FUNDEINFRA serão utilizados, conforme dispuser a Lei Orçamentária Anual – LOA, pelos órgãos ou pelas entidades executoras dos projetos aprovados:

"Art. 6º Os recursos do FUNDEINFRA serão utilizados, conforme dispuser a Lei Orçamentária Anual - LOA, pelos órgãos ou pelas entidades executores dos projetos aprovados, diretamente ou por intermédio de fundo especial que tenha essa atribuição.

§ 1º Os projetos, as atividades e as ações a serem financiados com recursos do FUNDEINFRA poderão ter suas dotações orçamentárias consignadas nas respectivas unidades orçamentárias dos órgãos e das entidades de execução, com a indicação das fontes de recursos identificadas por códigos próprios e exclusivos para as receitas do fundo.

§ 2º A liberação das Previsões de Desembolso Financeiro – PDFs fica condicionada à verificação pela SEINFRA da aderência ao projeto ou à obra aprovada pelo Conselho Gestor do FUNDEINFRA."

O tratamento é dúbio, opaco. Todavia, o que se infere é que os recursos devem ser utilizados conforme dispuser a LOA, ou seja, na forma contida na LOA, mas os projetos, atividades e ações para os quais os recursos serão destinados são escolhidos pelo Poder Executivo Goiano, por meio do Conselho Gestor.

de cobre e seus concentrados e ouro. Somente para eles, a despeito da imunidade, deve ser pago o ICMS sobre a exportação. Em substituição a essa exigência, o contribuinte pode "optar" pelo pagamento da contribuição ao FUNDEINFRA. Igualmente são escolhidos os produtos para os quais a contribuição deveria ser recolhida, a fim de ter acesso a tratamentos mais benéficos ou afastar regimes mais onerosos, como cana-de-açúcar, milho e soja.

Os percentuais da contribuição constam no Anexo XVI do Regulamento do Código Tributário, criado pelo Decreto mencionado:

ANEXO XVI
PERCENTUAL DE CONTRIBUIÇÃO POR MERCADORIA PARA FUNDO ESTADUAL DE INFRAESTRUTURA – FUNDEINFRA, INSTITUÍDO PELA LEI Nº 21.670, DE 6 DE DEZEMBRO DE 2022.

ITEM	MERCADORIA	% CONTRIBUIÇÃO FUNDEINFRA
1	Cana-de-açúcar	1,2%
2	Milho	1,1%
3	Soja	1,65%
4	Carne fresca, resfriada, congelada, salgada, temperada ou salmourada, e miúdo comestível resultante do abate de gado bovino ou bufalino	0,50%
5	Gado bovino e bufalino	0,50%
6	Amianto; ferroliga; minério de cobre e seus concentrados; ouro, incluído o ouro platinado	1,65%

A descrição feita e as normas transcritas permitem o conhecimento suficiente do funcionamento da contribuição goiana ao FUNDEINFRA.

Outros Estados, como Mato Grosso do Sul (FUNDERSUL) e Mato Grosso (FETHAB), têm contribuições semelhantes. Certamente elas têm suas regras próprias, suas peculiaridades. O âmago, porém, é o mesmo: contribuições alegadamente facultativas/opcionais, como substituição a tratamentos mais onerosos, sejam econômicos, sejam burocráticos.

Dado todo esse panorama, segue-se o questionamento se esse tipo de contribuição está de acordo com a Constituição Federal.

5. CONTRIBUIÇÕES SOCIAIS ESTADUAIS EXÓTICAS/ ALTERNATIVAS CONFIGURAM FRAUDE À CONSTITUIÇÃO

Como visto:

- A Constituição Federal, em sua parte tributária, tem como objetivo não somente organizar as competências tributárias, mas também e em grande medida proteger o contribuinte de excessos do Poder Público, seja do Legislativo, seja do Executivo.
- A competência para legislar, em qualquer tema e inclusive nos tributários, não é um poder ilimitado, mas delimitado e o Judiciário tem a missão de impedir abusos.
- A contrariedade à Constituição pode se dar não apenas diretamente, com violação frontal a dispositivos normativos da Constituição, mas também por fraude a ela, a violação indireta e sorrateira, em vias transversas, com aparente exercício legítimo da competência estatal, mas que acaba contrariando as normas constitucionais em seus objetivos e substância.

Contribuições como a do FUNDEINFRA, de Goiás, contrariam a Constituição Federal justamente por configurarem hipótese de fraude a ela, já que visam a contornar as normas de proteção aos contribuintes, frustrando os limites à competência tributária. Assim chegamos ao âmago deste estudo. Ansiamos demonstrar que há diferentes tipos de fraudes à Constituição.

5.1. FRAUDE ÀS NORMAS DE COMPETÊNCIA TRIBUTÁRIA

Realmente:

- Recursos públicos são obtidos primordialmente por meio de tributos, exigidos dos contribuintes. Por isso eles são submetidos a cuidadoso regime jurídico na Constituição, com muitas restrições. A criação de uma fonte de recursos alternativa, livre dessas restrições, é um modo de contorná-las, de serem obtidos os mesmos resultados dos tributos, mas sem suas restrições constitucionais.
- Aos Estados cabe instituir o ITCMD, o IPVA e o ICMS, além de taxas e contribuições de melhoria. Eles não detêm competência para instituir outras alternativas de arrecadação. Inventar uma

contribuição supostamente alternativa é um meio de contornar o limite constitucional às competências estaduais.

- O ICMS não incidirá sobre operações que destinem mercadorias ao exterior (art. 155, § 2º, X, "a").
- O ente da Federação que detém competência residual é a União Federal. Os Estados não podem instituir impostos não previstos na Constituição. Criar uma suposta contribuição, com toda a feição de um imposto, é meio de escapar do regime constitucional que nega aos Estados a competência tributária residual.

Exatamente porque não poderiam estabelecer um novo imposto, os Estados declaram ter instituído contribuições optativas, que os contribuintes, livremente, teriam escolhido recolher. Ora, os contribuintes não escolhem se submeter a ônus econômicos que reduzem seus ganhos. Nem mesmo os Estados parecem querer que se acredite em algo tão fantasioso. O que se afirma é que as contribuições seriam opções alternativas a outros regimes.

Em diferentes palavras, o Estado daria duas opções ao contribuinte: uma seria se submeter a disciplinas mais onerosas economicamente ou mais burocráticas, ou evitá-las, mas desde que fosse paga a contribuição ao fundo estadual. A contribuição seria, então, uma espécie de preço pago para acessar uma melhor disciplina jurídica.

Essa tentativa de explicação suscita outras questões: (a) Seria constitucionalmente aceitável o Estado estabelecer como que um preço a regimes jurídicos mais favoráveis? (b) Ele estaria – como vulgarmente se fala – "criando dificuldades para vender facilidades"? (c) A se aceitar esse estranho quadro, haveria limites para esse comportamento estatal? Por exemplo, a criação da dificuldade para tornar atraente a contribuição ao fundo estaria na esfera de competência do Estado? Até qual nível poderia chegar a criação da dificuldade? Por exemplo, até o nível de inviabilizar ou quase inviabilizar a atividade do contribuinte? Ou seria aceitável a dificuldade criada pelo Estado que somente implicasse a perda de maior praticidade ao contribuinte? (d) E quanto à facilidade acessível mediante o pagamento da contribuição: ela estaria à disposição do Estado e poderia ou não ser concedida?

São questões que não devem ser ignoradas em reflexões mais aprofundadas.

Para enfrentá-las, retornemos ao caso da contribuição ao FUNDEINFRA goiano e ao arranjo de (i) condicionar a não incidência do ICMS na exportação de alguns produtos à comprovação da efetiva exportação, (ii) de modo a incialmente exigir o pagamento do ICMS, (iii) a ser restituído após a comprovação da efetiva exportação e (iv) sendo substituído esse novo ônus criado se o contribuinte optar pelo recolhimento da nova contribuição.

Esse quadro geral da contribuição ao FUNDEINFRA nos incita a começar as reflexões pelo item (d) antes apontado, ou seja, relativo à "facilidade" ou vantagem oferecida pelo Estado a quem "optar" por se submeter à novel contribuição. Ela consiste em afastar o ICMS sobre operações de exportação. Ocorre que a Constituição prescreve a imunidade às exportações em relação ao ICMS. Os Estados, que podem tributar as operações relativas à circulação de mercadorias, não o podem se essa operação for de exportação.

Portanto, não está na esfera de competência do Estado conceder o favor de não tributar a exportação. Essa "facilidade" oferecida ao Estado simplesmente não está dentro de sua competência. Colocar como atrativo ofertar aquilo que é obrigado a fazer é uma "estratégia" inaceitável, como bem identificou o Min. Dias Toffoli[27].

Pode-se tentar alegar que o Estado não estaria propriamente tributando a exportação, mas somente exigindo o recolhimento prévio, que seria restituído se comprovada a exportação. A afirmativa hipócrita é incapaz de esconder a fragilidade da alegação. Primeiro, o próprio Estado de Goiás não adotava anteriormente esse regime de primeiro tributar a operação de exportação, para depois restituir o ICMS se comprovada a exportação.

Em outras palavras, não se tinha o quadro de já existir esse tratamento e ter sido criado um regime jurídico novo, mais rápido e menos burocrático, para empresas exportadoras, de modo a facilitar a atividade delas, desde que aceitassem a condicionante da contribuição ao FUNDEINFRA. Não foi propriamente criada uma facilidade, sob condição. Foi criada uma dificuldade e para evitá-la há a condição/preço. Trata-se da situação indicada em (b), antes mencionada.

---

27 "Por fim, registro que tem havido uma **proliferação**, nas unidades federadas, **do uso de estratégias** como a questionada na presente ação direta. E, a bem da verdade, elas têm sido usadas sem que os entes subnacionais tenham competência residual para instituir **novos impostos ou contribuições** (**v.g.**, contribuições no interesse de categorias econômicas ou CIDES) ou **outros tributos**." (ADI 7.363 MC-Ref/GO – destacamos).

Esse regime burocrático e oneroso foi criado sem outra justificativa senão a de tornar atrativa a "opção" pelo recolhimento da contribuição ao FUNDEINFRA. Constata-se o estratagema de criar a dificuldade e oferecer a facilidade, mediante uma condição, de recolher a contribuição, em outros termos, um preço.

Entretanto, não cabe ao Poder Público criar dificuldades para obter vantagens. Há claro desvio de finalidade: o Estado usa seu poder para dificultar a vida dos entes privados e impõe um preço para afastar o óbice/a dificuldade criada. O Estado, que deve servir à sociedade e beneficiá-la, passa praticamente a chantageá-la, cobrando um preço para afastar os obstáculos por ele criados.

Mais grave ainda é agir assim quando são atingidas as exportações. Os Estados não têm competência para criar dificuldades consistentes em onerar as exportações ou para criar o suposto atrativo/facilidade de afastar o ICMS sobre as exportações. Cabe lembrar que o Supremo Tribunal Federal, ao analisar casos relacionados à imunidade nas exportações, tem jurisprudência no sentido de a interpretação cabível ser a teleológica, "(...) a emprestar-lhe abrangência maior, com escopo de assegurar à norma supralegal máxima efetividade"[28].

Saliente-se ainda que as normas sobre o FUNDEINFRA impõem o ICMS sobre as exportações, prevendo ser "(...) garantida a restituição do valor do imposto efetivamente pago após a comprovação da efetiva exportação". Nada mais é dito sobre como se daria tal restituição. Como operacionalizá-la? Como ela seria solicitada? Qual o prazo da restituição? Não bastasse impor o ônus tributário sobre operação imune, há o menosprezo à própria restituição.

Essa constatação acarreta a conclusão de que a dificuldade criada não é mero desconforto, ao qual o contribuinte poderia se submeter, a caracterizar uma situação de efetiva liberdade de opção, ainda que restringida. Diferentemente disso, a dificuldade criada sinaliza verdadeira inviabilidade de outro caminho, que não se submeter à contribuição.

---

28 RE n° 606.107/RS: "Nesse diapasão, cabe destacar que esta Suprema Corte, nas inúmeras oportunidades em que debatida a questão da hermenêutica constitucional aplicada ao tema das imunidades, adotou a interpretação teleológica do instituto, a emprestar-lhe abrangência maior, com escopo de assegurar à norma supralegal máxima efetividade." (voto da Relatora, Min. Rosa Weber, sessão plenária de 22/05/2013).

Com efeito, seu não recolhimento acarretará pesado ônus de ICMS, sem garantia legal de pronta recuperação[29].

Eis aqui o item (c) antes aventado: ainda que se aceite que o Poder Público tenha competência para instituir regimes jurídicos alternativos, cada qual com suas vantagens e desvantagens, de modo que o particular possa escolher entre eles, configura verdadeira fraude quando a alternatividade de regimes é meramente formal, pois uma das supostas opções é regime tão oneroso que implica a inviabilidade da atuação econômica do particular. Proibido de exigir ICMS nas exportações, o Estado cria contribuição sobre a exportação, a qual deve se submeter o contribuinte ou terá sua atividade econômica de exportação imune praticamente inviabilizada. O contorno, o "drible" na norma Constituição se evidencia.

Enfim, tem-se a estranhíssima figura de um Estado criar obstáculo à sociedade, para então cobrar um preço para afastá-lo, quando na verdade caberia a ele facilitar as exportações (seguindo os fundamentos da jurisprudência do STF) e não criar óbices e custos a elas. Mais grave

---

29 O Min. Dias Toffoli bem percebeu que a contribuição ao FUNDEINFRA de fato inviabiliza a "opção" de não se submeter à contribuição. Trata-se de alternativa meramente abstrata, mas inviável na prática:

"Pedindo vênia aos que entendem de maneira diversa, não vislumbro, em juízo perfunctório, **verdadeira facultatividade** em tal contribuição, mas **falsa facultatividade**.

Com efeito, é razoável entender que os contribuintes vão "preferir" deixar de pagar o 1,65% (e, assim, deixar de gozar dos citados benefícios, de toda a efetividade da imunidade ou de regime de substituição tributária) para ficar, com isso, imediatamente sujeitos às alíquotas ou cargas normais de ICMS? A meu ver, não. Vale lembrar que, usualmente, as alíquotas gerais desse imposto giram em torno de 17% ou de 18% nas unidades federadas. E há casos nos quais as alíquotas de ICMS podem ser muito superiores a esses patamares.

Cabe ressaltar que, em relação ao regime especial de fiscalização da imunidade nas exportações, caso o contribuinte resolva não pagar a contribuição ao FUNDEINFRA, **terá ele necessariamente de recolher o ICMS**. Só depois é que o estado restituirá esse imposto efetivamente pago. No caso de operações que destinem mercadorias para o exterior, ressalte-se que elas são imunes por força do art. 155, § 2º, inciso X, alínea **a**, da Constituição Federal.

Em outras palavras, o que é razoável entender, à luz da legislação ora questionada, é que os contribuintes sempre vão "preferir" pagar a contribuição em questão, a fim de não ficarem sujeitos, imediatamente, às alíquotas ou cargas normais de ICMS. **Tentou-se, portanto, camuflar a obrigatoriedade de pagamento da contribuição**." (ADI 7.363 MC-Ref/GO – destacamos).

ainda quando o obstáculo criado representa, de fato, a impossibilidade do exercício dos negócios ao contribuinte tal como o seria em condições normais. Igualmente não está na sua esfera de escolha (ainda a competência) conceder a não tributação da exportação àqueles que se submetam ao custo da contribuição "optativa". A imunidade das exportações não é suscetível de condicionamentos.

Por tudo isso, até pode-se entender que em certas condições seja constitucionalmente aceitável o Estado estabelecer condições (quase que um preço) a regimes jurídicos mais favoráveis – o item (a) antes cogitado. No entanto, aqui não se trata de um regime optativo legítimo sob a ótica jurídica. Trata-se de fato de um ônus compulsório posto pelo Estado visando aumento de arrecadação. Não só, para forçar a submissão do contribuinte a esse ônus, lança-se mão de instrumentos para os quais o Estado não detém competência. É um meio sorrateiro, ilegítimo e de má-fé de se conseguir por meios transversos o que não se pode fazer diretamente, para tanto tentando contornar normas constitucionais.

As irregularidades de uma contribuição estadual como a goiana (FUNDEINFRA) vão além.

5.2. FRAUDE AOS LIMITES CONSTITUCIONAIS DE TRIBUTAR E ÀS NORMAS DO ICMS

Conforme já visto, a contribuição é *exigida no âmbito do ICMS*, de acordo com o artigo 5º, inciso I, da Lei nº 21.670/2022. Essa menção ao ICMS denota a vinculação umbilical com esse imposto. Ocorre que ele se submete a diversas normas constitucionais, de proteção dos contribuintes. A contribuição estadual "optativa" foi também o meio encontrado para tentar contornar essas normas:

- Tributos em geral se submetem à legalidade, com exceções expressamente previstas na Constituição Federal. Assim também é com o ICMS. As contribuições estaduais alternativas, embora criadas por lei, não se submetem inteiramente à legalidade, dado que suas alíquotas são delegadas ao Poder Executivo (Governador).
- Atendidas as regras específicas, é vedado instituir tratamento desigual entre contribuintes que se encontrem em situação equi-

valente. Já as contribuições estaduais exóticas oneram somente alguns contribuintes e produtos.

- O ICMS deve ser não-cumulativo, de modo que o montante devido em uma operação gera crédito para a seguinte. A contribuição estadual exótica não é assim. Ela se torna um custo para o contribuinte do ICMS que adquire produto que foi onerado pela contribuição.
- A contribuição estadual foi um meio encontrado de obter arrecadação sem se submeter aos parâmetros de alíquotas, mínimas e nas operações interestaduais, fixadas pelo Senado Federal para o ICMS.
- A contribuição também seria uma forma de escapar da lei complementar que regula o ICMS, criando parâmetros de tributação e restrições.

A conclusão que se infere desses fatos é que contribuições como a para o FUNDEINFRA, de Goiás, configuram uma forma de obter recolhimento de valores a partir de operações de circulação de algumas mercadorias, mas sem se submeter às regras estritas do ICMS. Trata-se de um meio alegadamente lícito – instituir uma contribuição optativa –, mas para substituir o ICMS e sem se submeter às suas regras. Em outro giro, um ICMS sem suas amarras constitucionais e esquivando-se da Lei Complementar nº 87/1996. É o já mencionado ataque sinuoso à Constituição, de contornar restrições jurídicas por meio da fachada de práticas legítimas, como se fosse viável identificar maneiras de reduzir sua força normativa.

Com a contribuição alternativa, como que magicamente passaria a ser permitido o Executivo fixar alíquotas de tributo, onerar somente alguns produtos e não outros (contrariando a isonomia), se furtar aos parâmetros fixados pelo Senado e não se submeter à Lei Complementar.

Lembremos a forte imagem divulgada por Geraldo Ataliba: não se constrói uma fortaleza de pedra para colocar portas de papelão. Realmente, as limitações constitucionais ao poder de tributar e as imposições ao exercício da competência para instituir e cobrar o ICMS seriam muito frágeis e dependeriam somente da boa-vontade dos governantes, se for aceitável substituir o regime tributário por uma contribuição substitutiva de um tributo.

Essa prática não é tolerável. Bem ao inverso disso, (insistimos) no direito não se pode fazer indiretamente o que não se pode fazer diretamente. Não se pode fazer por vias transversas o que não se pode fazer retamente. Simples assim! Ou, nas palavras do Min. Sepúlveda Pertence, já mencionadas: "(...) *o que a Constituição proíbe obter diretamente, não se pode obter por meios transversos, que configuraria clássica de* (sic) *fraude à Constituição*".

5.3. FRAUDE ÀS REGRAS CONSTITUCIONAIS FINANCEIRAS E ORÇAMENTÁRIAS

Estados como o de Goiás não estão tentando fraudar somente as regras constitucionais tributárias, mas também as do pós-arrecadação, de natureza financeira e orçamentária. De fato e conforme antes visto:

- A Constituição ordena que pertencem aos Municípios 25% do produto da arrecadação do ICMS (art. 158, IV). Substituir uma obrigação de ICMS – ou uma pretensa obrigação de ICMS, como seria o incidente sobre a exportação, com sua posterior restituição – por uma esdrúxula contribuição alternativa – é uma forma de desviar-se da obrigação constitucional de repartição da arrecadação tributária.

- Ainda que de iniciativa do Poder Executivo, o plano plurianual, as diretrizes orçamentárias e os orçamentos anuais são formalizados em leis aprovadas pelos Poderes Legislativos da União, dos Estados e dos Municípios (art. 165). Já no FUNDEINFRA o destino dos recursos é definido pelo Conselho Gestor, cujos membros são escolhidos pelo Governador, sendo a maioria ocupantes de cargo de confiança do Governador. Com isso, o Estado de Goiás institui uma maneira de o gasto de parte dos recursos públicos não ser discutido no Legislativo, dotado de maior transparência e representatividade. Pouco importa que o próprio Legislativo goiano tenha concordado com essa disciplina normativa. As normas constitucionais orçamentárias são cogentes e não meras recomendações ao Legislativo, que poderia escapar de suas responsabilidades.

- A Constituição veda a vinculação de receita de impostos a órgão, fundo ou despesa (art. 167, IV), mas o Estado de Goiás acredita ser possível criar uma contribuição "opcional" e *exigida no âmbito do ICMS* para vincular o produto dessa arrecadação a um fundo, o FUNDEINFRA.

- Mais uma vez comprovando a importância dada aos temas orçamentários, a Emenda Constitucional nº 109/2021 adicionou o inciso XIV ao artigo 167 da Constituição e proibiu a criação de fundo público, quando seus objetivos puderem ser alcançados mediante vinculação de receitas orçamentárias específicas ou mediante a execução direta por programação orçamentária financeira de órgão ou entidade da administração pública. Ora, o FUNDEINFRA visa implementar "(…) políticas e ações administrativas de infraestrutura agropecuária, dos modais de transporte, recuperação, manutenção, conservação, pavimentação e implantação de rodovias, sinalização, artes especiais, pontes, bueiros, edificação e operacionalização de aeródromos" (art. 1º, II, da Lei nº 21.670/2022). Mais uma vez, a criação de uma alegada contribuição opcional de natureza não tributária seria uma maldisfarçada maneira de burlar essa nova regra constitucional.

É patente a fraude à Constituição, a dissimulação plena de má-fé de quem se aproveita de competências genéricas para com isso evadir-se de limites e imposições constitucionais. O Estado de Goiás e os demais Estados que têm incidido nessa fraude constitucional acreditam ter encontrado uma espécie de chave mágica para afastar as regras constitucionais de caráter orçamentário ao poder de tributar: basta criar novas imposições onerosas aos particulares e lhes ofertar a opção de afastá-las se pagarem uma pretensa contribuição facultativa não tributária.

Ocorre que não pode se admitir o contorno das prescrições constitucionais.

A ser aceitável esse tipo de estratagema, não se pode descartar que, futuramente e em exemplo extremo, a União Federal aprove uma condição para afastar um pesado imposto sobre a renda com alíquota de 50%, consistente em o contribuinte voluntariamente recolher uma contribuição com alíquotas mais amenas estabelecidas pelo Poder Executivo. Com isso, a União Federal estaria desamarrada de distribuir o resultado da arrecadação com Estados e Municípios (art. 159, I).

Bem se vê que o tipo de "estratégia" dos Estados (como Goiás, Mato Grosso do Sul e Mato Grosso) tem o potencial de ruir todo o regime jurídico das finanças públicas e do orçamento, cuidadosamente desenhado na Constituição.

A Constituição traz regras e impõe obrigações, que não podem ser contrariadas direta e claramente, mas também não o podem indiretamente e sub-repticiamente. Fraude à Constituição é contrariá-la e de maneira talvez até mais perigosa, dado que traiçoeira.

6. CONCLUSÕES

A Constituição traz várias normas – princípios e regras, expressas e implícitas – sobre a atividade de tributação e sobre finanças públicas e orçamentos. Com isso, ela institui obrigações e restringe a atuação do Poder Público. Essas normas não podem ser contrariadas, seja direta, seja indiretamente. Em outro giro, é inaceitável a fraude à Constituição.

As contribuições estaduais "opcionais", na verdade esdrúxulas figuras pretensamente sem natureza tributária, contrariam a Constituição em diversos aspectos, mas o fazem indiretamente, de modo dissimulado, procurando contornar as obrigações e restrições constitucionais. Qualificam-se, desse modo, como intolerável fraude à Constituição.

O ICMS NAS CADEIAS PRODUTIVAS DO AGRONEGÓCIO: DOS CRÉDITOS DE ÓLEO DIESEL UTILIZADO EM BENS DE TERCEIROS

Liliane Bertelli Imura Cisotto[1]

1. INTRODUÇÃO

A tributação do ICMS no agronegócio brasileiro é um assunto de extrema importância. O agronegócio é considerado o fio condutor da economia nacional, abrangendo toda uma cadeia fornecedora que é essencial para o país. Assim como outros setores essenciais, o agronegócio possui uma incidência de ICMS mais branda devido à sua importância.

O ICMS é conhecido por ser um imposto seletivo, com base no princípio da não cumulatividade. Essa seletividade ocorre com a variação das alíquotas e da base de cálculo, levando em consideração a essencialidade da mercadoria ou serviço a ser tributado.

---

1 *Advogada, graduada pela Faculdade de Direito de Sorocaba- FADI. Título de especialista em Direito Tributário pelo Instituto Brasileiro de Estudos Tributário-IBET e em Direito Empresarial pela Faculdade de Direito da Fundação Getúlio Vargas- FGVlaw, Presidente da Comissão de Direito Tributário na 214ª subseção da OAB-SP, Professora Seminarista no IBET- Instituto Brasileiro de Estudos Tributários, Sócia em Imura Cisotto Sociedade Individual de Advocacia. Coordenadora do InGeta- Instituto de Gestão e Estudos Tributários no Agronegócio.*

Em linhas gerais, a seletividade do ICMS é determinada pela relação inversa com a imprescindibilidade da mercadoria ou produto comercializado. Ou seja, quanto mais supérflua a mercadoria, maior será a alíquota ou a base de cálculo para o ICMS. Por outro lado, quando se trata de um bem de primeira necessidade, a alíquota ou base de cálculo deve ser reduzida ou mesmo zerada.

Essa abordagem visa incentivar a produção e o consumo de bens essenciais, como os alimentos, que são parte fundamental do agronegócio. Ao reduzir ou zerar a tributação sobre esses produtos, é possível torná-los mais acessíveis à população, garantindo o abastecimento e a segurança alimentar.

Durante os períodos de plantio e colheita, o maquinário opera ininterruptamente, 24 horas por dia, em campo. Algumas máquinas mais robustas podem eventualmente apresentar problemas durante as atividades no campo, e como não podem ser deslocadas até uma oficina mecânica, os reparos são realizados no próprio local onde a máquina se encontra.

O veículo responsável pelos reparos utiliza óleo diesel, o qual é passível de creditamento. Além disso, o diesel é empregado nos comboios, veículos designados para abastecer o maquinário durante o processo de colheita ou plantio. Isso ocorre porque as máquinas não têm a capacidade de se locomover até um posto de abastecimento, sendo necessário realizar o abastecimento diretamente no local onde ocorre a colheita ou o plantio.

Para conhecimento, o combustível desempenha um papel crucial nas operações agrícolas, sendo essencial para tratores, semeadoras, pulverizadores e colheitadeiras. Ele representa o componente principal de custo nas lavouras e no transporte para o escoamento da safra.

Para ilustrar a relevância do diesel nesse cenário, considere uma viagem de 1.000 km no transporte de grãos, em que os gastos com combustível podem representar até 50% do custo total da operação.

Além dos investimentos regulares no funcionamento e transporte de veículos pesados, a constante escalada nos preços do combustível e a elevada demanda para o escoamento da safra têm contribuído significativamente para o aumento dos custos de produção nas diversas regiões agrícolas do Brasil.

Diante desses impactos expressivos do diesel no setor agrícola e das flutuações nos preços, é imperativo que os agricultores redobrem sua atenção na gestão do controle de compras e estoque de combustível. Embora o gasto com diesel seja inevitável e constante para viabilizar a produção agrícola, cada aquisição de estoque requer uma análise cuidadosa, com a organização das notas fiscais para obter dados precisos, confiáveis e sempre atualizados. Essa prática possibilita que o agricultor identifique os melhores fornecedores e escolha os momentos mais propícios para negociar os preços mais vantajosos.

Focaremos nosso estudo no crédito de óleo diesel utilizado pela agroindústria que, além de transformar o insumo em produto, também, na maior parte das vezes, produz o próprio insumo e, por ser o óleo diesel um insumo essencial para o desenvolvimento das atividades agroindustriais, é aplicado em máquinas e equipamentos destinados ao plantio e colheita, na área industrial, em veículos, máquinas próprias, assim como nos bens de titularidade de terceiros, dentro das dependências da agroindústria e em atividades estritamente ligadas ao desenvolvimento do seu objeto social.

A título de informação, temos no ordenamento a Lei Complementar 192/2022 que determinou, nos termos da alínea "h" do inciso XII do § 2º do artigo 155 da Constituição Federal, todos os combustíveis sobre os quais haverá a incidência do ICMS uma única vez e dentre os combustíveis contidos na lei, está o óleo diesel. Nessa sistemática, o óleo diesel deixou de ser tributado pelo ICMS nas sucessivas operações realizadas ao longo da sua cadeia, passando a ser tributado unicamente na saída do produtor.

As considerações são necessárias para entender a cobrança monofásica do ICMS sobre os combustíveis, porém nosso trabalho está adstrito ao direito ao crédito nas aquisições de óleo diesel para utilização como insumo nas atividades ligadas a seu processo produtivo mesmo que seja utilizado em bens próprios de terceiros, mas desde que esteja dentro do estabelecimento do contribuinte e que seja usado necessariamente na cadeia do processo produtivo.

2. CORTE METODOLÓGICO

O direito, de acordo com os ensinamentos do professor Paulo de Barros Carvalho, é um sistema comunicacional que opera nas interações entre sujeitos, sendo sua expressão fundamental na linguagem.

Nesse contexto, destaca-se o método proposto por Lourival Vilanova, que busca, por meio de uma abordagem analítico-hermenêutica, mitigar ambiguidades e vaguezas presentes na mensagem comunicativa. Essa abordagem concentra-se na análise dos elementos do discurso, interpretando-o de maneira aprofundada. O construtivismo, por sua vez, examina as estruturas da linguagem através da significação, proporcionando uma perspectiva textual ancorada no contexto e na análise de valores. Isso implica que um intérprete desempenha um papel crucial na construção do objeto em questão.

Utilizamos o termo "constructivismo" para referenciar teorias que sustentam a ideia de que sempre há uma intervenção do sujeito na formação do objeto.

Ainda, nas palavras de Fabiana Del Padre Tomé: "*O constructivismo lógico-semântico configura método de trabalho hermenêutico orientado a cercar os termos do discurso do direito positivo e da Ciência do Direito para outorgar-lhes firmeza, reduzindo as ambiguidades e vaguidades, tendo em vista a coerência e o rigor da mensagem comunicativa. No Brasil, esse método foi desenvolvido e aplicado, pioneiramente, por Lourival Vilanova, que se dedicou ao aprofundado estudo do discurso normativo.*"[2]

Sendo um modelo de conhecimento, o Constructivismo Lógico-Semântico aproxima o sujeito ao seu objeto de análise de forma lógica e comportamental, mostrando que conhecimento não é adquirido diretamente do objeto em si, mas, sim, construído por meio da proposição linguística que o descreve.

Assim, firmadas essas premissas teóricas, trataremos (i) das premissas adstritas aos créditos de ICMS, que advém da não cumulatividade; (ii) da essencialidade e da seletividade; e (iii) das formas de utilização do óleo diesel nas atividades agroindustriais.

3. DA UTILIZAÇÃO DO ÓLEO DIESEL NAS ATIVIDADES DA LIGADAS AO AGRONEGÓCIO

É preciso entender como funcionam as atividades ligadas ao agronegócio e, principalmente, pelo fato de estarmos tratando de créditos de ICMS sobre o diesel utilizado, como performam as atividades das agroindústrias como um todo.

É comum e, a nosso ver, equivocado, o entendimento de algumas fazendas, como a da Fazenda Pública do Estado de São Paulo quando,

---

2 TOMÉ, Fabiana Del Padre *A prova no direito tributário*: de acordo com o Código de Processo Civil de 2015. 4. ed. rev., atual. São Paulo: Noeses, 2016. p. 3.

em razão da aquisição de mercadorias não empregadas diretamente no processo produtivo, no caso óleo diesel combustível, não seja concedido o crédito pelo fato de não entenderem como a cadeia funciona e crer que a utilização é alheia à atividade do estabelecimento ou não utilizados no processo produtivo de forma direta, mas em veículos e máquinas agrícolas de terceiros prestadores de serviços.

Para a consecução do desenvolvimento das atividades, é comum a aquisição milhares ou até milhões de litro de óleo diesel e utilizá-los em veículos, máquinas e equipamentos empregados em todas as fases da cadeia do agro, ou seja, tanto na fase agrícola (plantio e colheita), quanto na fase industrial (fabricação de derivados de cana-de-açúcar, e.g.), ou seja, a utilidade se dá de ponta-a-ponta no processo produtivo.

O que acontece é que facilmente ignora-se que, no meio das atividades de uma agroindústria, existe uma fase agrícola necessária que é o processo produtivo, perfazendo o plantio e colheita do seu principal insumo que exemplificamos o caso da cana-de-açúcar e ignora-se que o óleo diesel é extremamente necessário em todas as fases, e é utilizado no processo de industrialização de açúcar e ou álcool.

Explicando, há o emprego do óleo diesel em veículos e maquinários próprios do contribuinte e também em maquinários de propriedade de terceiros, pois são utilizados continuamente dentro das dependências e na consecução do processo produtivo, sendo indubitavelmente necessário ao desenvolvimento das atividades do estabelecimento, permitindo, assim, o direito ao crédito, ressaltando que, por óbvio, não há necessidade de emissão de nota fiscal, pois não há venda do diesel aos terceiros, somente a utilização dentro das dependências dos contribuintes e não ocorrendo circulação de mercadoria.

Considerando que o óleo diesel é uma mercadoria consumida diretamente nas máquinas e equipamentos do ativo imobilizado do contribuinte, há o direito ao crédito do imposto anteriormente cobrado, porém, mesmo que não seja utilizado somente nas máquinas e equipamentos do ativo imobilizado, se este combustível for utilizado em bens de propriedade de terceiros, mas dentro do estabelecimento do contribuinte e as maquinas e equipamentos forme essencialmente necessárias para a consecução da produção, fica patente a possibilidade de creditamento.

A particularidade deste setor demanda um profundo entendimento de suas operações, especialmente nas áreas dedicadas ao cultivo da cana-de-açúcar, o qual é nosso objeto de estudo. Para se ter ideia, alguns pontos são esquecidos e precisam ser elucidados, mesmo o Brasil sendo um país essencialmente agro, não à toa chamado de celeiro do mundo, falando em lavouras, as dimensões destas áreas são vastas e abrangem extensos hectares que exigem vigilância constante para o manejo de pragas e a prevenção de potenciais incêndios. Para assegurar esse controle, rotineiramente conduzem-se rondas diárias nas áreas de plantio, garantindo a segurança e a integridade do cultivo, e necessária se faz a utilização do combustível em questão.

A nota fiscal eletrônica emitida pelo fornecedor do combustível conterá as informações necessárias para que o adquirente obtenha o valor do ICMS anteriormente cobrado sob forma de crédito e a utilização não ficará adstrita somente ao ativo imobilizado, nossa posição.

Frequentemente, na tentativa de contestar autuações fiscais, os contribuintes recorrem à elaboração de Laudos Técnicos para apropriar corretamente o ICMS incidente nas Notas Fiscais de Combustíveis. Quando o fisco identifica a presença de veículos *e.g.*, pertencentes a terceiros, torna-se imperativo aprofundar a compreensão sobre a execução do serviço, determinando se é conduzido por funcionários do Contribuinte ou por terceiros. Essa análise visa verificar se há ou não direito ao crédito fiscal.

Nesse contexto, torna-se essencial apresentar os contratos de prestação de serviços estabelecidos entre o Contribuinte e os terceiros, a fim de avaliar a condição em que os veículos ou equipamentos se encontram nas instalações do Contribuinte, como no exemplo acima relatado em que há a utilização de vigilância na lavoura. Além disso, é crucial examinar os contratos de trabalho firmados entre o operador dos veículos e equipamentos e a parte contratante, esclarecendo com quem reside a responsabilidade e a relação laboral.

Os exemplos e explicações são apenas parte das atividades para elucidar a necessidade de utilização do óleo diesel e a dificuldade de entendimento de como funciona o setor, motivo pelo qual ainda há a necessidade de defesas administrativas e judiciais para que ocorra a manutenção dos créditos.

3.1. RELEVÂNCIA DO CRÉDITO PARA O SETOR E IMPACTOS ECONÔMICOS

O agro é um dos setores mais relevantes e responsáveis por parte considerável do PIB brasileiro, chegando em torno de ¼[3] e, consequentemente, tem influência direta na economia e no crescimento do País, não podendo ser impactado com o alto preço dos insumos, valores que, sem dúvidas, são mitigados com a utilização dos créditos.

Não há dúvidas que o crédito utilizado no escopo do nosso trabalho, não passando ao longo dos outros créditos, traz benefícios e estimula a cadeia do agro como um todo. Quando há algum Incentivo Fiscal e este não é mitigado, cresce o incentivo para investimentos em tecnologias agrícolas, melhorias do solo, além da clara redução da carga tributária sobre os produtores finais e que será disponibilizado para a população em geral.

O crédito do óleo diesel utilizado não é um incentivo concedido sob forma de reduções ou concessões; o crédito que falamos, na perspectiva jurídica, é um direito constitucional, advindo do princípio da não cumulatividade e que, se a sua utilização for mitigada, terminará por prejudicar o setor, recaindo no consumo final.

Embora não seja efetivamente o escopo no nosso trabalho, necessário citar que os Convênios ICMS 199/2022 e o 15/2023 trazem claramente a viabilidade de direito ao crédito dos combustíveis utilizados como insumos. Porém, com a mudança estabelecida pelo Convênio 26/2023, nos parece que não seria permitida a utilização de crédito quando da aquisição do óleo diesel, o que rechaçamos, haja vista a clara inconstitucionalidade por afronta ao princípio da não cumulatividade.

A consignação de que o ICMS seja regido pelo princípio da não-cumulatividade é para desonerar a cadeia produtiva e evitar a tributação em cascata e, sendo o óleo combustível um insumo de alta relevância, senão estritamente necessário na cadeia produtiva, não pode haver vedação tampouco limitação ao aproveitamento dos créditos, podendo ser utilizado como insumo na utilização de maquinários e equipamentos próprios e de terceiros, desde que adstritos ao escopo do estabelecimento, como dito exaustivamente.

---

3 https://www.cepea.esalq.usp.br/br/pib-do-agronegocio.

3.2. REQUISITOS NECESSÁRIOS PARA O DIREITO AO CRÉDITO

Temos no nosso ordenamento a Lei Complementar nº 87/96, conhecida como Lei Kandir, que reconhece o direito do contribuinte em aproveitar os créditos do ICMS incidentes sobre os bens/mercadorias/insumos adquiridos, desde que estes não se destinem a fim alheio à atividade do contribuinte.

Através da leitura dos artigos 20 e 21 da referida lei, fica assegurado o direito ao crédito, com exceção dos bens isentos ou não tributados ou dos insumos alheios à atividade do contribuinte.

Lei Complementar nº 87/96:

> Artigo 20. Para a compensação a que se refere o artigo anterior, é assegurado ao sujeito passivo o direito de creditar-se do imposto anteriormente cobrado em operações de que tenha resultado a entrada de mercadoria, real ou simbólica, no estabelecimento, inclusive a destinada ao seu uso ou consumo ou ao ativo permanente, ou o recebimento de serviços de transporte interestadual e intermunicipal ou de comunicação.
>
> §1º. Não dão direito a crédito as entradas de mercadorias ou utilização de serviços resultantes de operações ou prestações isentas ou não tributadas, ou que se refiram a mercadorias ou serviços alheios à atividade do estabelecimento.
>
> §2º. Salvo prova em contrário, presumem-se alheios à atividade do estabelecimento os veículos de transporte pessoal.
>
> §3º. É vedado o crédito relativo a mercadoria entrada no estabelecimento ou a prestação de serviços a ele feita:
>
> I – para integração ou consumo em processo de industrialização ou produção rural, quando a saída do produto resultante não for tributada ou estiver isenta do imposto, exceto se tratar-se de saída para o exterior;
>
> II – para comercialização ou prestação de serviço, quando a saída ou a prestação subsequente não forem tributadas ou estiverem isentas do imposto, exceto as destinadas ao exterior.
>
> §4º. Deliberação dos Estados, na forma do art. 28, poderá dispor que não se aplique, no todo ou em parte, a vedação prevista no parágrafo anterior.
>
> §5º. Para efeito do disposto no caput deste artigo, relativamente aos créditos decorrentes de entrada de mercadorias no estabelecimento destinadas ao ativo permanente, deverá ser observado:
>
> I – a apropriação será feita à razão de um quarenta e oito avos por mês, devendo a primeira fração ser apropriada no mês em que ocorrer a entrada no estabelecimento;
>
> II – em cada período de apuração do imposto, não será admitido o creditamento de que trata o inciso I, em relação à proporção das operações de saídas ou prestações isentas ou não tributadas sobre o total das operações de saídas ou prestações efetuadas no mesmo período;

III – para aplicação do disposto nos incisos I e II, o montante do crédito a ser apropriado será o obtido multiplicando-se o valor total do respectivo crédito pelo fator igual a quarenta e oito avos da relação entre o valor das operações de saídas e prestações tributadas e o total das operações de saídas e prestações do período, equiparando-se às tributadas, para fins deste inciso, as saídas e prestações com destino ao exterior;

IV – o quociente de um quarenta e oito avos será proporcionalmente aumentado ou diminuído, pro rata die, caso o período de apuração seja superior ou inferior a um mês; (...)"

"Art. 21. O sujeito passivo deverá efetuar o estorno do imposto que se tiver creditado sempre que o serviço tomado ou a mercadoria entrada no estabelecimento:

I – for objeto de saída ou prestação de serviço não tributada ou isenta, sendo esta circunstância imprevisível na data da entrada da mercadoria ou da utilização do serviço;

II – for integrada ou consumida em processo de industrialização, quando a saída do produto resultante não for tributada ou estiver isenta do imposto;

III – vier a ser utilizada em fim alheio à atividade do estabelecimento;

IV – vier a perecer, deteriorar-se ou extraviar-se.

[...]

§2º. Não se estornam créditos referentes a mercadorias e serviços que venham a ser objeto de operações ou prestações destinadas ao exterior.

§3º. O não creditamento ou o estorno a que se referem o §3º do art. 30 e o caput deste artigo, não impedem a utilização dos mesmos créditos em operações posteriores, sujeitas ao imposto, com a mesma mercadoria.

A Portaria CAT nº 01/2001[4], que dita as regras do direito ao crédito do valor do imposto destacado em documento fiscal referente à aquisição do insumo combustível, dentre outros, não faz qualquer distinção entre o que venha a ser maquinários e equipamentos próprios, contido no ativo imobilizado, ou de terceiros, sendo certo que o que importa é para qual finalidade o combustível foi utilizado e se a utilização perfaz o objeto social do estabelecimento do contribuinte.

No Tribunal de Impostos e Taxas de São Paulo, a Câmara Superior tem o entendimento de que é vedado o creditamento de ICMS pela entrada de óleo diesel a ser utilizado em veículos de terceiros. O Relator assim se posicionou no AIIM 4.026.352-6:

A Decisão Normativa CAT 01/2001 é clara no sentido de que tanto os veículos quanto o combustível neles utilizado garantem direito ao crédito

---

4 Dispõe sobre o direito ao crédito do valor do imposto destacado em documento fiscal referente a aquisição de insumos, ativo permanente, energia elétrica, serviços de transporte e de comunicações, combustível e mercadoria para uso ou consumo, entre outras mercadorias.

para o adquirente, com a ressalva de que **os veículos devem ser próprios** e o combustível utilizado em prestação de serviço própria e tributada, conforme segue: 3.5 – combustível utilizado no acionamento, entre outros de máquinas, aparelhos e equipamentos, utilizados na industrialização, comercialização, geração de energia elétrica, produção rural e na prestação de serviços de transporte de natureza intermunicipal ou interestadual ou de comunicação veículos, exceto os de transporte pessoal (artigo 20, §2º da Lei Complementar nº 87/96), empregados na prestação de serviços de transporte intermunicipal ou interestadual ou de comunicação, na geração de energia elétrica, na produção rural e os empregados pelos setores de compras e vendas do estabelecimento veículos próprios com a finalidade de retirar os insumos ou mercadorias ou para promover a entrega das mercadorias objeto de industrialização e/ou comercialização empilhadeiras ou veículos utilizados, no interior do estabelecimento, na movimentação dos insumos ou mercadorias ou que contribuam na atividade industrial e/ou comercial ou de prestação de serviço do contribuinte (grifo nosso).

Há muitas autuações versando sobre suposto aproveitamento indevido de créditos de ICMS, referente aos referentes às aquisições de óleo diesel utilizados para o abastecimento de máquinas, veículos e equipamentos utilizados em atividades que, de acordo com as autoridades fiscais, estariam fora do campo de incidência do imposto, e um bom exemplo é a abertura e manutenção de estradas e atividades preparatórias na lavoura.

A maior dificuldade, ainda, é trazer para as autoridades fiscais o entendimento de todas as etapas agrícolas e compreender que todas elas, inexoravelmente, são relevantes e integram a produção final, razão pela qual ainda há autos de infração ocorrendo e, infelizmente, mantidos com os créditos de ICMS relativos à aquisição de óleo diesel sendo esses créditos glosados, sob análise de critérios que não condizem com a realidade pelo fato da ausência de conhecimento por parte do Fisco do processo produtivo em si.

4.   ICMS - ESSENCIALIDADE E SELETIVIDADE

O Imposto sobre Operações de Circulação de Mercadorias e Prestações de Serviços de Transporte Interestadual e Intermunicipal e de Comunicação, nosso ICMS, é uma espécie de tributo de alta relevância para os Estados, desempenhando um papel fundamental na composição da receita tributária dessas entidades.

O ICMS é um imposto seletivo, caracterizado por sua não cumulatividade. A seletividade desse tributo é determinada pela consideração que os bens ou serviços tributados possuem grande importância. No contexto do agronegócio, intimamente ligado à alimentação, sua relevância para a população é indiscutível.

Embora o ICMS tenha caráter estadual, sua abrangência adquire uma dimensão nacional devido à uniformidade normativa estabelecida em diversos aspectos de sua regulamentação. Nesse cenário, os legisladores estaduais encontram-se, na prática, com uma margem de atuação relativamente restrita, concentrando-se principalmente na instituição do imposto. Isso se deve à abrangência normativa já estipulada pela legislação federal, sem desconsiderar as transformações que ainda estão por vir com a aprovação da reforma tributária, mesmo que esta não tenha se concretizado nos moldes inicialmente esperados.

Nas palavras da Ministra Regina Helena Costa em seu "Curso de direito tributário – Constituição e Código Tributário Nacional": *"O art. 155, § 2º, III, por sua vez, proclama que o ICMS "poderá ser seletivo, em função da essencialidade das mercadorias e dos serviços".* Do mesmo modo que no IPI, **a seletividade do imposto significa que a lei procederá a discriminações de tratamento estabelecidas em função da essencialidade da mercadoria e do serviço para o consumidor.** A regra em foco significa que o ICMS operará, também, como instrumento de extrafiscalidade, visando beneficiar os consumidores finais, que efetivamente absorvem o impacto econômico do imposto. Inegável, portanto, traduzir a seletividade uma manifestação do princípio da capacidade contributiva, na medida em que expressa a preocupação com o ônus financeiro do contribuinte "de fato".[5]

Para entendermos o que a doutrina e a jurisprudência entendem no sentido dos bens e mercadorias que não devem ser considerados alheios à atividade do estabelecimento e o que venha a ser a essencialidade do óleo diesel que pode ser utilizado tanto em veículos próprios quanto em veículos de terceiros, é de suma importância entender todo o processo produtivo dentro de uma cadeia como a do agro, desde o plantio até a saída de um produto pronto, ou seja, desde a necessidade de utilizar óleo diesel nas máquinas que plantam e colhem até a transformação final e produtos consumíveis e ainda saber que nem só as máquinas para a confecção de produtos leva o óleo diesel, e que por não entender a cadeia produtiva, leva o fisco a realizar a glosa dos créditos utilizados.

---

5 Costa, Regina Helena Curso de direito tributário - Constituição e Código Tributário Nacional / Regina Helena Costa. – 9. ed. – São Paulo: Saraiva Educação, 2019.

Comumente o óleo diesel é utilizado para além dos ativos imobilizados do contribuinte, bom exemplo é a utilização de máquinas e veículos empregados fazem carregamento de peças e equipamentos, uso no socorro mecânico e abastecimento, uso na movimentação de equipamentos no pátio, ou seja, todos indispensáveis para as atividades, porém nenhum alheio à consecução do objeto social do estabelecimento do contribuinte.

Outro ponto que deve ser observado: dentro da indústria que irá transforar cana de açúcar em açúcar ou álcool, há a utilização de óleo diesel em veículos próprios para a limpeza dos pátios que a produção do insumo é recepcionada e separada, que é o início do processo industrial. Outro ponto de utilização comum do óleo diesel está no consumo das máquinas de solda e compressor utilizadas para os reparos nas linhas de produção.

A área industrial das empresas que transformam o insumo cana de açúcar em álcool ou açúcar é bastante extensa e necessita dos chamados treminhões, grandes caminhões responsáveis pela movimentação do insumo colhido na área de plantio até a linha de produção. O espaço entre esses dois locais é enorme, às vezes se estendendo por muitos quilômetros.

Os problemas com quebras desses treminhões são muito comuns, e os reparos precisam ser realizados o mais rápido possível para não trazer prejuízos para a produção e utiliza-se, essencialmente, de manutenção de socorro mecânico, serviços de guincho e guindaste e até ambulância, tudo isso por proteção aos funcionários e também para garantir a qualidade da produção.

A dificuldade de demonstrar que a utilização do óleo diesel se refere a atividades essenciais ao processo produtivo e não é consumido em atividades meramente coadjuvantes é uma dificuldade que acaba por gerar autos de infrações, pois, pela ausência de conhecimento, são desconsideradas as informações comumente prestadas durante as ações fiscais.

5. DA NÃO CUMULATIVIDADE

A não cumulatividade emerge como uma das características distintivas do ICMS, conforme prescrito no artigo 155, §2º, inciso I, da Constituição Federal. Assim, a legislação infraconstitucional não tem a prerrogativa de reduzir sua abrangência ou atribuir-lhe interpretação distinta ou restritiva.

> Art. 155. Compete aos Estados e ao Distrito Federal instituir impostos sobre: (...)
>
> § 2º O imposto previsto no inciso II atenderá ao seguinte:
>
> I - será não-cumulativo, compensando-se o que for devido em cada operação relativa à circulação de mercadorias ou prestação de serviços com o montante cobrado nas anteriores pelo mesmo ou outro Estado ou pelo Distrito Federal;

No que diz respeito à aquisição de mercadorias destinadas ao uso e consumo do estabelecimento, destaca-se uma diferença significativa em relação à aquisição de mercadorias destinadas ao desenvolvimento das atividades do contribuinte.

A regra da não cumulatividade está estabelecida no artigo 155, § 2º, I, da Constituição Federal, que dispõe que o imposto "será não cumulativo, compensando-se o que for devido em cada operação relativa à circulação de mercadorias ou prestação de serviços com o montante devido nas anteriores pelo mesmo ou outro Estado ou pelo Distrito Federal". Vale ressaltar a inadequação da redação constitucional ao utilizar a expressão "montante cobrado", pois a cobrança é uma atividade administrativa que não interfere no sistema de créditos associado à não cumulatividade. O termo correto seria "montante devido", que é o verdadeiro gerador de crédito nas operações subsequentes.

Assim sendo, o ICMS opera sob o princípio da não cumulatividade, estabelecendo um sistema de compensação de créditos. O valor devido em uma operação mercantil ou na prestação de serviços de transporte interestadual e intermunicipal e de comunicação anterior representa um crédito a ser descontado do montante do imposto a ser pago em operações mercantis e prestações de serviços subsequentes. A não cumulatividade é essencial para evitar o denominado "efeito cascata", ou seja, a incidência de imposto sobre imposto.

Nesse contexto, a garantia constitucional do aproveitamento de créditos provenientes de operações anteriores desempenha um papel fundamental na prevenção de distorções na formação de preços e na preservação da competitividade empresarial.

Além disso, essa garantia contribui para evitar a verticalização da produção, preservando a presença de empresas de menores.

Para evidenciar o direito ao crédito do ICMS vinculado ao óleo diesel, é imperativo destacar alguns aspectos constitucionais e legais.

Dessa forma, a não observância aos princípios constitucionais, trazendo limitações ao uso de créditos, é claramente uma afronta ao direito positivado, lembrando que leis complementares estão intimamente subordinadas aos ditames constitucionais, devendo tribunais administrativos e judiciais respeitarem a hierarquia entre os veículos normativos e colocar forte olhar tão somente na Constituição Federal quando de suas decisões.

6. PERSPECTIVAS FUTURAS

Com a aprovação da reforma tributária, o Brasil contará com um Imposto sobre Valor Agregado, o IVA, modificando toda sistemática atual e unificando vários tributos. A peculiaridade é que o país terá um IVA dual, com responsabilidades diferentes na arrecadação. No ano de 2026 teremos início da unificação dos tributos e a partir de 2029, as alíquotas individuais de ICMS e ISS começam a cair gradualmente até que, no ano de 2033, o novo IBS estará implementado no lugar.

Independente das mudanças que ocorrerão com o novo sistema tributário, sempre haverá a necessidade de explicar para os fiscos como funciona a atividade da agroindústria como um todo, com o fito de evitar autuações, ou, caso ocorram, que as defesas sejam acolhidas.

É comum e, a nosso ver, equivocado, o entendimento de algumas fazendas, como a da Fazenda Pública do Estado de São Paulo quando em razão da aquisição de insumos não empregados diretamente no processo produtivo, no caso óleo diesel combustível, seja considerado sob forma de utilização alheio à atividade do estabelecimento ou não utilizados no processo produtivo de forma direta, mas em veículos e máquinas agrícolas de terceiros prestadores de serviços, ocorram autuações sob o argumento de não ter o contribuinte realizado o estorno do crédito.

Espera-se que a relação entre contribuinte e o fisco seja pautada na confiança das informações para que se mantenha um ambiente pacífico e com iniciativas mais integrativas para entender o funcionamento das fases das cadeias do agro, agro este que fomenta grande parte do desenvolvimento econômico nacional, pois acreditamos que as interpretações em geral serão mais complexas.

7. CONCLUSÃO

O consumo de óleo diesel por tratores, caminhões e colhedeiras figura como um dos principais elementos na planilha de custos dos agricultores brasileiros, representando gastos altos do plantio até a finalização do produto a ser circulado no país., motivo pelo qual fica patente a relevância do diesel como um fator de impacto significativo para a agricultura brasileira.

Conforme observado, os equipamentos, maquinários e veículos utilizados nos processos produtivos da cadeia do agro tem suas peculiaridades e, por vezes, ante a falta de entendimento do fisco, acabam por gerar autuações ensejando a necessidade de explicação pormenorizadas de todo processo produtivo, passando por explicações da real necessidade de utilização de bens próprios e de bens de terceiros, mas estes últimos sendo estritamente necessários para perfazer o escopo das atividades dos contribuintes, fazendo jus aos créditos tributários do óleo diesel utilizado em todas as fases.

Ainda não está pacificado o entendimento de que os créditos podem ser utilizados mesmo que o combustível seja usado em bens de propriedade de terceiros, haja vista existir, ainda, discordância entre a administração e o judiciário, pois diversos casos estão sendo discutidos nos tribunais de justiça do país, dados facilmente encontrados nos sítios eletrônicos dos tribunais nacionais.

As autuações mais comuns são as que se referem à utilização de transportes subsequentes do produto final, conduzido por máquinas ou veículos fora das instalações do estabelecimento dos contribuintes, trazendo o entendimento de que não há possibilidade de concessão de créditos do ICMS referentes à aquisição de óleo diesel utilizado.

Muito comum vermos a apresentação de Laudos Técnicos demonstrando a existência de equipamentos/veículos de terceiros e que, necessariamente, utiliza-se do óleo diesel e que não é permitido o aproveitamento de créditos do ICMS referentes à aquisição combustível consumido na prestação de serviços realizada por terceiros.

Fica a reflexão de que o direito ao crédito de ICMS – óleo diesel utilizado em veículos de terceiros subcontratados para atividade-fim do estabelecimento do contribuinte não nos permite afirmar que exista jurisprudência sedimentada sobre a matéria, mas que a predomina o entendimento no sentido de que os combustíveis utilizados comprovadamente no desempenho da atividade-fim da empresa devem demonstrar relação direta com a atividade de industrialização e posterior comercialização para ensejar o direito ao crédito de ICMS.

O Direito Tributário brasileiro é um dos ramos mais complexos do nosso ordenamento, haja vista a elasticidade interpretativa existente e que na grande maioria das vezes é deveras conflitante. Nosso posicionamento é que, independentemente de quem realiza os serviços de transportes, sendo eles realizados de forma adstrita à atividade-fim e documentalmente comprovados através de contratos, é possível o aproveitamento do crédito na utilização do combustível em veículos, máquinas e equipamentos de terceiros, pois a citada Decisão Normativa CAT 01/2001 não faz distinção entre o que venha a ser próprio e o que venha a ser de terceiros, basta estar a utilização adstrita ao escopo do objeto do contrato social do estabelecimento.

Analisando os casos que embasaram os estudos do presente artigo, a questão sobre o direito ao crédito de ICMS em suas diversas vertentes não é pacífica por haver divergências entre a esfera administrativa e o Judiciário, cabendo ao contribuinte autuado exercer o seu direito constitucional de defesa para exaurir todas as possibilidade de interpretações que afastem o princípio da não cumulatividade, vez que a Constituição Federal é a lei máxima que estabelece as regras entre o fisco e o contribuinte.

REFERÊNCIAS

CARVALHO, Aurora Tomazini de. Curso de Teoria Geral do Direito – O constructivismo lógico-semântico. 6ª edição.

CARVALHO, Paulo de Barros. Curso de Direito Tributário. 30. ed. São Paulo: Saraiva, 2019.

CARVALHO, Paulo de Barros. Direito Tributário Linguagem e Método. 6ª edição. São Paulo: Noeses, 2015.

PAULSEN, Leandro. Constituição e Código Tributário à Luz da doutrina e da jurisprudência. 1. ed. Porto Alegre: Livraria do Advogado Editora; ESMAFE, 2014.

PAULSEN, Leandro; MELO, José Eduardo Soares. Impostos federais, estaduais e municipais. 12. ed. São Paulo: Saraivajur; 2022.

PAULSEN, Leandro. Curso de Direito Tributário – Completo. 9. ed. São Paulo: Saraiva Educação, 2018.

SCHOUERI, Luís Eduardo. Direito Tributário. 8. ed. São Paulo: Saraiva Educação, 2018.

SOUZA, Priscila de. Intertextualidade na linguagem jurídica: conceito, definição e aplicação in Constructivismo Lógico-Semântico, Vol. I.

TOMÉ, Fabiana Del Padre. *A Prova no Direito Tributário*. 4ª ed., São Paulo: Noeses, 2016.

OS IMPACTOS SOBRE O DIFERIMENTO, ISENÇÃO E CREDITAMENTO DO ICMS DECORRENTES DAS OPERAÇÕES INTERESTADUAIS DE TRANSFERÊNCIA ENTRE ESTABELECIMENTOS

Manuel Eduardo Cruvinel Machado Borges[1]
Filipe Harzer Gomes Almeida[2]

---

1 Bacharel pela Universidade Presbiteriana Mackenzie/SP. Pós-graduação em Direito Tributário e Extensão em Planejamento Tributário, Contabilidade Aplicada ao Direito e Contabilidade Fiscal pela Fundação Getúlio Vargas/SP e em Direito Imobiliário pela Escola Paulista de Direito – EPD em São Paulo-SP. Ex-conselheiro Titular do Conselho Municipal de Tributos de São Paulo. Membro Fundador do Comitê Tributário da Sociedade Rural Brasileira. Sócio do escritório PSG Advogados.

2 Bacharel em Direito pela Universidade Paulista. Especialista em Direito e Processo Tributário pela Fundação Escola Superior do Ministério Público. Advogado Tributarista do escritório PSG Advogados.

1. INTRODUÇÃO

Inaugura-se o artigo a partir do merecido reconhecimento do empenho dos fundadores do Instituto de Gestão e Estudos Tributários no Agronegócio – InGETA, que mesmo antes de sua gênese têm prestado precursora contribuição para todos aqueles que vivem e se interessam pelo setor propulsor do Brasil. São admiráveis o ineditismo e protagonismo em mais uma brilhante iniciativa, através da presente obra que se propõe a refletir, como nunca visto, sobre as questões relevantes do Imposto Sobre as Operações de Circulação de Mercadorias – ICMS que imperam sobre o agronegócio.

O desafio proposto nos move a romper uma antiga, porém equivocada, premissa de que a cadeia produtiva rural sempre foi poupada, quando comparada com os demais setores econômicos, da imposição, distorções e incertezas inerentes ao ICMS. Essa concepção de plena e irrestrita desoneração do meio rural tem sido propagada aos quatro cantos, sobretudo desde a promulgação da Lei Complementar n.º 87 de 1996, conhecida como a Lei Kandir.

No entanto, a realidade deparada por aqueles que atuam no agronegócio comprova o contrário. Exemplo disso, temos o excessivo acúmulo de créditos, os intransponíveis obstáculos e burocracia impostos na tentativa de restituição de créditos na cadeia, os regimes especiais cujas exigências para obtenção e conformidade beiram o inalcançável, a imposição de cotas limitadas para remessas desoneradas de produtos destinados a outros Estados e à exportação e, não menos importante e impactante, a imposição de contribuições para fundos estatais, tais como Fundersul, Fethab, Fundeinfra e Fitha, as quais estão repletas de vícios inconstitucionais e foram instituídas em detrimento ao regular aplicação do tratamento especial vigente há décadas sobre os produtos rurais, mesmo os exportados que são tutelados pela imunidade tributária.

Não bastasse, as diversas repercussões trazidas pelo ICMS têm rompido novos obstáculos e combates a serem enfrentados por todos os agentes da cadeia produtiva, desde o pequeno, médio e grande produtor de produto primário, os fornecedores de insumos nacionais e importados, assim como os intermediadores, agroindústrias e exportadores.

Esse desafiador contexto vem sendo ampliado e alcançando novos contornos, na medida em que a pujança do agronegócio está atrelada a diversos fatores que resultam em novas operações e demandas dos agentes de mercado, as quais, inevitavelmente, também repercutem sobre o tratamento tributário em vigência, especialmente do ICMS. Dentre esses fatores se destacam a expansão de fronteiras agrícolas, a implementação de diversas unidades de produção ao longo do território nacional, as novas formas de integração entre os envolvidos na cadeia produtiva e entre o campo e a indústria, a competitividade internacional e a forte vocação para absorção e implementação de novas tecnologias.

Sob esse enredo de prosperidade que propicia novo ambiente das operações e do desenvolvimento das atividades rurais, se instala, naturalmente, a intensa e necessária movimentação de produtos entre as unidades de produção de uma mesma pessoa física ou pessoa jurídica situadas em diversos Estados, cujas implicações fiscais têm repercutido significativamente, tanto na complexa gestão tributária do contribuinte como no contencioso travado com a autoridade fazendária e debatido no Judiciário. É o que se busca a refletir neste artigo através de uma nova perspectiva sobre o diferimento, isenção e creditamento.

2. AS OPERAÇÕES DE TRANSFERÊNCIA ENTRE ESTABELECIMENTOS PRÓPRIOS NA CADEIA PRODUTIVA RURAL

A presença de um produtor rural, agropecuária e agroindústrias em diversas localidades Brasil a fora há muito deixou de ser realidade restrita aos grandes *players* do agronegócio, na medida em que o avanço da produtividade e tecnologia permitiu a migração de culturas e pastagens para regiões antes pouco exploradas. Pode-se afirmar que, de fato, a expansão territorial tornou-se fator vital de sobrevivência e competitividade.

Naturalmente, a participação de cada unidade de produção nas operações de um grupo econômico está vinculada à aptidão e vocação de cada estabelecimento, o que, muitas das vezes, resulta na segmentação das diversas etapas produtivas em diferentes localidades. Tudo em nome da eficiência produtiva e do melhor resultado econômico. Exemplifica-se adiante.

Na cadeia de cria, recria e engorda de bovinos, por exemplo, é comum que o manejo de fêmeas e a produção e comercialização de bezerros estejam concentrados em propriedades e regiões distantes das localidades onde são recriados os animais até a terminação necessária para a venda ao abate. A etapa inicial é de pecuária extensiva, a pasto, já a final, de acabamento, geralmente é intensiva em confinamentos. Logo, um produtor que desenvolve diversas etapas da atividade pecuária promove a transferência de bezerros criados ou adquiridos em uma propriedade com destino a outro imóvel rural, situado dentro ou fora do Estado de origem, onde será recriado para futura venda ao abate ou a outro produtor responsável pela engorda final.

A distribuição das etapas e as transferências de animais estão calçadas em razões estratégicas e comerciais, tais como as condições regionais de manejo para cada estágio de vida do animal, a variação de oferta e demanda do produto por região e a busca por melhor precificação praticada no mercado onde se encontra o estabelecimento destinatário.

Já na agricultura e na silvicultura, o ciclo produtivo tende a ser distribuído em menos etapas, partindo da produção e comercialização de mudas e sementes, passando pelo plantio e colheita, até atingir as possíveis destinações da porteira para fora, como a armazenagem, beneficiamento e processamento das agroindústrias e exportação.

Igualmente, tais atividades não dispensam a distribuição das mencionadas etapas e a transferência dos produtos entre estabelecimentos próprios e de terceiros, inclusive localizados em Estados distintos.

Portanto, são intrínsecas as participações de vários estabelecimentos e as movimentações entre eles dos produtos explorados e cultivados em cada cadeia produtiva, fato que abona as múltiplas operações de remessas e as transferências dentro do território do Estado e interestaduais.

A completa compreensão da engrenagem produtiva ora descrita nos induz a refletir a respeito dos inúmeros impactos do ICMS gerados a cada operação realizada da porteira para fora, bem como sobre os institutos arrecadatórios vigentes atrelados ao adequado tratamento especial demandado pelo setor, notadamente se atingem ou não a finalidade pretendida, seja para a circulação interna, remessas interestaduais e transferências entre estabelecimentos.

3. A APLICAÇÃO DO DIFERIMENTO E ISENÇÃO DO ICMS SOBRE PRODUTOS RURAIS E OS REFLEXOS SOBRE AS SAÍDAS INTERESTADUAIS

Sob o âmbito das operações internas, a hipótese de efetiva cobrança do ICMS para cada movimentação dos produtos agropecuários teria efeitos catastróficos. Em virtude da característica primária do setor, não é difícil afirmar que o recolhimento em cascata do imposto por toda pessoa física ou jurídica que participe em cada transação do processo produtivo o tornaria inviável, sobretudo se todos estão estabelecidos no mesmo Estado.

Por essa razão, a vasta maioria dos produtos rurais é objeto de regras especiais que os excepcionam da sistemática geral de apuração e recolhimento do ICMS, de modo que a exação é afastada ou deslocada no decorrer das operações internas.

Quando se trata de movimentações entre produtores rurais situados no mesmo Estado, o instituto largamente aplicado é o do diferimento do imposto, ou seja, é preservada a obrigação tributária decorrente do fato gerador vinculado à circulação do produto rural, todavia, o lançamento e pagamento do tributo são deslocados para o momento posterior que configure a hipótese prevista em lei, cabendo àquele que o realizar a responsabilidade tributária por substituição, fator que o distingue do instituto da suspensão por não manter tal obrigação sobre o contribuinte[3]. É o que se verifica em quase a totalidade dos Estados, como São Paulo[4], Mato Grosso[5], Mato Grosso do Sul[6], Minas Gerais[7], Bahia[8] etc.

Assim como se verifica no tratamento dispensado aos insumos agrícolas originários do mesmo Estado, há também várias hipóteses de isenção para as operações envolvendo produtos provenientes da ativi-

---

3 SOUZA, Pedro Guilherme Gonçalves de. Regime Especiais Tributários: Legitimação e Condicionantes de Segurança Jurídica e de Governança na Perspectiva Constitucional. São Paulo: Quartier Latin, 2018, p. 174.

4 Decreto n. 45.490 de 2020 (Regulamento ICMS/SP), arts. 260 e 360.

5 Decreto n. 2.212 de 2014 (Regulamento ICMS/MT), Anexo X.

6 Decreto n. 9.203 de 1998 (Regulamento ICMS/MS), Anexo II.

7 Decreto n. 48.589 de 2023 (Regulamento ICMS/MG), Anexo VI.

8 Decreto n. 13.780 de 2012 (Regulamento ICMS/SP), art. 286.

dade rural, sobretudo as saídas para destinatários internos não produtores e que darão distintas aplicações, tais como abate, fabricação de ração animal e emprego nas agroindústrias. Cabe o destaque para o Estado de Goiás[9] por ter lançado mão da isenção inclusive para algumas operações entre produtores, em que comumente os regulamentos se valem do diferimento, tal como ocorre nas saídas internas de animais para cria, recria e engorda.

Em virtude da prevalência do diferimento e da isenção sobre a circulação dos produtos agropecuários no mesmo Estado, passou-se quase despercebida na prática das operações internas a distinção para fins de ICMS entre a compra e venda e a simples transferência entre estabelecimentos próprios, já que em ambos não se verificava desembolso efetivo do imposto.

Já a realidade posta para as operações interestaduais é totalmente distinta, vez que aqui a isenção é aplicada em hipóteses excepcionalíssimas e o diferimento, em geral, é imediatamente rompido quando a saída tem destino em outro Estado. Inversamente ao que ocorre para a circulação interna de produtos agropecuários, a exigência do desembolso do ICMS, inclusive aquele que deixou de ser cobrado nas operações antecedentes, é a tônica predominante para as remessas interestaduais, salvaguardada a imunidade para as exportações, nem sempre respeitada à risca pelas autoridades fazendárias.

Em síntese, as Unidades da Federação buscam centralizar sobre a operação que rompe a fronteira de seu território toda a arrecadação do imposto não exigido nas circulações precedentes.

Para esse contexto de inaplicabilidade do diferimento e da isenção, torna-se relevante a distinção da transferência de produtos entre estabelecimentos próprios em relação às demais formas de operação. Pois, diferentemente da equiparação intentada pelas secretarias de fazenda estaduais para que não houvesse exceção ao recolhimento do imposto sobre as remessas entre estabelecimentos do mesmo contribuinte, tais movimentações de produtos não são alcançadas pela hipótese de incidência do ICMS, de acordo com posicionamento jurisprudencial pacificado a ser demonstrado adiante.

Aqui reside o cerne da análise proposta pelo presente artigo acerca do correto tratamento sobre as transferências entre estabelecimentos e os respectivos reflexos decorrentes da arrecadação concentrada do

---

9 Decreto n. 4.852 de 1997, Anexo IV, art. 6°, inciso XLIII.

ICMS E O AGRONEGÓCIO 245

ICMS nas remessas interestaduais e da fixação do responsável tributário pelas operações internas ocorridas anteriormente.

4. BREVE HISTÓRICO JURISPRUDENCIAL SOBRE A NÃO INCIDÊNCIA DO ICMS SOBRE TRANSFERÊNCIA ENTRE ESTABELECIMENTOS: DA SÚMULA 166 DO STJ AO JULGAMENTO DA ADC 49

Definir a extensão da hipótese de incidência do imposto sobre "*operações relativas à circulação de mercadorias e sobre prestações de serviços de transporte interestadual e intermunicipal e de comunicação*" nunca foi uma tarefa fácil. A chave para isso está na conceituação de termos empregados pela Constituição de 1967, como "*operações*" e "*circulação*", e adotados pela Constituição Cidadã de 1988, em seu artigo 155, inciso II.

Na época em que as discussões começaram a ganhar volume e navegar sobre mares cada vez mais agitados, o saudoso jurista Alberto Xavier já destacava que a "*ênfase posta no vocábulo 'operação' revela que a lei apenas pretendeu tributar os movimentos de mercadorias que sejam imputáveis a negócios jurídicos translativos da sua titularidade*"[10]. Nessa mesma linha, Geraldo Ataliba e Cleber Giardino defendiam que "*Circular significa, para o Direito, mudar de titular. Se um bem ou uma mercadoria muda de titular, circula para efeitos jurídicos*"[11].

Foi então que no ano de 1996, mais precisamente em 14 de agosto, o Superior Tribunal de Justiça editou a Súmula de n.º 166, de modo a consolidar seu posicionamento no sentido de que o simples deslocamento de mercadoria de um estabelecimento para outro do mesmo contribuinte não constitui fato gerador do ICMS. A edição do enunciado, entretanto, não esgotou as discussões que até então existiam e ainda existem sobre o tema, tanto que ainda sobrevive a necessidade de abordar o impacto tributário nessa simples remessa e aguardar iniciativas dos Poderes Judiciário e Legislativo para definição de questões remanescentes da matéria.

---

[10] Xavier, Alberto. Direito Tributário e Empresarial – Pareceres, Forense, Rio de Janeiro, 1982, p. 294.

[11] Ataliba, Geraldo e Cleber Giardino. cf. Núcleo da definição constitucional do ICM, RDT, São Paulo, 1983, vol. 25/26, pg. 111.

Logo na sequência da edição da mencionada Súmula, em 16 de setembro de 1996, foi publicada a Lei Complementar n.º 87, desde então conhecida como Lei Kandir, prevendo, em seu artigo 12, inciso I, que o fato gerador do ICMS considera-se ocorrido, inclusive, *"na saída de mercadoria de estabelecimento de contribuinte, ainda que para outro estabelecimento do mesmo titular"*. Foi por conta da superveniência desse texto legal que a discussão ganhou um novo capítulo, já que para parte dos Tribunais a Súmula n.º 166 do STJ teria perdido a sua aplicabilidade (*cite, por exemplo, Agravo Nº 70035410471, 22ª Câmara Cível, Tribunal de Justiça do RS, Relator: Carlos Eduardo Zietlow Duro, Julgado em 14/10/2010, DJ 20/10/2010*).

Foi preciso uma nova intervenção do STJ, agora através do repetitivo n.º 259, de 25 de agosto de 2010, para mais uma vez ressaltar que *"não constitui fato gerador do ICMS o simples deslocamento de mercadoria de um para outro estabelecimento do mesmo contribuinte"*. Isso que parecia ser um ponto final, na prática, não foi bem aceito pelos fiscos estaduais.

Exemplo disso é o fato de que mais de oito anos depois do julgamento, o Estado de São Paulo editava a Resposta à Consulta Tributária n.º 18848/2018, em que, com base no artigo 1º, inciso I, do RICMS/SP, defendia que *"há incidência do imposto na transferência de mercadorias entre estabelecimentos do mesmo titular"*. A consequência não poderia ser outra: autuações, insegurança jurídica, judicialização, entre outros problemas que os contribuintes, longe do ideal, enfrentam em sua jornada.

A questão não passou ao largo do STF, cujos posicionamentos, sistematicamente, se alinharam com o entendimento do STJ (AI 682.680 AgR e ARE 764.196 AgR), o que também pode ser verificado do julgamento do ARE n.º 1.255.882, em 15 de agosto de 2020 (Tema n.º 1.099/STF). Ou seja, apesar de pequena oscilação jurisprudencial encontrada nas instâncias ordinárias, as Cortes Superiores sempre se mostraram muito alinhadas contra a cobrança do ICMS na remessa entre unidades da mesma pessoa jurídica, o que não vinha sendo suficiente para afastar as inúmeras tentativas engendradas pelos Estados para cobrança a fórceps do imposto.

Em vista disso, no dia 19 de abril de 2021, no julgamento da ADC n.º 49 proposta pelo Governador do Estado do Rio Grande do Norte, a Suprema Corte houve por bem declarar a inconstitucionalidade dos artigos 11, §3°, II, 12, I, no trecho *"ainda que para outro estabelecimento do mesmo titular"*, e 13, §4°, da LC n.º 87/96[12]. O julgamento representou não só a ratificação do entendimento do STJ e da própria Suprema Corte, como também o expresso reconhecimento da inconstitucionalidade dos dispositivos, total ou parcial, que serviam como base para diversos Estados, até então, continuarem exigindo o ICMS na simples transferência, seja ela de natureza interna ou interestadual.

Atento ao propósito do presente artigo, é imprescindível a correta compreensão de que a inexistência de fator gerador e incidência do ICMS nas transferências entre os estabelecimentos próprios se aplica, indistintamente, tanto para as remessas internas como para as operações interestaduais.

Isso posto, o reconhecimento da inconstitucionalidade, especialmente do artigo 11, §3°, inciso II da mencionada norma, o qual prevê a autonomia entre estabelecimentos do mesmo titular, fez florescer um novo painel de indefinição. Isso porque, em linhas teóricas e em termos de ICMS, é essa individualização entre matriz e filial que define o sujeito passivo da relação jurídico-tributária, bem como, agora em linhas práticas, orienta o preenchimento dos registros fiscais, o cumprimento das obrigações acessórias e norteia o procedimento fiscalizatório.

Além disso, a partir do julgamento da ADC, com o receio de que a declaração da inconstitucionalidade da cobrança do ICMS, nesse caso, fosse entendida como hipótese de não incidência prevista no art. 155, §2°, II, "a" da Constituição Federal, os contribuintes questionaram a

---

[12] "Art. 11. O local da operação ou da prestação, para os efeitos da cobrança do imposto e definição do estabelecimento responsável, é:

(...)

§ 3° Para efeito desta Lei Complementar, estabelecimento é o local, privado ou público, edificado ou não, próprio ou de terceiro, onde pessoas físicas ou jurídicas exerçam suas atividades em caráter temporário ou permanente, bem como onde se encontrem armazenadas mercadorias, observado, ainda, o seguinte:

II - é autônomo cada estabelecimento do mesmo titular;"

"Art. 12. Considera-se ocorrido o fato gerador do imposto no momento:

I - da saída de mercadoria de estabelecimento de contribuinte, ainda que para outro estabelecimento do mesmo titular;"

"Art. 13. A base de cálculo do imposto é:

§ 4° Na saída de mercadoria para estabelecimento localizado em outro Estado, pertencente ao mesmo titular, a base de cálculo do imposto é: (...)"

possibilidade de o estabelecimento remetente transferir ao estabelecimento destinatário os créditos de ICMS apurados no Estado de origem. Tanto que, numa tentativa de garantir o aproveitamento, alguns optaram por realizar o destaque do imposto nas operações de remessa entre matriz e filial, ou vice-versa.

Com esse cenário de preocupação instalado, exatamente dois anos depois, a Suprema Corte, julgando procedente os aclaratórios opostos na mencionada ação de controle concentrado, trouxe alguns esclarecimentos. Um deles foi o reconhecimento de que a impossibilidade de cobrança do ICMS, na hipótese em análise, não trouxe qualquer prejuízo ao direito de manutenção do crédito. Contudo, aos Estados foi conferido o direito de disciplinarem a matéria até o final de 2023, de modo que, se exaurido o prazo *"fica reconhecido o direito dos sujeitos passivos transferirem tais créditos"*.

Completando o atual contexto fático jurisprudência sobre o tema, a Suprema Corte, por fim, modulou os efeitos da decisão *"a fim de que tenha eficácia a partir do exercício financeiro de 2024, ressaltados os processos administrativos e judiciais pendentes de conclusão até a data de publicação da ata de julgamento da decisão de mérito"*.

5. FATORES DE *DISTINGUISHING:* O ICMS NAS AQUISIÇÕES X O ICMS NA TRANSFERÊNCIA ENTRE ESTABELECIMENTOS DO MESMO CONTRIBUINTE

Depois desses longos e tortuosos anos, após o julgamento da ADC 49 e com o afastamento da cobrança do ICMS decorrente da simples remessa entre estabelecimentos do mesmo contribuinte, ainda que de natureza interestadual, a discussão alçou um novo patamar. Agora, além de todos os reiterados precedentes do STJ, os quais remontam a 1992, e dos julgamentos pela sistemática dos repetitivos e em sede de repercussão geral, a matéria encontra-se pacificada também em sede de controle concentrado de constitucionalidade.

Atingido certo grau de definição, é preciso esclarecer que, embora a remessa entre estabelecimentos próprios não seja uma hipótese de incidência do imposto estadual, isso não afastou a possibilidade de que, a partir dessa remessa, os contribuintes venham, na qualidade de responsáveis tributários, a ser chamados ao pagamento do ICMS gerado na etapa antecedente, de aquisição, e até então diferido. É uma nova fase no debate que foi acelerada pelos Estados após os referidos julgamentos.

É que, como já abordado nos tópicos anteriores, especialmente para os produtos rurais, nem sempre quem incorre na hipótese de incidência é quem tem o dever de recolher o ICMS, ou seja, são pessoas distintas o contribuinte e o responsável vinculados a determinado fato gerador. Os Estados podem, tal como o fazem, diferir a obrigação de pagamento do tributo ao longo da cadeia, mesmo que o seu fato gerador já tenha se consumado, mais de uma vez inclusive.

Nesse caso, quando preenchida uma das hipóteses de encerramento do diferimento previstas em Lei, surge, não para o vendedor, mas para o terceiro adquirente ou que tenha uma forma de vínculo com a operação impulsionadora do fato gerador, a responsabilidade pelo pagamento de todo o imposto que efetivamente incidiu nas etapas antecedentes. Por isso, é sustentada a possibilidade de que os contribuintes que realizam remessa interestadual entre seus estabelecimentos, mesmo que até o momento não tenham incorrido na hipótese de incidência do ICMS, têm o dever de apurá-lo e recolhê-lo.

5.1. A RESPONSABILIDADE TRIBUTÁRIA PARA A EXIGÊNCIA DO ICMS A PARTIR DA "QUEBRA" DO DIFERIMENTO

Os regulamentos do ICMS estaduais, de um modo geral, preveem a saída interestadual, de qualquer natureza, como uma hipótese clássica de encerramento do diferimento, quando aplicado nas etapas anteriores da cadeia. A fundamentação fazendária defende que, se assim não fosse, a mercadoria sairia do seu território fiscal, sem que, antes disso, fosse exigido o recolhimento do imposto que incidiu em todas as etapas realizadas dentro do Estado originário.

É o que ocorre, por exemplo, no Estado de Mato Grosso do Sul, entre outros tantos. No território sul-mato-grossense, por força das disposições do art. 2º do Decreto n.º 12.056/06, o *lançamento e o pagamento do imposto incidente nas operações internas com gado bovino ou bufalino ficam diferidos (...)* até que ocorra a saída (i) interestadual; (ii) interna ou interestadual dos produtos resultantes do abate, do estabelecimento que promover abate; (iii) ou interna destinada a estabelecimentos localizados nos municípios de fronteira internacional[13].

Embora a simples remessa entre estabelecimentos do mesmo contribuinte não seja considerada uma *"operação mercantil"* ou uma *"circulação jurídica com transferência de propriedade"* para fins de incidência do ICMS, é possível, por outro lado, que ela seja enquadrada como uma hipótese de encerramento do diferimento para identificação do responsável pelo pagamento do imposto incidente nas etapas antecedentes cuja obrigação de recolhimento estava diferida até então.

Sob o contexto do debate acerca da mencionada possibilidade, recebe destaque a definição, pelas regras do artigo 121 do Código Tributário Nacional, de sujeito passivo, sendo toda a *"pessoa obrigada ao pagamento do tributo ou penalidade pecuniária"*.

Para o cenário de operações em análise, cabe esclarecer referirem-se a dois fatos jurídicos distintos: primeiro a operação interna diferida quando da aquisição do produto rural, que faz nascer a pretensão tributária; o segundo fato é a posterior transferência interestadual desse mesmo produto, mesmo que para unidade do mesmo titular, que desloca a obrigação da etapa anterior para aquele que deu saída à mercadoria.

A respeito dessa dualidade de fatos que abarcam a responsabilidade tributária vinculada a uma hipótese de incidência, são esclarecedores os ensinamentos da Luis Eduardo Schoueri, catedrático da Faculdade de Direito da USP[14]:

> No caso da responsabilidade stricto sensu, devem ser considerados dois fatos distintos (que podem ou não ser simultâneos, ambos descritos hipoteticamente pela lei): o fato jurídico tributário, que faz nascer a preten-

---

13 Art. 2º O lançamento e o pagamento do imposto incidente nas sucessivas operações internas com gado bovino ou bufalino ficam diferidos para o momento em que ocorrerem as saídas: I – interestaduais dos referidos animais, observado o disposto nos incisos III e IV; II – internas ou interestaduais dos produtos resultantes do seu abate, do estabelecimento que promover o abate; III - internas dos referidos animais, destinados a estabelecimentos localizados nos Municípios de fronteira internacional nominados no caput do artigo seguinte, não detentores do Regime Especial de que trata o referido artigo, independentemente da localização do estabelecimento remetente; IV - internas de gado gordo destinado a estabelecimento produtor, ainda que do mesmo titular, ou a qualquer outro estabelecimento cuja atividade não seja a de abate.

14 Schoueri, Luis Eduardo, Direito Tributário, Saraiva, São Paulo, 8ª Ed., 2018, p. 576/577.

são tributária em face de uma pessoa (normalmente, o contribuinte, mas pode até mesmo ser um substituto) e um outro fato jurídico, que desloca a obrigação para o responsável stricto sensu (solidariamente ou não). Ou seja: o surgimento da obrigação tributária para o último, conquanto dependa da concretização da hipótese tributária, não se esgota nela. Para que surja tal sujeição passiva, é necessária, além dessa ocorrência (que dará surgimento à obrigação tributária), a constatação fática da hipótese de responsabilização.

Retomando o exemplo trazido a partir do Regulamento do Estado de Mato Grosso do Sul, tem-se que o ICMS decorre da circulação jurídica interna do gado, enquanto a responsabilidade sucede da remessa interestadual da mercadoria que outrora era adquirida internamente.

Consequência disso, a saída interestadual resulta na 'quebra' do diferimento do ICMS, posto que impõe a exação ao adquirente de produto rural proveniente de operação interna quando da posterior remessa para outro Estado, ainda que destinada a outro estabelecimento de sua titularidade. O cabimento dessa repercussão foi chancelado pelo Tribunal de Justiça do Mato Grosso do Sul, em julgamento da Apelação Cível n. 0801195-88.2021.8.12.0018[15].

---

15 APELAÇÃO CÍVEL – MANDADO DE SEGURANÇA – ICMS – TRANSFERÊNCIA DE GADO DE UM ESTABELECIMENTO COMERCIAL PARA OUTRO, DO MESMO CONTRIBUINTE, LOCALIZADO EM OUTRO ESTADO DA FEDERAÇÃO – INEXIGIBILIDADE DO ICMS – TEMA 1099 DO STF – EDIÇÃO, PELO ESTADO, DO DECRETO ESTADUAL 15.588/21, ARTIGO 4º-B – ALEGAÇÃO DE QUE SE TRATA DE NORMA QUE SE CONSTITUI EM ARDIL PARA PENALIZAR AQUELES QUE BUSCARAM O PODER JUDICIÁRIO E OBTIVERAM A ISENÇÃO DO PAGAMENTO DO ICMS NESSA ESPÉCIE DE OPERAÇÃO – ALEGAÇÃO INFUNDADA – HIPÓTESE DE ENCERRAMENTO DO REGIME DE SUBSTITUIÇÃO TRIBUTÁRIA, QUE ATINGE AS OPERAÇÕES INTERNAS ANTERIORES ENTRE ESTABELECIMENTOS E CONTRIBUINTES DISTINTOS – DEVER DE RECOLHIMENTO DO ICMS QUE INCIDIU NAS REFERIDAS OPERAÇÕES, ATÉ ENTÃO NÃO EXIGÍVEL – IMPROCEDÊNCIA DO MANDADO DE SEGURANÇA – SENTENÇA MANTIDA – RECURSO IMPROVIDO. Segundo o entendimento firmado pelo SUPREMO TRIBUNAL FEDERAL no julgamento do ARE 1.255.885, de agosto de 2020, que redundou no Tema 1.099 daquela Egrégia Corte Maior de Justiça, "não incide ICMS no deslocamento de bens de um estabelecimento para outro do mesmo contribuinte localizados em estados distintos, visto não haver a transferência da titularidade ou a realização de ato de mercancia". Se o produtor rural faz movimentação de gado nascido e criado em sua propriedade, sem que tenha ocorrido qualquer anterior circulação, oriunda de transações de compra e venda anteriores, efetivamente o produtor não deve ICMS, nem mesmo havendo nessa hipótese que se falar em substituição tributária para o passado. Todavia, se o gado vai ser transferido de uma propriedade rural do produtor para outra de sua propriedade, localizada em outro Estado da Federação, e essa é a questão nuclear, há que ser feito o pagamento do ICMS das

Portanto, a técnica do diferimento desloca o momento da obrigação de recolhimento do ICMS para além da operação originária que constitui o fato gerador e, inevitavelmente, atribui a responsabilidade tributária para agente envolvido na cadeia e distinto do contribuinte. Por conseguinte, passa a ter a obrigação de recolhimento do imposto diferido aquele que, despido da condição de contribuinte mas alçado ao papel de responsável tributário por força de lei, promova a saída interestadual, seja qual for sua natureza, forma ou tipo, considerada a partir da concepção genérica do termo 'saída', tais como a simples remessa entre estabelecimentos próprios ou de terceiros, a venda ou outra forma de circulação.

O contexto delineado na conclusão ora apresentada também foi e ainda é objeto de debate e litigância, sobretudo a partir da consolidação do posicionamento que sacramentou a distinção entre remessa

---

operações anteriores que não foram até então objeto de tributação, por força ser beneficiário do diferimento relativo às operações internas da cadeia anterior que se passou entre contribuintes distintos e em que o ICMS não foi recolhido, com claro prejuízo para o Estado. É que nesse caso (movimentação do gado para outro Estado) encerra-se o ciclo da substituição tributária(Artigo 12 do Código Tributário Estadual), não incidindo o tributo, evidentemente, nessa específica operação, em razão de obediência à jurisprudência sedimentada no SUPREMO TRIBUNAL FEDERAL e materializada no Tema 1099, antes referido, o que não significa entender, todavia, que nas operações anteriores em que ocorreu o diferimento do recolhimento do mesmo tributo, deixe o contribuinte de recolhê-lo em face das sucessivas transações comerciais anteriores entre contribuintes distintos, o que se deu até então por força do artigo 12, § 2º do Código Tributário Estadual – Lei Estadual nº 1.810/97. O que o artigo 4º do Decreto Estadual 15.588/2021 fez foi tornar induvidoso que com a transferência do gado bovino deste Estado para outro Estado, para o mesmo produtor rural (quando não se exige o ICMS em razão do Tema 1099 do STF) há o encerramento do diferimento previsto no Código Tributário Estadual, na medida em que a mercadoria não mais voltará a circular dentro do Estado de MS (em que havia a possibilidade de continuidade da cadeia de diferimento decorrente de operações internas futuras), de tal forma que, encerrando-se o ciclo de movimentação interna, o atual titular da propriedade e posse da mercadoria (gado vacum), como substituto tributário das operações internas anteriores, fica obrigado ao recolhimento do ICMS até então devido. A aplicação do Tema 1099 do STF implica em isenção do pagamento do ICMS na operação de transferência do gado entre imóveis distintos do mesmo titular mas não implica em carta de alforria para isenção do pagamento do tributo até então devido em face das sucessivas operações internas anteriores entre contribuintes distintos, como é o caso presente. Recurso conhecido e improvido, com o Parecer. (**TJMS**. Apelação Cível n. 0801195-88.2021.8.12.0018, Paranaíba, 3ª Câmara Cível, Relator (a): Des. Dorival Renato Pavan, j: 15/09/2022, p: 19/09/2022)

entre estabelecimentos próprios e venda de mercadoria para fins da incidência ou não incidência do ICMS. Questões como a impossibilidade de atribuir a simples remessa interestadual entre si como causa de quebra do diferimento por não figurar fato gerador do imposto e a inadequação do regulamento, enquanto norma infralegal, para dispor sobre o recolhimento do imposto diferido já foram afastadas pelo entendimento até aqui majoritário da Jurisprudência[16], a exemplo do precedente sul mato-grossense citado.

---

16 REMESSSA NECESSÁRIA E APELAÇÃO CÍVEL - MANDADO DE SEGURANÇA - ICMS - SUBSTITUIÇÃO TRIBUTÁRIA POR OPERAÇÃO ANTECEDENTE PREVISTA NA LEGISLAÇÃO ESTADUAL, COM FULCRO EM NORMA AUTORIZATIVA DA LEI KANDIR - AQUISIÇÃO DE LEITE NATURAL DIRETAMENTE DE PRODUTORES RURAIS - TRANSFERENCIA DO PRODUTO ENTRE ESTABELECIMENTOS DO ADQUIRENTE, LOCALIZADOS EM ESTADOS DA FEDERAÇÃO DISTINTOS - SUBSUNÇÃO DO FATO AO DISPOSTO NOS ARTS. 12, 13 E 85, INCISO IV, ALÍNEA "F", ITEM "F.4", DA PARTE GERAL DO RIMCS/2002 - NORMAS ESTADUAIS QUE GUARDAM ESTRITA CONSONÂNCIA COM OS ARTS. 8°, §1°, INCISO II, E 12, INCISO I, DA LEI COMPLEMENTAR FEDERAL N° 87/1996 - ENUNCIADO N° 166 DA SÚMULA DO STJ - INAPLICABILIDADE POR DISTINÇÃO - CIRCUNSTÂNCIA CONCRETA QUE SE DISTINGUE DO SIMPLES DESCOLAMENTO DE MERCADORIA ENTRE ESTABELECIMENTOS DO MESMO CONTRIBUINTE - CONCESSÃO DA SEGURANÇA - EQUÍVOCO - AUSÊNCIA DE PROVA PRÉ-CONSTITUÍDA DE FATOS E SITUAÇÕES QUE EMBASAM O DIREITO LÍQUIDO E CERTO INVOCADO PELO IMPETRANTE - SENTENÇA REFORMADA. (...) Entretanto, porque o diferimento não se confunde por isenção ou mesmo por renúncia de receita decorrente de tributo, a legislação estadual, inclusive em observância ao art. 9° da Lei Kandir, estabelece expressamente que o adiamento do pagamento do ICMS somente é possível nas operações internas do Estado de Minas Gerais, dependendo de acordo, firmado apenas em caráter excepcional com outros Estados da Federação, a adoção do sistema de recolhimento diferido em operações interestaduais.

A eventual remessa, para outro Estado da Federação, da mercadoria adquirida com o imposto diferido resulta no encerramento do adiamento de pagamento do ICMS, que deverá ser recolhido para o fisco Mineiro pelo responsável pelo envio interestadual, ainda que essa operação de saída, em si, seja isenta ou não tributada, como se extrai do expresso teor dos arts. 12, 13 e 85, inciso IV, alínea "f", item "f.4", da Parte Geral do RIMCS/2002, normas essas que guardam estrita consonância com os arts. 8°, §1°, inciso II, e 12, inciso I, da Lei Complementar Federal n° 87/1996.

Quando as circunstâncias fático-jurídicas não representam exigência de ICMS por simples descolamento de mercadoria entre estabelecimentos de um contribuinte, deve ser afastada, por distinção, a aplicação das razões de decidir concretizadas no enunciado n° 166 do colendo Superior Tribunal de Justiça. Ausentes os requisitos necessários à concessão da segurança - prova pré-constituída de ato ilegal praticado pela autoridade coatora que importa em lesão a direito líquido e certo das pessoas física e jurídica -, a sentença de Primeiro Grau deve ser reformada em remessa

Não se pode deixar de ressalvar a impossibilidade de exigência do imposto ao remetente do produto destinado ao estabelecimento próprio em outra Unidade da Federação quando inexistente operação antecedente abrangida pelo diferimento, afinal não há para tal situação o ICMS proveniente de aquisição antecedente tampouco a incidência sobre a simples remessa. Retrato disso, o pecuarista, por exemplo, que desenvolve a atividade de cria, ao transferir para seu estabelecimento em outro Estado os bezerros nascidos na propriedade do Estado de origem, não poderá ser cobrado, em hipótese alguma, do ICMS sobre tais produtos.

Mas a questão da quebra do diferimento não se esgota na possibilidade de aplicação para as transferências entre estabelecimentos situados em Estados distintos. Isso porque algumas implicações adicionais decorrentes do encerramento do diferimento, hoje visualizadas no Estado de Mato Grosso do Sul, devem ser questionadas pelos contribuintes e rechaçadas pelos tribunais pátrios, dentre elas o bloqueio de remessa de mercadorias como condição para pagamento do ICMS diferido ou, ainda, a vedação ao diferimento para mercadorias destinadas aos esta-

---

necessária. (TJMG - Ap Cível/Rem Necessária 1.0000.19.031768-5/001, Relator(a): Des.(a) Leite Praça, 19ª CÂMARA CÍVEL, julgamento em 31/10/2019, publicação da súmula em 07/11/2019)

MANDADO DE SEGURANÇA. ICMS. TRANSFERÊNCIA DE MERCADORIAS ENTRE ESTABELECIMENTOS DO MESMO TITULAR. NÃO INCIDÊNCIA. ESTORNO DOS CRÉDITOS. ICMS DIFERIDO. CREDITAMENTO NO DESTINO. 1. Reconhecida a não incidência do tributo sobre as operações de transferência de mercadorias entre estabelecimentos do mesmo titular, o contribuinte fica impedido de adjudicar os créditos relativos às operações anteriores, devendo proceder ao seu estorno, na hipótese de repetição do indébito tributário. 2. O fato de não incidir o ICMS sobre as operações de transferência de mercadorias entre os estabelecimentos do mesmo contribuinte não obsta a exigência de eventual ICMS incidente em regime de substituição tributária, tal como o diferimento decorrente de operação antecedente à de transferência entre os estabelecimentos do mesmo contribuinte. 3. Para o reconhecimento do direito líquido e certo a não recolher o ICMS nas operações de transferência de mercadorias entre estabelecimentos do mesmo titular, não se mostra necessária a comprovação de que o contribuinte não tenha se creditado dos valores destacados no destino, porquanto o eventual creditamento não tornaria devido o tributo a este Estado. Recurso provido em parte. Voto vencido. (Apelação / Remessa Necessária, Nº 51505858220218210001, Vigésima Segunda Câmara Cível, Tribunal de Justiça do RS, Relator: Miguel Ângelo da Silva, Redator: Maria Isabel de Azevedo Souza, Julgado em: 09-02-2023)

belecimentos beneficiários de decisão judicial que os desobriguem de recolher o imposto em operação entre as suas propriedades.

5.1.1. ILEGALIDADES DECORRENTES DA QUEBRA DO DIFERIMENTO

Embora a responsabilização pelo encerramento do diferimento atribuída por força de lei ao remetente esteja dentro do campo de competências do ente-tributante, nada lhe confere o direito de se exceder no procedimento fiscalizatório, tal como se verifica em diversas Unidades da Federação, não sendo diferente no Estado de Mato Grosso do Sul, cuja exigência do imposto diferido foi anteriormente relatada. Verifica-se a prática nos procedimentos fiscalizatórios de uma série de medidas em detrimento daqueles que fazem a remessa interestadual entre estabelecimentos próprios, como a exigência prévia do pagamento do ICMS diferido como condição para a saída da mercadoria.

O direito de o Estado cobrar o ICMS pelo encerramento do diferimento não se confunde com o direito de o ente tributante impedir a transferência interestadual sem o prévio pagamento do imposto diferido pelo responsável tributário definido em lei. Agir de tal modo é promover, ainda que indiretamente, a apreensão de mercadorias como meio coercitivo ao pagamento de tributos, vedada pela Súmula de n.º 323 do STF. Nesse sentido já vem destacando o Tribunal de Justiça de MS:

> APELAÇÃO CÍVEL – REMESSA NECESSÁRIA – MANDADO DE SEGURANÇA – INCIDÊNCIA DE ICMS – SAÍDA/TRANSFERÊNCIA DE BOVINOS PARA IMÓVEL RURAL DO MESMO PROPRIETÁRIO LOCALIZADO EM OUTRO ESTADO DA FEDERAÇÃO – ENCERRAMENTO DO DIFERIMENTO TRIBUTÁRIO – PODER/DEVER DE PROCEDER AO LANÇAMENTO E RESPECTIVA COBRANÇA – VEDAÇÃO DE CONDICIONAR A SAÍDA/TRANSFERÊNCIA AO RECOLHIMENTO TRIBUTÁRIO DE FATOS IMPONÍVEIS ANTERIORES – RECURSO VOLUNTÁRIO E REMESSA NECESSÁRIA CONHECIDOS E NÃO PROVIDOS. 1. Por força do disposto no art. 12, inciso I, da Lei n. 1.810/97, a saída de bovinos deste Estado para outro implica encerramento do diferimento do lançamento tributário e da respectiva cobrança do ICMS relacionado a fatos imponíveis situados em momentos anteriores na cadeia de bovinocultura. 2. Assim sendo, no momento dessa saída/transferência, o Ente Estadual tem o poder/dever de proceder à aferição se tais bovinos não estão abrangidos em operações anteriores que geraram obrigação de pagamento do ICMS e, consequentemente, de proceder ao lançamento do ICMS e à respectiva cobrança atinentes a esses fatos imponíveis. 3. No entanto, o Estado não pode condicionar essa saída/transferência ao recolhimento

do ICMS – sob pena de violar direito líquido e certo reiteradamente reconhecido aos contribuintes pelos nossos tribunais nos casos de apreensões de mercadorias como meio coercitivo para pagamento de tributos. 4. Apelação e Remessa Necessária conhecidas e não providas. (**TJMS**. Apelação/Remessa Necessária n. 0802383-79.2017.8.12.0011, Coxim, 4ª Câmara Cível, Relator (a): Des. Alexandre Bastos, j: 21/09/2020)

Se existe imposto devido, que o Estado se valha dos meios e limites que lhe são dispostos para a cobrança, sem ferir direitos dos contribuintes constitucionalmente consagrados.

Não podem, ademais, deixarem de ser criticadas previsões como as do art. 4-A e art. 4-B do Decreto n.º 12.056/06[17], que veda a aplicação do diferimento para os contribuintes que se utilizaram de medida judi-

---

17 Art. 4º-A. O diferimento nas operações com os animais e produtos mencionados neste Capítulo somente se aplica nos casos em que o remetente e o destinatário não estejam enquadrados no regime de pagamento do ICMS previsto na Lei Complementar (nacional) nº 123, de 14 de dezembro de 2006, ou em qualquer outro regime diferenciado e favorecido de apuração e pagamento do ICMS, previsto em lei federal ou estadual. (Artigo acrescentado pelo Decreto Nº 12356 DE 28/06/2007).

(Parágrafo acrescentado pelo Decreto Nº 15588 DE 25/01/2021): Art. 4º-B. O diferimento do lançamento e do pagamento do ICMS previsto neste Decreto para as operações internas com gado bovino ou bufalino não se aplica quando o estabelecimento destinatário, inclusive agropecuário, for beneficiário de decisão judicial, ainda que não definitiva, que o desobrigue de recolher ICMS sobre operação posterior de saída interestadual do gado, ou dos produtos resultantes do seu abate, quando destinada a outro estabelecimento de sua titularidade.

§ 1º Na hipótese deste artigo:

I - o remetente, fornecedor do gado, deverá recolher o imposto devido sobre a operação própria, à vista de cada operação, no momento da saída do gado do seu estabelecimento, devendo o respectivo comprovante acompanhar a nota fiscal acobertadora da operação;

II - caso o estabelecimento destinatário do gado realize operação posterior tributada com o gado, ou com os produtos resultantes do seu abate, fica autorizado o uso do crédito relativo ao ICMS recolhido pelo estabelecimento remetente, proporcionalmente às saídas tributadas.

§ 2º No caso de que trata o inciso II do § 1º deste artigo, o uso do crédito, no caso de estabelecimento agropecuário, fica sujeito à prévia autorização e registro pela Administração Tributária Estadual, nos termos da legislação aplicável.

§ 3º O contribuinte beneficiário da decisão a que se refere o caput deste artigo que, na data da decisão, possuir estoque de gado ou de produtos resultantes do seu abate, cuja entrada do gado no seu estabelecimento for decorrente de operação interna ocorrida com diferimento do lançamento e do pagamento do ICMS, deverá, no prazo de quinze dias, contados da data do início dos efeitos da decisão:

cial para afastar a cobrança do ICMS na remessa entre estabelecimentos do mesmo contribuinte. Normas como essa escancaram não só um ato de coação política para aqueles que procuram socorro ao Poder Judiciário, face a uma grave ilegalidade do próprio ente arrecadatório, como também uma clara violação ao princípio da isonomia tributária.

Somente pelo simples fato de existir medida judicial, que somente era necessária por conta de uma desobediência dos fiscos ao entendimento jurisprudencial consolidado, os contribuintes do Estado de Mato Grosso do Sul começaram a se ver impedidos do regular exercício de suas atividades e de promover transferências e saídas. Ou seja, como clara forma de reprimenda, foram discriminados os contribuintes que, na visão do Estado, tiveram a ousadia de desafiar seu poder de tributação e conseguiram, depois de muita luta e por força de decisão judicial, afastar uma cobrança que sempre fora inconstitucional; e do outro, os contribuintes que, imobilizados pela coação da administração pública, assumiram indevidamente o ônus do pagamento do imposto indevido.

I - apurar e recolher, na condição de substituto tributário da operação anterior, o ICMS diferido na operação interna de aquisição do gado em estoque ou do gado a que corresponde o estoque de produtos resultantes do abate, observando como base de cálculo do imposto o Valor Real Pesquisado vigente na data do recolhimento, reduzida nos termos do art. 6º deste Decreto, e a alíquota de dezessete por cento;

II - informar à Secretaria de Estado de Fazenda o estoque de gado ou dos produtos resultantes do seu abate e o recolhimento do ICMS, mediante petição dirigida à Superintendência de Administração Tributária, a ser protocolada no módulo Solicitação de Abertura de Protocolo (SAP) no ICMS Transparente.

§ 3º-A. O recolhimento decorrente do disposto no § 3º deste artigo não abrange o gado nascido na propriedade (gado crioulo), por não ter sido aplicado o instituto do diferimento, em virtude da não existência de operação anterior relativa à circulação de mercadoria. (Parágrafo acrescentado pelo Decreto Nº 16259 DE 23/08/2023).

§ 4º A falta de recolhimento do imposto na forma e prazo previstos no § 3º deste artigo, implica a perda do benefício de redução da base de cálculo previsto no art. 6º deste Decreto e a exigência do imposto, com multa, atualizado monetariamente e acrescido de juros de mora.» (NR)

5.2. A RESPONSABILIDADE TRIBUTÁRIA NA REMESSA INTERESTADUAL DE PRODUTO BENEFICIADO POR ISENÇÃO EM OPERAÇÃO ANTECEDENTE: EXIGÊNCIA INDEVIDA DO ICMS

Outro exemplo a ser destacado vem do Estado de Goiás, cujo Regulamento do Código Tributário Estadual, em seu artigo 6°, inciso XLIII, do Anexo IX do Decreto n.° 4.852/97[18], com redação dada pelo Decreto n.° 9.478/19, concede a isenção do ICMS sobre a saída interna de gado realizada entre produtores agropecuários, desde que cumprida as demais obrigações acessórias, como emissão de nota fiscal e demais documentos de controles.

Ocorre que, ao mesmo tempo que exclui o crédito tributário desse tipo de operação interna realizada por produtos listados, a legislação goiana se resguarda o direito de cobrar o imposto do remetente substituto que promover a transferência interestadual da mercadoria isentada. Em outras palavras, o Estado de Goiás primeiro isenta a operação interna com gado, e em um segundo momento, na remessa interestadual, responsabiliza o adquirente/remetente pelo pagamento do imposto que sequer incidiu tampouco foi diferido na operação antecedente.

A doutrina, assente nos ensinamentos de Souto Maior Borges, tem ressaltado que a existência de isenção opera de forma a impedir o nascimento da obrigação tributária, de modo que, consequentemente, inexiste na operação isentada a ocorrência de qualquer fato jurídico tributário. Neste sentido reforça o festejado professor Roque Antônio Carraza ao dispor que *"Positivamente, soa absurdo que a lei tributária que concede uma isenção dispense o pagamento do tributo. Afinal, a lei de*

---

18 "Art. 6° São isentos do ICMS: (...)

XLIII - a saída interna de gado asinino, bovino, bufalino, caprino, equino, muar, ovino e suíno destinado a criar, recriar ou engorda, realizada entre produtores agropecuários, desde que acobertada por nota fiscal e demais documentos de controle exigidos, ficando mantido o crédito, observado o seguinte (Convênio ICMS 139/92): (Redação conferida pelo Decreto n° 8.778 - vigência: 26.11.15)

CONFERIDA NOVA REDAÇÃO À ALÍNEA "A" DO INCISO XLVIII DO ART. 6° PELO ART. 1° DO DECRETO N° 9.478, DE 19.07.19 - VIGÊNCIA: 22.07.19

a) o imposto dispensado na situação referida no caput deve ser pago pelo destinatário que realizar:

1. qualquer saída do gado sem que esse tenha sido objeto de cria, recria ou engorda em seu estabelecimento;

2. saída em transferência interestadual;"

isenção é logicamente anterior à ocorrência do fato que, se ela não existisse, aí, sim, seria imponível"[19].

Se há isenção, não há, por decorrência lógica, tributação. A obrigação tributária não existe para o substituído e, por isso, também não pode ser imposta ao substituto remetente, na medida em que a norma de isenção é, igualmente por lógica, anterior a ocorrência do evento que seria objeto de tributação. E, se assim não fosse, se permitiria uma situação teratológica de responsabilização do substituto por uma obrigação que sequer existe para o substituído.

Mas não é só isso que tem sido levado em consideração, já que, apesar de não pacificados, existem precedentes no âmbito do Tribunal de Justiça do Estado de Goiás afastando, quando das operações interestaduais de simples remessa entre estabelecimentos da mesma pessoa jurídica, a responsabilização do substituto tributário pelo recolhimento do ICMS da etapa antecedente, se beneficiada pela isenção.

As ementas dos precedentes jurisprudenciais[20] revelam as importantes bandeiras levantadas pela Corte, como a impossibilidade de revo-

---

19 Carraza, Roque Antônio Curso de Direito Constitucional Tributário, pg. 911, 26ª Edição, PC Editorial LTDA, 2010.

20 DUPLO GRAU DE JURISDIÇÃO Nº 5145431-20.2021.8.09.0130 COMARCA DE PORANGATU 5ª CÂMARA CÍVEL AUTOR: JOSÉ FERNANDO JURCA RÉU: DELEGADO REGIONAL TRIBUTÁRIO DO POSTO FISCAL DE PORANGATU/GO DUPLA APELAÇÃO CÍVEL 1º APELANTE: ESTADO DE GOIÁS 2º APELANTE: JOSÉ FERNANDO JURCA 1º APELADO: JOSÉ FERNANDO JURCA 2º APELADOS: ESTADO DE GOIÁS E DELEGADO REGIONAL TRIBUTÁRIO DO POSTO FISCAL DE PORANGATU RELATOR: MAURÍCIO PORFÍRIO ROSA EMENTA: DUPLO GRAU DE JURISDIÇÃO E DUPLA APELAÇÃO CÍVEL. MANDADO DE SEGURANÇA. DECRETO ESTADUAL 9.478/19. ALTERAÇÃO DA CONDIÇÃO DE FRUIÇÃO DO BENEFÍCIO DE ISENÇÃO DO ICMS REFERENTE A SAÍDA INTERNA DE GADO. IMPOSSIBILIDADE DE DIFERENCIAÇÃO TRIBUTÁRIA ENTRE BENS E SERVIÇOS. VIOLAÇÃO SÚMULA 166. 1. O Decreto Estadual n. 9.478/2019, alterou a aplicação das condições para isenção do ICMS nas operações de compra e venda de gado bovino no âmbito do Estado de Goiás, atribuindo ao adquirente a condição de responsável tributário pelo recolhimento do tributo estadual, quando este realizar subsequente remessa interestadual. 2. Referido decreto, a princípio, viola a Súmula 166 do STJ, pois, conquanto apenas condicione a fruição do benefício da isenção do ICMS concedido pelo Decreto nº 4.852/97E, é certo que ele impõe, na prática, que o produtor rural que realizar a transferência interestadual de bovinos entre suas propriedades deverá recolher o ICMS não constituído na operação anterior. 3. O artigo 152 da CF, inclusive, prevê que é vedado aos Estados, ao Distrito Federal e aos Municípios estabelecer diferença tributária entre bens e serviços, de qualquer natureza, em razão de sua procedência ou destino. 4. Deve

gação/limitação da isenção sem a existência de lei autorizadora, destacando ainda a ilegalidade da conduta do ente tributante, que, além de diferenciar a mercadoria de acordo com seu destino, isto é, se a remessa é interna ou interestadual e para estabelecimento próprio ou de terceiro, faz surgir, a partir da simples remessa, uma hipótese de

---

a sentença ser reformada, no sentido de determinar que a autoridade Impetrada se abstenha de exigir do Impetrante o recolhimento do Imposto sobre Circulação de Mercadoria e Serviços - ICMS, oriundo do Decreto Estadual nº 9.478/19, quando houver mero deslocamento físico interestadual de bovinos entre as propriedades rurais de comprovada titularidade do Agravante, nos termos da Súmula nº 166 do STJ. REMESSA NECESSÁRIA E 2ª APELAÇÃO CÍVEL CONHECIDAS E PROVIDAS. 1ª APELAÇÃO CÍVEL CONHECIDA E DESPROVIDA. (TJGO, PROCESSO CÍVEL E DO TRABALHO -> Recursos -> Apelação / Remessa Necessária 5145431-20.2021.8.09.0130, Rel. Des(a). DESEMBARGADOR MAURICIO PORFIRIO ROSA, 5ª Câmara Cível, julgado em 07/11/2022, DJe de 07/11/2022)

DUPLO GRAU DE JURISDIÇÃO AUTOS Nº 5019021.57.2021.8.09.0051 Comarca: GOIÂNIA Autor: WALTER ALVES DO NASCIMENTO Réu: ESTADO DE GOIÁS Relator: Des. Gilberto Marques Filho EMENTA: DUPLO GRAU DE JURISDIÇÃO. AÇÃO DE CONHECIMENTO. DECLARAÇÃO DE INEXISTÊNCIA DE RELAÇÃO JURÍDICO-TRIBUTÁRIA. ICMS. TRANSPORTE INTERESTADUAL DE SEMOVENTES ENTRE ESTABELECIMENTOS RURAIS DO MESMO PROPRIETÁRIO LOCALIZADOS EM ESTADOS DISTINTOS. SÚMULA Nº 166. SAÍDA INTERNA DE ANIMAIS. ISENÇÃO. CONVÊNIO ICMS 139/92. DECRETO Nº 9.478/2019. INSTRUÇÃO NORMATIVA Nº 1440/2019. MODIFICAÇÃO DAS CONDIÇÕES DE FRUIÇÃO DO BENEFÍCIO DE ISENÇÃO DO ICMS RELATIVO À SAÍDA INTERNA DE GADO. SUSPENSÃO DOS EFEITOS DA NORMAS. 1. Nos termos da Súmula nº 166, da Corte Superior não constitui fato gerador do ICMS o simples deslocamento de mercadoria de um para outro estabelecimento do mesmo contribuinte, mostrando-se irrelevante o fato dos estabelecimentos do mesmo contribuinte se encontrarem em estados distintos, já que o que importa para o ICMS é a transferência da propriedade de um para outro titular. 2. O Decreto nº 9.478/2019 e a Instrução Normativa nº 1440/2019, que o complementou, revogaram/modificaram o benefício da isenção do ICMS na compra interna de gado, garantida pelo Convênio ICMS 139/92, na hipótese do contribuinte realizar posteriormente a transferência interestadual de semoventes, o que limita o direito do contribuinte de transportar rebanho de sua propriedade entre suas glebas rurais localizadas em outros estados, sem olvidar que o art. o 178, do CTN permite a revogação ou modificação da isenção de tributos apenas por meio de lei específica, de forma que se revela correta a suspensão dos efeitos das normas, conforme determinado na sentença. Remessa obrigatória conhecida e desprovida. Sentença mantida. (TJGO, PROCESSO CÍVEL E DO TRABALHO -> Recursos -> Remessa Necessária Cível 5019021-57.2021.8.09.0051, Rel. Des(a). DESEMBARGADOR GILBERTO MARQUES FILHO, Goiânia - 2ª Vara da Fazenda Pública Estadual, julgado em 28/02/2023, DJe de 28/02/2023)

recolhimento do ICMS sobre operação isenta, o que indiretamente violaria a Súmula n.º 166 do STJ.

Desse modo, não há dúvidas a respeito do descabimento da aplicação da mesma repercussão tributária sobre a transferência interestadual entre estabelecimentos próprios para produtos anteriormente beneficiados pelo diferimento ou pela isenção, na medida em que apenas no segundo instituto se encontra o efeito da exclusão da obrigação tributária.

5.3. O DIREITO DE CRÉDITO DO ICMS NA AQUISIÇÃO DE MERCADORIAS COM O DIFERIMENTO – EXCEÇÃO AO PRINCÍPIO DA NÃO CUMULATIVIDADE

A atribuição da responsabilidade ao contribuinte que transfere mercadorias entre seus estabelecimentos pelo pagamento do ICMS incidente nas etapas antecedentes gravadas pelo diferimento eleva o debate para um nível singular, já que, diante do dever jurídico de recolher o tributo, mesmo que sem relação pessoal e direta com a situação a partir da qual decorreu o fato gerador, emergem dúvidas sobre o *quantum* deve ser direcionado aos cofres do ente tributante. E, como é sabido, o cálculo do montante devido **não depende apenas do valor da operação e alíquota do tributo**, como também do crédito gerado, que poderá, eventualmente, ser apropriado e utilizado para abatimento do saldo devedor apurado na etapa subsequente.

Pois bem, a Carta Magna, em seu artigo 155, §2º, II, "a", trouxe a previsão expressa de que a isenção e **não** incidência, "*salvo determinação em contrário da legislação*", não implicam em crédito para compensação com o montante devido nas operações seguintes. Aqui, dá-se que o legislador constitucional previu, porém, a possibilidade de os Estados e o Distrito Federal manterem o direito ao creditamento, mesmo se tratando de operações inicialmente, mas não obrigatoriamente, fora do campo da não cumulatividade.

Essas duas exceções expressas não trazem implicações significativas para o tema aqui posto em debate. Em verdade, o que deve ser analisado com maior cautela e que tem sido alvo de maiores discussões doutrinárias e jurisprudenciais diz respeito às possíveis exceções constitucionais imp**lícitas** ao princípio da não cumulatividade, dentre elas o diferimento.

Revela-se desafiador definir conceitualmente a natureza do diferimento, tal como foi bem cumprida pelo doutrinado José Eduardo Soares de Melo[21], para, a partir disso, assentar se essa técnica de substituição tributária é ou não uma exceção ao princípio da não cumulatividade, especialmente quando o resultado da análise impacta diretamente no direito de os contribuintes tomarem crédito nas aquisições de mercadorias submetidas a essa técnica de tributação.

Fato é que o Supremo Tribunal já se debruçou algumas vezes sobre a questão, ocasião em que defendeu a impossibilidade de creditamento do ICMS nas operações atingidas pelo diferimento (RE 112.098, DJ 14.02.92, RE 102.354, DJ 23.11.84, RE 572.925, DJ 24.03.2011). Mais recentemente, inclusive, a Suprema Corte, no julgamento do Recurso Extraordinário n.º 781.926/GO (Tema 694 da Repercussão Feral) seguiu esse mesmo posicionamento, fixando a seguinte tese: "*O diferimento do ICMS relativo à saída do álcool etílico anidro combustível (AEAC) das usinas ou destilarias para o momento da saída da gasolina C das distribuidoras (Convênios ICMS n.º 80/97 e 110/07) não gera o direito de crédito do imposto para as distribuidoras.*"

A conclusão da Corte de Justiça tem se pautado em uma interpretação gramatical do texto legal, mais especificamente o artigo 155, §2º, inciso I, da Lei Maior, que outorga ao contribuinte o direito de creditar-se do montante do ICMS efetivamente "cobrado" nas operações anteriores. Assim, na visão dos ministros julgadores, como o diferimento é nada mais do que uma postergação do pagamento, junto com ele caminha o direito de crédito, que se torna disponível para o seu aproveitamento somente a partir do encerramento do diferimento.

Configurando ou não uma exceção ao princípio da não cumulatividade, nada deve impedir, tal como para isenção ou não incidência, que os Estados permitam, por disposição legal, a apuração do crédito apurado a partir das etapas de aquisição com diferimento.

Apesar disso, é importante ter em mente que a transferência interestadual de mercadoria para estabelecimento do mesmo contribuinte, tratando-se de uma hipótese de encerramento do diferimento, tende a gerar o dever de recolhimento do ICMS devido nas operações diferidas na perspectiva dos Fiscos Estaduais, cujo crédito, esse sim, poderá ser transferido e apropriado pelo estabelecimento destinatário.

---

21 SOARES DE MELO, José Eduardo. ICMS: teoria e prática. 3. Ed. São Paulo: Dialética: 1998, p. 191.

Logo, a transferência interestadual entre estabelecimentos próprios, ainda que não caracterize fato gerador a atrair a incidência do ICMS, deve carregar consigo o crédito do imposto a ser mantido pelo estabelecimento destinatário, na medida em que resulta na quebra do diferimento então aplicado nas operações antecedentes.

6. CONCLUSÃO

A lição aqui aprendida diz respeito às implicações tributárias atreladas às remessas de produtos agropecuários entre estabelecimentos do mesmo contribuinte, notadamente em operações interestaduais e em razão dos reflexos trazidos pelos institutos do diferimento, isenção e creditamento aplicáveis ao setor.

Atraídos pela não incidência do ICMS nas transferências entre estabelecimentos próprios, internas e interestaduais, é imperioso advertir aos contribuintes para que tenham a completa e exata compreensão dos aspectos fiscais que norteiam não somente tais remessas como também as operações antecedentes e subsequentes, caso contrário contarão com a concepção imprecisa do tratamento tributário efetivamente aplicado, meramente sob a ótica da inexistência do fator gerador do imposto, e assim poderão ser surpreendidos pela inesperada exigência do ICMS, inclusive posteriormente à realização das operações e após já haverem implementado a estrutura e modelo de negócio para o seu processo produtivo.

De um lado, é certo que inexiste ICMS a ser exigido, seja das operações anteriores, seja das transferências entre si, quando a pessoa física ou jurídica promove a saída interestadual destinada a seu estabelecimento de produto que não tenha sido abarcado pelo diferimento, ou seja, que seja originário de produção própria. Por outro **ângulo**, quando verificada a aplicação prévia desse instituto e da isenção sobre o produto a ser transferido, a atenção deve ser redobrada para as regras do diferimento e os efeitos de sua quebra, especialmente diante das abusividades aqui reveladas, como a exigência do prévio recolhimento do tributo condicionante para a remessa a outro Estado ou, ainda, a descabida responsabilização pelo pagamento do imposto sobre produto beneficiado pela isenção em operação prévia.

Portanto, além da observância à não incidência do ICMS para a circulação de produtos entre estabelecimentos do mesmo contribuinte, os Estados podem ser confrontados quando inobservados os requisitos formais, tal como a exigência de lei para a fixação da responsabilidade tributária, e os regulares e apropriados efeitos do diferimento, isenção e creditamento, de modo a afastar as irregularidades ora relatadas para a cobrança do imposto, sobretudo quando **é realizada** saída, ao longo da cadeia de operações, que não constitua fato gerador do ICMS.

Finalmente, almeja-se que a presente conclusão sirva para alertar a respeito da visão integral dos desafios, implicações e direitos dos contribuintes concernentes à matéria do ICMS nas diversas e sucessivas operações com produtos agropecuários, precipuamente aquelas que, dentre as etapas, contam com a transferência entre estabelecimentos próprios.

REFERÊNCIAS

ATALIBA, Geraldo e Giardino, Cleber. cf. Núcleo da definição constitucional do ICM, RDT, São Paulo, 1983, vol. 25/26.

CARRAZA, Roque Antônio. Curso de Direito Constitucional Tributário, 26ª Edição, PC Editorial LTDA, 2010.

COSTA, Regina Helena. Curso de Direito Tributário: Constituição e Código Tributário Nacional. São Paulo: Ed. Saraiva, 2009.

SCHOUERI, Luis Eduardo. Direito Tributário, Saraiva, São Paulo, 8ª Ed., 2018.

SOARES DE MELO, José Eduardo. ICMS: teoria e prática. 3. Ed. São Paulo: Dialética: 1998.

SOUZA, Pedro Guilherme Gonçalves de. Regime Especiais Tributários: Legitimação e Condicionantes de Segurança Jurídica e de Governança na Perspectiva Constitucional. São Paulo: Quartier Latin, 2018.

TAMARINDO, Ubirajara Garcia Ferreira, PIGATTO, Gessuir. Tributação no Agronegócio. Uma análise dos principais tributos incidentes. Leme (SP): JH Mizuno, 2018.

TORRES, Heleno Taveira e DONIAK Jr, Jimir, Coord. Agronegócio, Tributação e questões Internacionais. São Paulo: Quartier Latin, 2019.

XAVIER, Alberto. Direito Tributário e Empresarial – Pareceres, Forense, Rio de Janeiro, 1982.

YOUNG, Lúcia Helena Briski. Atividade Rural: Aspectos Contábeis e Tributários. 2ª edição. Curitiba: Editora Juruá, 2011.

A PROBLEMÁTICA DO CRÉDITO ACUMULADO DE ICMS EM SÃO PAULO E A REFORMA TRIBUTÁRIA

Jessica Garcia Batista[1]
Marcelo Guaritá Borges Bento[2]

1. INTRODUÇÃO

Não é novidade que a legislação nacional e estaduais do ICMS apresentam uma das mais intricadas aplicações dentre todos os tributos previstos pela Constituição Federal, impondo aos contribuintes inúmeras obrigações que acarretam severa complexidade na operação, além de delegar a cada Ente Público Estadual as prerrogativas acerca das regras para apuração e utilização do imposto estadual pelos contribuintes acumuladores de créditos.

Hoje, considerando o cenário formado pela aprovação da Reforma Tributária pela Proposta de Emenda à Constituição PEC 45, a questão do crédito acumulado do ICMS, que por força dos artigos 24 e 25 da Lei Complementar 87/1996, admite sua utilização para além do pagamento do próprio imposto, voltou a apresentar extrema relevância. A

---

1 Mestra em Contabilidade e Controladoria pela Fecap, Especialista em Direito Tributário pela Universidade Mackenzie, Bacharela em Direito pela FMU e Contabilidade pela FECAP. jessica@psg.adv.br.

2 Mestre em Direito do Estado pela PUC São Paulo, MBA em gestão tributária pela ESALQ/USP, Bacharel em Direito pela PUC São Paulo. marcelo@psg.adv.br.

principal razão é que a formalização e utilização de tais valores não se dá de forma ágil e eficaz.

Sem dúvidas que o crédito acumulado do ICMS é forma de reduzir o grande impacto que a carga tributária impõe aos contribuintes, uma vez que pode ser utilizado como crédito para aquisição de insumos, bens e até ser transferido para terceiros. Daí sua relevância, posto que a transição para o novo regime que se avizinha afetará consideravelmente o estoque represado que aguarda a autorização para liberação.

Pensando nisso, observou-se para a análise do presente estudo as bases do cenário atual descritas na Lei Complementar 87/1996 e Decreto 45.490/2000 do Estado de São Paulo que tratam das regras de apuração e utilização do crédito acumulado do ICMS gerado nas operações de comercialização interna e exportação. Diante das normativas, pensou-se na seguinte questão: como podem elas ser aplicadas de uma forma mais efetiva e célere nas operações de liberação perante o Fisco? Além das referidas normas, considerou-se as condições de transição do regime atual previstas na Reforma Tributária da Proposta de Emenda à Constituição – PEC 45, e suas consequências para a convergência do modelo antigo para o novo regime do IBS.

O tema tem especial relevância na cadeia do agronegócio que, em razão das suas particularidades, é marcada pelo acúmulo de créditos de ICMS por força das várias hipóteses de saída desonerada.

Colocada a relevância do crédito e as bases da análise, fecha-se o contorno do assunto para viabilizar o avanço no estudo sobre os pontos de atenção no regime jurídico do crédito acumulado do ICMS no Estado de São Paulo.

2. ICMS

2.1. CONCEITO DO ICMS

A receita de maior relevância econômica para os Estados, o ICMS, é o imposto que incide na cadeia da comercialização de bens, serviços, transportes intermunicipais e interestaduais, e de comunicação. No entanto, para fins do presente artigo, será tratada somente a comercialização de bens, já que o grande contingente do crédito acumulado advém desta operação.

Pois bem, o imposto estadual apresenta como fato gerador a comercialização de bens ou mercadorias no território nacional, sendo contribuinte do ICMS aquele que realizar a operação, ou seja, o sujeito passivo previsto nas normas aplicáveis, aquele que pratica o fato jurídico com intuito comercial de operações de circulação de mercadorias[3].

O ICMS apresenta tal desenho para delimitar seu campo de incidência aos negócios jurídicos, os de compra e venda ou quaisquer outros[4], ou seja, vinculado a negócio jurídico bilateral, consensual, de compra e venda, ou qualquer outra operação bilateral que acarrete a circulação de mercadorias[5] [6].

Diante dessas premissas, as normas estabelecem que o contribuinte definido deverá apurar a base de cálculo tendo como alvo o valor da operação realizada, acrescida de todas as importâncias recebidas ou debitadas pelo remetente como seguros, juros e demais importâncias pagas, recebidas ou debitadas, descontos concedidos sob condição, o valor de mercadorias dadas em bonificação, frete, IPI etc. (art. 37)[7].

Além da delimitação do fato gerador, base de cálculo e contribuinte do imposto, as normas também estabelecem as alíquotas incidentes para cada tipo de operação de comercialização. No geral, as alíquotas são de 18% para operações internas, e 7% ou 12% para operações interestaduais[8].

Há ainda princípio constitucional específico que deve orientar a sistemática de apuração do imposto, o princípio da não cumulatividade, o qual possui papel central da avaliação dos créditos de ICMS, e consequentemente, do crédito acumulado do imposto. Por este princípio, a exação não poderá incidir de forma acumulada na cadeia de produção,

---

3 BALEEIRO, Aliomar; Derzi, Misabel Abreu Machado. Direito Tributário Brasileiro. 12ª ed. São Paulo: Forense, 2005, p. 373/374.

4 GOMES CANOTILHO, JJ, (et all) e coordenadores Ferreira Mendes, Gilmar; Sarlet, Ingo Wolfgang e Streck, Lênio Luiz: Comentários à Constituição do Brasil. 2ª ed. São Paulo: Saraiva Educação, 2018, posição 91278.

5 PONTES DE MIRANDA, Francisco Cavalcanti. Comentários a Constituição de 1.967. 2a Ed., SP: RT, 1973, t. II, p. 507.

6 PAULSEN, Leandro: Curso de Direito Tributário Completo. 11ª ed. São Paulo: Saraiva Educação, 2020, p. 601.

7 SÃO PAULO. Decreto nº 45.490, de 30 de novembro de 2000. São Paulo, SP: Assembleia Legislativa do Estado de São Paulo, 2000.

8 Ibid.

isto é, deve-se garantir a manutenção e apropriação do imposto estadual que incidiu nas etapas anteriores de aquisição de mercadorias, em favor do último sujeito da cadeia plurifásica (produtiva)[9].

Assim, para operações internas tributadas[10], o tributo a pagar será o resultado da aplicação da alíquota prevista para a operação sobre a soma de todas as operações de venda (a base de cálculo)[11], deduzidos dos créditos decorrentes dos insumos adquiridos nas operações anteriores[12].

Tudo isso, nos termos da Lei Complementar 87/1996 e Decreto n. 45.490/2000, que delimitam os contornos fixados na Constituição Federal de 1988.

2.2. O CRÉDITO DO ICMS

2.2.1. DIREITO AO CRÉDITO DO ICMS

Sendo o ICMS um imposto não cumulativo, garantindo-se na operação a apropriação dos créditos das aquisições para pagamento do imposto somente sobre o valor agregado, e sendo este princípio essencial na apuração do crédito acumulado, diante do art. 155, §2º, I, da Constituição Federal[13], é importante avaliar quais os conceitos de

---

9 BRASIL. Constituição (1988). Constituição da República Federativa do Brasil. Brasília, DF: Senado Federal: Centro Gráfico, 1988.

10 Todavia, aqui vale a ressalva das apurações das operações não tributadas (isentas/imunes/não tributadas), como no caso das exportações, que não apresentam imposto a pagar por expressa previsão legal.

11 GOMES CANOTILHO, JJ, (et all) e coordenadores Ferreira Mendes, Gilmar; Sarlet, Ingo Wolfgang e Streck, Lênio Luiz: Comentários à Constituição do Brasil. 2ª ed. São Paulo: Saraiva Educação, 2018, posição 91353.

12 Para exemplificar o cálculo do imposto, se um contribuinte adquire uma mercadoria a R$ 100,00, com imposto destacado de R$ 18,00, deverá apurar sobre o valor de sua venda, de R$ 150,00, o imposto de R$ 27,00 (resultado da aplicação sobre a base de cálculo da alíquota padrão de 18%), liquidando o ICMS ao final da apuração somente pelo valor da diferença dos R$ 18,00 para os R$ 27,00, ou seja, sobre o remanescente, resultando um saldo a pagar de R$ 9,00.

13 BRASIL. Constituição (1988). Constituição da República Federativa do Brasil. Brasília, DF: Senado Federal: Centro Gráfico, 1988.

créditos admitidos na legislação, e quais as hipóteses garantidoras de sua manutenção[14].

Antes da análise, importa destacar a condição principal do conceito de crédito, qual seja, a autorização da apropriação dos valores do imposto incidentes nas aquisições de mercadorias realizadas pelo contribuinte do ICMS, que utilizará tais insumos para a produção de bens ou na revenda de mercadorias.

Então, o ICMS que é indicado èm destaque na nota fiscal que acompanha a mercadoria adquirida será somado mensalmente para apuração do montante que será considerado ao final do período de apuração, e assim, restará formado o total do direito creditório do contribuinte adquirente.

Veja-se que aqui se fala em crédito do imposto destacado, garantindo a compensação do crédito apurado e apropriado decorrente do montante cobrado nas operações anteriores. A norma não indica, ou exige, que o imposto seja efetivamente pago para o contribuinte subsequente ter o direito ao crédito. Quando a Constituição Federal estabelece que o imposto será não cumulativo, garantindo a compensação do que for devido com o montante cobrado nas etapas anteriores, está delimitan-

---

14 "Lei Complementar nº 87/96 - Art. 20. Para a compensação a que se refere o artigo anterior, é assegurado ao sujeito passivo o direito de creditar-se do imposto anteriormente cobrado em operações de que tenha resultado a entrada de mercadoria, real ou simbólica, no estabelecimento, inclusive a destinada ao seu uso ou consumo ou ao ativo permanente, ou o recebimento de serviços de transporte interestadual e intermunicipal ou de comunicação. (...)

§ 3º É vedado o crédito relativo a mercadoria entrada no estabelecimento ou a prestação de serviços a ele feita:

I - para integração ou consumo em processo de industrialização ou produção rural, quando a saída do produto resultante não for tributada ou estiver isenta do imposto, exceto se tratar-se de saída para o exterior;

II - para comercialização ou prestação de serviço, quando a saída ou a prestação subsequente não forem tributadas ou estiverem isentas do imposto, exceto as destinadas ao exterior. (...)

§ 6º **Operações tributadas, posteriores a saídas de que trata o § 3º, dão ao estabelecimento que as praticar direito a creditar-se do imposto cobrado nas operações anteriores às isentas ou não tributadas sempre que a saída isenta ou não tributada seja relativa a**:

I - produtos agropecuários;

II - **quando autorizado em lei estadual, outras mercadorias**." (Grifos nossos)

do justamente a assertiva do direito ao crédito do imposto na intenção de preservar o princípio da não cumulatividade[15].

2.2.2. OPERAÇÕES SEM INCIDÊNCIA DO ICMS

Em resumo, afirmou-se que o ICMS é imposto que incide nas operações de comercialização de mercadorias, e que sua apuração deve observar o princípio da não cumulatividade, pois assim orienta a legislação para garantir que a exação recaia somente sobre os valores agregados, e seja transferido para as etapas subsequentes[16], a fim de preservar a cadeia plurifásica do imposto.

Diante das sistemáticas de apuração, e que também interferem diretamente no direito a apuração do crédito acumulado do ICMS, é importante considerar as hipóteses em que não se verifica a tributação do imposto das etapas de saídas/vendas de mercadorias.

Há situações em que o contribuinte se vê diante de regimes diferenciados, como vendas de mercadorias e bens isentos, exportações (que ficam fora do alcance do imposto em razão da imunidade), reduções de alíquotas ou bases de cálculos, ou ainda a não incidência do imposto, que impactam na operação, e por isso merecem a atenção do contribuinte, e por conseguinte, do presente estudo, já que a consequência pode ser pela autorização ou rejeição/estorno do crédito do ICMS.

Comecemos a análise pelas operações isentas. Nessas situações, a legislação estadual indica que a venda do bem/mercadoria não será gravada pelo ICMS. Um exemplo que pode ser extraído dessa sistemática são as vendas de determinados medicamentos, hortifrutigranjeiros[17],

---

15 GOMES CANOTILHO, JJ, (et all) e coordenadores Ferreira Mendes, Gilmar; Sarlet, Ingo Wolfgang e Streck, Lênio Luiz: Comentários à Constituição do Brasil. 2ª ed. São Paulo: Saraiva Educação, 2018.

16 Ibid.

17 "Art. 36: Operações com os seguintes produtos em estado natural, exceto quando destinados à industrialização:

I - abóbora, abobrinha, acelga, agrião, aipim, aipo, alcachofra, alecrim, alface, alfavaca, alfazema, almeirão, aneto, anis, araruta, arruda e azedim;

II - bardana, batata, batata-doce, berinjela, bertalha, beterraba, brócolos e brotos de vegetais usados na alimentação humana;

leite, gado[18], produtos agropecuários[19], dentre outras delimitadas no Anexo I do Decreto 45.490/2000 do Estado de São Paulo[20], que, ao serem comercializados, não atrairão o dever de pagar o tributo.

A segunda hipótese trata da exportação de mercadorias que, por expressa disposição Constitucional, está imune à cobrança do ICMS[21]. A previsão também é indicada nas normas estaduais, na forma de isenção ou não incidência, prevendo expressamente que a exação não será cobrada nessas situações.

A terceira hipótese, também prevista na legislação dos Estados, diz respeito a operações com base de cálculo ou alíquotas reduzidas, sendo aquelas operações em que a mercadoria é tributada pelo imposto, porém resultando uma alíquota nominal inferior, ou reduzida, comparada à alíquota normal (18%). Tais situações, ocorrem, por exemplo, em operações de vendas de mercadorias para outros Estados (operações interestaduais), operações prescritas pelas normas estaduais com redução da base de cálculo que resultará em aplicação de alíquotas reduzidas (no estado de São Paulo a redução é prevista no Anexo II, do Decreto 45.490/2000), tendo como exemplos medicamentos e cos-

---

18 "Art. 102 (GADO) - A saída interna de gado de qualquer espécie promovida por estabelecimento rural com destino a estabelecimento abatedor (Lei 6.374/89, art. 112): (Artigo acrescentado pelo Decreto 48.114, de 26-09-2003; DOE 27-09-2003; efeitos a partir de 27-09-2003)

§ 1º - Não se exigirá o estorno do crédito do imposto relativo às mercadorias beneficiadas com a isenção prevista neste artigo."

19 "Art. 41, I: inseticida, fungicida, formicida, herbicida, parasiticida, germicida, acaricida, nematicida, raticida, desfolhante, dessecante, espalhante, adesivo, estimulador ou inibidor de crescimento (regulador), vacina, soro ou medicamento, com destinação exclusiva a uso na agricultura, pecuária, apicultura, aquicultura, avicultura, cunicultura, ranicultura ou sericicultura, inclusive inoculante (Convênio ICMS-100/97)".

20 SÃO PAULO. Decreto nº 45.490, de 30 de novembro de 2000. São Paulo, SP: Assembleia Legislativa do Estado de São Paulo, 2000.

21 "Art. 155, Parágrafo 2º, X:

a) sobre operações que destinem mercadorias para o exterior, nem sobre serviços prestados a destinatários no exterior, assegurada a manutenção e o aproveitamento do montante do imposto cobrado nas operações e prestações anteriores;"

méticos[22], veículos[23], carroçaria de ônibus, carne[24], produtos têxteis[25], dentre outros.

Por fim, outra hipótese relevante está relacionada ao afastamento efetivo da tributação, tais como remessas de mercadorias para depósito, bem do ativo permanente, livros, jornais e revistas, dentre outras.

Aqui o Fisco expressamente fala em não incidência do imposto Estadual. Vale destacar que a não incidência também é vinculada a operações de exportação. Os Estados, em suas legislações, geralmente não falam em imunidade, já que o termo é restrito à Constituição Federal, mas abordam o afastamento do ICMS previsto na norma Constitucional sob esse termo para garantir a plena aplicação da imunidade tributária.

Com a indicação das hipóteses de desoneração do imposto, passa-se à análise do crédito acumulado, conceitos e condições de operacionalização.

2.2.3. HIPÓTESES DE MANUTENÇÃO DO CRÉDITO DE ICMS

Como dito alhures, há operações tributadas e não tributadas pelo ICMS. Também foi consignado que o direito ao crédito do imposto

---

22 "Art. 22 (MEDICAMENTOS E COSMÉTICOS) - Fica reduzida a base de cálculo do imposto incidente na saída interestadual com os produtos classificados nas posições, itens e códigos adiante indicados da Nomenclatura Brasileira de Mercadorias - Sistema Harmonizado - NBM/SH, destinados a contribuintes, do valor das contribuições para o PIS/PASEP e a COFINS correspondentes à aplicação dos percentuais indicados no § 1°, quando tais tributos forem cobrados de acordo com a sistemática prevista na Lei n° 10.147, de 21 de dezembro de 2000 (Convênio ICMS-34/06)"

23 "Art. 25 (VEÍCULOS) - Fica reduzida a base de cálculo do imposto incidente na operação interestadual, realizada por estabelecimento fabricante e importador, com os produtos relacionados nos Anexos I, II e III do Convênio ICMS-133/02, de 21 de outubro de 2002, dos percentuais adiante indicados."

24 "Art. 74 (CARNE) - Fica reduzida a base de cálculo do imposto incidente nas saídas internas de carne e demais produtos comestíveis frescos, resfriados, congelados, salgados, secos ou temperados, resultantes do abate de ave, leporídeo e gado bovino, bufalino, caprino, ovino ou suíno, de forma que a carga tributária resulte no percentual de:
I - 11% (onze por cento), (...); II - 7% (sete por cento),"

25 Artigo 52 - (PRODUTOS TÊXTEIS) - Fica reduzida a base de cálculo do imposto incidente na saída interna efetuada pelo estabelecimento fabricante dos produtos a seguir indicados, de forma que a carga tributária resulte no percentual de: I - 12% (doze por cento) (...);

deve estar, em regra, atrelado à aquisição de mercadorias que apresentam o destaque do imposto para que o contribuinte possa descontá-lo quando da apuração do valor devido ao final do mês de apuração.

Entretanto, há situações em que a operação do contribuinte não se sujeita à incidência do ICMS, como visto no tópico retro. Então, para essas ocorrências, surge a dúvida sobre o crédito do imposto. Será que o ICMS destacado na nota fiscal de aquisição do insumo/matérias-primas/etc, que gerariam direito ao crédito se a operação fosse tributada, poderão ser mantidos, apropriados pelo contribuinte? E, mais, se admitida a apropriação, eles poderão gerar o direito à sua conversão em crédito acumulado?

As respostas para essas dúvidas dependem da necessária análise das normas constitucionais, e, somente se, confirmada a autorização Constitucional, avaliadas as normas estaduais que também tratam do tema. Contudo, é possível já adiantar que a resposta é positiva para as duas indagações, pois a natureza do crédito acumulado está intrinsicamente vinculada a essas condições.

Pois bem, a Constituição Federal, art. 155, § 2º, II e X[26], garante expressamente que os contribuintes poderão manter o creditamento do ICMS destacados nos documentos de aquisição de insumos, se a operação subsequente estiver relacionada à exportação da mercadoria. Também prescreve que, se a operação subsequente de comercialização da mercadoria for isenta ou não tributada pelo imposto, na hipótese de haver autorização legal (dos Estados), o crédito também poderá ser mantido.

Assim, é de se confirmar a possibilidade do direito à manutenção dos créditos do ICMS das aquisições, sendo a primeira condição garantidora que fundamenta a geração do crédito acumulado.

---

26 "Art. 155. Compete aos Estados e ao Distrito Federal instituir impostos sobre:

§ 2º O imposto previsto no inciso II atenderá ao seguinte:

II - a isenção ou não-incidência, salvo determinação em contrário da legislação:

a) não implicará crédito para compensação com o montante devido nas operações ou prestações seguintes;

b) acarretará a anulação do crédito relativo às operações anteriores;

X - não incidirá:

a) sobre operações que destinem mercadorias para o exterior, nem sobre serviços prestados a destinatários no exterior, assegurada a manutenção e o aproveitamento do montante do imposto cobrado nas operações e prestações anteriores;"

A norma Constitucional também prevê, como já indicado, que nas operações isentas ou não tributadas o contribuinte poderá manter o crédito do ICMS, se previsto na legislação estadual o direito à apropriação. Entretanto, a avaliação dessas hipóteses deverá levar em conta as legislações estaduais específicas, devendo constar expressa e inequivocamente o direito à manutenção do crédito.

Para o estudo em questão, consideradas as disposições da legislação de São Paulo, confirma-se no Regulamento do ICMS, o Decreto 45.490/2000, nos Anexos I, II e III, a descrição de todas as operações e produtos que desonerados do imposto pela isenção, redução de base de cálculo e concessão de crédito outorgado, possibilitando, também, confirmar quais destas operações contam com a autorização expressa para a manutenção do crédito. Abaixo apresenta-se relação exemplificativa com algumas das autorizações vigentes:

Anexo I Isenções

Artigo 43 (LEITE PASTEURIZADO) - Saída interna de estabelecimento varejista de leite pasteurizado tipo especial, com 3,2% de gordura, de leite pasteurizado magro, reconstituído ou não, com até 2% de gordura, ou de leite pasteurizado tipo "A" ou "B", com destino a consumidor final.

§ 1º - Na saída beneficiada com a isenção prevista neste artigo: (Parágrafo único passou a denominar-se § 1º pelo Decreto 65.255, de 15-10-2020, DOE 16-10-2020)

1 - não se exigirá o estorno do crédito do imposto relativo a essa operação;

2 - ficará dispensado o pagamento do imposto eventualmente diferido quando a operação estiver abrangida por este benefício;

3 - a adição de suplemento medicamentoso ao leite não descaracterizará a aplicação da isenção.

Artigo 92 (MEDICAMENTOS) - Operações com os medicamentos adiante indicados (Convênio ICMS 140/01): (Redação dada ao "caput" do artigo pelo Decreto 66.250, de 19-11-2021; DOE 20-11-2021; em vigor em 1º de dezembro de 2021)

I - à base de mesilato de imatinib, NBM/SH 3003.90.78 e 3004.90.68;

II - interferon alfa-2A, NBM/SH 3002.10.39;

III - interferon alfa-2B, NBM/SH 3002.10.39;

IV - peg interferon alfa-2A, NBM/SH 3004.90.95;

V - peg interferon alfa -2B, NBM/SH 3004.90.99; (…)

§ 2º - Não se exigirá o estorno do crédito do imposto relativo aos medicamentos beneficiados com a isenção prevista neste artigo (Convênio ICMS-140/01, cláusula primeira, § 2º, na redação do Convênio ICMS-46/03). (Redação dada ao parágrafo pelo Decreto 47.923 de 03-07-2003; DOE 04-07-2003; efeitos a partir de 13-06-2003, renumerando-se o § 2º)

§ 3º - Este benefício vigorará até 30 de abril de 2024. (Redação dada ao parágrafo pelo Decreto 67.270, de 11-11-2022; DOE 12-11-2022; em vigor em 1º de janeiro de 2023)

Artigo 102 (GADO) - A saída interna de gado de qualquer espécie promovida por estabelecimento rural com destino a estabelecimento abatedor (Lei 6.374/89, art. 112): (Artigo acrescentado pelo Decreto 48.114, de 26-09-2003; DOE 27-09-2003; efeitos a partir de 27-09-2003)

§ 1º - Não se exigirá o estorno do crédito do imposto relativo às mercadorias beneficiadas com a isenção prevista neste artigo.

§ 2º - Este benefício vigorará até 31 de dezembro de 2024. (Parágrafo acrescentado pelo Decreto 67.524, de 27-02-2023, DOE 28-02-2023; Efeitos desde 15 de janeiro de 2023)

Artigo 168 (ARROZ) – Saída interna de arroz, com destino a consumidor final.

§ 1º - Quando se tratar de saída interna de arroz beneficiado, realizada por estabelecimento beneficiador, com destino a consumidor final, poderá ser mantido integralmente eventual crédito do imposto relativo à mercadoria objeto da isenção prevista neste artigo.

§ 2º – Nas demais saídas internas de arroz, não referidas no § 1º, com destino a consumidor final, poderá ser mantido eventual crédito do imposto, até o limite de 7%, relativo à mercadoria objeto da isenção prevista neste artigo.

§ 3º - Este benefício vigorará até 31 de dezembro de 2024.

Artigo 169 (FEIJÃO) – Saída interna de feijão, com destino a consumidor final.

§ 1º - Poderá ser mantido eventual crédito do imposto, até o limite de 7%, relativo à mercadoria objeto da isenção prevista neste artigo.

§ 2º - Este benefício vigorará até 31 de dezembro de 2024.

Anexo II Redução de Base de Cálculo

Artigo 3º - (CESTA BÁSICA) - Fica reduzida a base de cálculo do imposto incidente nas operações internas com os produtos a seguir indicados, de forma que a carga tributária resulte no percentual de 7% (sete por cento)

II - leite em pó;

III - café torrado, em grão, moído e o descafeinado, classificado na subposição 0901.2 da Nomenclatura Brasileira de Mercadorias - Sistema Harmonizado - NBM/SH;

IV - óleos vegetais comestíveis refinados, semi-refinados, em bruto ou degomados, exceto o de oliva, e a embalagem destinada a seu acondicionamento;

V - açúcar cristal ou refinado classificado nos códigos 1701.11.00 e 1701.99.00 da Nomenclatura Brasileira de Mercadorias - Sistema Harmonizado - NBM/SH;

VI - alho;

VII - farinha de milho, fubá, inclusive o pré-cozido;

VIII - pescados, exceto crustáceos e moluscos, em estado natural, resfriados, congelados, salgados, secos, eviscerados, filetados, postejados ou defumados para conservação, desde que não enlatados ou cozidos;

IX - manteiga, margarina e creme vegetal;(...)

§ 1º - O benefício previsto neste artigo fica condicionado a que:

1 - a entrada e a saída sejam comprovadas mediante emissão de documento fiscal próprio;

2 - as operações, tanto a de aquisição como a de saída, sejam regularmente escrituradas.

§ 2º - Não se exigirá o estorno do crédito do imposto relativo à entrada de mercadoria, bem como à correspondente prestação de serviço de transporte, quando destinar-se a integração ou consumo em processo de industrialização das mercadorias indicadas nos incisos I a XII, XXII e seguintes. (Redação dada ao parágrafo pelo Decreto 62.244, de 01-11-2016; DOE 02-11-2016)

Artigo 10 (INSUMOS AGROPECUÁRIOS - RAÇÕES) - Fica reduzida em 30% (trinta por cento) a base de cálculo do imposto incidente nas saídas interestaduais dos seguintes insumos agropecuários (...)

§ 1º - **Revogado** pelo Decreto 66.054, de 29-09-2021, DOE 30-09-2021; em vigor em 1º de janeiro de 2022.

§ 1º - Não se exigirá o estorno proporcional do crédito do imposto relativo às mercadorias beneficiadas com a redução de base de cálculo prevista neste artigo.

§ 2º - Este benefício vigorará até 31 de dezembro de 2024. (Redação dada ao parágrafo pelo Decreto 67.382, de 20-12-2022, DOE 21-12-2022; em vigor em 1º de janeiro de 2023)

Anexo III Crédito Outorgado

Artigo 40 (CARNE - SAÍDA INTERNA) - O estabelecimento abatedor e o estabelecimento industrial frigorífico poderão creditar-se de importância equivalente à aplicação do percentual de 7% (sete por cento) sobre o valor da saída interna de carne e demais produtos comestíveis frescos, resfriados, congelados, salgados, secos ou temperados, resultantes do abate de ave, leporídeo e gado bovino, bufalino, caprino, ovino ou suíno. (...)

§ 4º - O crédito de que trata o "caput" substitui o aproveitamento de quaisquer outros créditos, exceto aquele relativo à entrada de gado bovino ou suíno em pé e aqueles relativos aos artigos 27 e 35 do Anexo III deste Regulamento.

Com essas condições, se o contribuinte cumprir com os requisitos e procedimentos impostos pelo Fisco, estará apto a realizar a apuração do crédito acumulado do ICMS.

3. CRÉDITO ACUMULADO DO ICMS

3.1. CONCEITO DE CRÉDITO ACUMULADO DO ICMS

Em linhas gerais, define-se o crédito acumulado do ICMS como o saldo credor do imposto apurado mensalmente pelo contribuinte. É a sobra do saldo positivo do imposto mensal que não será compensado com o valor devido, de acordo com aquelas hipóteses listadas no item 2.2.2 acima, operação de exportação, isenção, redução da base de cálculo/alíquota ou não incidência do imposto, quando garantida a manutenção do crédito do ICMS destacado nas notas fiscais de aquisição.

A previsão, inclusive, advém da legislação em vigor, Constituição Federal, Lei Complementar 87/96, e do próprio Decreto 45. 490/00 (Regulamento do ICMS no Estado de São Paulo), e tem como base principal a efetivação do princípio da não cumulatividade (art. 22, LC 87/96), já que o contribuinte do imposto, em determinadas hipóteses como será descrito adiante, poderá se beneficiar da manutenção destes valores em sua escrita fiscal.

A legislação paulista, Decreto 45.490/00, no artigo 71[27], diz quando se constituirá o crédito acumulado do ICMS, fixando as seguintes hipóteses:

> I - aplicação de alíquotas diversificadas em operações de entrada e de saída de mercadoria ou em serviço tomado ou prestado;

---

27 "**Artigo 71** - Para efeito deste capítulo, constitui crédito acumulado do imposto o decorrente de (Lei 6.374/89, art. 46, e Convênio AE-7/71, cláusula primeira):

I - aplicação de alíquotas diversificadas em operações de entrada e de saída de mercadoria ou em serviço tomado ou prestado;

II - operação ou prestação efetuada com redução de base de cálculo nas hipóteses em que seja admitida a manutenção integral do crédito;

III - operação ou prestação realizada sem o pagamento do imposto nas hipóteses em que seja admitida a manutenção do crédito, tais como isenção ou não incidência, ou, ainda, abrangida pelo regime jurídico da substituição tributária com retenção antecipada do imposto ou do diferimento.

Parágrafo único - Em se tratando de saída interestadual, a constituição do crédito acumulado nos termos do inciso I somente será admitida quando, cumulativamente, a mercadoria:

1 - for fisicamente remetida para o Estado de destino;

2 - não regresse a este Estado, ainda que simbolicamente."

II - operação ou prestação efetuada com redução de base de cálculo nas hipóteses em que seja admitida a manutenção integral do crédito;

III - operação ou prestação realizada sem o pagamento do imposto nas hipóteses em que seja admitida a manutenção do crédito, tais como isenção ou não incidência, ou, ainda, abrangida pelo regime jurídico da substituição tributária com retenção antecipada do imposto ou do diferimento.

Então, aquele contribuinte que verificar em sua apuração o resultado positivo (saldo) do ICMS, e cuja legislação autorize a manutenção de referido crédito, poderá mantê-lo em sua escrita fiscal, e, observados os regramentos específicos da Portaria CAT 26/2010, poderá revertê-los em crédito acumulado do ICMS para posterior utilização também nos termos das legislações respectivas[28].

Sobreleva importante apontar a necessidade de autorização para a manutenção do crédito de ICMS para fins de conceituação do crédito acumulado, pois há situações em que tais importâncias devem ser estornadas pelos contribuintes, já que as legislações[29] e o entendimento fixado pelo Supremo Tribunal Federal, STF, ditam que, exceto na exportação, se não houver indicação expressa na legislação específica

---

28 "Lei Complementar 87/96, Art. 25. Para efeito de aplicação do disposto no art. 24, os débitos e créditos devem ser apurados em cada estabelecimento, compensando-se os saldos credores e devedores entre os estabelecimentos do mesmo sujeito passivo localizados no Estado. (Redação dada pela LCP nº 102, de 11.7.2000)

§ 1º Saldos credores acumulados a partir da data de publicação desta Lei Complementar por estabelecimentos que realizem operações e prestações de que tratam o inciso II do art. 3º e seu parágrafo único podem ser, na proporção que estas saídas representem do total das saídas realizadas pelo estabelecimento:

I - imputados pelo sujeito passivo a qualquer estabelecimento seu no Estado;

II - havendo saldo remanescente, transferidos pelo sujeito passivo a outros contribuintes do mesmo Estado, mediante a emissão pela autoridade competente de documento que reconheça o crédito.

§ 2º Lei estadual poderá, nos demais casos de saldos credores acumulados a partir da vigência desta Lei Complementar, permitir que:

I - sejam imputados pelo sujeito passivo a qualquer estabelecimento seu no Estado;

II - sejam transferidos, nas condições que definir, a outros contribuintes do mesmo Estado."

29 "Lei Complementar 87/96, Art. 21. O sujeito passivo deverá efetuar o estorno do imposto de que se tiver creditado sempre que o serviço tomado ou a mercadoria entrada no estabelecimento:

I - for objeto de saída ou prestação de serviço não tributada ou isenta, sendo esta circunstância imprevisível na data da entrada da mercadoria ou da utilização do serviço;"

autorizando a manutenção do crédito, o mesmo deverá ser estornado pelo contribuinte.[30]Desse modo, colocada a premissa da autorização da manutenção dos créditos acumulados do ICMS, deve-se analisar os procedimentos para sua geração, apropriação e utilização.

3.1.1. A GERAÇÃO DO CRÉDITO ACUMULADO

A operação com o crédito acumulado do ICMS/SP é tratada no Capítulo V do Regulamento, artigos 71 a 84. Superada a primeira etapa, quando se confirma o preenchimento dos requisitos legais de creditamento, passa-se à etapa subsequente, qual seja, a efetiva geração do montante do crédito acumulado a ser apropriado.

Iniciando pelo artigo 72[31], verifica-se que a norma aponta quais serão as etapas de caracterização e formação do crédito acumulado, dividindo-a em (i) geração; (ii) apropriação e (iii) utilização.

---

30 "Agravo regimental nos embargos de declaração em recurso extraordinário. 2. Direito Tributário. 3. Imposto Sobre Circulação de Mercadorias e Serviços – ICMS. A isenção ou não incidência do imposto acarretará a anulação do crédito relativo às operações anteriores, salvo determinação em contrário (art. 155, § 2º, II, b, da Constituição). 4. Negado provimento ao agravo regimental, sem majoração da verba honorária, por se tratar de mandado de segurança.

(RE 1251136 ED-AgR, Relator(a): GILMAR MENDES, Segunda Turma, julgado em 28/09/2020, PROCESSO ELETRÔNICO DJe-240 DIVULG 30-09-2020 PUBLIC 01-10-2020)"

31 "Artigo 72 - **O crédito acumulado dir-se-á** (Lei 6.374/89, art. 46):

I - **gerado**, quando ocorrer hipótese descrita no artigo 71;

II - **apropriado**, após autorização do Fisco, mediante notificação específica, observado o disposto nesta subseção e a disciplina estabelecida pela Secretaria da Fazenda, quando lançado o respectivo valor, concomitantemente:

a) pelo contribuinte, no livro Registro de Apuração do ICMS e transcrito na correspondente Guia de Informação e Apuração do ICMS - GIA, no quadro "Débito do Imposto - Outros Débitos";

b) pelo Fisco, em conta corrente de sistema informatizado mantido pela Secretaria da Fazenda;

III - **utilizável**, quando o valor correspondente estiver disponível na conta corrente de sistema informatizado mantido pela Secretaria da Fazenda." (destacamos)

Os dispositivos acima referidos, então, delimitam as etapas necessárias que garantirão aos contribuintes a fruição do direito ao crédito acumulado do ICMS. Repita-se que o direito ao crédito acumulado deve ser prescrito em norma específica, lei, que garanta ao contribuinte a apuração e manutenção do imposto, devendo DECORRER de: operação ou prestação realizada com diferenças de alíquotas ou redução de base de cálculo, ou ainda sem o pagamento do imposto nas hipóteses em que seja admitida a manutenção do crédito, tais como isenção ou não incidência.

No Estado de São Paulo, os contribuintes que pretendem fazer a apuração para utilização do crédito acumulado devem seguir as disposições da Portaria CAT 26/2010 e Portaria CAT 153/2011, normas que instituíram os sistemas automatizados para apuração, controle e liberação dos créditos gerados.

Os sistemas denominados E-CredAc, para contribuintes pessoas jurídicas, e E-CredRural relativo ao estabelecimento do produtor rural, à sociedade em comum de produtores rurais e às cooperativas de produtores rurais são ferramentas que tratam de forma detalhada a operação de apuração do ICMS, como se fosse um sistema de controle de custo, possibilitando assim a apresentação de toda documentação hábil a fim de viabilizar a fixação do montante do crédito a ser processado e posteriormente liberado. É dentro do sistema que serão colhidas todas as informações fiscais (notas de entrada, apuração dos créditos correspondente a cada operação, notas de saídas, e apuração do imposto e saldo remanescente do crédito), permitindo a celeridade na fiscalização e creditamentos para contribuintes destinatários.

Superada a exigência legal, e confirmada a possibilidade de configuração do crédito acumulado, a primeira etapa do procedimento de geração do crédito propriamente dito se dá da seguinte forma: 1ª Etapa: GERAÇÃO – quando configurada a hipótese de sua caracterização no art. 71 do RICMS/SP. Aqui é verificada a existência do crédito em si mediante a fiscalização dos documentos exigidos pela legislação, tais como notas fiscais de aquisição, comprovantes de pagamentos, e a apuração dos valores de crédito correspondentes às operações de entrada/saída que resultam no saldo credor ao final do período. E considerando o conceito retro, o artigo seguinte, art. 72-A do Decreto n.

45.490/2000, estabelece as condições para a GERAÇÃO do crédito acumulado de ICMS[32].

3.1.2. DA APROPRIAÇÃO DO CRÉDITO ACUMULADO

Pois bem, continuando na avaliação das etapas do procedimento de formação do crédito acumulado, tem-se pela norma de regência que esta segunda etapa do procedimento administrativo de geração disciplina as hipóteses de sua apropriação – ocasião em que o contribuinte poderá lançar o valor gerado em sua apuração mensal, da seguinte forma: 2ª Etapa: APROPRIAÇÃO – superada a etapa de geração, quando todas as informações forem processadas e confirmadas pela Fiscalização, se não houver qualquer impedimento legal, como por exemplo, a existência de débito impediente (não liquidado/garantido) conforme descrição do art. 72-B do Regulamento[33], será conferida a autorização para a apropriação do valor apurado em conta corrente no sistema.

---

32 "Artigo 72-A - **O crédito acumulado gerado em cada período de apuração do imposto será determinado por meio de sistemática de custeio que identifique na saída de mercadoria ou produto e na prestação de serviços**, observada a disciplina estabelecida pela Secretaria da Fazenda, o custo e o correspondente imposto relativo:

I - à entrada de mercadoria destinada à revenda;

II - à entrada de insumo destinado à produção ou à prestação de serviços;

III - ao recebimento de serviço relacionado às situações indicadas nos incisos anteriores;

IV - à entrada de mercadoria ou ao recebimento de serviço, com direito a crédito do imposto, consumido ou utilizado na estocagem, comercialização e entrega de mercadorias.

§ 1º - As informações relativas ao custeio:

1 - abrangerão a totalidade das operações de entrada e saída de mercadorias e das prestações de serviço recebidas ou realizadas pelo contribuinte;

2 - serão apresentadas por meio de arquivo digital, em padrão, forma e conteúdo que atendam a disciplina estabelecida pela Secretaria da Fazenda.

§ 2º - Caso o estabelecimento gerador do crédito acumulado registre entrada de mercadoria por transferência, poderá ser exigida a comprovação do custo e do correspondente imposto, conforme sistemática de custeio prevista neste artigo." (destacamos)

33 "Artigo 72-B - A apropriação do crédito acumulado gerado:

I - **ficará condicionada à prévia autorização do Fisco, observada a disciplina estabelecida pela Secretaria da Fazenda;**

Veja-se que a norma estadual paulista autoriza a Secretaria da Fazenda a estabelecer condições para a fruição do crédito acumulado, § 2º, item 4, do art. 72-B do RICMS, com o objetivo de garantir a integral aplicação das normas de apuração, mas também indicar condições que podem acabar por prejudicar a fruição do crédito acumulado.

3.1.3. DA UTILIZAÇÃO DO CRÉDITO ACUMULADO

Já adentrando, assim, na relação das hipóteses de utilização, a terceira etapa do procedimento fiscal para fruição do crédito acumulado encontram-se as normas de UTILIZAÇÃO, delimitadas nas disposições do artigo 73 do RICMS[34]: **3ª Etapa: <u>UTILIZAÇÃO</u>** – após fiscalização e

---

II - será limitada ao menor valor de saldo credor apurado no Livro de Registro de Apuração do ICMS e transcrito na correspondente Guia de Informação e Apuração do ICMS - GIA no período compreendido desde o mês da geração até o da apropriação;

III - salvo disposição em contrário, somente abrangerá o valor do saldo credor resultante das operações e prestações próprias do estabelecimento gerador;

IV - não poderá ser requerida para período anterior a 60 (sessenta) meses, contados da data do registro do pedido de apropriação no sistema. (Redação dada ao inciso pelo Decreto 59.654, de 25-10-2013, DOE 26-10-2013) (...)

<u>**§ 2º - A Secretaria da Fazenda poderá condicionar a apropriação:**</u>

1 - à confirmação da legitimidade dos valores lançados a crédito na escrituração fiscal;

2 - à comprovação de que o crédito originário de entrada de mercadoria em operação interestadual não é beneficiado por incentivo fiscal concedido em desacordo com a legislação de regência do imposto;

3 - à comprovação da efetiva ocorrência das operações ou prestações geradoras e do seu adequado tratamento tributário;

<u>**4 - a que todos os estabelecimentos do contribuinte situados em território paulista:**</u>

<u>**a) estejam com os dados atualizados no Cadastro de Contribuintes do ICMS e em dia com as obrigações principais e acessórias;**</u>

b) sejam usuários de sistema eletrônico de processamento de dados para fins fiscais e apresentem mensalmente, conforme disciplina estabelecida pela Secretaria da Fazenda, a Escrituração Fiscal Digital - EFD, se obrigado a tanto, ou o arquivo digital com os registros fiscais de todas as suas operações e prestações." (destacamos)

34 "Artigo 73 - O crédito acumulado poderá ser transferido (Lei 6.374/89, art. 46, e Convênio AE-7/71, cláusulas primeira, segunda e quarta, as duas últimas na redação dos Convênios ICM-5/87, cláusula primeira, e ICM-21/87, respectivamente):

I - para outro estabelecimento da mesma empresa;

concessão da autorização fiscal específica, o crédito apurado será lançado na conta corrente dos sistemas de controle (E-CredAc e E-CredRural), sendo a penúltima etapa anterior à efetivação da utilização do crédito acumulado.

Confirmado o lançamento, o contribuinte que faz o gerenciamento pelo e-CredAc ou E-CredRural, pode apresentar o pedido de utilização, mediante transferência, dentre as hipóteses previstas na legislação, sendo elas: aquisição de bens e serviços para emprego na atividade, para estabelecimentos do mesmo titular, pagamento de débitos fiscais, ou mesmo a sua transferência para terceiros (art. 84 do RICMS).

Assim, verifica-se que a geração do crédito acumulado é admitida para os contribuintes que estejam sujeitos à manutenção do crédito por força de norma autorizadora, se ao final de cada período de apuração este acarretar saldo credor em seu favor. Também é possível concluir que a legislação traz limitações tão somente para a autorização e utilização do crédito gerado, limitando, ao final, a destinação do crédito nos termos dos artigos 72-C, 82, 79 e 586 do RICMS, bem como do artigo 102 da Lei 6.374/89.

Destacam-se as restrições impostas pelo artigo 82 do RICMS[35], que tratam das condições que impedem a apropriação e utilização do crédito acumulado do ICMS.

Das disposições legais acima indicadas, comparando-as também com as disposições da legislação complementar, como já afirmado anterior-

---

II - para estabelecimento de empresa interdependente, observado o disposto no § 1º, mediante prévio reconhecimento da interdependência pela Secretaria da Fazenda;

III - para estabelecimento fornecedor, observado o disposto no § 2º, a título de pagamento das aquisições feitas por estabelecimento industrial, nas operações de compra de:" (…)

35 "Artigo 82 - São vedadas a apropriação e a utilização de crédito acumulado ao contribuinte que, por qualquer estabelecimento paulista, tiver débito fiscal relativo ao imposto, inclusive se objeto de parcelamento.

§ 1º - O disposto neste artigo não se aplica ao débito:

1 - apurado pelo fisco enquanto não julgado definitivamente, sem prejuízo da aplicação do disposto no artigo 72-C;

2 - objeto de pedido de liquidação, nos termos do artigo 79;

3 - inscrito na dívida ativa e ajuizado, quando garantido, em valor suficiente para a integral liquidação da dívida e enquanto ela perdurar, por depósito, judicial ou administrativo, fiança bancária, imóvel com penhora devidamente formalizada ou outro tipo de garantia, a juízo da Procuradoria Geral do Estado.

mente, é possível constatar que a apropriação e utilização do crédito acumulado estão vedados àqueles contribuintes que não estiverem em dia com o pagamento do imposto, mas tão somente para utilização diversa daquela prescrita no artigo 102 da Lei 6.374/89 e art. 71-C, 79 e 586 do RICMS – normas que tratam do pagamento do imposto (próprio) com utilização do crédito acumulado.

Para as demais opções de utilização do crédito acumulado (aquisição de insumos, transferências a terceiros, compras de máquinas e equipamentos agrícolas etc.), se não regularizada a situação fiscal do contribuinte (em débito ou outra restrição decorrente de obrigação acessória), é vedada a utilização para outros fins, até que tal restrição seja devidamente sanada.

3.2. AS RESTRIÇÕES DE UTILIZAÇÃO DO CRÉDITO ACUMULADO

Além das disposições constitucionais aplicáveis, a Lei Complementar nº 87/1996 também deve ser considerada, posto que tratou as operações de exportação desoneradas do imposto.

A referida Lei, observando as operações sujeitas à tributação do imposto, disciplinou no art. 25[36] as hipóteses autorizativas da acumulação do crédito do ICMS, e sua forma de utilização.

---

§ 2º - As vedações previstas no "caput" deste artigo estendem-se à hipótese de existência de débito do imposto, inclusive àquele objeto de parcelamento, por qualquer estabelecimento paulista de:

1 - sociedade cindida, até a data da cisão, de cujo processo resultou, total ou parcialmente, o patrimônio do contribuinte;

2 - empresa em relação à qual o fisco apure, a qualquer tempo:

a) que o contribuinte é sucessor de fato;

b) a ocorrência de simulação societária tendente a ocultar a responsabilidade do contribuinte pelo respectivo débito." (destacamos)

36 "Art. 25. Para efeito de aplicação do disposto no art. 24, os débitos e créditos devem ser apurados em cada estabelecimento, compensando-se os saldos credores e devedores entre os estabelecimentos do mesmo sujeito passivo localizados no Estado. (Redação dada pela LCP nº 102, de 11.7.2000)

§ 1º Saldos credores acumulados a partir da data de publicação desta Lei Complementar por estabelecimentos que realizem operações e prestações de que tratam o inciso II do art. 3º e seu parágrafo único podem ser, na proporção que estas saídas representem do total das saídas realizadas pelo estabelecimento:

I - imputados pelo sujeito passivo a qualquer estabelecimento seu no Estado;

"I - imputados pelo sujeito passivo a qualquer estabelecimento seu no Estado;
II - havendo saldo remanescente, transferidos pelo sujeito passivo a outros contribuintes do mesmo Estado, mediante a emissão pela autoridade competente de documento que reconheça o crédito.
III - sejam imputados pelo sujeito passivo a qualquer estabelecimento seu no Estado;
IV - sejam transferidos, nas condições que definir, a outros contribuintes do mesmo Estado" (g.n)

É possível, portanto, concluir que os contribuintes do imposto estadual, ao realizarem operações de exportação de mercadorias, estarão aptos a apropriar os créditos das operações de entrada, bem como poderão utilizar tais créditos para transferência a quaisquer de seus estabelecimentos dentro do estado em que estiverem localizados, ou a terceiros, também dentro do mesmo Estado, se vinculadas a operações de exportação de forma direta.

A norma federal não traz, ou exige, qualquer condição para fruição deste direito. Ou seja, se o contribuinte do ICMS cumprir com os requisitos da imunidade (comprovar a exportação, lançar as informações e demonstrar a operação no sistema e-CredAc) deve ter a aprovação da Fiscalização estadual, garantindo o direito à manutenção e utilização do crédito do ICMS, sem qualquer imposição diversa – como verificado nas disposições do art. 82 do Regulamento do ICMS. Não podem ser impostas outras condições ou restrições, além daquelas do art. 25 da Lei Complementar 87/96, para a fruição do crédito.

Frisa-se que a norma é de caráter geral, aplicável a todos os Estados da Federação, porém o presente artigo avaliou somente a legislação do estado de São Paulo em razão do corte metodológico proposto.

Por outro lado, é válido destacar que o mesmo entendimento não se aplica para operações internas geradoras de crédito acumulado do ICMS, já que a mesma norma, art. 25, fixa a necessidade de respaldo do Ente Federado para seu regramento.

II - havendo saldo remanescente, transferidos pelo sujeito passivo a outros contribuintes do mesmo Estado, mediante a emissão pela autoridade competente de documento que reconheça o crédito.

§ 2º Lei estadual poderá, nos demais casos de saldos credores acumulados a partir da vigência desta Lei Complementar, permitir que:

I - sejam imputados pelo sujeito passivo a qualquer estabelecimento seu no Estado;

II - sejam transferidos, nas condições que definir, a outros contribuintes do mesmo Estado." (destacamos)

3.2.1. AS RESTRIÇÕES IMPOSTAS POR SÃO PAULO PARA O CRÉDITO ACUMULADO DE OPERAÇÕES DE EXPORTAÇÃO

O Estado de São Paulo regulamentou as condições de apropriação e utilização do crédito acumulado do ICMS. As disposições são verificadas no art. 82 do RICMS, indicando que:

> Artigo 82 - <u>São vedadas a apropriação e a utilização de crédito acumulado ao contribuinte que, por qualquer estabelecimento paulista, tiver débito fiscal relativo ao imposto, inclusive se objeto de parcelamento</u>.
> § 1º - O disposto neste artigo não se aplica ao débito:
> 1 - apurado pelo fisco enquanto não julgado definitivamente, sem prejuízo da aplicação do disposto no artigo 72-C;
> 2 - objeto de pedido de liquidação, nos termos do artigo 79;
> 3 - inscrito na dívida ativa e ajuizado, quando garantido, em valor suficiente para a integral liquidação da dívida e enquanto ela perdurar, por depósito, judicial ou administrativo, fiança bancária, imóvel com penhora devidamente formalizada ou outro tipo de garantia, a juízo da Procuradoria Geral do Estado.
> § 2º - As vedações previstas no "caput" deste artigo estendem-se à hipótese de existência de débito do imposto, inclusive àquele objeto de parcelamento, por qualquer estabelecimento paulista de:
> 1 - sociedade cindida, até a data da cisão, de cujo processo resultou, total ou parcialmente, o patrimônio do contribuinte;
> 2 - empresa em relação à qual o fisco apure, a qualquer tempo:
> a) que o contribuinte é sucessor de fato;
> b) a ocorrência de simulação societária tendente a ocultar a responsabilidade do contribuinte pelo respectivo débito. (g.n)

Das disposições legais transcritas, comparando-as também com as disposições da legislação complementar, art. 25, é possível conferir que as condições impostas pelo Estado destoam das autorizações federais.

Como já defendido, o crédito acumulado do ICMS decorrente de exportação não pode <u>sofrer qualquer tipo de restrição para liberação pelos Estados, já que a norma geral federal assim o estabeleceu</u>. Não se verifica na leitura do art. 25 da Lei Complementar n. 87/1996 qualquer imposição além da comprovação da exportação para apropriação e utilização do crédito, sendo seu comando objetivo e autoaplicável.

Por isso, pode-se dizer que as vedações impostas pelo art. 82 do RICMS e a própria Lei 6.374/89, art. 46, afrontam a norma geral, já que a LC do ICMS não demanda qualquer tipo de regulamentação por parte das autoridades estaduais.

A Lei Complementar 87/96, norma de eficácia plena e direta, não traz a necessidade de regulamentação para os créditos de exportação, e por isso, a matéria aqui veiculada não passou despercebida pelo Poder Judiciário.

Diante de questionamentos apresentados para reclamar da aplicação plena do direito à geração, apropriação e utilização do crédito acumulado pelos contribuintes exportadores, o <u>Superior Tribunal de Justiça definiu que não podem os Estados membros limitar a fruição dos créditos acumulados do ICMS, justamente por considerar que a Legislação Complementar não demanda qualquer regulamentação para operar seus efeitos, e assim não pode ter o seu alcance tolhido por norma estadual, verifique-se.</u>

> PROCESSUAL CIVIL. TRIBUTÁRIO. AGRAVO REGIMENTAL NO RECURSO ESPECIAL. CÓDIGO DE PROCESSO CIVIL DE 1973. APLICABILIDADE. ARGUMENTOS INSUFICIENTES PARA DESCONSTITUIR A DECISÃO ATACADA. APROVEITAMENTO DE CRÉDITOS DE ICMS. NORMA DE EFICÁCIA PLENA. INFRINGÊNCIA AO PRINCÍPIO DA NÃO CUMULATIVIDADE. ACÓRDÃO EM CONFRONTO COM A JURISPRUDÊNCIA DESTA CORTE. RECURSO ESPECIAL PROVIDO.
>
> I - Consoante o decidido pelo Plenário desta Corte na sessão realizada em 09.03.2016, o regime recursal será determinado pela data da publicação do provimento jurisdicional impugnado. Assim sendo, in casu, aplica-se o Código de Processo Civil de 1973.
>
> **II - O acórdão recorrido está em confronto com o entendimento desta Corte, no sentido de que a aplicabilidade do disposto no art. 25, § 1º, da Lei Complementar n. 87/96, que trata do aproveitamento de créditos de ICMS acumulados em decorrência de operações de exportação, trata-se de norma de eficácia plena, não sendo permitido à lei local impor qualquer restrição ou vedação à transferência dos referidos créditos, porquanto resultaria em infringência ao princípio da não cumulatividade.**
>
> III - O Agravante não apresenta, no regimental, argumentos suficientes para desconstituir a decisão agravada.
>
> IV - Agravo Regimental improvido.
>
> (AgRg no REsp 1383147/MA, Rel. Ministra REGINA HELENA COSTA, PRIMEIRA TURMA, julgado em 03/05/2016, DJe 13/05/2016)." (g.n)

No mesmo rumo, a Corte Paulista tem proferido decisões importantes a favor de contribuintes, a fim de viabilizar a fruição de direito constitucionalmente garantido[37].

---

37 "MANDADO DE SEGURANÇA – APROPRIAÇÃO CRÉDITOS – ICMS – Preliminares afastadas - Pretensão da impetrante de reconhecimento do direito à transfe-

Portanto, é relevante que os contribuintes se atentem para as limitações impostas pelas normativas estaduais que impeçam a plena fruição do crédito acumulado do ICMS decorrentes de operações de exportação, e garantam, mesmo que através de medidas judiciais, o respeito às disposições constitucionais do crédito acumulado.

3.3. DOS MEIOS ELETRÔNICOS DE CONTROLE DO CRÉDITO ACUMULADO NO ESTADO DE SÃO PAULO

Diante das etapas previstas pela legislação para a geração, apropriação e utilização do crédito acumulado do ICMS, também importa detalhar como se dá a sua utilização pelos sistemas eletrônicos, bem como quais hipóteses e formas poderão ser utilizadas.

Pois bem, já adiantamos que o crédito acumulado no Estado de São Paulo é gerido por dois sistemas eletrônicos, para as pessoas jurídicas o sistema é o e-CredAc, para os produtores rurais e-CredRural.

Nos termos da Portaria CAT 83/2009, o Estado determinou aos contribuintes detentores de créditos acumulados a obrigatoriedade de inscrição e utilização do e-CredAc pelas pessoas jurídicas, que se tornou o meio obrigatório de solicitação a partir de 01/01/2010. A Portaria CAT 26/2010 determina as diretrizes de implementação e utilização do sistema.

Por sua vez, a Portaria CAT 141/2010 tornou obrigatória, a partir de 01/01/2012, a utilização do sistema eletrônico e-CredRural, regulamentado pela Portaria CAT 153/2011 para os produtores rurais.

Além dos contribuintes, os destinatários que receberem tais créditos, tanto via transferência direta quanto em pagamento pela aquisição de insumos, também deverão fazer uso do sistema eletrônico, uma vez

---

rência imediata de crédito acumulado de ICMS, já fiscalizados e apropriados em conta-corrente do e-CredAc, para estabelecimento não interdependente - Art. 25, § 1°, da Lei Complementar n° 87/96 que prevê a possibilidade de apropriação e transferência para terceiros de saldo credor de ICMS decorrente de operações de exportação - Norma de eficácia plena - Impossibilidade de restrição pela legislação estadual – Precedentes do Colendo STJ e deste Egrégio Tribunal. Reexame necessário desprovido e recurso voluntário conhecido em parte e, na parte conhecida, desprovido. (TJSP; Apelação / Remessa Necessária 1041528-66.2022.8.26.0053; Relator (a): Oscild de Lima Júnior; Órgão Julgador: 11ª Câmara de Direito Público; Foro Central - Fazenda Pública/Acidentes - 9ª Vara de Fazenda Pública; Data do Julgamento: 31/08/2023; Data de Registro: 31/08/2023)

que somente por ele serão disponibilizados os valores que serão recebidos e creditados para posterior utilização. Também será mediante os referidos sistemas que o destinatário deverá apresentar seu aceite ao recebimento do crédito a fim de que possa promover o lançamento dos valores em sua escrita fiscal[38].

Juntamente com tais exigências, o Estado de São Paulo criou outros regimes específicos, sob o argumento da suposta necessidade de garantir aos contribuintes de São Paulo maior celeridade na liberação dos créditos acumulados do imposto. Inclusive, o estado paulista é um dos únicos a promover a criação de programas com o objetivo de ampliar os benefícios aos contribuintes com melhores ranqueamentos (melhores contribuintes) para conceder maior agilidade na liberação dos créditos.

Hoje, nos termos das normas correlatas, estão em vigor os programas **Proativo, Proveículo Verde, ProInformática, Nos Conformes**. Também está em trâmite na Assembleia Legislativa o Projeto de Lei (nº 1245) para instituição da transação tributária, que dentre os benefícios a serem concedidos para regularização, está a possibilidade de liquidação dos débitos com créditos do ICMS, bem como aprovado projeto que autoriza contribuintes autuados pela Secretaria a regularizar os débitos mediante pagamento com crédito acumulado próprio ou de terceiros, Lei nº 17.784/2023.

Para o programa ProAtivo, disciplinado pelo Decreto nº 66.398/2021 e Resolução SFP nº 67/2021[39], são facilitadas as liberações dos saldos

---

38 Art. 23 - Deferido o pedido, o sistema emitirá notificação eletrônica ao detentor do crédito acumulado e ao destinatário autorizando a transferência.

§ 1º - O estabelecimento que receber crédito acumulado lançará o respectivo valor no livro Registro de Apuração do ICMS e na correspondente Guia de Informação e Apuração do ICMS – GIA, no quadro "Crédito do Imposto", utilizando o item "007 - Outros Créditos", subitem "007.40 - Recebimento de crédito acumulado mediante autorização eletrônica", indicando o código do visto eletrônico contido na notificação da autorização.

§ 2º - A indicação do código do visto eletrônico referido no § 1º é requisito indispensável para o lançamento do crédito.

§ 3º - O lançamento do crédito acumulado recebido somente poderá ser feito a partir do mês de referência em que ocorrer a notificação eletrônica que autorizar a transferência. (Parágrafo acrescentado pela Portaria CAT-62/10, de 31-05-2010; DOE 01-06-2010; Efeitos desde 01-04-2010)

39 Artigo 1º - Fica instituído o Programa de Ampliação de Liquidez de Créditos a Contribuintes com Histórico de Aquisições de Bens Destinados ao Ativo Imobiliza-

de créditos acumulados do ICMS aos contribuintes paulistas que, de acordo com o histórico, tenham promovido a aquisição de bens destinados ao ativo imobilizado.

Para os programas ProVeículo e ProInformática, disciplinados pelo Decreto nº 66.399/2021, também serão facilitadas as liberações de créditos acumulados do ICMS às empresas que se comprometerem a promover investimentos no Estado.

Para o programa Nos Conformes, regulamentado pelo Decreto nº 67.853/2023, aqueles contribuintes que possuírem a classificação de nota A ou A+, classificação máxima de bom pagador de impostos, terá facilitada a liberação dos créditos acumulados em procedimentos simplificados, e para os contribuintes classificados com a nota B, é concedida a autorização para apropriação de 50% do crédito acumulado por procedimentos simplificados.

3.3.1. PRINCIPAIS FORMAS DE UTILIZAÇÃO DO CRÉDITO ACUMULADO EM SÃO PAULO

Indicamos acima quais os procedimentos exigidos pelo Estado de São Paulo para que contribuintes possam fazer valer os créditos acumulados do ICMS.

Assim, cumpridas as etapas da formação do crédito acumulado, e estando o valor habilitado na conta corrente dos sistemas, a providência subsequente é a destinação do crédito para a aquisição dos insumos, matérias-primas, transferências a terceiros, pagamentos de débitos etc.

Para viabilizar a plena fruição do crédito, vale destacar quais são as operações que podem ser consideradas pelos contribuintes, além das hipóteses do RICMS, art. 73, para aquisição de bens e mercadorias.

---

do - ProAtivo, que tem por finalidade permitir a transferência de crédito acumulado do Imposto sobre Operações Relativas à Circulação de Mercadorias e sobre Prestações de Serviços de Transporte Interestadual e Intermunicipal e de Comunicação - ICMS por empresas que tenham investido em seus estabelecimentos localizados em território paulista, observadas as condições previstas nesta resolução.

Parágrafo único - O ProAtivo a que se refere o "caput":

1 - será executado por meio de sucessivas rodadas de autorização de transferência de crédito acumulado, onde cada rodada terá seu valor global, limites mensais e período de utilização fixados em resolução do Secretário da Fazenda e Planejamento;

2 - permite a transferência de crédito acumulado a estabelecimentos de empresas não interdependentes, observadas as restrições previstas no artigo 82 do RICMS.

Como exemplo de equipamentos que podem ser adquiridos pela indústria, abaixo seguem alguns dos bens e mercadorias permitidas[40]:

a) matéria-prima, material secundário ou de embalagem, para uso pelo adquirente na fabricação, neste Estado, de seus produtos;

b) máquinas, aparelhos ou equipamentos industriais, novos, para integração no ativo imobilizado;

c) caminhão ou chassi de caminhão com motor, novos, para utilização direta em sua atividade no transporte de mercadoria;

d) mercadoria ou material de embalagem a serem empregados pelo adquirente no acondicionamento ou reacondicionamento de produtos;

e) carroceria nova de caminhão, bem como reboque e semirreboque novos, inclusive refrigerados, para utilização direta em sua atividade no transporte de mercadoria;

Para os estabelecimentos comerciais, os bens autorizados são:

a) mercadorias inerentes ao seu ramo usual de atividade, para comercialização neste Estado;

b) bem novo, exceto veículo automotor, destinado ao ativo imobilizado, para utilização direta em sua atividade comercial;

c) caminhão ou chassi de caminhão com motor, novos, para utilização direta em sua atividade comercial no transporte de mercadoria;

d) carroceria nova de caminhão, bem como reboque e semirreboque novos, inclusive refrigerados, para utilização direta em sua atividade comercial no transporte de mercadoria;

À pessoa jurídica que acumular crédito do ICMS (indústrias, comércio, agroindústrias), será permitida a transferência em pagamento para aquisição de máquinas, equipamentos e insumos listados nos itens acima, bem como para transferência a terceiros, art. 84 do RICMS, e para pagamento de débitos próprios e de terceiros inscritos em dívida ativa.

Outra destinação permitida é a utilização para pagamento do débito de ICMS exigível em guia de recolhimento especial, como no caso das operações de importação (ICMS importação), nos termos do regi-

---

40 Importante destacar que os bens duráveis devem permanecer na propriedade do contribuinte pelo prazo de 1(um) ano, e devem ser adquiridos de estabelecimentos de empresas localizados no Estado de São Paulo, bem como devem ser empregados na atividade desenvolvida pela empresa. (Art. 73, RICMS)

me especial indicado no art. 78 do RICMS[41], e no art. 29 da Portaria CAT 26/2010[42].

---

41 "Artigo 78 - Por regime especial, o imposto exigível mediante guia de recolhimentos especiais poderá ser compensado com crédito acumulado (Lei 6.374/89, art. 71, alterado pela Lei 10.619/00, art. 2º, VII, e Convênio AE-7/71, cláusula terceira). (Redação dada ao artigo pelo Decreto 56.334, de 27-10-2010; DOE 28-10-2010)

§ 1º - **Tratando-se de importação**, o regime especial somente será concedido se o desembarque e desembaraço aduaneiro forem processados em território paulista.

§ 2º - **No caso de importação de que trata o § 1º poderá ser compensado com crédito acumulado além do imposto, a multa moratória e os juros de mora**, quando for o caso."

42 "Art. 29 - o regime especial a que se refere o artigo 78 do Regulamento do ICMS poderá ser concedido ao estabelecimento que detiver o crédito acumulado do imposto:

I – automaticamente, para compensação do imposto devido na importação de mercadoria ou bem do exterior, na hipótese do § 1º do artigo 78 do Regulamento do ICMS, desde que o beneficiário:

a) requeira, nos termos do artigo 30, a compensação total ou parcial do imposto devido na operação;

b) para o desembaraço aduaneiro, emita a "Guia de Compensação com Crédito Acumulado - GCOMP-ICMS", nos termos da disciplina que trata dos procedimentos relacionados com a importação de mercadoria ou bem do exterior;

II - nas demais hipóteses de compensação de ICMS exigível por guia de recolhimentos especiais, mediante prévio requerimento dirigido ao Diretor Executivo da Administração Tributária, que contenha as seguintes informações:

a) nome, endereço, números de inscrição, estadual e no CNPJ, e a CNAE;

b) hipótese da exigência de pagamento do imposto por meio de guia de recolhimentos especiais;

c) valores recolhidos por guia de recolhimentos especiais nos 6 (seis) meses que antecederem o pedido.

§1º - o pedido de que trata o inciso II será entregue no posto fiscal de subordinação do estabelecimento requerente, em 2 (duas) vias, das quais a 1ª formará processo e a 2ª, protocolada pela repartição, será devolvida ao contribuinte. (Parágrafo único passou a ser designado §1º pela Portaria CAT-47/10, de 01-04-2010; DOE 02-04-2010; Efeitos a partir de 01-04-2010)

§ 2º - na hipótese de que trata o inciso I, poderá ser compensado com crédito acumulado além do imposto, a multa moratória e os juros de mora, quando for o caso. (Parágrafo acrescentado pela Portaria CAT-47/10, de 01-04-2010; DOE 02-04-2010; Efeitos a partir de 01-04-2010)."

3.3.2. PRINCIPAIS FORMAS DE UTILIZAÇÃO DO CRÉDITO ACUMULADO ESTABELECIMENTOS RURAIS

Já afirmamos que para produtores rurais pessoas físicas a formalização do crédito acumulado do ICMS segue sistemática diversa daquela prevista para os contribuintes pessoas jurídicas. Aqui o sistema é o e-CredRural.

A diferenciação se dá porque as operações devem observar formalização do processamento do pedido sob condições específicas, e, inclusive, o crédito deve ser destinado para aquisição de equipamentos também específicos, além dos insumos e matérias-primas para serem utilizadas na operação.

A relação de equipamentos que podem ser adquiridos encontra-se elencada na Resolução SF 04/1998, Anexo I, que dentre as opções permitidas, pode-se citar, por exemplo, as seguintes: aquecedores para óleo combustível, secadores para produtos agrícolas, empilhadeiras para movimentação de cargas, carregadoras e pás carregadoras, caminhões, rebocadores etc.

A destinação limitada restringe as opções de utilização do crédito acumulado do produtor rural, afastando desta hipótese a possibilidade de transferência para terceiros, como no caso das pessoas jurídicas, de acordo com o art. 84 do RICMS.

Entretanto, apesar da restrição para aquisição e transferência a terceiros, a legislação permite ao produtor rural transferir o crédito para destinatário de sua produção com destaque do imposto proporcional na nota de venda (venda de gado, insumos etc.) e para terceiros liquidarem débitos inscritos em dívida ativa.

Assim, o crédito do produtor rural, apurado e validado pelo e-CredRural, poderá ser destinado para aquisição de máquinas, equipamentos, insumos e matérias-primas, bem como para terceiros somente na hipótese de pagamento de débitos inscritos em dívida ativa[43].

---

43 Artigo 586 - O contribuinte poderá requerer a liquidação de débitos fiscais prevista no artigo 79, mediante utilização de crédito acumulado definido no artigo 71 (Lei 6.374/89, art. 102).

§ 1º - Para efeito deste artigo, considera-se débito fiscal a soma do imposto, das multas, da atualização monetária e dos juros de mora.(...)

§ 4º - Será admitida a liquidação de débito fiscal de outro contribuinte situado neste Estado, observadas, cumulativamente, as seguintes condições: (Parágrafo acrescen-

4. A REFORMA TRIBUTÁRIA E OS CRÉDITOS DO REGIME ATUAL

É de se avaliar as condições impostas pela PEC 45, Emenda Constitucional que visa aprovar a chamada Reforma Tributária, sob a ótica do contribuinte detentor de saldo credor do ICMS, pois poderá haver prejuízos consideráveis.

O texto aprovado pela Câmara dos Deputados, e que ainda será objeto de votação pelo Senado, já delineia algumas condições para a implementação das normas que regulamentarão o novo tributo, IBS, que substituirá o ICMS, ISS, IPI, PIS e COFINS.

Segundo o texto, que ainda poderá sofrer alterações, o ICMS findará em 2033, porém os créditos gerados até 2032 poderão ser compensados com o IBS em 240 parcelas, corrigidas monetariamente pelo IPCA, desde que homologados pelos Estados. Ou seja, o valor dos créditos poderá ser compensado em 20 anos, o que demonstra o tamanho do prejuízo que poderá ocorrer na fruição de crédito do imposto estadual[44].

---

tado pelo Decreto 54.249, de 17-04-2009; DOE 18-04-2009; Efeitos a partir de 1º de janeiro de 2010)

1 - em caso de débito do imposto declarado, deverá estar inscrito na dívida ativa;"

44 "EC 45/2019 - Art. 133 ADCT. Os saldos credores relativos ao imposto previsto no art. 155, II, da Constituição Federal, existentes ao final de 2032 serão aproveitados pelos contribuintes na forma deste artigo.

§ 1º O disposto neste artigo alcança os saldos credores cujo aproveitamento ou ressarcimento sejam admitidos pela legislação em vigor e que tenham sido homologados pelos respectivos entes federativos, observadas as seguintes diretrizes:

I – apresentado o pedido de homologação, o ente federativo deverá se pronunciar no prazo estabelecido na lei complementar referida no caput;

II – na ausência de resposta ao pedido de homologação no prazo a que se refere o inciso I, os respectivos saldos credores serão considerados homologados.

§ 2º O disposto neste artigo também é aplicável aos créditos do imposto referido no caput deste artigo que sejam reconhecidos após o prazo nele estabelecido.

§ 3º O saldo dos créditos homologados será informado pelos Estados e pelo Distrito Federal ao Conselho Federativo do Imposto sobre Bens e Serviços para que seja compensado com o imposto de que trata o art. 156-A, da Constituição Federal:

I – pelo prazo remanescente, apurado nos termos do art. 20, § 5o, da Lei Complementar no 87, de 13 de setembro de 1996, para os créditos relativos à entrada de mercadorias destinadas ao ativo permanente;

II – em 240 (duzentos e quarenta) parcelas mensais, iguais e sucessivas, nos demais casos.

Por tudo isso, o que já era difícil no regime atual, com a imposição de obstáculos e controles que limitam e atrasam a liberação dos créditos acumulados, diante das regras do novo regime jurídico para o IBS, que substituirá o ICMS, tornar-se-á muito mais demorada sua utilização, além de impactar financeiramente o contribuinte, posto que a atualização prevista não se assemelha à atualização do próprio imposto exigido pelo fisco.

Portanto, é importante que seja dada a devida atenção ao tema e que sejam avaliadas as condições fiscais dos créditos acumulados do ICMS, a fim de que se garanta a fruição dos créditos de forma ágil, minimizando os problemas de fluxos de caixa que a demora na restituição acarreta. O que é já complicado tende a ficar ainda mais moroso, uma vez que pagamento em 240 parcelas não é razoável.

A questão ganha especial relevância no setor agro, que acumula créditos por suas especificidades, marcado por desonerações na saída e pelo grande volume de exportações que promove.

REFERÊNCIAS

BALEEIRO, Aliomar; Derzi, Misabel Abreu Machado. *Direito Tributário Brasileiro*. 12ª ed. São Paulo: Forense, 2005.

BRASIL. *[Constituição (1988)]. Constituição da República Federativa do Brasil de 1988.* Brasília, DF: Presidência da República. Disponível em: http://www.planalto.gov.br/ccivil_03/Constituicao/Constituiçao.htm. Acesso em: 20 set. 2023.

---

§ 4º O Conselho Federativo do Imposto sobre Bens e Serviços deduzirá do produto da arrecadação do imposto previsto no art. 156-A devido ao respectivo ente federativo o valor compensado na forma do § 3o, o qual não comporá base de cálculo para fins do disposto no art. 158, IV, 198, § 2o, 204, parágrafo único, 212, 212-A, II, 216, § 6o, todos da Constituição Federal.

§ 5º A partir de 2033, os saldos credores serão atualizados pelo Índice Nacional de Preços ao Consumidor Amplo (IPCA), ou por outro índice que venha a substituí-lo.

§ 6º Lei complementar disporá sobre:

I – as regras gerais de implementação do parcelamento previsto no § 3o;

II – a forma mediante a qual os titulares dos créditos de que trata este artigo poderão transferi-los a terceiros;

III – a forma pela qual o crédito de que trata este artigo poderá ser ressarcido ao contribuinte pelo Conselho Federativo do Imposto sobre Bens e Serviços, caso não seja possível compensar o valor da parcela nos termos do § 3º."

BRASIL. *Lei Complementar nº 87, de 13 de setembro de 1996.* Brasília, DF: Senado Federal: Centro Gráfico, 1996. Disponível em: http://www.planalto.gov.br/ccivil_03/leis/lcp/Lcp87.htm. Acesso em: 19 set. 2023.

BRASIL. Senado Federal. *Proposta de Emenda à Constituição nº 45, de 2019.* Altera o Sistema Tributário Nacional e dá outras providências. Brasília, DF: Senado Federal, 2019. Disponível em: https://www.camara.leg.br/proposicoesWeb/fichadetramitacao?idProposicao=2196833. Acesso em: 17 set. 2023.

SÃO PAULO. *Lei Ordinária nº 6.374, de 01 de março de 1989.* São Paulo, SP: Assembleia Legislativa do Estado de São Paulo, 1989. Disponível em: https://legislacao.fazenda.sp.gov.br/Paginas/ind_6374.aspx. Cesso em: 10 set.2023.

SÃO PAULO. *Decreto nº 45.490, de 30 de novembro de 2000.* São Paulo, SP: Assembleia Legislativa do Estado de São Paulo, 2000. Disponível em: https://legislacao.fazenda.sp.gov.br/Paginas/ind_temas.aspx. Acesso em: 15 set. 2023.

GOMES CANOTILHO, JJ, (et all) e coordenadores Ferreira Mendes, Gilmar; Sarlet, Ingo Wolfgang e Streck, Lênio Luiz: *Comentários à Constituição do Brasil.* 2ª ed. São Paulo: Saraiva Educação, 2018.

OLIVEIRA, André Feliz Ricotta de: *Manual da não cumulatividade do ICMS: a regra-matriz do direito de crédito de ICMS.* 1ª ed. São Paulo: Noeses, 2017.

PONTES DE MIRANDA, Francisco Cavalcanti. *Comentários a Constituição de 1.967.* 2a Ed., SP: RT, 1973, t. II, p. 507.

PAULSEN, Leandro: *Curso de Direito Tributário Completo.* 11ª ed. São Paulo: Saraiva Educação, 2020.

A INCIDÊNCIA DO ICMS NA COMERCIALIZAÇÃO DA CASA DE SOJA: O ERRO COMETIDO PELO ESTADO DE MINAS GERAIS

Tiago Conde Teixeira[1]
Márcio Henrique César Prata[2]

1. INTRODUÇÃO

É notório que a expansão do agronegócio no Brasil trouxe um expressivo avanço para a economia brasileira. Isso porque a moderna agricultura deu origem ao agronegócio e sua constante modernização deu ao segmento uma significativa importância econômica que atingiu 24.80% do Produto Interno Bruno brasileiro em 2022[3].

---

1 Doutor em Direito Constitucional. Doutorando em Direito Tributário pela Universidade de Brasília. Mestre em Direito Público pela Universidade de Coimbra. Procurador Tributário Adjunto do Conselho Federal da Ordem dos Advogados do Brasil. Presidente da Comissão de Advocacia nos Tribunais Superiores da Ordem dos Advogados do Brasil – OAB/DF.

2 Graduado em Direito, Centro Universitário de Brasília – CEUB. Pós-Graduado em Direito Tributário e Finanças Públicas, Instituto Brasiliense de Direito Público – IDP. Graduando em Ciências Contábeis, Centro Universitário do Distrito Federal – UDF.

3 https://www.cepea.esalq.usp.br/br/pib-do-agronegocio-brasileiro.aspx

O Produto Interno Bruto do agronegócio do Brasil é maior que de importantes economias mundiais como Malásia, Dinamarca, Colômbia[4]. Assim, a expansão do agronegócio desenha um novo mapa do Brasil e atualmente representa um dos principais setores impulsionadores do país.

Em razão de sua grande importância, ao longo do tempo sofreu adaptações quanto à forma de controlar receitas e despesas, passando a ser figura obrigatória um rigoroso acompanhamento contábil e jurídico com o escopo de controlar a atividade seguindo rigorosamente as previsões legais e com isso traçar estratégias para o seu negócio.

O agronegócio é muito mais que agricultura e pecuária. Para estudá-lo é necessário considerar tudo o que é gerado em razão da agropecuária, como os segmentos de fertilizantes, químicos, fármacos, máquinas agrícolas, biotecnologia, energia elétrica, combustíveis etc[5]. Também é preciso considerar tudo o que é gerado a partir da produção agrícola ou pecuária, como as indústrias de alimentos, beneficiadores de grãos, frigoríficos, produtores de biocombustíveis, têxteis, dentre outras indústrias. Além disso, há que se considerar os segmentos do setor de serviços que transportam, armazenam, financiam, comercializam internamente e exportam a produção primária.[6]

A literatura aplicada classifica essas atividades envolvidas no agronegócio em quatro grupos ou componentes: Núcleo do Agronegócio, contemplando as atividades agrícolas e pecuárias; Montante do Agronegócio, envolvendo os segmentos que fornecem insumos e capital para o Núcleo; Jusante do Agronegócio, abarcando os segmentos que recebem a produção do Núcleo como matéria-prima da sua própria produção; e Distribuição do Agronegócio, composta pelos segmentos do setor de serviços envolvidos.[7]

---

4 International Monetary Fund – IMF. (2019). *IMF Data Maper* Recuperado em 12 de junho de 2021, de https://www.imf.org/external/datamapper/NGDP_RPCH@WEO/OEMDC/ADVEC/WEOWORLD » https://www.imf.org/external/datamapper/NGDP_RPCH@WEO/OEMDC/ADVEC/WEOWORLD

5 Luz, A. da., & Fochezatto, A. (2023). O transbordamento do PIB do Agronegócio do Brasil: uma análise da importância setorial via Matrizes de Insumo-Produto. Revista De Economia E Sociologia Rural.

6 Davis, J. H., & Goldberg, R. A. (1957). A concept of agribusiness. Cambridge: Harvard University.

7 Luz, A. da ., & Fochezatto, A.. (2023). O transbordamento do PIB do Agronegócio do Brasil: uma análise da importância setorial via Matrizes de Insumo-Produto.

Assim, o conceito de agronegócio deve ser compreendido como um conjunto de segmentos econômicos envolvidos nas cadeias de produção agropecuárias[8]. Assim, o presente ensaio irá contemplar o estudo de uma etapa dessa cadeia de produção no segmento da soja: a casca de soja e a incidência (ou não) do ICMS levando em conta a legislação da Estado de Minas Gerais[9].

Acerca da soja, destaca-se que a produção de soja está entre as atividades econômicas que, nas últimas décadas, apresentaram crescimentos mais expressivos. Isso pode ser atribuído a diversos fatores, dentre os quais: desenvolvimento e estruturação de um sólido mercado internacional relacionado com o comércio de produtos do complexo agroindustrial da soja; consolidação da oleaginosa como importante fonte de proteína vegetal, especialmente para atender demandas crescentes dos setores ligados à produção de produtos de origem animal; geração e oferta de tecnologias, que viabilizaram a expansão da exploração sojícola para diversas regiões do mundo.

No contexto mundial, o Brasil possui significativa participação na oferta e na demanda de produtos do complexo agroindustrial da soja. Isso tem sido possível pelo estabelecimento e progresso contínuo de uma cadeia produtiva bem estruturada e que desempenha papel fundamental para o desenvolvimento econômico-social de várias regiões do país. Eis o motivo principal de estudar o produto soja e seus desdobramentos para fins tributários.

2. O ICMS NA CONSTITUIÇÃO

Na Constituição de 1988, o antigo ICM ganhou ampliação do seu campo de incidência e também passou a abranger os serviços de transportes intermunicipais e interestaduais e o de comunicação.

Entretanto, vale sempre destacar que contrário ao que determinavam as ordens constitucionais anteriores em relação ao ICM, a Constituição Brasileira de 1988, na parte do ICMS, procedeu à estruturação detalhada do referido imposto.

Revista De Economia e Sociologia Rural.

8 Davis, J. H., & Goldberg, R. A. (1957). A concept of agribusiness. Cambridge: Harvard University.

9 Malassis, L. La structure et l'évolution du complexe agri-industriel d'aprés la comptabilité nationale française. Économies et Sociéteés, 3(9), 1667-1687.

Pelo inciso II do artigo 155, o ICMS teve sua competência tributária alocada para os Estados e Distrito Federal. Os parágrafos 2, 3, 4 e 5 tentam fazer uma regulamentação minuciosa da exação. Por outro lado, os legisladores estaduais ainda sofrem limitações impostas pela Lei Complementar 87, além de resoluções do Senado Federal elaboradas em casos específicos.

Todo esse confuso sistema legislativo passou a ser necessário por ter atribuído aos Estados e ao Distrito Federal um tributo com vocação nacional decorrente de reflexos econômicos entre os Estados, com um refinado (e mais uma vez confuso) sistema de compensação de créditos gerados dentro do Estado ou em Estados vizinhos, bem como uma política de desoneração tributária.

Dessa forma, o conjunto de normas constitucionais acabou condicionando a ação do legislador ordinário, federal ou estadual, de modo que qualquer estudo de ICMS deve levar em conta uma série de dispositivos. Logo, existe um limite legal e constitucional para cada Estado eleger a sua política tributária[10].

Vale destacar que a fórmula adotada pela Carta Política de 1988 tem gerado inúmeras discussões jurídicas, abarrotando o judiciário e colocando o ICMS como um dos tributos mais judicializados. Isso porque o legislador ordinário tem, com muita frequência, dispensado o mesmo tratamento jurídico aos distintos fatos econômicos que o ICMS pode alcançar. Por exemplo: dispensar o mesmo tratamento jurídico às operações relativas à circulação de mercadorias (obrigação de dar) e às operações de prestação de serviços (obrigação de fazer)[11].

A regra-matriz do ICMS sobre as operações mercantis encontra-se na parte do artigo 155 que diz: "Compete aos Estados e ao Distrito Federal instituir impostos sobre (...) operações relativas à circulação de mercadorias (...) ainda que as operações se iniciem no exterior."

Nos parece muito claro que só pode existir incidência sobre a realização de operações relativas à circulação de mercadorias (circulação jurídico-comercial). Percebam que os conceitos de "circulação", "operação" e "mercadorias" são interligados e se complementam, de modo que se os três não se apresentam, não podemos falar em incidência do ICMS. É sempre bom reiterar que a essa "circulação" deve ser jurídica,

---

10 HARADA, Kiyoshi. ICMS: Doutrina e prática. São Paulo. Editora Dialética, 2022.

11 CARRAZZA, Roque Antonio. ICMS. Editora Malheiros. 2015.

consistindo em uma transferência de mercadoria de uma titularidade para outra.

Ademais, é importante ressaltar que a circulação de mercadorias apta a desencadear a tributação pelo ICMS deve, necessariamente, ser uma operação onerosa, envolvendo um alienante e um adquirente. Logo, resta claro que a Constituição não prevê a tributação de mercadorias pelo ICMS, mas a tributação das operações relativas à circulação de mercadorias. Dessa forma, não são todas as operações jurídicas que podem ser tributadas, mas apenas as relativas à circulação de mercadorias.

Aqui uma importante premissa para o ponto central do nosso estudo, a casca da soja: o ICMS só pode incidir sobre operações que conduzem mercadorias mediante sucessivos contratos mercantis, dos produtores originários para os consumidores finais. Em linhas gerais, o ICMS será devido quando ocorrem operações jurídicas que levam as mercadorias da produção para o consumo.

3. O TRATAMENTO TRIBUTÁRIO DA CASCA DE SOJA NO ESTADO DE MINAS GERAIS

A questão da casca de soja no Estado de Minas gera grande perplexidade e demonstra a grande insegurança jurídica promovida pelo legislador. Em Minas Gerais contribuintes estão sendo autuados por utilização indevida do diferimento do ICMS nas saídas da mercadoria "casca de soja moída", com base do item 22 da parte 1 do Anexo II do RICMS/02, as vendas internas e da redução de base de cálculo prevista no item 02, da Parte 1 do Anexo IV do mesmo diploma legal, nas vendas interestaduais, face à classificação errônea da mercadoria como "resíduo", contrariando a definição contida no art. 219, inciso I c/c art. 220 do Anexo IX do RICMS/02.

Veja-se o que determina o RICMS/02:

> Art. 8. O imposto será diferido nas hipóteses relacionadas no Anexo II, podendo ser estendido a outras operações ou prestações, mediante regime especial autorizado pelo Diretor da Superintendência de Legislação e Tributação (SLT).
> (...)
> ANEXO II
> DO DIFERIMENTO (a que se refere o artigo 8o deste Regulamento)
> PARTE 1 (...)

ITEM	HIPÓTESES/CONDIÇÕES
22	Saída de mercadorias relacionadas na Parte 3 deste Anexo, produzidas no Estado, e de resíduo industrial, destinados a estabelecimento: a - de produtor rural, para uso na pecuária, aqüicultura, cunicultura e ranicultura; b - de cooperativa de produtores; c - de fabricante de ração balanceada, concentrado ou suplemento para alimentação animal, observando o disposto nas subalíneas "a.1" a "a.3" do item da Parte 1 do Anexo I.

ANEXO IV
DA REDUÇÃO DA BASE DE CÁLCULO
PARTE 1
DAS HIPÓTESES DE REDUÇÃO DA BASE DE CÁLCULO (a que se refere o artigo 43 deste Regulamento) (...)

ITEM	HIPÓTESES/CONDIÇÕES	EFEITOS	REDUÇÃO DE:	MULTIPLICADOR OPCIONAL PARA CÁLCULO DO IMPOSTO (POR ALÍQUOTA)		
				18%	12%	7%
2	Saída, em operação interna ou interestadual, de milho, milheto, aveia, soja desativada, farelo de aveia, farelo de soja, farelo de soja desativada, farelo de canola, farelo de casca de soja, farelo de casca de canola, torta de soja ou torta de canola, destinados a:	A PARTIR DE 09/01/2006	30	0,126	0,084	0,049
	Saída, em operação interna ou interestadual, de milho, milheto, aveia, soja desativada, farelo de aveia, farelo de soja, farelo de soja desativada, farelo de canola, farelo de casca de soja, farelo de casca de canola, torta de soja ou torta de canola, destinados a: a) estabelecimento de produtor rural; b) estabelecimento de cooperativa de produtores; c) estabelecimento de indústria de ração animal; d) órgão estadual de fomento e de desenvolvimento agropecuário;	DE 01/05/2005 A 08/01/2006	30	0,126	0,084	0,049

Em linhas gerais, o Estado de Minas Gerais (de maneira equivocada) definiu "sucata, apara, resíduo ou fragmento" como sendo o produto que não mais se preste ao uso na finalidade para a qual foi produzido, sendo irrelevante o fato de ele conservar ou não a natureza original, conforme disposto no inciso I do art. 219 c/c art. 220 do Anexo IX do RICMS/02.

> Art. 219 - Considera-se:
> I - sucata, apara, resíduo ou fragmento, a mercadoria, ou parcela desta, que não se preste para a mesma finalidade para a qual foi produzida, assim como: papel usado, ferro velho, cacos de vidro, fragmentos e resíduos de plástico, de tecido e de outras mercadorias.
> (...)
> Art. 220 - Para o efeito da definição contida no artigo anterior, é irrelevante:
> I - que a parcela de mercadoria possa ser comercializada em unidade distinta;
> II - que a mercadoria, ou sua parcela, conserve a mesma natureza de quando originariamente produzida.

Vê-se que a legislação considera como atributo insuperável, para que um material seja considerado "sucata, apara, resíduo ou fragmento", que este tenha sido utilizado anteriormente com outra finalidade para a qual se tornou inservível.

No caso em questão, a "casca de soja moída" é obtida durante o processo de fabricação do óleo e do farelo de soja, que em sua primeira etapa do processo industrial, que consiste em uma pré-limpeza dos grãos de soja, em que é removida a casca da soja, a qual é descartada de seu processo produtivo, sendo posteriormente comercializada como insumo no segmento de alimentação animal, tendo em vista seu alto teor de proteína.

Assim, para fins tributários, todo produto novo, obtido acessoriamente no curso da fabricação de outra mercadoria, deve ser caracterizado como subproduto e não como "sucata, apara, resíduo ou fragmento".

Ressalte-se que o subproduto é uma espécie nova, que não se prestou ainda a qualquer finalidade, portanto, não pode ser considerada inservível para a mesma finalidade para a qual foi produzida.

Assim, para o Estado de Minas, não se considera a "casca de soja moída" como "resíduo industrial", e sim como subproduto gerado no processamento industrial de grãos de soja. Portanto, as operações com casca de soja não estão alcançadas pelo diferimento previsto no item

22 da Parte 1 do Anexo II, e pela redução de base de cálculo prevista no item 02, da Parte 1 do Anexo IV, ambos do RICMS/02.

Em nossa opinião, erra o Estado de Minas Gerais em razão do apetite arrecadatório, situação que comprovaremos nos tópicos seguintes.

4. DO DIFERIMENTO E DA REDUÇÃO DA BASE DE CÁLCULO NAS SAÍDAS DE CASCA DE SOJA. CLASSIFICAÇÃO LEGAL. RESÍDUO.

O diferimento do ICMS ocorre quando o lançamento e o recolhimento do imposto incidente na operação com determinada mercadoria ou sobre a prestação de serviço forem transferidos para operação ou prestação posterior.[12] Desta forma, em vez de o fisco recolher o imposto a partir do fato gerador, que é o transporte da mercadoria do estabelecimento do contribuinte para outro local, ele é pago em outro momento da cadeia produtiva do serviço.

Existem diversas hipóteses nas quais cabe o diferimento do ICMS. Dentre as que são pertinentes à produção de soja em Minas Gerais, tem-se as seguintes possibilidades:

> I) Operação de saída de soja, milho, milho moído ou sorgo destinados a estabelecimento de contribuinte do imposto, para industrialização ou comercialização, observado o disposto no inciso II do caput do art. 9º deste regulamento.
> II) Saída de óleo de soja realizada pelo estabelecimento esmagador de soja com destino ao estabelecimento industrial fabricante de biodiesel.
> III) Saída de casca de soja com destino a estabelecimento de produtor rural para uso na alimentação animal.
> IV) Saída de farelo de canola, torta de canola, grão de soja extrusada ou raspa de mandioca produzidos no Estado e destinados a estabelecimento de produtor rural, para uso na avicultura." - Regulamento do ICMS - Anexo II

Após a exposição dos possíveis diferimentos do ICMS na produção de soja, é preciso definir como é feita a base de cálculo do imposto. A base de cálculo, em termos gerais, é definida como a grandeza econômica sobre a qual se aplica a alíquota para calcular a quantia a pagar. No caso do ICMS é o valor do montante, incluindo as despesas acessórias do consumidor.[13] Escrevendo de uma forma matemática, o cálculo do ICMS é feito da seguinte maneira:

---

12 Regulamento do ICMS - Secretaria da Fazenda do Estado de Minas Gerais.

13 Secretaria de Estado da Fazenda do Mato Grosso.

"Preço da operação x Alíquota do Estado = Valor do ICMS"[14]

Exemplificando, caso a produção e comercialização de soja tenha o preço meramente ilustrativo de R$ 1000 e a alíquota do Estado de Minas Gerais é de 18%, tem-se a seguinte equação para calcular o valor do ICMS da atividade produtiva:

$$1000 \times 0,18 = 180$$

Ou seja, neste cálculo feito para fins de demonstração, a quantidade que deverá ser paga ao fisco a título de ICMS é de R$180.

O Estado de Minas Gerais cobra ICMS sob o argumento de que os contribuintes não poderiam ter submetido as operações internas e interestaduais de saída de casca de soja ao diferimento e à redução da base de cálculo.

Os contribuintes, por outro lado, fundamentam o seu direito de diferimento em operações internas no item 22, da Parte 1, do Anexo II do RICMS[15] e de redução de 60% da base de cálculo em operações interestaduais no item 8, d.3, da Parte 1, do Anexo IV, do RICMS.

A aplicação dos referidos dispositivos, que estabelecem o direito ao diferimento e à redução da base de cálculo em 60%, se dá por conta do enquadramento da casca de soja moída como resíduo, e não como subproduto, como pretende fazer o Estado de Minas Gerais.

Entretanto, vale sempre destacar que Resíduo (como de resto a sucata, a apara e fragmento) qualifica-se como 'mercadoria ou parcela desta' que, todavia, se mostra imprestável para a qual se destinava originalmente; o subproduto, que se entende como tal o fruto da transformação em uma ou mais matérias-primas, a partir das quais é obtido, junto com o produto desejado resultante dessa transformação, um novo produto. Trata-se, portanto, de espécie nova que não se prestou ainda a qualquer finalidade.

---

14 Secretaria de Estado da Fazenda do Mato Grosso.

15 ANEXO II - PARTE 1 – DO DIFERIMENTO

*22 - Saída de mercadorias relacionadas na Parte 3 deste anexo, produzidas no Estado, e de **resíduo industrial**, destinados a estabelecimento:*

a) de produtor rural, para uso na pecuária, aquicultura, cunicultura e ranicultura;

b) de cooperativa de produtores;

c) de fabricante de ração balanceada, concentrado ou suplemento para alimentação animal, observado o disposto nas subalíneas "a.1" a "a.3" do item 5 da Parte 1 do Anexo I.
Obs.: atualmente é o item 21.

Assim, claramente a casca de soja, objeto de análise no presente estudo, deve ser considerada um resíduo de matéria-prima, sendo considerada a 'sobra' da referida matéria-prima antes do processo de industrialização.

Esta constatação decorre diretamente do exame das etapas do processo produtivo. A primeira etapa envolve a pré-limpeza dos grãos de soja, realizada com o intuito de remover impurezas oriundas da lavoura. Em seguida, os grãos de soja são separados de suas cascas que, então, são completamente descartadas do processo produtivo.

As etapas seguintes são destinadas à transformação da matéria-prima selecionada, ou seja, o grão de soja, nos produtos finais a serem comercializados, exemplo: o farelo e o óleo de soja. Nisto, os grãos de soja passam por processos de secagem, trituração e laminação, mediante os quais se extraem o óleo de soja e, concomitantemente, o farelo de soja, subproduto resultante do processo de esmagamento do grão de soja.

Ademais, por ser obtido durante e por meio do processo de industrialização, o farelo de soja é considerado subproduto, ao contrário da casca da soja que, extraída antes da submissão da matéria-prima ao processo produtivo, é mero resíduo. Tanto é que, não fosse a recente descoberta do valor proteico da casca de soja e seu aproveitamento para a produção da ração animal, este resíduo seria completamente descartado.

Ora, por não ser submetida a qualquer processo industrial, definido pela legislação tributária (art. 46, parágrafo único, do CTN) como "qualquer operação que lhe modifique a natureza ou a finalidade, ou o aperfeiçoe para o consumo", a casca de soja não pode ser compreendida quer como produto, quer como subproduto.

Nesse ponto, é preciso muita atenção, pois a casca de soja moída passando pelo processo de peletização tem sua estrutura física modificada, facilitando transporte, armazenamento e manuseio. Aqui ocorre uma mudança no estado físico da soja, mas não no estado químico.

Entretanto, ainda que houvesse a modificação do estado físico, isto não caracteriza processo de industrialização, tendo em vista que o art. 46, parágrafo único do Código Tributário Nacional exige para tanto a modificação da natureza, isto é, do estado químico, o que não ocorre no processo de peletiação.

Para ilustrar ainda mais a questão posta, pesquisamos aleatoriamente uma ação judicial e em razão da publicidade dos atos judicias e o acesso eletrônico, conseguimos consultar o inteiro teor do processo, que inclusive possuía perícia judicial, que foi completamente ignorada pelo juízo. Vale conferir trechos da sentença determinando a incidência do ICMS na casca de soja:

> *"Nessa linha, tem-se que a "casca de soja" é obtida através da industrialização do grão da soja e, apesar de não sofrer alterações em sua composição (natureza e propriedades químicas), é modificada no aspecto físico (moída ou triturada), a fim de que possa ser utilizada em outro processo produtivo."*

Nitidamente a sentença parte de pressuposto contrário ao processo industrial da soja. Sabe-se que o juiz tem liberdade na formação de seu convencimento. Todavia, nos termos do art. 371 do CPC/2015[16], o julgador deve apreciar as provas produzidas para formar suas razões e, no presente caso, o que se percebe é a total desconsideração de um laudo pericial, elaborado por perito indicado pelo próprio juízo e que foi juntado pelo contribuinte.

Estudando a sentença, identificamos que o magistrado chegou a trazer algumas considerações do laudo pericial, ao indicar que *"a casca de soja é separada no início do processamento do grão"*, mas concluiu, de forma equivocada e diversa do que indicado pela perícia, que essa separação da casca e do grão de soja antes do processamento do grão, e a posterior aspiração, peneiramento e moagem da casca caracterizariam industrialização.

Em razão da publicidade dos atos judicias, tivemos acesso ao inteiro teor dos autos e identificamos que o perito concluiu que a casca é mero resíduo da matéria-prima, descartado antes do processo de industrialização do grão de soja, o que está de acordo com a previsão do art. 46, parágrafo único, do CTN.

Esse mesmo erro de premissa levou a sentença a mais um equívoco, que foi a aplicação do art. 219, I, Anexo IX, do RICMS ao presente caso. O juízo de origem afirmou que a casca de soja não poderia ser considerada resíduo porque supostamente decorre de um processo de industrialização, sendo submetida a outro processamento para alimentação animal.

Veja-se o trecho:

---

16 CPC/2015.

Art. 371. O juiz apreciará a prova constante dos autos, independentemente do sujeito que a tiver promovido, e indicará na decisão as razões da formação de seu convencimento.

Outrossim, é mister consignar que, nos termos dos artigos 219, I, e 220, I e II, do Anexo IX, do RICMS, considera-se como resíduo, sucata ou fragmento, o produto que não mais se preste ao uso na finalidade para a qual foi produzido, independentemente de conservar a sua natureza original e de poder ser posteriormente comercializada (Exemplo: papel, ferro velho, cacos de vidro). Dessa forma, levando-se em consideração que a casca de soja é obtida por meio de um processo de industrialização e, tendo em vista que deve ser submetida a um processamento específico para que possa ser utilizada como insumo no segmento de alimentação animal e/ou matéria-prima para indústrias produtoras de ração, certo é que ela não se caracteriza como resíduo, e sim como subproduto. Além disso, cumpre ressaltar que a tese sustentada na peça de ingresso, no sentido de que o disposto nos artigos 219, I, e 220, I e II, do Anexo IX, do RICMS, aplica-se somente aos materiais inorgânicos, não deve ser acolhida, pois não há previsão restritiva neste sentido.

A classificação da casca de soja como resíduo não viola o disposto no art. 219, inciso I, do Anexo IX, do RICMS, uma vez que a *mens legis* deste dispositivo legal em nada se relaciona com a situação ora em debate.

Perceba-se, antes de mais nada, que o aludido art. 219 trata de norma interpretativa, destinada a esclarecer o conteúdo conceitual dos termos "sucata, apara, resíduo ou fragmento" mencionados pelo art. 218, que institui o diferimento para determinadas operações como espécie de regime especial com fundamento no art. 181 da parte geral do RICMS/2002.

Cabe lembrar, contudo, que a operação praticada pela Apelante se refere ao diferimento previsto no item 22 da Parte 1 do Anexo II do RICMS, que possui fundamento no art. 8º da parte geral do RICMS, e da redução da base de cálculo prevista no item 8, "d.3", da Parte 1, do Anexo IV, que, por sua vez, fundamenta-se no art. 43 da parte geral; e não o do art. 218, da Parte 1, do Anexo IX, o que afasta a possibilidade de aplicação do subsequente art. 219, que possui papel específico no contexto do regime ali instituído.

Deve-se ressaltar que, sob pena de perpetração de grave equívoco hermenêutico, a técnica legislativa empregada e o contexto em que se situa o referido normativo devem ser considerados para o exame da questão. Ou seja, o art. 219 do Anexo IX não pode ser usado para esclarecer o conteúdo de conceito diverso, embora homônimo, positivado por norma situada em outro contexto, qual seja, o do item 22 do Anexo II e do Item 8, "d.3", do Anexo IV.

Verifica-se que o art. 218 do Anexo IX foi instituído para dar tratamento a mercadorias completamente diversas daquelas de que tratam os itens 22 do Anexo II e 8, "d.3", do Anexo IV.

Com efeito, o próprio texto legal do art. 219 informa que o uso destes termos naquele dispositivo legal (art. 218) liga-se a contextos produtivos e a materiais completamente distintos e não equiparáveis aos ora discutidos, quais sejam, os materiais inorgânicos. Portanto, possui conteúdo informativo diverso daquele previsto no item 22 do Anexo II e no item 8 do Anexo IV, que apenas trata de materiais orgânicos.

Para melhor visualização, confira-se a relação de materiais (inorgânicos) trazida pelos dispositivos que a Fazenda e o Juízo *a quo* aplicaram:

> Art. 218. O pagamento do imposto incidente nas sucessivas saídas de lingote ou tarugo de metal não ferroso, classificados nas posições 7401, 7402, 7403, 7404, 7405, 7501, 7502, 7503, 7602, 7801, 7802, 7901, 7902, 8001 e 8002 da Nomenclatura Brasileira de Mercadorias - Sistema Harmonizado (NBM/SH - com o sistema de classificação adotado até 31 de dezembro de 1996), e de sucata, apara, resíduo ou fragmento de mercadoria fica diferido para o momento em que ocorrer a saída:(...).
> Art. 219. Considera-se:
> I - sucata, apara, resíduo ou fragmento, a mercadoria, ou parcela desta, que não se preste para a mesma finalidade para a qual foi produzida, assim como: papel usado, ferro velho, cacos de vidro, fragmentos e resíduos de plástico, de tecido e de outras mercadorias;"

O oposto se percebe na relação exemplificativa de materiais (orgânicos) citados nos dispositivos que fundamentaram o diferimento e a redução de base de cálculo pela Apelante:

> 22. Saída de mercadorias relacionadas na Parte 3 deste Anexo*, produzidas no Estado, e de **resíduo industrial**, destinados a estabelecimento:
> *Alfafa, Alho em pó, "Cama de galinha", "Cama de frango", Caroço de algodão, Farelo de algodão, Farelo de amendoim, Farelo de arroz, Farelo de babaçu, Farelo de cacau, Farelo de canola, Farelo de casca de uva, Farelo de girassol, Farelo de glúten de milho, Farelo de linhaça, Farelo de mamona, Farelo de semente de uva, Farelo de soja, Farelo de trigo, Farinha de carne, Farinha de osso, Farinha de ostra, Farinha de pena, Farinha de peixe, Farinha de sangue, Farinha de víscera, Feno, Grão de soja extrusada, Glúten de milho, Melaço de cana-de-açúcar, Milho e milheto.
> 8. d.3) farelos de algodão, de amendoim, de arroz, de babaçu, de cacau, de casca de uva, de gérmen de milho desengordurado, de girassol, de glúten de milho, de linhaça, de mamona, de milho, de polpa cítrica, de quirera de milho, de semente de uva, de trigo ou outros resíduos industriais;

Vê-se, portanto, que os exemplos utilizados pelos dispositivos legais tidos por violados pelo Estado de Minas Gerais e aqueles citados nos dispositivos que ampararam a Apelante não têm qualquer relação entre si, sendo aplicáveis a situações diferentes.

Com isso, os dispositivos aplicados pela sentença devem ser afastados. Tanto é assim que o mencionado art. 219 considera como resíduo aquela matéria que tenha "perdido a finalidade para a qual foi produzida". Ora, o resíduo de matéria-prima orgânica não "perde" sua finalidade porque nunca a possuiu dentro do processo produtivo. Pelo contrário, tal resíduo faz parte do próprio processo de obtenção da matéria-prima, que precisa ser separada de alguns elementos que a compõem no seu estado bruto para, só então, adquirir finalidade. Em outras palavras, aquilo que foi descartado do processo produtivo (ex.: casca da soja) sempre teve como finalidade o descarte.

Logo, a definição de resíduo do art. 219, que visa esclarecer o conteúdo semântico da expressão no contexto do art. 218 (que, por sua vez, trata de resíduos de produtos inorgânicos) não serve para esclarecer o conteúdo semântico da expressão constante nos itens 22 da Parte 1 do Anexo II e 8 da Parte 1 do Anexo IV, que, embora homônimo, refere-se ao resíduo do processo industrial aplicado sobre matéria-prima orgânica destinado à alimentação animal.

Torna-se a frisar, uma norma de interpretação utilizada para esclarecer o sentido do diferimento instituído como regime especial no art. 218, do Anexo IX, do RICMS, cujo *telos* destina-se à regulamentação do instituto do diferimento aplicável à sucata, apara, fragmento ou resíduo inorgânico, não pode ser utilizada para esclarecer o sentido do termo resíduo utilizado em norma cujo objetivo é completamente diverso, tratando de classes de mercadorias diferentes.

Outra distinção constatável é que a *ratio legis* da inclusão do termo resíduo pelo art. 219, da Parte 1, do Anexo IX tem ainda a especificidade de tratar do resíduo do produto, o que é algo muito diferente do resíduo da matéria-prima de que trata o item 22, da Parte 1, do Anexo II, e o item 8, "d.3", do Anexo IV.

Como demonstração da distinção do sentido de "resíduo" tal como apresentado nos diferentes contextos do RICMS, pode-se verificar que o processo de formação do resíduo da matéria-prima não é o mesmo do resíduo inorgânico.

Enquanto o resíduo do produto é obtido pela perda indesejada da sua finalidade inicial do produto durante o processo industrial, o resíduo da matéria-prima é obtido pelo descarte desejado de parte do produto bruto, logo antes de se submeter a matéria-prima à industrialização. Assim, *v.g.*, o caco de vidro é obtido pelo desgaste (quebra) não-intencional da garrafa, copo, vidraça etc.; enquanto a casca da laranja é obtida pela separação (descascamento) intencional da laranja, pois que não aproveitável para a finalidade da fruta (a produção do suco, por exemplo).

Ora, perceba-se o absurdo de se afirmar que a casca de laranja apenas deve ser considerada resíduo quando ela não se prestar "(…) para a mesma finalidade para a qual foi produzida". Afinal, a casca de laranja não é produzida com nenhuma finalidade específica, e sim extraída da matéria-prima para que a mesma possa servir, então, à sua finalidade, motivo pelo qual é descartada intencionalmente logo no início deste processo.

O mesmo raciocínio se pode aplicar à casca de soja. Isto é, a casca de soja, assim como os demais resíduos orgânicos de matéria-prima, não foi produzida com finalidade alguma, mas sim extraída da soja em seu estado bruto e natural. Por isso, elas são apenas descartadas antes do início processo produtivo para que seja possível a transformação da matéria-prima principal na obtenção do produto final e do subproduto, e não obtidas após a perda de sua finalidade inicial.

Devidamente demonstradas as significativas diferenças entre o processo de obtenção do resíduo da matéria-prima e o resíduo do produto final, não se afigura aceitável aplicar-se, por analogia, o disposto no art. 219 do RICMS para o material orgânico, sob pena de desrespeito à *mens legis* deste dispositivo e do incremento da tributação pela via imprópria da analogia.

Logo, deve a casca de soja ser devidamente reconhecida como resíduo, subsumindo-se, portanto, às hipóteses autorizativas da utilização da redução de 60% da base de cálculo (item 8, d.3, da Parte 1, do Anexo IV, do RICMS), para as operações interestaduais, e do diferimento (item 22, da Parte 1, do Anexo II do RICMS).

5. CONCLUSÃO

O agronegócio representa o somatório das atividades diretas ou relacionadas à produção e distribuição de alimentos e fibras, sendo dividido em quatro agregados: insumos agrícolas, agropecuária, processamento e distribuição[17]. A importância do agronegócio para o crescimento econômico de um país reside na sua capacidade de fornecer matéria-prima para a indústria, alimentos para a população, poupança para investimento na indústria, ampliação dos mercados para produção industrial e receita mediante exportação[18].

Um novo paradigma começou a emergir sobre o papel da agricultura para o desenvolvimento e a adoção de uma nova agenda mais ampla. A agricultura foi vista no passado como fonte de contribuições que ajudaram a induzir crescimento industrial e uma transformação estrutural da economia. No entanto, a globalização, cadeias de valor, inovações tecnológicas e institucionais e restrições ambientais modificaram rapidamente o contexto e o papel da agricultura. Logo, esse novo paradigma é necessário para o reconhecimento das múltiplas funções da agricultura para o desenvolvimento nesse contexto emergente: impulso ao crescimento econômico, redução da pobreza, diminuição das disparidades de renda, garantia de segurança alimentar e preservação do meio ambiente[19].

O papel do agronegócio na economia se modifica com o desenvolvimento econômico dos países. A principal tarefa da agricultura de países pobres é fornecer alimentos e fibras a baixo custo para a população e para a indústria. Nos países em desenvolvimento, a agropecuária é responsável por aumentar a renda das famílias rurais e reduzir a pobreza.

Vale destacar que, nas últimas décadas, a cadeia produtiva da soja, tanto no Brasil quanto no mundo, tem apresentado um crescimento contínuo e diferenciado, que pode ser atribuído a fatores que afetam diversos aspectos, sobretudo aqueles de natureza tecnológica e mercadológica. De um lado, existem elos da cadeia produtiva que nutrem o sojicultor com as soluções tecnológicas necessárias para a prática produtiva, de outro, os segmentos que estabelecem canais comerciais fundamentais para o funcionamento e desenvolvimento do mercado da commodity.

---

17 Davis, J. H., & Goldberg, R. A. A concept of agribusiness. *Journal of Farm Economics*, *39*(4), 1042-1045.

18 Delgado, C. L., Hopkins, J., Kelly, V. A., Hazell, P., Mckenna, A. A., Gruhn, P., Hojjati, B., Sil, H., & Courbois, C. (1998). *Agricultural Growth Linkages in Sub-Saharan Africa*. Washington: International Food Policy Research Institute.

19 Sesso Filho, U. A., Borges, L. T., Pompermayer Sesso, P., Brene, P. R. A., & Esteves, E. G. Z. (2022). Mensuração do complexo agroindustrial no mundo: comparativo entre países. Revista de Economia e Sociologia Rural, 60(1), e235345. https://doi.org/10.1590/1806-9479.2021.235345

A referida cadeia produtiva envolve grande número de instituições e atores organizacionais. Desse modo, o seu crescimento tem gerado significativos impactos em seu ambiente de negócios, sob as perspectivas econômica, social, ambiental, tecnológica e, até mesmo, política.

Atualmente, a soja é o principal produto da agricultura brasileira, fortalecendo a posição do país como um dos *players* mais importantes do comércio agrícola mundial. A força da cadeia produtiva da soja permite, inclusive, ao Brasil ter pretensões geopolíticas e geoeconômicas e a capacidade de influenciar o mercado mundial de commodities agrícolas.

Desta forma, o entendimento do Estado de Minas Gerais em tributar a casca de soja constitui um empecilho para o crescimento deste setor. A casca, por definição, não pode ser utilizada com a mesma finalidade que a soja em si, não devendo ser considerada um produto novo, e sim como um resíduo.

A tributação da casca, que não é utilizada em nenhuma etapa do processo produtivo tributável e, para todos os fins, é completamente descartada, demonstra um Estado marcado pela insegurança jurídica, que tributa até mesmo resíduos naturais, inerentes à produção e que em nada alteram o produto final.

Em suma, o fisco não deve, sob possibilidade de violação do princípio da razoabilidade, tributar resíduos naturais advindos do processo de exportação da soja. A indústria da agricultura brasileira é marcada pela variedade de produtos, dentre eles a soja, e pela riqueza que contribui para o país. A tributação excessiva não pode ser uma barreira para o desenvolvimento econômico deste setor que traz tantos empregos, oportunidades e renda para o país.

REFERÊNCIAS

CARRAZZA, Roque Antônio. ICMS. Editora Malheiros. 2015.

Davis, J. H., & Goldberg, R. A. (1957). A concept of agribusiness. Cambridge: Harvard University.

Delgado, C. L., Hopkins, J., Kelly, V. A., Hazell, P., Mckenna, A. A., Gruhn, P., Hojjati, B., Sil, H., & Courbois, C. (1998). *Agricultural Growth Linkages in Sub-Saharan Africa*. Washington: International Food Policy Research Institute.

HARADA, Kiyoshi. ICMS: Doutrina e prática. São Paulo. Editora Dialética, 2022.

International Monetary Fund – IMF. (2019). *IMF Data Maper* Recuperado em 12 de junho de 2021, Disponível em: https://www.imf.org/external/datamapper/NGDP_RPCH@WEO/OEMDC/ADVEC/WEOWORLD » https://www.imf.org/external/datamapper/NGDP_RPCH@WEO/OEMDC/ADVEC/WEOWORLD

Luz, A. da., & Fochezatto, A.. (2023). O transbordamento do PIB do Agronegócio do Brasil: uma análise da importância setorial via Matrizes de Insumo-Produto. Revista De Economia E Sociologia Rural.

Malassis, L. La structure et l'évolution du complexe agri-industriel d'aprés la comptabilité nationale française. Économies et Sociéteés, 3(9), 1667-1687

Sesso Filho, U. A., Borges, L. T., Pompermayer Sesso, P., Brene, P. R. A., & Esteves, E. G. Z. (2022). Mensuração do complexo agroindustrial no mundo: comparativo entre países. Revista de Economia e Sociologia Rural, 60(1), e235345. https://doi.org/10.1590/1806-9479.2021.235345

OS CRÉDITOS DO ICMS NA AQUISIÇÃO DE BENS DO ATIVO IMOBILIZADO NO AGRONEGÓCIO

Marcos Rogério Grigoleto[1]

1. INTRODUÇÃO

O Agronegócio no Brasil tem apresentado nos últimos anos um crescimento extraordinário. De acordo com dados do Centro de Estudos Avançados em Economia Aplicada (Cepea), da Esalq/USP, em parceria com a Confederação da Agricultura e Pecuária do Brasil (CNA), a participação do setor no Produto Interno Bruto (PIB) brasileiro chegou à marca de 24,8% em 2022, tendo uma leve queda comparada ao período de 2021, quando atingiu 26,6%, mas mesmo assim mantendo um percentual muito significativo comparado com outros setores.

Quando observamos as exportações do agronegócio, os números impressionam, pois elas chegaram a mais de US$ 159 bilhões (cerca de R$ 795 bilhões) no ano passado, 32% a mais do que em 2021, tendo com maior destaque no período as exportações de soja, carnes, produtos

---

1 Marcos Grigoleto é Sócio da prática de impostos da KPMG, atuando também como sócio líder de agronegócios na KPMG Brasil e como Diretor Executivo da ANEFAC Regional Centro Oeste. Pós-graduado em Controladoria e Finanças pela UNICEP de São Carlos – SP, Curso de Gestão de Pessoal pela Fundação Dom Cabral – SP, Graduado em Direito pela Fundação de Ensino Octavio Bastos de São João da Boa Vista - SP e Técnico em Contabilidade pelo Senac em São Carlos-SP. Autor de diversos artigos tributários, professor, palestrante, e coordenador de treinamentos técnicos para os profissionais da KPMG e terceiros.

florestais e cereais, farinhas e preparações, de acordo com o Ministério da Agricultura e Pecuária. Além disso, o setor também foi responsável por 18,97 milhões de empregos no país em 2022, sendo que do total de pessoas que vivem do campo, 283 mil atuam no segmento de insumos agrícolas, 8,3 milhões realizam atividades primárias, 4,03 milhões estão na agroindústria e 6,2 milhões trabalham nos agrosserviços.

Diferentemente do que vem acontecendo nos setores de indústrias e de serviços, o crescimento do agronegócio é persistente e sustentável, tornando-o bastante competitivo, e esse crescimento tem como ponto de partida os investimentos efetuados tanto dentro da porteira como fora da porteira, não se limitando somente em inovações em máquinas e equipamentos, mas também em pessoas, tecnologia, pesquisas de campo e logística, que como consequência têm proporcionado sucessivos recordes na produção e comercialização agrícola.

Contudo, mesmo o agronegócio sendo um setor dos mais importantes do Brasil, que anualmente efetua milhões de investimentos, seja na renovação como modernização de suas lavouras como também no parque fabril para as agroindústrias, entre vários outros, muitas vezes o setor acaba não tendo todo o respaldo necessário em nossa legislação tributária para fins de monetização de créditos tributários quando das aquisições de bens de capital. Há ainda muitos créditos tributários que acabando ficando estocados e em muitos casos prescrevendo, como é o caso do ICMS, prejudicando assim toda a cadeia interligada ao agronegócio, uma vez que esse imposto não recuperado é um custo significativo que ou é absorvido gerando prejuízo à empresa (fornecedora e/ou produtora) ou será repassado na cadeia até chegar ao produto ao consumidor final encarecendo pela natureza de sua atividade, vários itens essenciais elencados em nossa Constituição Federal, em seu artigo 6º, como direitos fundamentais sociais básicos para a uma dignidade humana, tais como como alimentos (alimentação humana), energia (trabalho, moradia etc.) e álcool (etanol uso p/ combustível-transporte e/ou saúde-medicação, antissépticos), entre outros.

2. DISPOSIÇÕES LEGAIS SOBRE O CRÉDITO DO ICMS NAS AQUISIÇÕES DE BENS DO ATIVO IMOBILIZADO

Ao adquirir um bem para ser destinado ao seu ativo imobilizado, as empresas têm direito ao aproveitamento de créditos do ICMS, porém há situações de acordo com a legislação do ICMS em que se pode recuperar esse crédito do ICMS, sendo essa uma alternativa para as empresas, principalmente do Agronegócio, reduzir o débito tributário do ICMS ao final de um período de apuração.

LEGISLAÇÃO FEDERAL - CONSTITUIÇÃO FEDERAL E LEI KANDIR

Antes de entrarmos na legislação estadual, é importante lembrar que o princípio constitucional da não cumulatividade foi introduzido no ordenamento jurídico brasileiro pela Emenda 18 à Constituição de 1946, mas, atualmente, encontra-se juridicizado no artigo 155, § 2°, I, da Constituição Federal de 1998, que determina o seguinte:

> Art. 155. Compete aos Estados e ao Distrito Federal instituir impostos sobre: (...)
> § 2° O imposto previsto no inciso II atenderá ao seguinte:
> I - será não-cumulativo, compensando-se o que for devido em cada operação relativa à circulação de mercadorias ou prestação de serviços com o montante cobrado nas anteriores pelo mesmo ou outro Estado ou pelo Distrito Federal.

Em 1996, tivemos a publicação da Lei Kandir – Lei Complementar 87/1996 (DOU 16.09.1996), que veio dispor sobre o imposto dos Estados e do Distrito Federal sobre operações relativas à circulação de mercadorias e sobre prestações de serviços de transporte interestadual e intermunicipal e de comunicação, e dá outras providências.

Como regra geral, a Lei Complementar 87/1996 buscou garantir a ampla concessão de direito ao crédito de ICMS em relação às operações de entrada de mercadorias no estabelecimento do contribuinte, assegurando ao contribuinte em seu artigo 20 a possibilidade de creditar-se do ICMS anteriormente cobrado em operações de que tenha resultado a entrada de mercadoria no estabelecimento, inclusive aquela destinada à composição do ativo permanente. Vejamos:

> Art. 20. Para a compensação a que se refere o artigo anterior, é assegurado ao sujeito passivo o direito de creditar-se do imposto anteriormente cobrado em operações de que tenha resultado a entrada de mercadoria, real ou simbólica, no estabelecimento, inclusive a destinada ao seu uso ou consumo ou ao **ativo permanente**, ou o recebimento de serviços de transporte interestadual e intermunicipal ou de comunicação. (Grifos)

PRONUNCIAMENTOS CONTÁBEIS E LEI DA SAS (SOCIEDADE POR AÇÕES)

Com relação ao "**Ativo Permanente**" no Balanço Patrimonial das empresas, é importante atentar que esse item que incluía as contas contábeis de recursos aplicados em bens permanentes ou duradouros foi extinto, passando esses dados a integrarem o grupo chamado Ativo Não Circulante, que abrange todos os valores e bens que ficarão na empresa em mais longo prazo e não serão utilizados na liquidação de contas rapidamente porque não podem ser transformados em dinheiro com facilidade.

Portanto, o Ativo Não Circulante agora é composto pelas seguintes categorias: Investimentos, Realizável a Longo Prazo, Intangível e Imobilizado que trata-se especificamente sobre os imóveis que a empresa possui, em conjunto com os equipamentos e materiais permanentes para a realização das atividades do negócio.

Já o Comitê de Pronunciamento Contábeis Pronunciamento Técnico CPC 27 – **Ativo Imobilizado** – Correlação às Normas Internacionais de Contabilidade – IAS 16, de 31.07.2009, que tem objetivo estabelecer o tratamento contábil para ativos imobilizados, de forma que os usuários das demonstrações contábeis possam discernir a informação sobre o investimento da entidade em seus ativos imobilizados, bem como suas mutações em seu item 37, veio determinar que a classe de ativo imobilizado é um agrupamento de ativos de natureza e uso semelhantes nas operações da entidade. Detalhando que são exemplos de classes individuais: (a) terrenos; (b) terrenos e edifícios; (c) máquinas; (d) navios; (e) aviões; (f) veículos a motor; (g) móveis e utensílios; e (g) móveis e utensílios; (h) equipamentos de escritório. (h) equipamentos de escritório; e (i) plantas portadoras.

Outro ponto importante que devemos observar é que a "Lei das SAs" – Lei 6.404/1976 (com alterações de Lei 11.638/2007), também veio dispor sobre as contas do ativo imobilizado, em que em seu inciso IV do art. 179, determina que nas contas de ativo imobilizado devem ser considerados os direitos que tenham por objeto bens corpóreos destinados à manutenção das atividades da companhia ou da empresa ou exercidos com essa finalidade, inclusive os decorrentes de operações que transfiram à companhia os benefícios, riscos e controle desses bens. A título de exemplo temos os itens: móveis e utensílios; máquinas e equipamentos; prédios e benfeitorias em imóveis de terceiros, assim como eventuais contas relativas a imobilizações em andamento também devem ser consideradas.

Ao tratar dos bens do ativo imobilizado é importante, ainda, lembrar que há algumas características que os diferenciam dos demais bens, tais como: são utilizados pela pessoa jurídica para fins de produção ou comercialização de mercadorias ou serviços, para locação ou para outras finalidades dentro da companhia, ainda espera-se que eles sejam utilizados por período superior a um ano e que a empresa tenha benefícios econômicos em decorrência da sua utilização e, ainda, que o custo do ativo possa ser medido com segurança.

Nesse sentido, o ativo imobilizado é constituído por bens necessários à exploração do objeto social da pessoa jurídica, ou seja, empregados no exercício das atividades da companhia, sendo que essas atividades devem ser compreendidas como aquelas que estão ligadas intrinsecamente à cadeia produtiva do contribuinte.

DETALHAMENTO SOBRE A APROPRIAÇÃO DO CRÉDITO DO ICMS PELA LEI KANDIR E NORMAS ESTADUAIS

Primeiramente, ao tratamos das formas e limitações de creditamento de ICMS na hipótese de aquisição de bens/mercadorias destinados à composição do ativo imobilizado, devemos observar que suas disposições encontram-se detalhadas no parágrafo quinto do artigo 20 da Lei Kandir. Vejamos:

> Art. 20 (...)
> § 1º Não dão direito a crédito as entradas de mercadorias ou utilização de serviços resultantes de operações ou prestações isentas ou não tributadas, ou que se refiram a mercadorias ou serviços alheios à atividade do estabelecimento.
> § 2º Salvo prova em contrário, presumem-se alheios à atividade do estabelecimento os veículos de transporte pessoal.
> § 3º É vedado o crédito relativo a mercadoria entrada no estabelecimento ou a prestação de serviços a ele feita:
> I – para integração ou consumo em processo de industrialização ou produção rural, quando a saída do produto resultante não for tributada ou estiver isenta do imposto, exceto se tratar-se de saída para o exterior;
> II – para comercialização ou prestação de serviço, quando a saída ou a prestação subseqüente não forem tributadas ou estiverem isentas do imposto, exceto as destinadas ao exterior.
> § 4º Deliberação dos Estados, na forma do art. 28, poderá dispor que não se aplique, no todo ou em parte, a vedação prevista no parágrafo anterior.

§ 5º Para efeito do disposto no caput deste artigo, relativamente aos créditos decorrentes de entrada de mercadorias no estabelecimento destinadas ao ativo permanente, deverá ser observado:

I – a apropriação será feita à razão de um quarenta e oito avos por mês, devendo a primeira fração ser apropriada no mês em que ocorrer a entrada no estabelecimento;

II – em cada período de apuração do imposto, não será admitido o creditamento de que trata o inciso I, em relação à proporção das operações de saídas ou prestações isentas ou não tributadas sobre o total das operações de saídas ou prestações efetuadas no mesmo período;

III – para aplicação do disposto nos incisos I e II, o montante do crédito a ser apropriado será o obtido multiplicando-se o valor total do respectivo crédito pelo fator igual a um quarenta e oito avos da relação entre o valor das operações de saídas e prestações tributadas e o total das operações de saídas e prestações do período, equiparando-se às tributadas, para fins deste inciso, as saídas e prestações com destino ao exterior;

IV – para aplicação do disposto nos incisos I e II deste parágrafo, o montante do crédito a ser apropriado será obtido multiplicando-se o valor total do respectivo crédito pelo fator igual a 1/48 (um quarenta e oito avos) da relação entre o valor das operações de saídas e prestações tributadas e o total das operações de saídas e prestações do período, equiparando-se às tributadas, para fins deste inciso, as saídas e prestações com destino ao exterior ou as saídas de papel destinado à impressão de livros, jornais e periódicos;

V – o quociente de um quarenta e oito avos será proporcionalmente aumentado ou diminuído, pro rata die, caso o período de apuração seja superior ou inferior a um mês;

VI – na hipótese de alienação dos bens do ativo permanente, antes de decorrido o prazo de quatro anos contado da data de sua aquisição, não será admitido, a partir da data da alienação, o creditamento de que trata este parágrafo em relação à fração que corresponderia ao restante do quadriênio;

VII – serão objeto de outro lançamento, além do lançamento em conjunto com os demais créditos, para efeito da compensação prevista neste artigo e no art. 19, em livro próprio ou de outra forma que a legislação determinar, para aplicação do disposto nos incisos I a V deste parágrafo; e

VIII – ao final do quadragésimo oitavo mês contado da data da entrada do bem no estabelecimento, o saldo remanescente do crédito será cancelado.

§ 6º Operações tributadas, posteriores a saídas de que trata o § 3º, dão ao estabelecimento que as praticar direito a creditar-se do imposto cobrado nas operações anteriores às isentas ou não tributadas sempre que a saída isenta ou não tributada seja relativa a:

I – produtos agropecuários;

II – quando autorizado em lei estadual, outras mercadorias."

Considerando como premissa a apropriação do crédito do ICMS nas aquisições de bens do ativo imobilizado, diante da análise das disposições regulatórias determinadas pelo Estado de São Paulo por meio de seu regulamento do ICMS (Decreto nº 67.286/2022 – RICMS/00, em seu § 10 do art. 61, veio dispor que o crédito decorrente de entrada de mercadoria destinada à integração no ativo permanente, observado o disposto no item 1 do § 2º do artigo 66, será apropriado à razão de 1/48 (um quarenta e oito avos) por mês, devendo a primeira fração ser apropriada no mês em que ocorrer a entrada no estabelecimento, porém o caput do artigo citado vincula o direito ao crédito em razão de operações ou prestações regulares e tributadas.

Embora a legislação refira-se que o crédito será apropriado no mês em que ocorrer a entrada no estabelecimento, não fazendo qualquer menção àquelas mercadorias que integrarão uma obra em andamento e, vinculando em alguns momentos o direito ao crédito em razão de operações ou prestações tributadas, temos observado que as autoridades fiscais têm emanado entendimentos que o direito ao crédito do imposto está convencionado à participação dos bens (construídos com os referidos componentes e/ou mercadorias) na industrialização e/ou comercialização de mercadorias das quais terão posterior saída tributada.

Dessa forma, em relação ao momento de apropriação dos créditos do ICMS de componentes e/ou mercadorias que são partes integrantes da montagem de novos bens de produção (e.g: linha de produção), que serão utilizados intrinsecamente na atividade da empresa, o fisco estadual paulista, já emanou seu entendimento através do item 9 da Decisão Normativa CAT nº 01/2000. Vejamos, *in verbis:*

> 9 - Sendo assim, sempre afirmamos que - tendo por base o princípio constitucional da não-cumulatividade e o regime de compensação do imposto tratado na Lei Complementar nº 87/96 - dão direito a crédito do valor do ICMS incidente nas operações de aquisições ou entradas de mercadorias destinadas ao Ativo Imobilizado que participem, no estabelecimento de contribuinte, da industrialização e/ou comercialização de mercadorias objeto de posteriores saídas tributadas pelo ICMS, equiparando-se, para tanto, as operações com mercadorias destinadas ao exterior.

Nesse sentido, amparando-se pelos dispositivos legais acima citados, o fisco paulista vem entendendo que nos casos de aquisição de mercadoria, que será integrante de um bem em construção (obras em andamento), o crédito deverá ser apropriado a partir do momento em que o respectivo bem entre em operação com a sua utilização direta e exclusiva no desenvolvimento da atividade. Referido entendimento, pode ser visto seguir, na Resposta à Consulta n° 105, de 26 de Julho de 2011, da Secretaria da Fazenda do Estado de São Paulo, *in verbis:*

> RESPOSTA À CONSULTA TRIBUTÁRIA 105/2011, de 26 de Julho de 2011. ICMS - Fabricação de bem destinado ao ativo imobilizado - O crédito do imposto pago pelas partes e peças terá sua apropriação iniciada no momento em que o bem fabricado entrar em funcionamento para produzir mercadorias regularmente tributadas pelo ICMS - O valor deverá ser apropriado à razão de 1/48 avos ao mês pelo período de 48 meses.

Diante de todo o exposto, já ficou formalizado no Estado de São Paulo pela Resposta à Consulta Tributária acima, que o entendimento do Fisco, para fins de apropriação do crédito do ICMS, que a primeira fração de 1/48 deverá ser apropriada no mês em que ocorrer a imobilização do bem (no caso Caldeira), quando então, será iniciada a sua utilização nas atividades operacionais da empresa.

O assunto em pauta é bem polêmico e carece de muita reflexão, pois a tomada desse crédito do ICMS antes de iniciarem suas atividades ajudaria muito na recuperação dos custos da fase pré-operacional das empresas, principalmente as agroindústrias que aplicam recursos de forma massiva em partes e peças de máquinas e equipamentos que irão compor o seu ativo imobilizado.

Nessa fase de investimento, as empresas investem valores expressivos de seu capital, sem que ainda possam operar com seu bem (ou seja, não há saídas tributadas no período relacionadas a esse bem). Entretanto, também não podemos deixar de atentar que há casos em que as empresas possam ter outras saídas tributadas das demais operações de suas atividades e mesmo assim, nessas situações, os fiscos estaduais (ex. Estado de São Paulo), por sua vez, vêm sistematicamente vedando a apropriação desse crédito do ICMS, promovendo a lavratura de autos de infração para efetivar a cobrança do crédito supostamente apropriado de forma indevida, ficando setor do agronegócio prejudicado economicamente quando do momento de busca por crescimento fazendo investimentos em bens de capital.

3. CONSIDERAÇÕES FINAIS

Considerando que Agronegócio tem um papel muito importante cenário nacional, ao observarmos toda a sua cadeia produtiva, que resumidamente em três etapas temos i) a produção rural, ii) a agroindústria e iii) todo setor de comercialização e logísticas, em que investimentos em bens de capital são realizados de forma massiva em todos os anos por muitas empresas tanto para crescimentos dos seus negócios, como em inovação em novos produtos ou até mesmo a manutenção de suas atividades, em tais condições, seria prudente uma revisão das disposições da legislação tributária, assim como da forma de interpretação das autoridades fiscais no tocante a apropriação dos créditos do ICMS, quando da aquisição de bens que serão destinados ao ativo imobilizado dessas empresas.

E quando se tratar do assunto, que tenham uma melhor ponderação quanto à interpretação do tema sobre o momento do direito de apropriação de tais créditos, que onera a entrada de partes e peças utilizadas para composição de ativos imobilizados, permitindo de maneira clara e objetiva que as empresas agroindustriais, se apropriem desse crédito do ICMS quando da sua aquisição (entrada do bem no seu estabelecimento) e de forma integral, e não o crédito fracionado de 1/48 avos, somente quando da imobilização do bem e quando iniciada a sua utilização nas atividades operacionais da empresa de mercadorias regularmente tributadas.

Por fim, longe de se esgotar o tema, o instrumento de crédito integral e imediato do ICMS quando da aquisição de bens destinados ao ativo imobilizado viabilizaria e facilitaria o exercício das atividades econômicas voltadas ao setor do agronegócio que ao menos teriam uma possibilidade de recuperação de aproximadamente 17% a 18% do custo de aquisição de bens de capital, conforme legislação estadual, incentivando as empresas tanto no fomento de novos negócios como ampliação e/ou inovação daqueles já existentes, possibilitando consequentemente a geração de mais empregos para o setor.

REFERÊNCIAS

PIB-Agro/Cepea: Após Recordes em 2020 E 2021, PIB do Agro cai 4,22% em 2022. Cepea,2022. Disponível em: https://www.cepea.esalq.usp.br/br/releases/pib-agro-cepea-apos- recordes-em-2020-e-2021-pib-do-agro-cai-4-22-em-2022.aspx

Comércio Exterior. Exportações do agronegócio fecham 2022 com US$ 159 bilhões em venda. Ministério da Agricultura e Pecuária. 2022. Disponível em: Https://www.gov.br/agricultura/pt-br/assuntos/noticias/exportacoes-do-agronegocio-fecham- 2022-com-us-159-bilhoes-em-vendas

BRASIL. *Constituição da República Federativa do Brasil de 1998*. Brasília, 5 de outubro de 1988. Disponível em: https://www.planalto.gov.br/ccivil_03/constituicao/constituicao.htm

BRASIL. *Lei Complementar nº 97, de 13 de setembro de 1996*. Dispõe sobre o imposto dos Estados e do Distrito Federal sobre operações relativas à circulação de mercadorias e sobre prestações de serviços de transporte interestadual e intermunicipal e de comunicação, e dá outras providências. (LEI KANDIR). Disponível em: https://www.planalto.gov.br/ccivil_03/leis/lcp/lcp87.htm

BRASIL. *Lei da S.Sas – Lei 6.404, de 15 de dezembro de 1976*. Dispõe sobre a sociedade por ações Disponível em: https://www.planalto.gov.br/ccivil_03/leis/lcp/lcp87.htm

RICMS/00. SP (Decreto nº 67.286/2022) Disponível em: https://legislacao.fazenda.sp.gov.br/Paginas/ind_temas.aspx Acesso em 27.08.2023

Comitê de Pronunciamento Contábeis Pronunciamento Técnico CPC 27 - Ativo Imobilizado - Correlação às Normas Internacionais de Contabilidade – IAS 16, de 31.07.2009. Disponível em: https://conteudo.cvm.gov.br/export/sites/cvm/menu/regulados/normascontabeis/cpc/CPC_27_ rev_12.pdf. Acesso em 27.08.2023

Decisão Normativa CAT n. 01/2000. Dispõe sobre o direito ao crédito do valor do imposto destacado em documento fiscal referente a aquisição de partes e peças empregadas na reconstrução, reforma, atualização, conserto etc, de máquina ou equipamento do Ativo Imobilizado. Disponível em https://legislacao.fazenda.sp.gov.br/Paginas/denorm012000.aspx. Acesso em 27.08.2023.

Resposta à Consulta n. 105, de 26/07/2011. ICMS – Dispões sobre a fabricação de bem destinado ao ativo imobilizado - O crédito do imposto pago pelas partes e peças terá sua apropriação iniciada no momento em que o bem fabricado entrar em funcionamento para produzir mercadorias regularmente tributadas pelo ICMS - O valor deverá ser apropriado à razão de 1/48 avos ao mês pelo período de 48 meses. Disponível em: https://www.legisweb.com.br/legislacao/?id=266882. Acesso em 27.08.2023.

ICMS: SEMENTES – CONVÊNIO ICMS 100//97

Maria Helena Tavares de Pinho Tinoco Soares[1]

INTRODUÇÃO

As operações com sementes, nos termos do Convênio ICMS 100/97, gozam dos benefícios da isenção e/ou redução de base de cálculo (operações internas e interestaduais, respectivamente).

No entanto, há uma problemática a ser enfrentada: não raramente, por conta da impossibilidade de diferenciação entre a "semente" e o "grão", os Estados pretendem a tributação das respectivas operações pelo ICMS.

Resultado: fica ao contribuinte a árdua tarefa de demonstrar que o produto se trata, efetivamente, de "semente", e não "grão", o que lhe possibilita a fruição dos benefícios do citado Convênio ICMS 100/97 ou, ao menos, a não obrigatoriedade de antecipação do recolhimento do imposto.

Esse é o tema a ser abordado neste artigo.

1. CONVÊNIO ICMS 100/97

A agropecuária brasileira é referência global em produtividade e contribui diretamente para o desenvolvimento econômico do país.

O setor tem relevância no crescimento do PIB, como divulgado pelo IBGE.

---

1 Advogada, Doutora pela Pontifícia Universidade Católica de São Paulo (PUC/SP) – Área de Concentração: Direito Tributário; Vice-Presidente do Tribunal de Ética e Disciplina da OAB/SP – 2ª Turma Disciplinar; Juíza (Contribuinte) do Tribunal de Impostos e Taxas de São Paulo (TIT/SP).

O agronegócio, em linhas gerais, pode ser conceituado como sendo o conjunto de atividades econômicas que derivam ou estão conectadas à produção agrícola e seu comércio.

Em outras palavras, o objetivo do agronegócio é levar um produto agrícola ao mercado e envolve todas as etapas necessárias, como produção, processamento e distribuição.

Basicamente, o mercado agro é dividido em cinco setores produtivos principais: insumos, produção, processamento e transformação, distribuição e consumo e serviços de apoio.

Para o presente artigo interessam as "sementes"[2], que estão insertas no setor dos insumos.

Tendo em vista o crescimento, se faz necessário que o Estado estabeleça medidas de fomento ao agronegócio por meio de incentivos fiscais, políticas públicas, estruturas facilitadas de financiamento, entre outras modalidades de subsídios.

É o caso do Convênio ICMS 100/97, aprovado pelo Conselho Nacional de Política Fazendária (Confaz), prorrogado até 31/12/2025[3], que oferece incentivos fiscais para insumos agropecuários variados, valendo destacar:

- isenção do ICMS devido nas operações internas, como disposto em sua terceira cláusula; e
- redução em 60% da base de cálculo do ICMS devido nas operações interestaduais, nos termos da primeira cláusula.

Atualmente, para fruir dos benefícios fiscais mencionados, conforme disposto no inciso II da Cláusula Quinta do referido Convênio, os Estados podem exigir dos contribuintes o cumprimento dos seguintes requisitos: (i) dedução do valor correspondente ao ICMS desonerado no preço da mercadoria; e (ii) demonstração da respectiva dedução na nota fiscal.

Cada Estado possui na sua legislação a disciplina dos procedimentos específicos para a demonstração da dedução na nota fiscal (como indicação no campo "Informações Adicionais" do valor desonerado etc.).

As discussões que envolvem as operações abrangidas pelo Convênio ICMS 100/97 são diversas, mas, aqui, o debate se restringirá às sementes.

---

2 Além das sementes, nesse setor incluem-se: adubos, defensivos, máquinas, combustível e ração.

3 Prorrogação veiculada pelo Convênio ICMS 26/21.

2. SEMENTES

Conforme ressaltado, as operações com sementes, nos termos do Convênio ICMS 100/97, gozam dos benefícios da isenção e/ou redução de base de cálculo (operações internas e interestaduais, respectivamente), desde que atendidas as disposições do Decreto (Federal) nº 10.856/2020[4], que regulamenta a Lei (Federal) nº 10.711/2003, a qual, por sua vez, dispõe sobre o Sistema Nacional de Sementes e Mudas.

As sementes alcançadas pelo Convênio são aquelas apresentadas na sua Cláusula V:

> V - semente genética, semente básica, semente certificada de primeira geração - C1, semente certificada de segunda geração - C2, semente não certificada de primeira geração - S1 e semente não certificada de segunda geração - S2, destinadas à semeadura, desde que produzidas sob controle de entidades certificadoras ou fiscalizadoras.

Ainda: o Convênio estabelece expressamente que os benefícios são aplicáveis desde que as referidas sementes sejam produzidas sob controle de entidades certificadoras ou fiscalizadoras, bem como as importadas, atendidas as disposições da Lei nº 10.711/2003 e regulamentação, e as exigências estabelecidas pelos órgãos do Ministério da Agricultura, Pecuária e Abastecimento ou por outros órgãos e entidades da Administração Federal, dos Estados e do Distrito Federal, que mantiverem convênio com aquele Ministério.

A Lei nº 10.711/2003 conceitua algumas das sementes listadas no Convênio, as classificando como "sementes certificadas", *verbis*:

- **semente:** material de reprodução vegetal de qualquer gênero, espécie ou cultivar, proveniente de reprodução sexuada ou assexuada, que tenha finalidade específica de semeadura;
- **semente genética:** material de reprodução obtido a partir de processo de melhoramento de plantas, sob a responsabilidade e controle direto do seu obtentor ou introdutor, mantidas as suas características de identidade e pureza genéticas;
- **semente básica:** material obtido da reprodução de semente genética, realizada de forma a garantir sua identidade genética e sua pureza varietal;

---

4 Referido Decreto está atualmente vigente, tendo revogado o Decreto (Federal) nº 5.153/2004, vigente quando da edição do Convênio ICMS 100/97.

- **semente certificada de primeira geração:** material de reprodução vegetal resultante da reprodução de semente básica ou de semente genética;
- **semente certificada de segunda geração:** material de reprodução vegetal resultante da reprodução de semente genética, de semente básica ou de semente certificada de primeira geração.

O Convênio ainda faz referência, para jus aos benefícios, às sementes não certificada de primeira geração – S1 e não certificada de segunda geração – S2, destinadas à semeadura, **desde que produzidas sob controle de entidades certificadoras ou fiscalizadoras.**

As condições exigidas são:

a. o campo de produção seja registrado no Ministério da Agricultura, Pecuária e Abastecimento ou em órgão por ele delegado;

b. o destinatário seja beneficiador de sementes registrado no Ministério da Agricultura, Pecuária e Abastecimento, ou em órgão por ele delegado;

c. a produção de cada campo não exceda à quantidade estimada, por ocasião do seu registro, pelo Ministério da Agricultura, Pecuária e Abastecimento, ou por órgão por ele delegado;

d. as sementes satisfaçam os padrões estabelecidos pelo Ministério da Agricultura, Pecuária e Abastecimento;

e. as sementes não tenham outro destino que não seja a semeadura.

Vale dizer, há o direito ao aproveitamento dos benefícios (isenção e/ou redução de base de cálculo do ICMS) desde que observadas e cumpridas as referidas condições, expressamente previstas no Convênio.

Os benefícios trazidos (isenção e redução da base de cálculo do ICMS) e respectivas exigências para fruição foram incorporados às legislações dos Estados (leis e Regulamentos do ICMS), na mesma redação daquela prevista no Convênio. Não há outras.

3. A PROBLEMÁTICA

Em algumas situações, há autoridades fazendárias estaduais que, a despeito da inexistência de fundamento legal, têm aplicado interpretação extensiva, impossibilitando a fruição dos benefícios.

A título ilustrativo, pode ser citada a Solução de Consulta SEFAZ/MG nº 15/2020, assim ementada:

ICMS – REDUÇÃO DA BASE DE CÁLCULO – OPERAÇÃO INTERESTA-DUAL – SEMENTES – A saída de grãos de soja e espigas de milho, ainda que previamente destinados à produção de sementes para semeadura, em operação interestadual, não se beneficia da redução da base de cálculo prevista no item 5 da Parte 1 do Anexo IV do RICMS/2002, devendo ser normalmente tributada com a alíquota interestadual prevista no inciso II do art. 42 do mesmo Regulamento.

A situação apresentada na referida Consulta pode ser assim apresentada, em linhas gerais:

A Consulente tem como principal objetivo o comércio atacadista de sementes de soja, milho e sorgo, e, em razão de suas atividades, as suas filiais localizadas em outros Estados, vendem sementes básicas de soja (contrato de produção de sementes de soja) e realiza simples remessa para multiplicação nos casos de sementes básicas de milho (contrato de produção de sementes de milho hibrido) para produtores rurais localizados em Minas Gerais, com o objetivo de serem multiplicadas em campos de produção devidamente certificados. Após o processo de multiplicação, os produtores rurais mineiros retornam o resultado da multiplicação, que é a soja em grão e a espiga de milho, para a filial industrial localizada em outro Estado, a qual realiza o processo de beneficiamento, em que são aplicadas técnicas de aperfeiçoamento para que estas possuam condição de se tornar sementes destinadas à semeadura com alto padrão de qualidade. Por diversas razões, a soja e o milho beneficiados podem se tornar reprovados (não destinados à semeadura), ou por não alcançarem o índice técnico padrão normalmente exigido na análise laboratorial, ou por refugo de beneficiamento, que é o caso de se revelarem tecnicamente defeituosos, sendo, portanto, vendidos como grãos no mercado interno.

CONSULTA: Em face do acima exposto, está correto o entendimento de que as operações de remessa interestadual de soja em grão e espiga de milho, multiplicados pelos produtores rurais localizados no Estado de Minas Gerais, estão albergadas pela redução de 60% da base de cálculo do ICMS?

A manifestação fazendária mineira foi, no caso em apreço, pela negativa do benefício, estendendo a interpretação à totalidade da saída das sementes.

É certo que a empresa Consulente também fez menção aos grãos não aproveitados e descartados, mas a manifestação fazendária mineira não se limitou aos grãos que não "prestaram" à semeadura, tal como se depreende da parte final da Resposta à Consulta:

Sendo assim, é induvidoso que a saída de grãos de soja e espigas de milho, ainda que previamente destinados à produção de sementes para semeadura, em operação interestadual, não se beneficia da redução da base de cálculo prevista no item 5 da Parte 1 do Anexo IV do RICMS/2002, devendo ser normalmente tributada com a alíquota interestadual prevista no inciso II do art. 42 do mesmo Regulamento.

Note-se que a conclusão destoa nessa parte da fundamentação, a qual foi expressa:

> Observa-se que, para a redução da base de cálculo, a condição é, dentre outros requisitos, que a semente seja destinada à semeadura e seja produzida sob controle de entidade certificadora ou fiscalizadora.

Ou seja, de um lado, a SEFAZ//MG reitera as condições estabelecidas no Convênio e no RICMS/MG, mas, ao final, se manifesta pelo indeferimento ao gozo do benefício em relação a tudo: sementes destinadas à semeadura e grãos "descartados".

Por outro lado, sobre a mesma temática, pode ser destacada a manifestação da autoridade fazendária mato-grossense (Resposta à Consulta da SEFAZ/MT 225/2020 – CRDI/SUNOR):

> a) A consulente poderá reduzir a base de cálculo do ICMS a 40% nas saídas interestaduais de grãos in-natura (soja), que servirão de matéria-prima para a produção de sementes certificadas em outro estado?
>
> A resposta é negativa. **O benefício não alcança a saída interestadual do produto soja em grãos, mas, sim, o produto "semente", enquadrada em qualquer das seis classificações arroladas no inciso V do caput do artigo 30 do Anexo V do RICMS, e desde que produzida sob controle de entidades certificadoras ou fiscalizadoras,** além das demais exigências previstas no referido inciso V, bem como no § 4º do citado artigo 30.
>
> b) Como é feito o controle desses grãos para certificação e ciência que serão destinados à produção de sementes?
>
> Prejudicada. A matéria não é competência desta unidade fazendária. Todavia, informa-se que a Lei (federal) nº 10.711/2003 e seu regulamento tratam do Sistema Nacional de Sementes e Mudas, que tem o objetivo de garantir a identidade e a qualidade do material de multiplicação e de reprodução vegetal produzido, comercializado e utilizado em todo o território nacional. No âmbito Estadual, anota-se a Lei nº 9.415/2010, que dispõe sobre a Fiscalização do Comércio Estadual de Sementes e Mudas e dá outras providências, regulamentada pelo Decreto nº 1.652/2013 e Decreto nº 1.709/2013. (g.n.)

4. NOSSAS CONSIDERAÇÕES

À primeira vista, não há controvérsia: o Convênio ICMS 100/97 autoriza a concessão do benefício (isenção e/ou redução de base de cálculo), prevê as condições e as legislações estaduais incorporaram as suas disposições.

No entanto, na prática, algumas autoridades fazendárias aplicam interpretação "extensiva", o que pode resultar vedação à fruição do benefício, legalmente concedido.

É o exemplo destacado em relação à SEFAZ/MG no tópico anterior, que deveria ter se pronunciado no sentido de limitar o benefício às saídas das sementes e não vedar todas as saídas, como o fez.

Ora, não pode o intérprete criar um direito, muito menos inovar o ordenamento jurídico, mas, sim, declarar até onde alcança a norma e o significado de seus conceitos.

É certo que muitas vezes a lei não é clara, cabendo, pois, nesse caso, a interpretação. No entanto, ao intérprete não está autorizado "alargar" ou "restringir" o texto legal, de forma a aplicar uma "interpretação extensiva" e/ou "interpretação restritiva", cujo efeito seja a restrição à fruição do próprio direito.

Interpretar, de acordo com Aurélio Buarque de Holanda Ferreira[5], assume o sentido de atribuir valor, sentido, significação.

Em sentido jurídico, segundo Plácido e Silva[6], a interpretação integra a hermenêutica, que, por sua vez, é considerada a arte da interpretação, tendo como significado anunciar, esclarecer, traduzir e declarar.

Tratando-se de matéria tributária, a interpretação literal da lei é recomendada pelo próprio CTN em seu art. 111, segundo o qual será utilizada quando a lei tributária dispor sobre suspensão ou exclusão do crédito tributário, isenção e dispensa do cumprimento de obrigações acessórias.

Esse é o papel daquele que aplica a lei: interpretar em conformidade com as disposições nela contidas, sem extensões e/ou restrições.

Como bem ensina Heleno Torres[7], ao se pronunciar sobre o artigo 111, do CTN, a saber:

> O que este texto prescreve, por razões de segurança, é o emprego de uma interpretação "literal" como equivalente de "interpretação especificadora", para evitar que o Fisco possa fazer uso de "interpretação extensiva" das restrições

---

5 FERREIRA, Aurélio Buarque Holanda. **Dicionário Eletrônico Aurélio**. 5ª ed. Curitiba: Editora Positivo, 2014.

6 PLÁCIDO e SILVA, Oscar José de. **Vocabulário Jurídico**. Vol. 1, 32ª edição. Rio de Janeiro: Forense, 2026.

7 TORRES, Heleno Taveira. **"Interpretação literal das isenções é garantia da segurança jurídica"**. https://www.conjur.com.br/2020-mai-20/consultor-tributario-interpretacao-literal-isencoes-garantia-seguranca-juridica.

ou limites das isenções, para restringir seu aproveitamento; ou mesmo de "interpretação restritiva", no que concerne ao acesso e alcance da isenção. A literalidade das isenções propõe-se a uma *interpretação especificadora* do texto. Sem dúvidas, este "método" constitui o ponto de partida para uma atividade de interpretação das normas tributárias, i.e., em modo restritivo, o mais limitado possível, pela *intratextualidade* à qual se reduz, evitando-se a *contextualidade* e a *intertextualidade* tão próprios da interpretação extensiva.

A interpretação somente pode ser ampliada se houver lacuna no texto, o que não se verifica no caso em debate, visto que o Convênio ICMS 100/97 é cristalino ao autorizar a concessão de isenção e/ou redução de base de cálculo do ICMS nas operações com sementes, desde que atendidas as condições nele estabelecidas.

Essa "discricionariedade" desmedida por parte das autoridades fazendárias afronta a legalidade, constitucional e legalmente assegurada[8].

A disposição legal ferida, na hipótese, é o citado Convênio ICMS 100/97, pois, repita-se, há, sim, o direito à isenção e/ou redução da base de cálculo do ICMS nas operações internas e/ou interestaduais com sementes, com destino à semeadura:

(i) se as condições exigidas pelo Convênio ICMS 100/97, incorporadas às legislações estaduais, forem atendidas; e, ainda,

(ii) considerando inexistir qualquer outra ressalva, tanto no Convênio ICMS 100/97, quanto nos Regulamentos do ICMS, para a fruição do benefício, senão aquelas anteriormente citadas.

REFERÊNCIAS

BETIOLI, Antônio Bento. *Introdução ao Direito*. 11 ed. São Paulo: Saraiva. 2011.

FERREIRA, Aurélio Buarque Holanda. *Dicionário Eletrônico Aurélio*. 5ª ed. Curitiba: Editora Positivo, 2014.

PLÁCIDO e SILVA, Oscar José de. *Vocabulário Jurídico*. Vol. 1, 32ª edição. Rio de Janeiro: Forense, 2026.

TORRES, Heleno Taveira. *"Interpretação literal das isenções é garantia da segurança jurídica"*. https://www.conjur.com.br/2020-mai-20/consultor-tributario-interpretacao-literal-isencoes-garancia-seguranca-juridica

Interpretação Literal das Isenções Tributárias em Proposições Tributárias, São Paulo, Resenha Tributária e Associação Brasileira de Direito Financeiro, 1975.

---

8 Artigos 5º, II e 150, I da CF e artigo 97, do CTN.

RESULTADO DA ADC 49 E O FUTURO DO ICMS NAS TRANSFERÊNCIAS ENTRE ESTABELECIMENTOS DO MESMO CONTRIBUINTE

Marília Soubhia[1]

Thiago Bronzeri Barbosa[2]

Susana Pinto Ferreira[3]

1. INTRODUÇÃO

Em decisão em prol dos contribuintes, o Supremo Tribunal Federal (STF) julgou inconstitucional a incidência do Imposto sobre Operações Relativas à Circulação de Mercadorias e sobre Prestações de Serviços de Transporte Interestadual e Intermunicipal e de Comunicação (ICMS) nas transferências de mercadorias entre estabelecimentos do mesmo titular, situados no mesmo estado ou não.

---

[1] Bacharel em Direito, formada em Direito em 2006 na Fundação Armando Alvares Penteado – FAAP. LLM em Direito Tributário Internacional – IDBT, Head Global Tributária na Klabin S/A.

[2] Advogado, formado em Direito em 2004 na Universidade Presbiteriana Mackenzie. Especializado em Direito Tributário, atualmente trabalhando como consultor na Klabin S/A.

[3] Bacharel em Direito, formada em Ciências Contábeis em 2001 na Universidade do Planalto – UNIPLAC. Especializada em Contabilidade Gerencial e Tributária, atualmente trabalhando como supervisora fiscal na Klabin S/A.

Este entendimento culminou com o mesmo entendimento do Superior Tribunal de Justiça (STJ) através da Súmula nº 166, tese esta anterior à Lei 87/96 (Lei Kandir) e garantindo com isso o entrosamento entre os tribunais.

Com esta decisão a favor dos contribuintes, em abril de 2021, parecia encerrado o assunto, mas em se tratando de questões tributárias nada é tão simples assim, restando algumas definições de ordem prática quanto à manutenção dos créditos e o efeito temporal, os quais foram opostos embargos de declaração para sanar e esclarecer o entendimento do STF.

Em resposta, o STF encerrou a questão dos créditos, em julgamento de abril de 2023, definindo pela manutenção dos créditos da etapa anterior e prorrogando os efeitos da Ação Direta de Constitucionalidade nº 49 (ADC 49) para início a partir de 01.01.2024.

Com efeito desta decisão, foi delegado aos Estados entrarem em acordo e que o contribuinte não seja lesado, em relação às transferências de créditos com as mercadorias. Contudo, há também um PLS em andamento para disciplinar a questão, que pode deixar a critério do contribuinte manter a tributação no destino ou na origem.

Fato é que até 31.12.2023 deveremos ter uma nova norma para disciplinar a sistemática que será utilizada nas transferências de créditos, e esta tarefa não será fácil, haja vista os impactos na arrecadação do ICMS dos Estados produtores x Estados consumidores. Em não fazendo, os contribuintes terão direito a transferir os respectivos créditos.

Além de toda essa situação, a tão esperada reforma tributária aparece se solidificando no horizonte, Projeto de Emenda Constitucional nº 45 (PEC 45), prometendo mexer em toda a tributação (federal, estadual e municipal) sobre produtos e serviços e, consequentemente, no ICMS.

Aos contribuintes restará aguardar e fazer um planejamento tributário eficaz de modo a observar todas as possibilidades possíveis para esta nova modalidade tributária nas operações de transferência de mercadorias entre seus estabelecimentos.

2. O JULGAMENTO DA ADC 49

2.1. PRECEDENTES PARA O AJUIZAMENTO DA AÇÃO DIREITA DE CONSTITUCIONALIDADE Nº 49 (ADC 49) NO SUPREMO TRIBUNAL FEDERAL (STF)

A principal motivação da Ação Direita de Constitucionalidade nº 49 (ADC49) no Supremo Tribunal Federal (STF) e a controvérsia quanto à incidência do ICMS nas transferências de mercadorias entre estabelecimentos do mesmo contribuinte foi certamente a existência de um entendimento pacificado, desde 1996, do Superior Tribunal de Justiça (STJ) sobre o tema, a sumula nº 166[4].

Inicialmente, contudo, a referida súmula não era vista no cotidiano tributário com muita relevância devido ao fato desta ter sido baseada na Lei nº 406/68, ou seja, anterior à Constituição Federal de 1988[5] e à conhecida Lei Kandir (*Lei Complementar nº 87/96*), que criou as regras gerais para a incidência do ICMS para os Estados.

Essa afirmação se verifica em um dos precedentes[6] utilizados para formar o enunciado sumular, destacado a seguir:

> Nessa perspectiva, com os olhos de bem se ver, no caso, aconteceu simples deslocamento de um estabelecimento para os outros da mesma empresa, sem a transferência de propriedade, configurando operações, da fábrica para as lojas, sem a natureza de ato mercantil: <u>ocorreu uma simples movi-</u>

---

4 Não constitui fato gerador do ICMS o simples deslocamento de mercadoria de um para outro estabelecimento do mesmo contribuinte. (SÚMULA 166, PRIMEIRA SEÇÃO, julgado em 14/08/1996, DJ 23/08/1996, p. 29382) – www.stj.jus.br.

5 Art. 155. Compete aos Estados e ao Distrito Federal instituir impostos sobre:

(..)

II - operações relativas à circulação de mercadorias e sobre prestações de serviços de transporte interestadual e intermunicipal e de comunicação, ainda que as operações e as prestações se iniciem no exterior;

(..)

§ 2º O imposto previsto no inciso II atenderá ao seguinte:

I - será não-cumulativo, compensando-se o que for devido em cada operação relativa à circulação de mercadorias ou prestação de serviços com o montante cobrado nas anteriores pelo mesmo ou outro Estado ou pelo Distrito Federal;

6 (REsp 32203 RJ, Rel. Ministro MILTON LUIZ PEREIRA, PRIMEIRA TURMA, julgado em 06/03/1995, DJ 27/03/1995, p. 7138) – www.stj.jus.br

mentação do produto acabado para a venda, se a aludida operação, que, se evidenciasse a circulação econômica, então, consubstanciaria o fato gerado do ICM (art. 1º, §1º, I Dec. Lei 406/68)

Desse modo, não se constituindo operação econômica tributável a transferência dos produtos acabados às lojas que suportam o respectivo encargo tributário, descabe a exigência fiscal aprisionada à multicitada operação.

A incidência estaria legitimada pela legalidade, caso o primeiro estabelecimento agisse autonomamente comercializando os produtos da sua fabricação. (Grifo nosso)

Assim, foi-se entendido por muitos contribuintes e autoridades fiscais estaduais que os efeitos da Súmula nº 166 do STJ não teriam mais eficácia para as transferências de mercadorias que estavam regulamentadas a partir da Lei Kandir, pois esta traz claramente a incidência nessas operações entre estabelecimentos do mesmo contribuinte[7]. Tais artigos foram replicados nas legislações estaduais e distrital do país.

Todavia, este entendimento da Lei Kandir (pela incidência do ICMS nas transferências) nunca foi pacificado no judiciário brasileiro, pois persistiu em diversas decisões judiciais, em ações ajuizadas pelos contribuintes, a manutenção da não incidência do ICMS, mesmo diante da nova legislação, mantendo, portanto, a aplicação da Sumula nº 166 do STJ nos tribunais estaduais[8].

Diante desta situação, e por haver alguns precedentes no próprio Tribunal do Estado, a Ação Direta de Constitucionalidade nº 49 foi proposta no STF, pelo Estado do Rio Grande de Norte, como uma forma de afastar o entendimento daquela Súmula e se 'pacificar' o entendimento quanto ao ponto de discórdia, inclusive se extrai da inicial algumas manifestações nesse sentido:

---

7 artigos 11, §3º, II, 12, I, e 13, §4º, da LC no 87/96

8 *Apenas para exemplificar*: TJ/GO – Apelação Cível em Proc. de Exec. Fiscal 278840-74.2009.8.09.0074, Rel. DR(A). Francisco Vildon Jose Valente, 1a Camara Civel, julgado em 29/06/2010; TJ/RS – Apelação e Reexame Necessário, Nº 70061784120, Vigésima Segunda Câmara Cível, Tribunal de Justiça do RS, Relator: Carlos Eduardo Zietlow Duro, Julgado em: 01-10-2014; TJ/RN – Apelação cível nº 0842759-87.2016.8.20.5001, Des. Virgílio Macêdo, Segunda Câmara Cível, publicado em 12/07/2019; TJ/SP – Apelação/Remessa Necessária 1003992-39.2015.8.26.0482; Relator (a): Rebouças de Carvalho; Órgão Julgador: 9ª Câmara de Direito Público, publicado em 25/11/2015; TJ/MG – Remessa Necessária-Cv 1.0479.11.009222-4/001, Relator(a): Des.(a) Carlos Roberto de Faria , 8ª Câmara cível, publicado em 20/08/2018.

Presumidamente constitucionais, as normas contidas nos artigos 11, 30, II, 12, I, parte final, e 13, 40, da LC no 87/96 vinculam os agentes públicos fazendários em todos os Estados-Membros da federação, os quais exigem dos contribuintes a observância da regra de incidência de IC.MS nas transferências de mercadorias entre estabelecimentos da mesma pessoa jurídica. Aliás, é imprescindível ressaltar que, via de regra, os próprios contribuintes respeitam tais dispositivos, de forma que, quando realizam operações entre seus distintos estabelecimentos, recolhem o tributo na saída do estabelecimento de origem, em favor do Estado remetente, creditando-se de igual montante no estabelecimento de destino, para fins de abater o correspondente valor na futura operação interna a ser realizada no Estado destinatário.

Ocorre que, excepcionalmente, discute-se em juízo a validade das normas legais que preveem a incidência de ICMS nas transferências de mercadorias entre estabelecimentos da mesma pessoa jurídica. E, neste momento, surge a controvérsia judicial relevante que dá ensejo ao manejo da presente Ação Declaratória de Constitucionalidade.[9]

Importante mencionar que já na inicial o Estado do Rio Grande do Norte também traz, além da Súmula 166 do Superior Tribunal de Justiça (STJ), um outro precedente do STJ submetido à sistemática do Recurso Repetitivo do artigo 543-C do CPC anterior (CPC73) no RESP 1.125.133/SP, no qual foi mantido o entendimento sumular[10].

---

9 Trecho extraído da inicial do Estado do Rio Grande do Norte da página do Supremo Tribunal Federal.

10 *"PROCESSUAL CIVIL. TRIBUTÁRIO. RECURSO ESPECIAL REPRESENTATIVO DE CONTROVÉRSIA. ART. 543-C, DO CPC. ICMS. TRANSFERÊNCIA DE MERCADORIA ENTRE ESTABELECIMENTOS DE UMA MESMA EMPRESA. INOCORRÊNCIA DO FATO GERADOR PELA INEXISTÊNCIA DE ATO DE MERCANCIA. SÚMULA 166/STJ. DESLOCAMENTO DE BENS DO ATIVO FIXO. UBI EADEM RATIO, IBI EADEM LEGIS DISPOSITIO. VIOLAÇÃO DO ART. 535 DO CPC NÃO CONFIGURADA.*

(..)

6. In casu, consoante assentado no voto condutor do acórdão recorrido, houve remessa de bens de ativo imobilizado da fábrica da recorrente, em Sumaré para outro estabelecimento seu situado em estado diverso, devendo-se-lhe aplicar o mesmo regime jurídico da transferência de mercadorias entre estabelecimentos do mesmo titular, porquanto __ubi eadem ratio, ibi eadem legis ispositivo.__"

(Precedentes: Resp 77048/SP, Rel. Ministro MILTON LUIZ PEREIRA, PRIMEIRA TURMA, julgado em 04/12/1995, DJ 11/03/1996; Resp 43057/SP, Rel. Ministro DEMÓCRITO REINALDO, PRIMEIRA TURMA, julgado em 08/06/1994, DJ 27/06/1994).

7. O art. 535 do CPC resta incólume se o Tribunal de origem, embora sucintamente, pronuncia-se de forma clara e suficiente sobre a questão posta nos autos. Ademais, o magistrado não está obrigado a rebater, um a um, os argumentos trazidos pela parte, desde que os fundamentos utilizados tenham sido suficientes para embasar a decisão.

A manutenção deste entendimento, embora seja num caso de transferência de um ativo fixo de um Estado para o outro, já foi analisada sob a égide da Constituição Federal e da Lei Kandir. Noutras palavras, já se demonstrava o entendimento daquele Tribunal Superior sobre a não incidência do ICMS nas transferências entre estabelecimento do mesmo contribuinte, o que também foi objeto de irresignação na inicial do Estado de Rio Grande do Norte:

> A propósito, observe-se que, não obstante a relevância do julgamento do Recurso Repetitivo, a propagar efeitos para inúmeras outras demandas similares, o Superior Tribunal de Justiça não se deu ao trabalho de exaurir o ordenamento jurídico, de forma que não consta do julgado uma linha sequer a respeito dos dispositivos da Lei Kandir pertinentes ao debate.

Logo, mesmo diante da legislação complementar atual, já se denotava na jurisprudência, e em parte da doutrina[11], um entendimento de que a mera transferência de mercadoria entre estabelecimentos do mesmo contribuinte não seria a hipótese de incidência do ICMS. Noutras palavras, que a circulação de mercadoria só ocorre efetivamente com a troca de titularidade desta e não apenas com a movimentação física.

2.2. O RESULTADO DO JULGAMENTO EM 2021 E OS EMBARGOS DE DECLARAÇÃO DE 2023.

Seguindo, a ação foi ajuizada em setembro de 2017, e após os trâmites legais (pedido de informações, manifestações, vistas e petição de *Amicus Curiae*), o julgamento foi iniciado em plenário virtual em

---

8. *Recurso especial provido. Acórdão submetido ao regime do art. 543-C do CPC e da Resolução STJ* – www.stj.jus.br.

(REsp n. 1.125.133/SP, relator Ministro Luiz Fux, Primeira Seção, julgado em 25/8/2010, DJe de 10/9/2010.)

11 Apenas para citar um dos professores sobre o tema, posto que o objeto do artigo é o entendimento jurisprudencial: *"Este tributo, como vemos, incide sobre a realização de operações relativas à circulação de mercadorias. A lei que veicular sua hipótese de incidência só será válida se descrever uma operação relativa à circulação de mercadorias.*

É bom esclarecermos, desde logo, que tal circulação só pode ser jurídica (e não meramente física). A circulação jurídica pressupõe a transferência (de uma pessoa para outra) da posse ou da propriedade da mercadoria. Sem mudança de titularidade da mercadoria, não há falar em tributação por meio de ICMS.

(...) O ICMS só pode incidir sobre operações que conduzem mercadorias, mediante sucessivos contratos mercantis, dos produtores originários aos consumidores finais." (Roque Antonio Carrazza, *in* ICMS, 10ª ed., Ed. Malheiros, p.36/37).

09 de abril de 2021 e finalizado em 17 de abril de 2021, conforme o resumo abaixo[12]:

> Decisão: O Tribunal, por unanimidade, julgou improcedente o pedido formulado na presente ação, declarando a inconstitucionalidade dos artigos 11, §3º, II, 12, I, no trecho "ainda que para outro estabelecimento do mesmo titular", e 13, §4º, da Lei Complementar Federal n. 87, de 13 de setembro de 1996, nos termos do voto do Relator. Falou, pelo requerente, o Dr. Rodrigo Tavares de Abreu Lima, Procurador do Estado do Rio Grande do Norte. Plenário, Sessão Virtual de 9.4.2021 a 16.4.2021.

O resultado foi o oposto do que se buscava na inicial do estado potiguar com a reafirmação da inexistência de incidência de ICMS nas transferências de mercadoria entre estabelecimentos da mesma titularidade e a consequente declaração de inconstitucionalidade da Lei Kandir nesses pontos.

O acórdão foi publicado ainda em maio daquele ano e, sem esmiuçar todos os votos favoráveis, posto que os Ministros foram unânimes, o que se pode depreender do voto do relator é que o Supremo Tribunal também entendeu, tal qual já era o entendimento do Superior Tribunal de Justiça[13], *"Ainda que algumas transferências entre estabelecimentos do mesmo titular possam gerar reflexos tributários, a interpretação de que a circulação meramente física ou econômica de mercadorias gera obrigação tributária é inconstitucional. Ao elaborar os dispositivos aqui discutidos houve, portanto, excesso por parte do legislador"*[14].

Ocorre que, embora em uma primeira análise a tese parece ter simplificado as operações relativas ao tributo para os Estados e para os

---

12 Todas as informações referentes ao trâmite da ADC 49 podem ser verificadas no site do Supremo Tribunal Federal – www.portal.stf.jus.br.

13 *"No mesmo sentido posiciona-se o Superior Tribunal de Justiça, que, com a função de tutelar a autoridade e a integridade de leis federais, fixou a súmula 166, DJe 23/08/1996, segundo a qual "Não constitui fato gerador do ICMS o simples deslocamento de mercadoria de um para outro estabelecimento do mesmo contribuinte". Esta foi referência sumular para o Repetitivo 259, concluindo-se, no REsp 1.125.133/SP, Relator Ministro Luiz Fux, Primeira Seção, DJe 10/09/2010, que se deve aplicar o regime jurídico da transferência de mercadorias entre estabelecimentos do mesmo titular quando estiverem estes situados em estados diversos, cognição mantida até dias atuais, como é possível constatar no REsp 1.704.133–AgInt, Ministra Relatora Assusete Magalhães, Segunda Turma, DJe 28/06/2018."* – extraído do voto do Ministro Relator Edson Fachin na ADC nº 49 na página da internet do STF www.portal.stf.jus.br.

14 Extraído do voto do Ministro Relator Edson Fachin na ADC nº 49 na página da internet do STF www.portal.stf.jus.br.

contribuintes de todo país, posto que não teríamos mais ICMS em meras transferências entre os estabelecimentos de mesma titularidade, a decisão como fora publicada trouxe dúvidas quanto ao prosseguimento das operações, em especial quanto à não cumulatividade na cadeia e a forma de apuração dos créditos.

Isso porque os citados *'reflexos tributários'* nas operações de transferência foram/são significativos, em especial nas operações interestaduais, não ficando determinado qual será o crédito aproveitado na saída seguinte, como ficaria a questão da substituição tributária na entrada em transferência, dentre outros pontos.

Diante deste novo aspecto de insegurança tributária nas transferências que o julgado poderia trazer diversas entidades (*Associações, Federações e Sindicatos Empresariais, dentre outros*) e Procuradorias Estaduais, novamente fizeram fila para participar do julgamento como *Amicus Curiae*, para apresentar Embargos de Declaração a fim de detalhar os temas mencionados, bem como requerer a modulação[15] dos efeitos dessa decisão e evitar discussões sobre os valores já recolhidos.

O trâmite processual da ADC49 decorreu normalmente, com uma tentativa de votação em plenário virtual, e em abril de 2023, o Supremo Tribunal Federal novamente julgou o tema conforme a ementa abaixo:

EMBARGOS DE DECLARAÇÃO EM RECURSO AÇÃO DECLARATÓRIA DE CONSTITUCIONALIDADE. DIREITO TRIBUTÁRIO. IMPOSTO SOBRE CIRCULAÇÃO DE MERCADORIAS E SERVIÇOS- ICMS. TRANSFERÊNCIAS DE MERCADORIAS ENTRE ESTABELECIMENETOS DA MESMA PESSOA JURÍDICA. AUSÊNCIA DE MATERIALIDADE DO ICMS. MANUTENÇÃO DO DIREITO DE CREDITAMENTO. (IN)CONSTITUCIONALIDADE DA AUTONOMIA DO ESTABELECIMENTO PARA FINS DE COBRANÇA. MODULAÇÃO DOS EFEITOS TEMPORAIS DA DECISÃO. OMISSÃO. PROVIMENTO PARCIAL.
1. Uma vez firmada a jurisprudência da Corte no sentido da inconstitucionalidade da incidência de ICMS na transferência de mercadorias entre estabelecimentos da mesma pessoa jurídica (Tema 1099, RG) inequívoca decisão do acórdão proferido.
2. O reconhecimento da inconstitucionalidade da pretensão arrecadatória dos estados nas transferências de mercadorias entre estabelecimentos de uma mesma pessoa jurídica não corresponde a não-incidência prevista no art.155, §2°, II, ao que mantido o direito de creditamento do contribuinte.
3. Em presentes razões de segurança jurídica e interesse social (art.27, da Lei 9868/1999) justificável a modulação dos efeitos temporais da decisão para o exercício financeiro de 2024 ressalvados os processos administrativos e judiciais pendentes de conclusão até a data de publicação da ata de

---

15 Artigo 27 da Lei 9.868/99.

> julgamento da decisão de mérito. Exaurido o prazo sem que os Estados disciplinem a transferência de créditos de ICMS entre estabelecimentos de mesmo titular, fica reconhecido o direito dos sujeitos passivos de transferirem tais créditos.
>
> 4. Embargos declaratórios conhecidos e parcialmente providos para a declaração de inconstitucionalidade parcial, sem redução de texto, do art. 11, § 3º, II, da Lei Complementar nº1996, excluindo do seu âmbito de incidência apenas a hipótese de cobrança do ICMS sobre as transferências de mercadorias entre estabelecimentos de mesmo titular." (grifo nosso)

Nesse julgamento, embora houvesse unanimidade quanto à necessidade de modulação, houve divergência dos procedimentos para a formalização desta. O entendimento minoritário foi no sentido de um prazo maior *"no sentido de que a decisão de mérito tenha eficácia após o prazo de dezoito meses contados da data da publicação da ata de julgamento dos presentes embargos de declaração, com as mesmas ressalvas"*[16].

Porém a tese vencedora, por apenas um voto (6x5[17]) no sentido acima, prevaleceu o entendimento da necessidade de os Estados disciplinarem o tema até 2024, conforme a ementa acima.

Assim é que, passados mais de 25 anos de operações de transferência entre estabelecimentos do mesmo titular com a incidência do ICMS com base na Lei Kandir, o julgamento da ADC49 determinou que:

a. Exclusão da incidência do ICMS na hipótese de cobrança do ICMS sobre as transferências de mercadorias entre estabelecimentos de mesmo titular, com a declaração de Inconstitucionalidade parcial, sem redução de texto, do art. 11, § 3º, II, da Lei Kandir (*Lei Complementar nº 87/1996*);

b. A modulação dos efeitos temporais da decisão para o exercício financeiro de 2024, salvo nos processos em andamento, administrativo e judiciais, na data de publicação da ata de julgamento da decisão de mérito (abril/21); e

c. Os Estados devem regulamentar até 2024 a transferência de créditos de ICMS entre estabelecimentos de mesmo titular, caso não façam, os contribuintes terão direito a transferir os respectivos créditos.

---

16 Conforme consta no acórdão dos Embargos de Declaração da ADC nº 49 do STF, publicado em 14.08.2023 na página da internet www.portal.stf.jus.br

17 Votaram a favor: Ministros Edson Fachin, Dias Toffoli, Luiz Fux, Nunes Marques, Alexandre de Moraes e André Mendonça.

O processo ainda está tramitando, com a oposição de novos Embargos de Declaração, no qual se busca ainda uma solução para a questão do momento de aplicabilidade até 2024[18].

Todavia, os seus efeitos já serão válidos para 2024 com base na legislação que estiver vigente ou com a manutenção dos créditos, conforme o julgado acima.

2.3. QUEM IRÁ RESOLVER A QUESTÃO DOS CRÉDITOS DE TRANSFERÊNCIA APÓS A DECISÃO DA ADC Nº 49

No julgamento dos Embargos ocorridos em abril de 2023 e publicado somente em agosto do mesmo ano, dentre os vários pontos que se discutiram em como operacionalizar a questão dos créditos na transferência de mercadorias do mesmo titular em especial nas operações interestaduais.

Como já visto no tópico anterior, os Embargos de Declaração da ADC nº 49 cuidaram para que fossem mantidos os créditos para os contribuintes, caso não seja regulamentado por uma nova norma legal até 2024.

Tal medida foi necessária para que se evitasse qualquer discussão quanto ao crédito, em razão do que dispõe o artigo 20, §1º da Lei Complementar nº 87/96:

> Art. 20. Para a compensação a que se refere o artigo anterior, é assegurado ao sujeito passivo o direito de creditar-se do imposto anteriormente cobrado em operações de que tenha resultado a entrada de mercadoria, real ou simbólica, no estabelecimento, inclusive a destinada ao seu uso ou consumo ou ao ativo permanente, ou o recebimento de serviços de transporte interestadual e intermunicipal ou de comunicação.
>
> § 1º Não dão direito a crédito as entradas de mercadorias ou utilização de serviços resultantes de operações ou prestações isentas ou não tributadas, ou que se refiram a mercadorias ou serviços alheios à atividade do estabelecimento.

Nesse aspecto, o que se tem de norma mais avançada e com repercussão para os contribuintes é o projeto de Lei Complementar do Senado PLS nº 332/18[19] que buscou disciplinar essa questão e já teve sua apro-

---

18 Opostos pelo Sindicato Nacional das Empresas Distribuidoras de Combustíveis e de Lubrificantes – SINDICOM – protocolado em 22.08 conforme consta na página da internet www.portal.stf.jus.br

19 Conforme o site do próprio Senado Federal: Projeto de Lei do Senado nº 332, de 2018 (Complementar) - Matérias Bicamerais - Congresso Nacional. https://www.congressonacional.leg.br/materias/materias-bicamerais/-/ver/pls-332-2018.

vação no Senado Federal e foi encaminhado para a Câmara Federal, no qual altera a Lei Kandir no artigo 12, conforme a proposta abaixo:

> Art. 12. (…)
> I – da saída de mercadoria de estabelecimento de contribuinte;
> (…)
> § 4º Não se considera ocorrido o fato gerador do imposto na saída de mercadoria de estabelecimento para outro de mesma titularidade, mantendo-se o crédito relativo às operações e prestações anteriores em favor do contribuinte, inclusive nas hipóteses de transferências interestaduais em que os créditos serão assegurados:
> I – pela unidade federada de destino, por meio de transferência de crédito, limitados aos percentuais estabelecidos nos termos do inciso IV do § 2º do art. 155 da Constituição Federal, aplicados sobre o valor atribuído à operação de transferência realizada;
> II – pela unidade federada de origem, em caso de diferença positiva entre os créditos pertinentes às operações e prestações anteriores e o transferido na forma do inciso I deste parágrafo.
> § 5º Alternativamente ao disposto no § 4º deste artigo, por opção do contribuinte, a transferência de mercadoria para estabelecimento pertencente ao mesmo titular poderá ser equiparada a operação sujeita à ocorrência do fato gerador de imposto, hipótese em que serão observadas:
> I – nas operações internas, as alíquotas estabelecidas na legislação;
> II – nas operações interestaduais, as alíquotas fixadas nos termos do inciso IV do § 2º do art. 155 da Constituição Federal.

A proposta mencionada, que já tramitava no Senado Federal antes do julgamento, mas que foi aprovada em maio de 2023, logo após o julgamento da ADC49, prevê que, mesmo sem a incidência do ICMS, os créditos sejam aproveitados, conforme o §4º que se busca inserir no artigo 12 da Lei Kandir.

Ainda, no §5º do projeto em trâmite, de forma alternativa, há possibilidade pelos contribuintes de optar pelo pagamento do ICMS na transferência de mercadorias. Esta opção traria um ponto que agrada parte dos contribuintes, posto que diversos regimes especiais estaduais levam em consideração as saídas tributadas.

Contudo, a manutenção desta tributação, ainda que por escolha dos contribuintes, restará em desacordo com a decisão da ADC 49 no STF e poderá ser questionada novamente pelos Estados que se sentirem prejudicados com o envio de mercadorias tributadas e a entrada de créditos na transferência em seu território.

Por isso, os Estados também estão entendendo que podem tratar deste tema, posto que a decisão da ADC nº 49 informa que *"os Estados disci-*

plinem a transferência de créditos de ICMS entre estabelecimentos de mesmo titular" e por tal razão não caberia uma legislação complementar federal.

Nesse contexto, o Conselho Nacional de Política Fazendária – CONFAZ, o colegiado formado pelos Secretários de Fazenda, Finanças ou Tributação dos Estados e do Distrito Federal e Ministro da Fazenda é entendido como o órgão mais adequado, segundo os próprios Estados e respectivos secretários, para regulamentar e harmonizar as regras nas transferências entre estabelecimentos sem o ICMS.

Assim, embora o julgamento já traga as balizas importantes sobre a não incidência do ICMS nas transferências de mercadorias entre estabelecimentos do mesmo contribuinte, ainda há muito a ser esclarecido, seja pelo legislativo ou mesmo executivo, com novas normas regulamentadoras (em especial quanto ao crédito), mas também pelo judiciário que pode entender que tais normas ainda não respeitam o que fora julgado na ADC49.

Ademais, além destas medidas em discussão, cumpre se lembrar de inda uma há tempos prometida reforma tributária, sob a denominação de Proposta a Emenda Constitucional nº 45, ou PEC 45, a qual certamente também afetará a discussão em andamento da ADC 49.

3. REFORMA TRIBUTÁRIA (PEC Nº 45) E CONSIDERAÇÕES FINAIS

Sabe-se – especialmente aqueles que respiram esse ecossistema tributário diariamente, repleto de legislações esparsas e cargas tributárias diversas em suas respectivas cadeias e nichos de negócio – que a Reforma Tributária é um dos mais urgentes temas a serem enfrentados por todos os governos brasileiros que aqui passaram e que hoje aqui está.

Esse ano de 2023 para o Brasil tem sido desafiador!

O exemplo mais recente diz respeito à decisão do Supremo Tribunal Federal de afastar o ICMS das operações interestaduais quando essas operações envolverem empresas do mesmo titular, e que teve seus efeitos modulados sejam para que ocorram a partir de 2024 ou que para até lá, os contribuintes tenham o direito de escolha na manutenção dos créditos nos Estados de origem ou na transferência dos mesmos créditos de ICMS para outros Estados, que é a nossa tão famosa ADC 49 (julgamento em 19 de abril de 2023).

Ademais, o Supremo Tribunal Federal (STF) incumbiu aos Estados de regulamentar até o ano fiscal de 2024 a utilização dos créditos, sob pena de ser reconhecido o direito dos contribuintes de transferi-los.

Os estados através do CONFAZ, publicaram o Convênio nº 174/2023, que inicialmente não foi aprovado (Ato Declaratório nº 44 de 17/11/2023), mas posteriormente aprovado pelo novo Convênio nº 178/2023.[20]Ocorre que, para as empresas que utilizam dessa modalidade de transferência interestadual, entre Estados distintos, como fluxo fiscal e operacional em suas atividades de mercadorias entre filiais, a decisão que está posta se torna de suma importância e urgência.

De fato, em um primeiro momento se vislumbrava uma grande vitória. O STF reconheceu a não incidência do ICMS nessas transferências. Contudo, o efeito da decisão está distante de ser uma comemoração de transparência e simplificação para os contribuintes, uma vez que nosso sistema tributário e todas as suas peculiaridades obrigaram as empresas a se organizarem e, em que pese a tributação nas operações interestaduais, seu ônus estaria minimizado com a transferência de créditos entre estabelecimentos, muitos deles, inclusive, com relevantes saldos credores de imposto.

E agora, com a decisão de não haver a tributação na transferência interestadual de mercadorias, e a consequente transferência dos créditos ao Estado de destino, somente em 2024, inevitavelmente, os contribuintes/empresas terão alguma forma de equilibrar as contas.

Quando uma situação de não tributação, que é o caso da ADC nº 49, decidida pelo Judiciário, se torna uma questão controversa, fica-se evidente que há algo muito incoerente em nosso arcabouço tributário.

Nesse sentido, esse cenário nos leva a questionar: será que a Reforma Tributária conseguirá tratar essas questões emblemáticas, decisões favoráveis aos contribuintes, que na prática se tornam impraticáveis de aplicação no dia a dia das operações das empresas?

Atualmente o texto da Reforma Tributária (PEC 45) prevê um IVA dual que será tributado no destino e, muito embora não trate das transferências entre estabelecimento da mesma titularidade, nos parece resolver a questão diante das alíquotas únicas e a incidência apenas do valor agregado, contudo ainda dependerá de regulamentação de Lei Complementar.

Temos que exigir uma reforma que traga simplificação do sistema, transparência e governança nas regras e equidade fiscal.

---

20 CONVÊNIO ICMS 178/23 — Conselho Nacional de Política Fazendária CONFAZ (fazenda.gov.br).

ICMS – TRANSFERÊNCIA DE MERCADORIAS: A ADC Nº 49, O CONVÊNIO ICMS Nº 178/2023 E OS IMPACTOS NO AGRONEGÓCIO

Pedro Guilherme Accorsi Lunardelli[1]
Alexander Silvério Cainzos[2]

1. INTRODUÇÃO

Este artigo pretende explorar três questões fundamentais que surgem em razão da decisão proferida pelo Supremo Tribunal Federal na Ação Direta de Constitucionalidade n° 49 que julgou inconstitucional a cobrança do ICMS nas movimentações de bens entre estabelecimentos de mesma titularidade e seus efeitos no agronegócio, em especial à luz da recente regulamentação proposta pelo CONFAZ, por intermédio do Convênio ICMS n° 178/2023. São elas:

1. Como serão realizadas as transferências de produtos entre estabelecimentos de contribuintes a partir de 2024, especialmente aqueles abrangidos pelo Convênio ICMS n° 100/97, e quais os reflexos na recuperação e aproveitamento de créditos do ICMS?

2. O crédito de ICMS oriundo das aquisições anteriores no Estado de origem poderá ou deverá ser transferido ao destino? Qual o montante transferível?

3. O Convênio ICMS n° 174/2023 resolve a questão e determina critérios objetivos conferindo segurança jurídica ao setor?

---

1 Advogado, Metre e Doutor pela PUC/SP.

2 Advogado e Especialista pela PUC/COGEAE/SP.

2. ADC 49 E CONVÊNIO ICMS Nº 178/2023

Em 01.12.2023 o Convênio ICMS nº 178/2023 foi publicado no D.O.U. em substituição ao Convênio ICMS nº 174/2023, rejeitado, que dispõe sobre as transferências interestaduais de bens e mercadorias entre estabelecimentos de mesma titularidade. Este convênio foi aprovado pelo CONFAZ em reunião extraordinária, visando justamente atender às determinações consagradas no julgamento da ADC 49 que sedimentou o entendimento há muito consagrado nos tribunais acerca da inconstitucionalidade da incidência do ICMS nos deslocamentos de bens entre estabelecimentos de mesma titularidade.

Contudo, em razão da não cumulatividade inerente ao ICMS, alguns pontos não foram solucionados, em especial a forma de aproveitamento dos créditos oriundos das aquisições anteriores para abatimento do tributo devido nas operações futuras, especialmente após o deslocamento físico dos bens entre estabelecimentos de mesma titularidade.

O tema foi objeto de debate no próprio Supremo na análise dos Embargos de Declaração opostos pelo Estado do MA que, em resumo, sustentava: (i) a necessidade de estorno de tais créditos em razão da saída não atingida pelo ICMS; (ii) modulação dos efeitos da decisão proferida.

Assim, a decisão acerca dos Embargos serviu para fixar os marcos de produção de efeitos da modulação, além de esclarecer os demais pontos acerca do direito à manutenção e utilização dos créditos mencionados, conforme se verifica da ementa dos referidos embargos. Confira:

> Ementa: EMBARGOS DE DECLARAÇÃO EM RECURSO AÇÃO DECLARATÓRIA DE CONSTITUCIONALIDADE. DIREITO TRIBUTÁRIO. IMPOSTO SOBRE CIRCULAÇÃO DE MERCADORIAS E SERVIÇOS-ICMS. TRANSFERÊNCIAS DE MERCADORIAS ENTRE ESTABELECIMENETOS DA MESMA PESSOA JURÍDICA. AUSÊNCIA DE MATERIALIDADE DO ICMS. MANUTENÇÃO DO DIREITO DE CREDITAMENTO. (IN)CONSTITUCIONALIDADE DA AUTONOMIA DO ESTABELECIMENTO PARA FINS DE COBRANÇA. MODULAÇÃO DOS EFEITOS TEMPORAIS DA DECISÃO. OMISSÃO. PROVIMENTO PARCIAL.
> 1. Uma vez firmada a jurisprudência da Corte no sentido da inconstitucionalidade da incidência de ICMS na transferência de mercadorias entre estabelecimentos da mesma pessoa jurídica (Tema 1099, RG) inequívoca decisão do acórdão proferido.
> 2. O reconhecimento da inconstitucionalidade da pretensão arrecadatória dos estados nas transferências de mercadorias entre estabelecimentos de uma mesma pessoa jurídica não corresponde a não incidência prevista no art.155, §2º, II, ao que mantido o direito de creditamento do contribuinte.

3. Em presentes razões de segurança jurídica e interesse social (art.27, da Lei 9868/1999) justificável a modulação dos efeitos temporais da decisão para o exercício financeiro de 2024 ressalvados os processos administrativos e judiciais pendentes de conclusão até a data de publicação da ata de julgamento da decisão de mérito. Exaurido o prazo sem que os Estados disciplinem a transferência de créditos de ICMS entre estabelecimentos de mesmo titular, fica reconhecido o direito dos sujeitos passivos de transferirem tais créditos.

4. Embargos declaratórios conhecidos e parcialmente providos para a declaração de inconstitucionalidade parcial, sem redução de texto, do art. 11, § 3º, II, da Lei Complementar nº87/1996, excluindo do seu âmbito de incidência apenas a hipótese de cobrança do ICMS sobre as transferências de mercadorias entre estabelecimentos de mesmo titular.

Diante de tal decisão e da morosidade do Congresso Nacional em aprovar os projetos em trâmite que versam sobre o tema, o Confaz, frente ao exíguo prazo para início dos efeitos da decisão modulada, qual seja, 01.01.2024, aprovou o convênio em epígrafe, acerca do qual passaremos a cuidar.

Antes, porém, é necessário lembrar o que afirmou categoricamente o Min. Dias Toffoli em seu voto quando do julgamento dos embargos mencionados. Segundo o Ministro, a regulamentação do tema caberia ao Congresso Nacional, vez que tratar de regra da não cumulatividade do ICMS é matéria reservada à Lei Complementar, conforme definido no artigo 155, §2º, XII, alíneas "c" e "f".

Neste contexto, de acordo com o Convênio nº 133/1997, que aprova o regimento do Confaz, caberia aos Convênios apenas a harmonização dos procedimentos fiscais para controle dos créditos passíveis de transferência.

Questões voltadas ao montante de créditos, compensação, hipóteses de estorno etc. não caberiam aos Convênios ou Ajustes SINIEFs celebrados no conselho.

Pois bem, feito o necessário alerta sobre as matérias passíveis de acordo entre os Estados, passemos à análise do Convênio ICMS nº 178/2023, que entra em vigor em 01.01.2024, que, em sua cláusula primeira, dispõe o quanto segue:

Cláusula primeira Na remessa interestadual de bens e mercadorias entre estabelecimentos de mesma titularidade, é obrigatória a transferência de crédito do Imposto sobre Operações Relativas à Circulação de Mercadorias e sobre Prestações de Serviço de Transporte Interestadual e Intermunicipal e de Comunicação – ICMS – do estabelecimento de origem para o estabelecimento de destino, hipótese em que devem ser observados os procedimentos de que trata esse convênio. (grifamos)

Inicialmente, o convênio atribui ao contribuinte a obrigação de transferência dos créditos, obrigação que deverá ser imposta pelos Estados em suas respectivas leis internas, uma vez que os convênios precisam ser aprovados pela assembleia legislativa dos Entes Federados[3].

Já em sua cláusula segunda, o Convênio determina os procedimentos para escrituração dos montantes transferidos de créditos nos estabelecimentos envolvidos, nos seguintes termos:

> Cláusula segunda A apropriação do crédito pelo estabelecimento destinatário se dará por meio de transferência, pelo estabelecimento remetente, do ICMS incidente nas operações e prestações anteriores, na forma prevista neste convênio.
> § 1º O ICMS a ser transferido será lançado:
> I - a débito na escrituração do estabelecimento remetente, mediante o registro do documento no Registro de Saídas;
> II – a crédito na escrituração do estabelecimento destinatário, mediante o registro do documento no Registro de Entradas.
> § 2º A apropriação do crédito atenderá as mesmas regras previstas na legislação tributária da unidade federada de destino aplicáveis à apropriação do ICMS incidente sobre operações ou prestações recebidas de estabelecimento pertencente a titular diverso do destinatário.
> § 3º Na hipótese de haver saldo credor remanescente de ICMS no estabelecimento remetente, este será apropriado pelo contribuinte junto à unidade federada de origem, observado o disposto na sua legislação interna.

Com efeito, o Convênio determina que sejam registrados na escrita fiscal os valores transferidos relativos aos créditos das operações anteriores; além disso, ressalta que eventuais limitações de recuperação de créditos, bem como o tratamento para saldos credores remanescentes devem ser regidos pela legislação dos estados envolvidos.

Vale notar, no entanto, que a previsão da escrituração dos créditos menciona o registro de entradas e saídas e o documento fiscal envolvido na remessa, o que denota a necessidade de consignar o valor a ser transferido em documento fiscal.

Adiante, na clausula terceira, o Convênio esclarece tal ponto, ao estabelecer o destaque do ICMS no respectivo documento fiscal:

> Cláusula terceira A transferência do ICMS entre estabelecimentos de mesma titularidade, pela sistemática prevista neste convênio, será procedida a cada

---

3 Vide ADI 5929 -DF. R. Min. Edson Fachin.

remessa, mediante consignação do respectivo valor na Nota Fiscal eletrônica - NF-e - que a acobertar, no campo destinado ao destaque do imposto.

Em sua cláusula quarta, o convênio estabelece o montante de créditos passível de transferência:

> Cláusula quarta O ICMS a ser transferido corresponderá ao resultado da aplicação de percentuais equivalentes às alíquotas interestaduais do ICMS, definidas nos termos do inciso IV do § 2º do art. 155 da Constituição da República Federativa do Brasil de 1988, sobre os seguintes valores dos bens e mercadorias:
> I - o valor correspondente à entrada mais recente da mercadoria;
> II - o custo da mercadoria produzida, assim entendida a soma do custo da matéria-prima, material secundário, mão-de-obra e acondicionamento;
> III – tratando-se de mercadorias não industrializadas, a soma dos custos de sua produção, assim entendidos os gastos com insumos, mão-de-obra e acondicionamento.
> § 1º No cálculo do ICMS a ser transferido, os percentuais de que trata o "caput" devem integrar o valor dos bens e mercadorias.
> § 2º Os valores a que se referem os incisos do "caput" serão reduzidos na mesma proporção prevista na legislação tributária da unidade federada em que situado o remetente nas operações interestaduais com os mesmos bens ou mercadorias quando destinados a estabelecimento pertencente a titular diverso, inclusive nas hipóteses de isenção ou imunidade.

Neste ponto alguns comentários são pertinentes. É de se notar que o convênio estipula verdadeira regra de incidência do ICMS, travestida de base para identificação dos créditos passíveis de transferência.

As regras para cálculo do montante de ICMS a ser destacado no documento fiscal se assemelham às antigas regras de determinação de base de cálculo contidas no parágrafo 4º da LC 87/96[4], em especial as prescritas nos incisos I e II e ignoram o fato de as operações anteriores ensejarem créditos e quais os montantes efetivamente apropriados.

---

4 "Art. 13. A base de cálculo do imposto é:

(...)

§ 4º Na saída de mercadoria para estabelecimento localizado em outro Estado, pertencente ao mesmo titular, a base de cálculo do imposto é:

I - o valor correspondente à entrada mais recente da mercadoria;

II - o custo da mercadoria produzida, assim entendida a soma do custo da matéria-prima, material secundário, mão-de-obra e acondicionamento;

III - tratando-se de mercadorias não industrializadas, o seu preço corrente no mercado atacadista do estabelecimento remetente."

Desta forma, para transferência de créditos relacionados a revendedores, a base de cálculo será o valor da última entrada. Já para os industriais, o custo de matéria prima, material secundário, mão-de-obra e acondicionamento, enquanto para as atividades extrativistas ou de produtos primários, a soma dos custos de sua produção, assim entendidos os gastos com insumos, mão-de-obra e acondicionamento.

Isto nem de longe atende o determinado pelo STF na ADC 49, pois tal sistemática não soluciona alguns problemas básicos, a saber:

1. Não identifica o efetivo crédito oriundo da entrada dos bens objeto do cálculo para transferência;
2. Cria limitação de valores de crédito em razão da aplicação das alíquotas de operações interestaduais, ignorando o verdadeiro montante de crédito envolvido na aquisição dos bens;
3. Impõe como obrigatória a transferência de créditos que podem ser oriundos de outras aquisições na hipótese de envolver bens sujeitos a redução de tributação na etapa anterior na unidade de origem.

Estes são alguns pontos que entendemos atingir diretamente o setor agropecuário.

Outro ponto crucial refere-se ao prescrito no parágrafo segundo da mesma cláusula que exige a redução da "base de cálculo" do crédito nos mesmos moldes atribuídos às demais operações sujeitas ao ICMS praticadas com terceiros.

Ou seja, as reduções de base de cálculo, bem como isenções previstas na legislação para as operações interestaduais devem ser aplicadas às remessas de bens em transferência, na mesma proporção.

Ainda em atenção a esta cláusula, vale destacar mais um ponto que confirma o apontado anteriormente. Com efeito, o Confaz tenta, por intermédio do Convênio, reestabelecer a estrutura normativa declarada inválida pela ADC 49, ao prever, no parágrafo primeiro da cláusula acima, a regra segundo a qual os percentuais definidos no *caput* (alíquotas interestaduais) deverão compor os valores atribuídos para o cálculo do crédito a ser destacado.

Ou seja, o famigerado "cálculo por dentro".

Ora, esta é uma outra forma de determinar que o ICMS compõe a sua própria base de cálculo (art. 13, §1° da LC 87/96)[5]. Todavia, como esta não é uma regra de incidência, não nos parece lógico que a previsão de cálculo

---

5 " § 1° Integra a base de cálculo do imposto, inclusive nas hipóteses dos incisos V, IX e X do caput deste artigo:

de rateio de crédito a ser transferido estabeleça que o percentual eleito para o rateio componha o próprio valor base para aplicação do percentual.

Em sua cláusula quinta, o convênio determina atenção às regras de escrituração comum aos documentos fiscais e sua aplicabilidade à hipótese, enquanto na cláusula sexta, inova ao determinar efeitos decorrentes da sistemática por ele estabelecida. Vejamos:

> Cláusula sexta A utilização da sistemática prevista neste convênio:
> I – implica o registro dos créditos correspondentes ao ICMS a que tenha direito o remetente, decorrentes de operações e prestações antecedentes;
> II - não importa no cancelamento ou modificação dos benefícios fiscais concedidos pela unidade federada de origem, hipótese em que, quando for o caso, deverá ser efetuado o lançamento de um débito, equiparado ao estorno de crédito previsto na legislação tributária instituidora do benefício fiscal.

O inciso primeiro da cláusula leva à conclusão de que somente o fato de o crédito ser transferido para o estabelecimento destinatário da remessa garante a manutenção dos créditos anteriores na origem; entretanto, isto vai de encontro ao estabelecido pelo STF, que entendeu que o direito ao crédito não guarda relação com a remessa do bem, tampouco com a possibilidade da transferência do próprio ICMS, sendo, portanto, um dispositivo que traz uma condição que confronta os dispositivos constitucionais.

O inciso II estabelece regra aos Entes Federados, mantendo a situação existente antes da ADC para gozo dos incentivos fiscais estaduais que eventualmente contemplem transferências interestaduais.

3. O PROJETO DE LEI COMPLEMENTAR N° 116/2023 (PLP N° 116/2023)

Até a conclusão deste artigo, o Projeto de Lei Complementar 116/2023, antigo Projeto de Lei Complementar n° 332/2018 originado no Senado Federal, havia sido aprovado e permanece aguardando a sanção presidencial.

Em razão da sua pertinência ao tema, faremos uma breve digressão acerca do seu conteúdo.

O Projeto tem por finalidade adequar a redação da Lei Complementar 87/96 às regras definidas pelo STF na mencionada ADC 49, facultando o destaque do ICMS nas remessas entre estabelecimentos de mesma

---

I - o montante do próprio imposto, constituindo o respectivo destaque mera indicação para fins de controle; (...)"

titularidade, bem como estabelecendo regras para transferência de créditos entre estes mesmos estabelecimentos.

Com efeito, o mencionado projeto pretende retirar do inciso primeiro do artigo 12 da LC 87/96, a menção: "ainda que para outro estabelecimento do mesmo titular", limitando as saídas que podem ser consideradas como hipóteses de incidência do Imposto.

Adicionalmente, inclui os parágrafos 4° e 5° no mesmo artigo 12, cuja redação aprovada pelo Congresso é a seguinte:

> § 4° Não se considera ocorrido o fato gerador do imposto na saída de mercadoria de estabelecimento para outro de mesma titularidade, mantendo-se o crédito relativo às operações e prestações anteriores em favor do contribuinte, inclusive nas hipóteses de transferências interestaduais em que os créditos serão assegurados:
>
> I – pela unidade federada de destino, por meio de transferência de crédito, limitados aos percentuais estabelecidos nos termos do inciso IV do § 2° do art. 155 da Constituição Federal, aplicados sobre o valor atribuído à operação de transferência realizada;
>
> II – pela unidade federada de origem, em caso de diferença positiva entre os créditos pertinentes às operações e prestações anteriores e o transferido na forma do inciso I deste parágrafo.
>
> § 5° Alternativamente ao disposto no § 4° deste artigo, por opção do contribuinte, a transferência de mercadoria para estabelecimento pertencente ao mesmo titular poderá ser equiparada a operação sujeita à ocorrência do fato gerador de imposto, hipótese em que serão observadas:
>
> I – nas operações internas, as alíquotas estabelecidas na legislação;
>
> II – nas operações interestaduais, as alíquotas fixadas nos termos do inciso IV do § 2° do art. 155 da Constituição Federal. (NR)

Como se pode notar, o parágrafo 4° retira as remessas em transferência do âmbito de incidência do ICMS, tornando esta saída juridicamente irrelevante para o Imposto, a exemplo do que decidiu o STF.

Complementarmente, assegura ao contribuinte a manutenção dos créditos apropriados em razão das operações anteriores com a mercadoria objeto de transferência, bem como a transferência destes utilizando por parâmetro o valor atribuído à mercadoria e a alíquota interestadual correspondente à origem e destino do bem.

Importante destacar que tal sistemática resolve o problema em parte. Explicamos. Embora seja uma metodologia válida, deixa apenas implícito que o montante de crédito passível de transferência seria o efetivamente apropriado anteriormente, embora estabeleça a obrigatoriedade de reconhecimento e manutenção do excesso não transferido em razão da sistemática eleita.

Objetivamente, na prática, uma mercadoria adquirida com ICMS destacado em percentual de 18% posteriormente transferida para um estabelecimento localizado em outra UF proporcionaria, ao destino, crédito máximo de 4%, 7% ou 12% sobre o valor desta mesma mercadoria, garantindo à origem a diferença não transferível.

Não há, entretanto, regra explícita para as mercadorias adquiridas sob amparo de regimes diferenciados de tributação, como substituição tributária ou incentivos fiscais.

Por fim, o parágrafo 5° faculta ao contribuinte o destaque do Imposto, equiparando a remessa a uma operação sujeita ao ICMS.

Neste ponto, também, não há definição acerca do valor que deve ser atribuído à mercadoria para o cálculo ICMS a ser destacado, o que abre margem para interpretações por parte do fisco no momento da regulamentação da matéria, seja individualmente no regramento interno, seja via CONFAZ.

Assim, na hipótese de sanção na forma do projeto de lei aprovado no Congresso é inegável que o Convênio 178 afrontará diretamente as disposições da LC.

4. CONVÊNIO ICMS N° 100/97 E OS IMPACTOS DO CONVÊNIO ICMS N° 178/2023 E PLP 116/2023

O Convênio ICMS n° 100/97 foi celebrado para diminuir a carga tributária incidente sobre os insumos agropecuários, reduzindo a base de cálculo do ICMS nas operações interestaduais e autorizando, aos Estados, nas operações internas, a concessão de redução de base de cálculo em percentuais distintos ou mesmo isentar as operações.

Ainda, autorizou a redução de tributação de forma a fixar a carga tributária das operações de importação, internas e interestaduais com uma série de insumos importados ao percentual de 4%.

Por fim, o Convênio veda aos Estados a possibilidade de conceder a manutenção de créditos proporcionais envolvidos em tais operações.

Pois bem, considerando a regra geral, sem amparo do judiciário para as remessas entre filiais, as transferências realizadas no bojo do Convênio ICMS n° 100/97 ocorriam com destaque do ICMS seguindo as regras da LC87/96, tendo sua base de cálculo reduzida nos percentuais mencionados ou, se internas, ocorridas com eventual isenção.

Adicionalmente, como o Convênio não autoriza aos Estados a possibilidade de manutenção de créditos, as saídas em transferência já acarretavam o ajuste na apuração, por intermédio de estornos proporcionais ou totais dos créditos relativos às operações anteriores.

A partir de 01.01.2024, vislumbramos um cenário de incerteza, a depender da regulamentação do tema, conforme esquema abaixo:

Transferência de produtos do Convênio 100

1. Saída em transferência

Interestadual	Destaque	Base de Cálculo	Alíquota
ADC 49	Não	n/a	n/a
PLP 116	Facultativo	Valor do bem	4%, 7%, 12%
CV 178	Obrigatório	Ultima entrada, custo de fabricação ou produção	4%, 7%, 12%

Interna	Destaque	Base de Cálculo	Alíquota
ADC 49	Não	n/a	n/a
PLP 116	Facultativo	Valor do bem	Geral/Interna
CV 178*	n/a	n/a	n/a

*dependerá de regulamentação interna dos Estados

2. Créditos na origem

Interestadual	Manutenção
ADC 49	Sim
PLP 116	Sim
CV 178	Condicionado à tributação da remessa e demais regras de estorno

Interna	Manutenção
ADC 49	Sim
PLP 116	Sim
CV 178*	n/a

*dependerá de regulamentação interna dos Estados

3. Transferência dos Créditos

Interestadual	Hipóteses	Limitação	Valor
ADC 49	Direito do Contribuinte	Depende de regulamentação	Depende de regulamentação
PLP 116	O Crédito segue a mercadoria	Valor do crédito	Valor do bem x alíquota aplicável
CV 178	Obrigatória	Não há previsão	Regra de destaque na saída

Interna	Hipóteses	Limitação	Valor
ADC 49	Direito do Contribuinte	Depende de regulamentação	Depende de regulamentação
PLP 116	O Crédito segue a mercadoria	Valor do crédito	Valor do bem x alíquota aplicável
CV 178*	n/a	n/a	n/a

*dependerá de regulamentação interna dos Estados

EXEMPLO 1

Utilizando um exemplo prático, imagine-se uma mercadoria constante no Convênio 100, adquirida por 100 (cem) unidades monetárias e ICMS destacado no documento a uma alíquota de 18% (com redução base em 60%) e posteriormente transferida a uma filial em algum Estado do NE que efetuará uma venda interna isenta. Passemos aos cálculos nos cenários do PLP 116 ou CV 178:

1. Entrada origem

	Valor aquisição	BC	ICMS	Valor de estoque
PLP 116 e CV 178	100,00	40,00	7,20	92,08

2. Saída em transferência

	Fórmula para valoração	Valor de transferência	BC	ICMS
PLP 116 incidência	Custo + ICMS por dentro (sem regra específica)	95,47	38,18	2,67
PLP 116 – Transferência crédito *	Custo	92,80	n/a*	6,49
CV 178	Última aquisição + ICMS por dentro	102,88	41,15	2,88

*A lei não estabelece base de cálculo, apenas que o limite de transferência do crédito é estabelecido pelo valor do bem multiplicado pela alíquota interestadual

3. Apuração do ICMS na origem

	PLP 116 incidência	PLP 116 transferência de crédito	CV 178
Débito	2,67	6,49	2,88
Estorno de Crédito	0,00	0,00	0,00
Crédito	7,20	7,20	7,20
Saldo devedor	0,00	0,00	0,00
Saldo credor a transportar	4,53	0,71	4,32

Note-se que em todas as hipóteses existe saldo remanescente na origem, dependendo da sistemática, em maior ou menor montante, isso reforça a importância de uma regulamentação explicita acerca do limite de créditos a ser transferidos e a forma de sua transferência.

Esses são os reflexos na origem. Consideraremos adiante os reflexos na filial de destino que realizará a mencionada venda interna isenta.

1. Entrada destino

	Valor Entrada	ICMS	Valor Estoque
PLP 116 incidência	95,47	2,67	92,80
PLP 116 – Transferência crédito*	92,80	6,49	92,80
CV 178	102,88	2,88	100,00

* não se trata de regra de incidência para recuperação do ICMS, portanto, o valor do bem no estoque não muda, o ICMS deve ser levado à conta gráfica, apenas.

2. Venda interna isenta no destino

	Valor Venda	ICMS
PLP 116 incidência	200,00	0,00
PLP 116 – Transf. crédito	200,00	0,00
CV 178	200,00	0,00

3. Apuração do ICMS no destino

	PLP 116 incidência	PLP 116 transferência crédito	CV 178
Débito	0,00	0,00	0,00
Crédito	2,67	6,49	2,88
Estorno de Crédito	2,67	6,49	2,88
Saldo devedor	0,00	0,00	0,00
Saldo credor a transportar	0,00	0,00	0,00

Com base na exposição do cenário, é possível concluir que as regras de incidência trazidas pelo Convênio e equiparação à tributação concentram mais créditos na origem, pois reduzem a base dos valores possíveis de transferência ao aplicar o Convênio 100/97.

Em contrapartida, a transferência do crédito limitado ao valor efetiva tomado na origem (PLP116), com limitação do valor atribuído ao bem multiplicado pela alíquota interestadual confere ao destino maiores valores, fato que vai ao encontro com o definido pelo STF e consideravelmente mais adequado à não cumulatividade do Imposto.

Isto porque o crédito transita com o bem, sendo efetivamente abatido das operações posteriores no momento da circulação posterior da mercadoria, átimo em que a consumação da regra da não cumulatividade se consuma, compensando-se o crédito ou promovendo o seu estorno.

Já a opção pela incidência retorna a tributação aos patamares da LC87/96, entretanto, não há definição acerca do valor a ser atribuído ao bem remetido. Utilizamos o custo contábil em nosso exemplo para facilitar a compreensão dos cenários

EXEMPLO 2

Em outro exercício, imagine-se a operação com os mesmos parâmetros acima acerca do produto ou redução de base de cálculo interestadual, mas considerando uma aquisição interna isenta e transferência interestadual com posterior revenda interna isenta no destino.

1. Entrada origem

	Valor aquisição	ICMS	Valor de estoque
PLP 116 e CV 178	100,00	00,00	100,00

2. Saída em transferência

	Fórmula para valoração	Valor transferência	BC	ICMS
PLP 116 incidência	Custo + ICMS por dentro (sem regra específica)	102,88	41,15	2,88
PLP 116 – Transferência crédito *	Custo	100,00	n/a*	0,00
CV 178	Última aquisição +ICMS por dentro	102,88	41,15	2,88

*A lei não estabelece base de cálculo, apenas que o limite de transferência do crédito é estabelecido pelo valor do bem multiplicado pela alíquota interestadual

3. Apuração do ICMS na origem

	PLP 116 incidência	PLP 116 transferência de crédito	CV 178
Débito	2,88	0,00	2,88
Estorno de Crédito	0,00	0,00	0,00
Crédito	0,00	0,00	0,00
Saldo devedor	2,88	0,00	2,88
Saldo credor a transportar	0,00	0,00	0,00

Note-se que por não haver créditos na origem, em razão da aquisição isenta, não há créditos a transferir ao destino pela sistemática instituída pelo parágrafo 4º do PLP 116/2023, já nas demais hipóteses o crédito eventualmente tomado é irrelevante, portanto, haverá sando devedor de imposto oriundo da transferência.

Esses são os reflexos na origem. Consideraremos adiante os reflexos na filial de destino que realizará a mencionada venda interna isenta.

1. Entrada destino

	Valor Entrada	ICMS	Valor de Estoque
PLP 116 incidência	102,88	2,88	100,00
PLP 116 – Transferência crédito*	100,00	0,00	100,00
CV 178	102,88	2,88	100,00

* não se trata de regra de incidência para recuperação do ICMS, portanto, o valor do bem no estoque não muda, o ICMS deve ser levado à conta gráfica, apenas.

2. Venda interna isenta no destino

	Valor Venda	ICMS
PLP 116 incidência	200,00	0,00
PLP 116 – Transf. crédito	200,00	0,00
CV 178	200,00	0,00

3. Apuração do ICMS no Destino

	PLP 116 incidência	PLP 116 transferência crédito	CV 178
Débito	0,00	0,00	0,00
Crédito	2,67	0,00	2,88
Estorno de Crédito	2,67	0,00	2,88
Saldo devedor	0,00	0,00	0,00
Saldo credor a transportar	0,00	0,00	0,00

Como se pode notar, houve recolhimento de ICMS na origem em razão da sistemática de cálculo do CV178 ou do parágrafo 5° do PLP 116 que ignoram a operação interior e oferecem a remessa à tributação do Imposto.

Tal valor destacado na origem é estornado no destino, artificialmente incrementando um custo a uma operação que não deveria ser onerada pelo ICMS.

Assim, a depender da condição de cada contribuinte ou do produto, além de aspectos relativos a incentivos fiscais aplicáveis, os cenários podem ser vantajosos ou prejudiciais, fato que torna ainda mais importante uma regulamentação que ofereça segurança jurídica aos contribuintes e ao fisco.

5. CONCLUSÃO

Embora o tema incidência do ICMS não seja novidade, bem como a posição do judiciário acerca do mérito da questão que, frise-se, sempre foi pela impossibilidade de incidência do Imposto sobre esta remessa, vale destacar que a condução do assunto pelo STF e pela Congresso

Nacional, sem contar a intransigência dos Estados no CONFAZ só fizeram trazer maior complexidade ao assunto.

Especialmente ao setor de insumos agropecuário, cujas operações se estão sob regulamentação assentada há bons anos pelo mencionado Convênio n° 100/97, o tema ganha especial relevância, uma vez que diversos Estados concederam isenções nas operações internas, que podem causar distorções na cadeia com eventual incremento artificial do custo causado pelo ICMS destacado nas transferências.

E mais, esta situação proporciona um ambiente de competição desleal causado pelo ICMS abrindo margem a novas manobras de guerra fiscal ou mesmo, planejamentos lícitos e estruturações societárias visando evitar o impacto do Imposto e diferencial competitivo no mercado.

O início do ano de 2024 será marcado pela incerteza vinculada ao assunto. Considerando a rápida sanção do PLP 116, alguma certeza e segurança recairá sobre o setor, entretanto a demora na sanção ou mesmo um veto presidencial que retorne o tema ao legislativo pode ensejar uma nova etapa contenciosa frente às inconstitucionais prescrições do Convênio ICMS n° 178/2023.

O TEMA 689 DO SUPREMO TRIBUNAL FEDERAL E A NÃO INCIDÊNCIA DO ICMS SOBRE A REMESSA INTERESTADUAL DE ENERGIA ELÉTRICA PARA GERAÇÃO DE BIOENERGIA

Pedro Guilherme Gonçalves de Souza[1]

Victor Tadashi Kuno[2]

---

[1] Graduado e Mestre em Direito pela Faculdade de Direito da USP. Pós-graduado em Economia pela EESP/FGV. Membro do Comitê tributário da Sociedade Rural Brasileira. Professor do curso de tributação do agronegócio do Instituto Brasileiro de Estudos Tributários – IBET. Advogado em São Paulo/SP.

[2] Graduado em Direito pela Pontifícia Universidade Católica de São Paulo – PUC/SP. Pós-graduado em Direito Tributário pelo Instituto Brasileiro de Direito Tributário - IBDT. Advogado em São Paulo/SP.

1. INTRODUÇÃO

O Brasil tem histórico de vanguarda na produção energética a partir de fontes sustentáveis. Da opção por explorar o seu potencial hidrelétrico à criação do veículo a álcool, o país se destaca positivamente na criação de tecnologias não poluentes para geração de energia.

Esta história ainda está em construção. Em passado recente, observou-se a expansão da bioenergia – energia produzida a partir da fermentação de matéria orgânica de materiais biológicos – e, nos últimos anos, o país ganhou posição de destaque como potencial líder na produção de hidrogênio verde (mais detalhes na seção 4).

Como se pode inferir, a produção de combustíveis renováveis se interiorizou no país, em linha com a expansão agrícola; diferentemente da produção petrolífera, a qual se mantém na borda oriental do país, especialmente na exploração em águas oceânicas. Assim, na dinâmica da distribuição de fontes produtoras pelo país, a geração de biocombustíveis ocorre, na maior parte dos casos, em locais distantes dos principais centros consumidores de energia.

Há importante estímulo estatal para que a produção bioenergética se desenvolva.[3] Todavia, a complexa estrutura tributária do país, especialmente do Imposto de Circulação de Mercadorias e Serviços (ICMS), que onera a produção e comercialização de energia, pode gerar relevantes distorções no custo destas. Dada a competência estadual para cobrar o ICMS, as operações interestaduais sempre foram um assunto complexo, em vista do potencial destrutivo que tais operações podem gerar – por meio da chamada "guerra fiscal" – no equilíbrio entre os Estados.

Tal complexidade foi objeto de minucioso tratamento pelo legislador constituinte, culminando em um texto constitucional rico em detalhes sobre a tributação interestadual da energia elétrica. Esta riqueza de

---

3 A título de exemplo: o art. 1º da Lei nº 10.203, de 22 de fevereiro de 2001, define que a gasolina comercializada no Brasil deve ter 22% (vinte e dois por cento) de álcool etílico anidro em sua mistura; o art. 2º, inciso XI, da Lei nº 9.748, de 6 de agosto de 1997 (Lei de Política Energética), traz referências ao percentual de biodiesel na mistura de óleo diesel a ser comercializado. Para uma análise detalhada de medidas de estímulo de natureza fiscal, vide: FUGIMOTO, Rafael Pascoto e FALEK, Thales Saldanha. **Tributação e sustentabilidade: uma análise do setor de energia limpa**, Jota, 2023. Disponível em: <https://www.jota.info/opiniao-e-analise/artigos/tributacao-e-sustentabilidade-uma-analise-do-setor-de-energia-limpa-11082023>. Acesso em 11 ago. 2023.

detalhes é a causa de inúmeras discussões, ao longo dos anos, com interação ativa entre contribuinte e Estado, pela via do Poder Judiciário.

A discussão parece ter terminado em meados de 2022, quando o Supremo Tribunal Federal (STF) definiu o Tema 689 de Repercussão Geral, definindo as balizas que as operações interestaduais de comercialização de energia elétrica devem observar. O presente trabalho analisa o alcance dessa definição, especialmente para as operações com bioenergia e hidrogênio verde, em vista da importância destes para a economia nacional.

2. A (NÃO) TRIBUTAÇÃO DA REMESSA INTERESTADUAL DE ENERGIA ELÉTRICA NA CONSTITUIÇÃO

A Constituição de 1988 define, no artigo 155, §2º, inciso X, alínea "b", que o ICMS "não incidirá […] sobre operações que destinem a outros Estados petróleo, inclusive lubrificantes, combustíveis líquidos e gasosos dele derivados, e energia elétrica".

A interpretação literal do dispositivo constitucional indica a existência de imunidade tributária, no sentido de que não poderá haver incidência do imposto sobre as operações interestaduais relativas a esses insumos específicos.

Não obstante, ao julgar o Recurso Extraordinário (RE) nº 198.088/SP, em 2000, o STF trouxe interpretação – não literal –, no sentido de que a norma constitucional não teria sido instituída em prol do consumidor, mas do Estado de destino, ao qual caberia, na totalidade, o ICMS incidente sobre essas operações.

Na visão da corte, portanto, o termo "não incidirá […] sobre operações que destinem a outros Estados" trata de fórmula que impõe a tributação no destino. Na prática, a remessa não sofreria incidência, mas o recebimento do insumo no Estado de destino poderia ser ali tributado. Como fundamento, o STF entendeu que, "do contrário, estaria consagrado tratamento desigual entre consumidores, segundo adquirissem eles os produtos de que necessitam, no próprio Estado, ou no Estado vizinho".

Como se discutiu, no caso, especificamente, a remessa de lubrificantes e outros derivados de petróleo, do Rio de Janeiro para São Paulo, em julgamento não representativo da controvérsia, a jurisprudência manteve-se dividida. Assim, o dispositivo constitucional ficou sujeito a duas interpretações em todas as instâncias: ora era aplicado como regra de imunidade,[4] ora como regra de competência[5].

Considerando que a Constituição adotou o termo "não incidirá", a hipótese de imunidade afigura-se clara. Do contrário, o termo a ser adotado seria "não será cobrado pelo Estado de origem", "compete ao Estado de destino a cobrança" ou algo semelhante.

Nesse ínterim, Heleno Taveira Torres relembra que o STF reconheceu como imunidade a hipótese da alínea "a" do art. 155, §2°, inciso X, da Constituição, cuja redação é idêntica à da alínea "b" ora tratada. Para o jurista, ambos os incisos tratam de hipóteses de imunidade, até porque o termo "operação" já pressupõe a bilateralidade (saída de mercadoria do estabelecimento do vendedor e entrada no estabelecimento do adquirente), *in verbis*:

> O Supremo Tribunal Federal já reconheceu que a regra do art. 155, § 2°, X, 'a'; cuja redação é idêntica à da alínea 'b' (o ICMS não incidirá: a) sobre operações que destinem ao exterior produtos industrializados), deve ser qualificada como norma de imunidade (RE n° 212.637-3-MG, Relator Ministro Carlos Velloso, DJU 17.09.1999). [...]
>
> Ora, na designação da competência tributária relativa ao ICMS, o termo 'operação' exige bilateralidade das partes, entre as quais o objeto (mercadoria) vê-se transferido, mediante circulação (finalidade), por qualquer título

---

4 [...] No mérito, consolidou-se na jurisprudência o entendimento segundo o qual além das imunidades específicas previstas no texto constitucional – imunidade nas prestações de exportação de mercadorias ao exterior, art. 155, §2°, X, "a"; imunidade nas operações interestaduais com petróleo, inclusive lubrificantes, combustíveis líquidos e gasosos dele derivados e energia elétrica, art. 155, §2°, X, "b"; imunidade nas operações com ouro, quando definido em lei como ativo financeiro ou instrumento cambial, art. 155, §2°, X, "c"; e imunidades nas prestações de serviço de comunicação nas modalidades de radiodifusão sonora e de sons e imagens de recepção livre e gratuita - se aplicam ao ICMS as imunidades genéricas previstas no art. 150, VI, alíneas "a" a "d", da Constituição da República de 1988. [...] (RIO DE JANEIRO. Tribunal de Justiça do Estado do Rio de Janeiro. Apelação n° 0098638-07.2016.8.19.0001, 27ª Câmara Cível do Tribunal de Justiça do Estado do Rio de Janeiro, Relator: Marcos Alcino de Azevedo Torres, RJ, 12 de maio de 2020)

5 [...] A HIPÓTESE DE NÃO INCIDÊNCIA DO ICMS, PREVISTA NO ART. 155, § 2°, X, b, DA CF/88 NÃO SE AFIGURA COMO IMUNIDADE, MAS COMO BENEFÍCIO INSTITUÍDO EM PROL DO ESTADO DESTINO DO PETRÓLEO, COMBUSTÍVEIS LÍQUIDOS E GASOSOS DERIVADOS E ENERGIA ELÉTRICA, AO QUAL CABERÁ O RECOLHIMENTO DO ICMS. [...] (BAHIA. Tribunal de Justiça do Estado da Bahia. Apelação n° 0521771-71.2014.8.05.0001, 4ª Câmara Cível do Tribunal de Justiça do Estado da Bahia, Relator: João Augusto Alves de Oliveira Pinto, BA, 19 de abril de 2016)

jurídico, de modo definitivo. Consequentemente, a expressão 'operações' abrange tanto a saída de mercadorias do estabelecimento do vendedor, quanto a entrada de mercadorias no Estado do adquirente. Não há 'operação', tampouco 'circulação' sem que haja entrada e saída de mercadoria (física ou não).[6]

Não bastasse essa lúcida reflexão, identifica-se no texto constitucional (art. 155, §2º, XII, 'h', e art. 155, §4º) duas hipóteses de exceção à regra geral de não incidência sobre combustíveis e lubrificantes. Nesses casos, o legislador definiu (i) como local de incidência "o Estado onde ocorrer o consumo", para os lubrificantes e combustíveis derivados do petróleo; (ii) a repartição "entre os Estados de origem e de destino", para as operações entre contribuintes com gás natural e derivados, bem como combustíveis e lubrificantes derivados de outros insumos que não petróleo; e (iii) a competência do "Estado de origem", nas operações destinadas a não contribuintes em relação aos mesmos insumos do item "(ii)".[7]

Portanto, seja pela técnica legislativa de designação específica de local de incidência, sempre que tal critério sofresse diferenciação, seja pelo fato de inexistir menção a energia elétrica dentre as hipóteses de exceção constitucionalmente listadas, parecia óbvio que a operação interestadual de venda de energia estava imune à incidência do ICMS.

Mas não foi assim que o STF fixou entendimento. Recentemente, em posicionamento oposto ao escólio acima, o STF julgou o Tema 689 de Repercussão Geral (RE nº 748.543/RS), trazendo mais um desdobra-

---

6 TORRES, Heleno Taveira. **A tributação da energia elétrica deve ser única e voltar para União**. ConJur, 2019. Disponível em: <https://www.conjur.com.br/2019-set-18/consultor-tributario-tributacao-energia-eletrica-unica-voltar-uniao#:~:text=O%20regime%20de%20tributa%C3%A7%C3%A3o%20da,do%20ICMS%20incidente%20sobre%20mercadorias.> Acesso em: 01 ago.2023.

7 Art. 155. [...] XII - cabe à lei complementar: [...] h) definir os combustíveis e lubrificantes sobre os quais o imposto incidirá uma única vez, qualquer que seja a sua finalidade, hipótese em que não se aplicará o disposto no inciso X, *b*; [...] § 4º Na hipótese do inciso XII, *h* , observar-se-á o seguinte: I - nas operações com os lubrificantes e combustíveis derivados de petróleo, o imposto caberá ao Estado onde ocorrer o consumo; II - nas operações interestaduais, entre contribuintes, com gás natural e seus derivados, e lubrificantes e combustíveis não incluídos no inciso I deste parágrafo, o imposto será repartido entre os Estados de origem e de destino, mantendo-se a mesma proporcionalidade que ocorre nas operações com as demais mercadorias; III - nas operações interestaduais com gás natural e seus derivados, e lubrificantes e combustíveis não incluídos no inciso I deste parágrafo, destinadas a não contribuinte, o imposto caberá ao Estado de origem.

mento a essa controvérsia. No julgamento, ocorrido em 2020, a Suprema Corte decidiu que "cabe ao Estado de destino, em sua totalidade, o ICMS sobre a operação interestadual de fornecimento de energia elétrica a consumidor final, para emprego em processo de industrialização".

Passa-se a analisar a abrangência deste entendimento do STF, ou seja, em quais casos o Estado de destino pode cobrar o ICMS do adquirente em operações interestaduais que envolvam energia elétrica, nos estritos termos da decisão indicada supra.

3. A TESE FIXADA PELO STF NO TEMA 689

Por maioria de votos, o STF deu provimento ao Recurso Extraordinário nº 748.543/RS, interposto pelo Estado do Rio Grande do Sul, fixando a seguinte tese de repercussão geral (Tema 689):

> Segundo o artigo 155, § 2º, X, b, da CF/1988, cabe ao Estado de destino, em sua totalidade, o ICMS sobre a operação interestadual de fornecimento de energia elétrica a consumidor final, para emprego em processo de industrialização, não podendo o Estado de origem cobrar o referido imposto.[8]

O Supremo entendeu que "somente os Estados de destino (Estado em que situado o adquirente) podem instituir ICMS sobre as operações interestaduais de energia elétrica, nos termos do artigo 155, §2º, X, 'b' da Constituição Federal".

Os Ministros citam o termo "destinatário final industrial", para se referir ao consumidor sobre cuja operação interestadual de energia elétrica o Estado de destino pode instituir o ICMS, veja-se:

> Por conseguinte, como a hipótese de incidência do ICMS-Energia Elétrica é consumir, efetivamente, energia elétrica, transformando-a em outro bem da vida, o presente tema se resume em responder se a imunidade tributária prevista no art.155, §2º, II, b, tem alcance ao destinatário final industrial. Em geral, empresas consomem mais energia do que consumidores domésticos, o que exige que a potência disponível seja bastante elevada. Dessa forma, com os objetivos de obter a melhor condição a ser contratada e de evitar pagar multas por ultrapassagem de demanda, as indústrias adquirem diretamente no mercado livre de energia elétrica, inclusive, em outros estados.

---

8 BRASIL. Supremo Tribunal Federal. Recurso Extraordinário nº 748543, Tribunal Pleno, Relator: Marco Aurélio Mello, Relator para Acórdão: Min. Alexandre de Moraes. J. 05 de agosto de 2020.

No voto condutor, o Ministro Alexandre de Moraes faz referência ao entendimento do já mencionado RE nº 198.088/SP, para reforçar o fundamento de que se trata de uma regra de competência (federalismo fiscal), e não de imunidade, *in verbis*:

> Dessa forma, é certo que a norma prevista no artigo 155, §2º, X, 'b', da CF/1988, ao proibir a cobrança do ICMS pelo Estado produtor, teve por escopo beneficiar o Estado de destino, e não o Estado de origem, tampouco o contribuinte do tributo. É o que se extrai da conclusão do Plenário desta CORTE nos autos do já citado RE 198088 [...]

O Ministro também argumenta que, "se o escopo do artigo 155, §2º, X, 'b', da CF/1988 fosse proibir a instituição do ICMS pelo Estado de destino, seria absolutamente incoerente o artigo 34, §9º,[9] das disposições transitórias". Uma vez que tal dispositivo menciona a responsabilidade pelo recolhimento do imposto "por ocasião de saída do produto de seus estabelecimentos, ainda que destinado a outra unidade da Federação". Assim, não seria vedado cobrar o ICMS sobre operações com energia elétrica envolvendo mais de uma unidade da Federação.

Merece destaque o fato de que Moraes propunha uma segunda parte à tese de repercussão geral, no sentido de declarar que "são inconstitucionais os artigos 2º, §1º, III e 3º, III, da Lei Complementar 87/1996[10], na parte em que restringem a incidência do ICMS apenas aos casos em que a energia elétrica não se destinar à industrialização ou à comercialização".

---

9 § 9º Até que lei complementar disponha sobre a matéria, as empresas distribuidoras de energia elétrica, na condição de contribuintes ou de substitutos tributários, serão as responsáveis, por ocasião da saída do produto de seus estabelecimentos, ainda que destinado a outra unidade da Federação, pelo pagamento do imposto sobre operações relativas à circulação de mercadorias incidente sobre energia elétrica, desde a produção ou importação até a última operação, calculado o imposto sobre o preço então praticado na operação final e assegurado seu recolhimento ao Estado ou ao Distrito Federal, conforme o local onde deva ocorrer essa operação.

10 Art. 2º O imposto incide sobre: [...] § 1º O imposto incide também: [...] III - sobre a entrada, no território do Estado destinatário, de petróleo, inclusive lubrificantes e combustíveis líquidos e gasosos dele derivados, e de energia elétrica, quando não destinados à comercialização ou à industrialização, decorrentes de operações interestaduais, cabendo o imposto ao Estado onde estiver localizado o adquirente. [...] Art. 3º O imposto não incide sobre: [...] III - operações interestaduais relativas a energia elétrica e petróleo, inclusive lubrificantes e combustíveis líquidos e gasosos dele derivados, quando destinados à industrialização ou à comercialização;

A proposta não alcançou o quórum necessário à aprovação, por questões processuais (a Lei Complementar 87/1996 – "Lei Kandir" – não foi objeto do recurso).

Assim, mencionados dispositivos legais foram mantidos ilesos. Mas não só. A tese fixada adotou como elemento de diferenciação a natureza do adquirente da energia elétrica: se for consumidor, ainda que industrial (consumidor de energia e industrializador de outro produto), incide o ICMS no Estado de destino; se não preencher esse requisito, não incide o imposto. Trata-se de critério de diferenciação decorrente da lei, afeta ao alcance da regra isentiva, não do texto constitucional. Todavia, ganhou a distinção *status* constitucional ao ingressar no verbete que sintetiza o Tema 689.

Fernando Facury Scaff chama a atenção para este fato. Em sua leitura, houve interpretação da Lei Complementar 87/1996 no julgamento do Tema 689 do STF, ainda que tal dispositivo não estivesse e não pudesse estar sob análise por esta corte, *in verbis*:

> O problema está nos detalhes, pois nele está implicada uma questão de isenção, a qual foge do âmbito de análise jurídica do STF, pois não se refere à matéria constitucional, mas infraconstitucional, dizendo respeito à Lei Complementar 87/96, que assim dispõe sobre o ICMS: 'art. 3º O imposto não incide sobre: III - operações interestaduais relativas a energia elétrica e petróleo, inclusive lubrificantes e combustíveis líquidos e gasosos dele derivados, quando destinados à industrialização ou à comercialização'.
>
> Peço atenção do leitor para esse trecho do texto da tese aprovada (tema 689): '… para emprego em processo de industrialização, …'. Neste detalhe reside o problema. Terá havido uma espécie de invasão de competência do STF naquilo que é matéria do STJ? Tendo o STF decidido a questão federativa sobre quem cobra o ICMS, se o Estado de origem ou de destino da energia elétrica, e afastada pela Corte a interpretação sobre imunidade, que entendo presente naquela norma constitucional (como escrevi em 2008 com Pedro Bentes Pinheiro Filho na saudosa Revista Dialética de Direito Tributário2 editada por Valdir de Oliveira Rocha), a questão da utilização da energia elétrica destinada à 'industrialização' diz respeito a uma isenção, que é de âmbito infraconstitucional, estabelecida pela LC 87/96, art. 3º, III.[11]

---

[11] SCAFF, Fernando Facury. **O ICMS sobre energia elétrica interestadual e a industrialização no Tema 689 do STF**. ConJur, 2020. Disponível em: <https://www.conjur.com.br/2020-set-21/justica-tributaria-icms-energia-interestadual-industrializacao-stf#:~:text=O%20ICMS%20sobre%20energia%20el%C3%A9trica,no%20Tema% 20689%20do%20STF&text=O%20STF%20concluiu%20o%20julgamento,imunidade%2C%20isen%C3% A7%C3%A3o%20e%20federalismo%20fiscal.> Acesso em: 01 ago.2023.

Considerando que os referidos dispositivos da Lei Kandir se mantêm vigentes (constitucionais), pode-se concluir que as operações interestaduais de energia elétrica que não sejam aquelas abrangidas pelo Tema 689 do STF ("operação interestadual de fornecimento de energia elétrica a consumidor final, para emprego em processo de industrialização") não estão sujeitas ao ICMS.

4. A AQUISIÇÃO DE ENERGIA ELÉTRICA PARA GERAÇÃO DE BIOENERGIA E HIDROGÊNIO VERDE

A bioenergia é uma forma de energia renovável produzida a partir da fermentação, destilação e combustão de biomassa, ou seja, matéria orgânica oriunda de plantas, árvores, e outros materiais biológicos.

Por meio de materiais biodegradáveis (bagaço e palha de cana-de-açúcar, por exemplo),[12] produz-se energia elétrica de maneira renovável, reaproveitando a biomassa e desacelerando a emissão de gases nocivos à atmosfera.

O hidrogênio, por sua vez, é a principal aposta mundial para substituir combustíveis fósseis. A partir de sua combinação com o oxigênio, é possível gerar energia elétrica. Os subprodutos gerados nesse processo são o calor e a água. Por esta razão, o processo é inofensivo ao meio ambiente.[13]

A classificação do hidrogênio como verde ou sustentável depende de o processo extrativo deste elemento não ter carbono como subprodu-

---

12 Nesse sentido: "A moagem de uma tonelada de cana para qualquer finalidade produz em média 250 kg de bagaço como subproduto. Para a produção de 1 MWh de energia através do sistema de cogeração, é necessário a queima de 6,5 toneladas de bagaço". "A geração de energia elétrica através da queima do bagaço na agroindústria sucroalcooleira é uma prática antiga, onde a energia produzida pela cogeração permite um aproveitamento de cerca de 15 % da energia total do bagaço" (CURCIO, Monique Seufitellis. **Bioenergia: fundamentos, importância e aplicabilidade.** Campos dos Goytacazes. 2008, p. 30. Disponível em: <https://ead.uenf.br/moodle/pluginfile.php/5597/mod_resource/content/1/Monografia_Bioenergia_Fundamentos_importancia_e_aplicabili.pdf>. Acesso em 01ago.2023)

13 CGEE - CENTRO DE GESTÃO E ESTUDOS ESTRATÉGICOS. **Hidrogênio energético no Brasil: subsídios para políticas de competitividade.** 2010-2025, p. 09. Brasília: Centro de Gestão e Estudos Estratégicos (CGEE), 2010. Disponível em: <https://www.cgee.org.br/documents/10195/734063/Hidrogenio_energetico_completo_ 22102010_9561.pdf/ 367532ec-43ca-4b4f-8162-acf8e5ad25dc?version=1.5.> Acesso em: 09 ago.2023.

to.[14] As principais formas de produção de hidrogênio verde de maneira eficiente são: (i) a partir de reforma de biomassa e biocombustíveis ou (ii) através da eletrólise da água, com emprego de energia elétrica produzida por outras fontes sustentáveis.[15][16]

No processo de geração de energia elétrica por meio de biomassa (bioenergia) e na extração de hidrogênio verde, é necessário utilizar energia elétrica. Ou seja, por meio desses processos, é possível transformar energia elétrica em mais energia elétrica. Neste âmbito, a unidade produtora de fontes alternativas de energia pode adquirir energia elétrica de outras unidades da Federação.

O conceito de industrialização implica a transformação de algo (matéria-prima) em outro bem da vida (produto). Justamente pela ausência de transformação, o processo de produção de bioenergia e de energia elétrica a partir do hidrogênio verde não se enquadram na hipótese analisada pelo STF no Tema 689. Nesse ponto, merece destaque o seguinte trecho do voto do Ministro Edson Fachin, que, para dar provimento ao recurso fazendário, dispôs, *in verbis*:

> Por conseguinte, como a hipótese de incidência do ICMS-Energia Elétrica é consumir, efetivamente, energia elétrica, transformando-a em outro bem da vida, o presente tema se resume em responder se a imunidade tributária prevista no art.155, §2º, II, b, tem alcance ao destinatário final industrial.

No *leading case* apreciado pelo STF, tratou-se de operação interestadual de fornecimento de energia elétrica à indústria petroquímica, isto é, o industrial adquiriu energia elétrica para produzir outro bem (no caso, produtos petroquímicos). Diferentemente, a usina de bioenergia e/ou de hidrogênio verde adquire energia elétrica para produzir mais energia elétrica (mesmo bem). Há, segundo os critérios do STF, uma clara distinção entre os dois casos.

---

14 Em contraposição, denomina-se "hidrogênio marrom" aquele produzido pela queima de carvão, "hidrogênio cinza", o produzido a partir de combustíveis fósseis e "hidrogênio azul" o produzido a partir de outras fontes fósseis como o gás natural. BEZERRA, Francisco Diniz. **Hidrogênio Verde: nasce um gigante no setor de energia**. In: Caderno setorial ETENE. ano 06, nº 212, p. 04. Dezembro, 2021.Disponível em: <https://www.bnb.gov.br/s482-dspace/bitstream/123456789/ 1109/1/2021_CDS_212.pdf>. Acesso em: 08 ago.2023.

15 Id., ibid., p. 10.

16 Para detalhes sobre os processos, vide: CURCIO, Monique Seufitellis, op. cit., pp. 43-47.

O Supremo manteve a incidência do imposto, pois, *"para se chegar à conclusão diversa da exarada no acórdão recorrido, seria necessário o incursionamento nos fatos"*. E o Tribunal de Justiça do Estado do Rio Grande do Sul havia denegado o pleito do contribuinte porque *"somente não se sujeitam ao ICMS as operações de entrada de energia destinada à sua própria industrialização ou comercialização"*, veja-se:[17]

> Incide ICMS na operação interestadual de entrada de energia elétrica para ser empregada no processo de industrialização de outros produtos, cuja tributação está sujeita ao regime de substituição tributária. Somente não se sujeitam ao ICMS as operações de entrada de energia destinada à sua própria industrialização ou comercialização. Art. 2º, inciso III, da Lei nº 8820/1989. Precedentes do STF e do TJRS. Hipótese em que a energia elétrica se destinada ao consumo pelo consumidor final na industrialização de derivados do petróleo.[18]

Diante disso, fica clara a distinção fática entre a situação apreciada pela Suprema Corte no Tema 689 e a atividade produtiva das usinas de bioenergia e hidrogênio verde. O ICMS incide "no processo de industrialização de outros produtos". Todavia, "não se sujeitam ao ICMS as operações de entrada de energia destinada à sua própria industrialização ou comercialização".

Não bastasse o pleno alinhamento da decisão do Supremo à literalidade do texto constitucional, tal entendimento converge com a melhor aplicação do pacto federativo no campo de geração de energias renováveis e com o valor constitucional da preservação do meio-ambiente.[19] Dentro deste paradigma, a localização do empreendimento

---

17 O STJ deu provimento ao Recurso Especial do contribuinte, para afastar o ICMS sobre a operação. Em face dessa decisão do STJ, o Estado interpôs o Recurso Extraordinário.

18 IO GRANDE DO SULo Rio Grande do Sulo22ívelo Rio Grande do SulaDes. J.8 de abril de 2011.

19 [Constituição de 1988] Art. 225. Todos têm direito ao meio ambiente ecologicamente equilibrado, bem de uso comum do povo e essencial à sadia qualidade de vida, impondo-se ao Poder Público e à coletividade o dever de defendê-lo e preservá-lo para as presentes e futuras gerações. § 1º Para assegurar a efetividade desse direito, incumbe ao Poder Público: [...] VIII - manter regime fiscal favorecido para os biocombustíveis destinados ao consumo final, na forma de lei complementar, a fim de assegurar-lhes tributação inferior à incidente sobre os combustíveis fósseis, capaz de garantir diferencial competitivo em relação a estes, especialmente em relação às contribuições de que tratam a alínea "b" do inciso I e o inciso IV do caput do art. 195 e o art. 239 e ao imposto a que se refere o inciso II do caput do art. 155 desta Constituição.

gerador de energia renovável nos Estados da Federação passa a ser definido de acordo com critérios que não consideram a incidência do ICMS como fator relevante.

5. CONSIDERAÇÕES FINAIS

Após anos de discussão sobre o alcance da norma de não incidência do ICMS em operações interestaduais de comercialização de energia elétrica, o Supremo decidiu que o art. 155, §2º, inciso X, alínea 'b' é norma de competência (tributação no destino) e não de imunidade tributária das atividades ali descritas.

Na construção jurídica adotada, entretanto, a corte ratificou a não incidência do ICMS – em caráter absoluto – em operações de aquisição de energia elétrica por não consumidores. Nesse ínterim, o status de consumidor foi questionavelmente expandido para alcançar também as indústrias que, consumindo a energia elétrica, a transformam em outro produto.

Em que pesem os desdobramentos negativos que o entendimento traz a amplos setores industriais, restaram salvaguardadas as hipóteses pertinentes à indústria de produção e distribuição de energia elétrica, a qual, em muitos casos, consome energia elétrica para gerar e distribuir mais energia elétrica. Nesse contexto, beneficiam-se os setores de produção de bioenergia e de hidrogênio mediante regra que neutraliza o custo tributário de aquisição de energia, importante insumo para estas atividades.

REFERÊNCIAS

BEZERRA, Francisco Diniz. *Hidrogênio Verde: nasce um gigante no setor de energia*. In: Caderno setorial ETENE. ano 06, nº 212, p. 04. Dezembro, 2021. Disponível em: <https://www.bnb.gov.br/s482-dspace/bitstream/123456789/1109/1/2021_CDS_212.pdf>. Acesso em 14 ago.2023.

CGEE - CENTRO DE GESTÃO E ESTUDOS ESTRATÉGICOS. *Hidrogênio energético no Brasil: subsídios para políticas de competitividade*. 2010-2025, p. 09. Brasília: Centro de Gestão e Estudos Estratégicos (CGEE), 2010. Disponível em: <https://www.cgee.org.br/documents/10195/734063/Hidrogenio_energetico_completo_22102010_9561.pdf/367532ec-43ca-4b4f-8162-acf8e5ad25dc?version=1.5>. Acesso em 14 ago.2023.

CURCIO, Monique Seufitellis. *Bioenergia: fundamentos, importância e aplicabilidade*. Campos dos Goytacazes. 2008, p. 30. Disponível em: <https://ead.uenf.br/moodle/pluginfile.php/5597/mod_resource/content/1/Monografia_Bioenergia_Fundamentos_importancia_e_aplicabili.pdf>. Acesso em 14 ago.2023.

FUGIMOTO, Rafael Pascoto e FALEK, Thales Saldanha. *Tributação e sustentabilidade: uma análise do setor de energia limpa.* Disponível em: < https://www.jota.info/opiniao-e-analise/artigos/tributacao-e-sustentabilidade-uma-analise-do-setor-de-energia-limpa-11082023>. Acesso em 11 ago.2023.

SCAFF, Fernando Facury. *O ICMS sobre energia elétrica interestadual e a industrialização no Tema 689 do STF.* ConJur, 2020. Disponível em: <https://www.conjur.com.br/2020-set-21/justica-tributaria-icms-energia-interestadual-industrializacao-stf#:~:text=O%20ICMS%20 sobre%20energia%20el%C3%A9trica,no%20Tema%20689%20do%20STF&text=O%20STF%20concluiu%20o%20julgamento,imunidade%2C%20isen%C3%A7%C3%A3o%20e%20federalismo%20fiscal>. Acesso em 14 ago.2023.

TORRES, Heleno Taveira. *A tributação da energia elétrica deve ser única e voltar para União.* ConJur, 2019. Disponível em: <https://www.conjur.com.br/2019-set-18/consultor-tributario-tributacao-energia-eletrica-unica-voltar-uniao#:~:text=O%20regime%20de%20tributa%C3%A7%C3%A3o%20da,do%20ICMS%20incidente%20sobre%20mercadorias>. Acesso em 14 ago.2023.

ICMS SUBVENÇÃO PARA INVESTIMENTO: IMPLICAÇÕES DIFERENCIADAS POR MODELOS DE BENEFÍCIOS FISCAIS, IMPACTOS DO ESTORNO DE CRÉDITO E OBRIGAÇÕES ACESSÓRIAS

Rafael Garabed Moumdjian[1]

---

1 Graduado em Direito pela Universidade Municipal de Mogi das Cruzes, graduado em Contabilidade pela Universidade Paulista, pós-graduado em Direito Público pela Universidade de São Paulo, Mestre em Direito Tributário pela Faculdade de Direito de São Paulo e possui certificação acadêmica SAP em "Material Management" pela SAP Scotland. Atua como professor em diversas instituições de ensino em Direito Tributário e Direito Público, sendo que atualmente é coordenador do curso de Gestão e Tributação no Agronegócio pelo Instituto de Ensino BSSP e Professor Convidado do MBA em Direito Tributário e Empresarial da Fundação Getúlio Vargas e Faculdade de Ciências Aplicadas da Universidade de Campinas – Unicamp. Autor de diversos artigos em renomadas instituições de ensino, palestrante nos mais diversos fóruns empresariais do setor e membro do Board da Live University na Gestão 2023/2024. No âmbito empresarial, ocupa a posição de "Head of Indirect Tax & LTOs", responsável pelas funções de reporte, compliance, tecnologia e planejamento tributário do Syngenta Group.

O avanço tecnológico e a competividade do mercado têm impulsionado as empresas a buscar constantemente formas de se destacar e alcançar vantagem estratégica. Nesse contexto, a inovação torna-se um elemento essencial para que as empresas e seus respectivos acionistas alcancem os resultados que são esperados.

Contudo, muitas organizações instaladas no Brasil enfrentam desafios financeiros para investir em projetos inovadores e viabilizar o crescimento sustentável e é neste cenário que o ICMS – Imposto sobre Circulação de Mercadorias e Serviços pode ser considerado como uma possível fonte de subvenção para investimento.

O ICMS, como sendo um dos principais impostos estaduais no Brasil, tem sido de forma ampla e tradicional utilizado como uma ferramenta não apenas de arrecadação, mas como um instrumento de alavancagem econômica como meio de barganha junto ao setor privado, visando o investimento regional. Ao adotar estratégias que utilizem o ICMS como subvenção para investimento, os governos estaduais podem alavancar o desenvolvimento econômico, estimular a geração e empregos e impulsionar a inovação.

Neste artigo, pretende-se explorar mais a fundo quais as implicações sobre os diversos benefícios fiscais, quais impactos podem trazer ao processo de estorno de crédito de ICMS e os impactos nas obrigações acessórias, através da análise dos fundamentos teóricos e práticos do uso do ICMS como subvenção para investimento.

Por meio desta análise técnica, buscaremos oferecer "insights" de grande valia para os interessados em compreender e explorar o tema e o potencial do ICMS como uma fonte de incentivo para investimentos inovadores, compreendendo as nuances e os mecanismos envolvidos em um processo tão complexo e que ao mesmo tempo é um formulador de políticas públicas para o fortalecimento do ambiente de negócios.

1. INCENTIVOS DO ICMS E SUBSÍDIOS

1.1. SUBSÍDIO E SUA NATUREZA JURÍDICA

Em termos legais, a primeira base legal para subsídios no ordenamento jurídico é a Lei nº 4.320/64, que estabelece regras gerais de direito financeiro para a elaboração e controle dos orçamentos e balanços da União e, em seu artigo 12[2], dispõe sobre a definição de subsídios e classifica os subsídios em sociais e econômicos.

Desta forma, da legislação financeira, podemos inferir que os subsídios são transferências não onerosas de natureza geral destinadas a custear o financiamento das entidades, que podem ser subsídios sociais ou subsídios econômicos destinados a empresas públicas ou privadas.

Percebe-se que os subsídios estão intimamente conectados ao Direito Financeiro na medida em que foram desenvolvidos como política de custeio ou investimento de algumas atividades consideradas como de interesse público. Tal conceito de subsídio é amparado e defendido pelo Mestre José Souto Maior Borges[3].

Esta natureza com características remuneratória ou não remuneratória decorre do fato de os subsídios serem uma espécie de auxílio do Governo a favor de "outrem", com a finalidade de custear despesas do ente privado, concedido por mera liberalidade do Governo, sem qualquer distinção, mas podendo impor requerimentos e seu devido cumprimento de determinadas obrigações, sem desvirtuar a natureza jurídica de subsídio.

Entretanto, antes de adentramos especificamente os impactos mencionados no início do artigo, destaca-se que os subsídios foram introduzidos na Legislação Tributária através do Decreto nº 1.598/77, que fazia menção aos subsídios econômicos, mas sem qualquer classificação ou distinção específica.

---

2 "Artigo 12. A despesa será classificada nas seguintes categorias econômicas: Transferência de capital (…) §3º Para os fins desta lei, consideram-se subvenções os repasses destinados ao custeio das despesas de custeio das entidades beneficiadas, distinguindo-se: I- subsídios sociais, aqueles destinados a instituições públicas ou privadas de caráter assistencial ou cultural, sem fins lucrativos; II- subsídios econômicos, aqueles destinados a empresas públicas ou privadas de natureza industrial, comercial, agrícola ou pastoril."

3 O conceito de subvenção está sempre associado à ideia de ajuda – como indica a origem etimológica "subventis" – normalmente expressa em termos pecuniários. No entanto, embora no Direito Civil o subsídio constitua uma forma de doação, assim caracterizada pela sua natureza não compensatória, no Direito Público, nomeadamente no Direito Financeiro, embora também natureza não remuneratória e não compensatória, deve ser objeto de ao regime jurídico público, que impõe a alteração desse caráter de desconsideração. Sua gratuidade não exclui, como no requisito de elegibilidade, a ocorrência do relevante interesse público". BORGES. José Souto Maior. Subvenção Financeira e Deduções Tributária, p. 41 – 43.

Tempos depois, a Receita Federal do Brasil publicou Parecer Normativo nº 2/78, classificando os subsídios econômicos como subsídios de custeio, ou seja, aqueles concedidos com a finalidade de auxiliar o beneficiário a suportar com todas as despesas incorridas no desenvolvimento e manutenção de suas atividades.

Além do mencionado acima, ainda temos os subsídios ao investimento, concedidos com o objetivo de auxiliar financeiramente o beneficiário na realização de novos investimentos, tais quais a implementação de novos negócios, expansão de plantas, inovação de novas tecnologias etc.

Pois bem, finalmente, tivemos um início da conceituação sobre o que e quais são os tipos de subvenção existentes na legislação e logo após o Parecer Normativo nº 2/78, tivemos a publicação do Parecer Normativo nº 112/78[4], com o escopo em alcançar e estabelecer requisitos para a caracterização de subvenção ao investimento.

Finalmente qualificações surgiram, e o próprio Parecer Normativo trouxe consigo alguns requisitos que precisavam ser adimplidos, como comprovar que a entidade financiadora o fazia para fins de investimento; ou a utilização efetiva e específica da subvenção pelo beneficiário nos investimentos previstos para a implantação ou expansão do empreendimento econômico projetado e a aplicação real e efetiva, pelo beneficiário, nos investimentos na implementação ou expansão do empreendimento econômico projetado que também ficou exigido.

Delineados os conceitos sobre subvenção, devemos retomar o qualitativo da subvenção quanto à sua natureza. O professor José Luiz Bulhões Pedreira[5] já trazia a distinção entra as Subvenções para Custeio ou Operação das Subvenções para Investimento, sendo que esta situação díspar nos impele a considerar o disposto pelo Decreto Lei º 1.598/7, ou seja, a subvenção para custeio é uma operação corrente ou comum. Já a subvenção para investimento é uma considerada como Especial e, neste caso, a utilização do adjetivo "corrente" no artigo 44 da Lei nº 4.509/64 teve a finalidade de destacar o caráter de normalidade própria das subvenções para custeio ou operação.

---

4 Parecer Normativo CST nº 112 de 29/12/1978 - Federal - LegisWeb. Disponível em: https://www.legisweb.com.br/legislacao/?id=93102. Acesso em 20.07.2023.

5 PEDREIRA. José Luiz Bulhões. Imposto sobre a Renda: Pessoas jurídicas. Rio de Janeiro: ADCOAS, vol 1, 1979, p. 51.

Neste caso, a legislação federal determina que as subvenções para custeio devem ser incluídas nas bases de cálculo do IRPJ e da CSLL, conforme disciplina o artigo 441, inciso I do Decreto nº 9.580/2018 – Regulamento do Imposto de Renda[6].

Por outro lado, as subvenções para investimento não são computadas na apuração do IRPJ e da CSLL, desde que sejam concedidas com o objetivo de expandir ou promover o desenvolvimento econômico da entidade financiadora, conforme entendimento presente no Parecer Normativo nº 112/78.

Assim, para configurar a subvenção ao investimento, é fundamental que o Estado conceda a vantagem para fomento de projetos e a vinculação dos recursos com a implantação ou expansão do empreendimento econômico.

De repente, no transcurso do tempo, foi incluído o artigo 195-A na Lei nº 11.941/09, através da publicação da Lei nº 11.638/07, na Lei nº 6.404/76, que gerou um considerável obstáculo à isenção ao determinar que os valores advindos da subvenção devem ser registrados em conta de resultado do contribuinte e deverão compor a base de cálculo dos dividendos obrigatórios.

Assim, para que as isenções sejam mantidas sem perder a sua natureza jurídica e finalidade que é a capitalização das empresas, fora proposto ao Projeto de lei que fizessem a exclusão dos valores subvencionados da base de cálculo do imposto de renda, desde que mantidos na conta de lucros acumulados, ainda que tenham sido registrados na conta de resultado da empresa.

Em suma, para definir a natureza jurídica, não importaria a forma como o Estado concede a subvenção, mas sim como o valor é utilizado pelo contribuinte, pois sua utilização pode ou não implicar em aumento de patrimônio, caso não seja utilizado nos termos da lei.

Com base neste contexto, merece-se destacar o que o Ilustre Jurista Ricardo Mariz de Oliveira[7] comenta em uma de suas obras, trazendo o entendimento que os subsídios representam transferências de patrimônio, não são o resultado das atividades empresariais, são aportes

---

6 "Art. 441. Serão computados para efeito de determinação do resultado operacional (Lei nº 4.506, de 1964, art. 44, caput, incisos III e IV; e Lei nº 8.306, de 1990, art. 29).

7 OLIVEIRA. Ricardo Mariz de. Fundamentos do Imposto de Renda. São Paulo: Quartier Latin, 2008, p. 162.

de capital para que tal resultado seja produzido, e é nessa perspectiva que os subsídios econômicos em suas duas espécies devem ser vistos e compreendidos de forma a esclarecer que as subvenções não são renda, pois vêm de fora do patrimônio e o contribuinte beneficiado do subsídio não recebe uma remuneração, e sim um tipo de transferência não relacionada a uma contraprestação específica.

De acordo com esta conclusão preliminar, considerado a ótica tributária e seguindo a doutrina majoritária, entendemos que é possível constatar que a subvenção não se enquadra no conceito constitucional de renda, seja de custeio, seja de investimento, uma vez que não constitui receita e sim uma transferência de ativos.

Acrescente-se que, ainda, a materialização da subvenção pode ser concedida de diferentes formas, sendo através de crédito em moeda corrente, isenções, reduções de base de cálculo, anistias, créditos presumidos e outorgados. Ponto que abordaremos mais para frente sob a ótica do ICMS e seus impactos no custo.

Destarte, com a convergência do BRGAAP com o IRFS, a Lei nº 12.973/14, que, em seu artigo 30, estabeleceu as condições para que a subvenção não seja tributada, tais quais: (1) o incentivo deverá ser registrado em reserva de incentivos fiscais; (2) somente poderá ser utilizada para absorver prejuízos contábeis ou aumentar o Capital Social, vedada qualquer outra destinação, conforme disposto no artigo 30.[8]Portanto, entendemos que a legislação estabelece de forma expres-

---

8 Art. 30. As subvenções para investimento, inclusive mediante isenção ou redução de impostos, concedidas como estímulo à implantação ou expansão de empreendimentos econômicos e as doações feitas pelo poder público não serão computadas na determinação do lucro real, desde que seja registrada em reserva de lucros a que se refere o art. 195-A da Lei nº 6.404, de 15 de dezembro de 1976, que somente poderá ser utilizada para: (Vigência) I - absorção de prejuízos, desde que anteriormente já tenham sido totalmente absorvidas as demais Reservas de Lucros, com exceção da Reserva Legal; ou II - aumento do capital social. § 1º Na hipótese do inciso I do caput, a pessoa jurídica deverá recompor a reserva à medida que forem apurados lucros nos períodos subsequentes. § 2º As doações e subvenções de que trata o caput serão tributadas caso não seja observado o disposto no § 1º ou seja dada destinação diversa da que está prevista no caput, inclusive nas hipóteses de: I - capitalização do valor e posterior restituição de capital aos sócios ou ao titular, mediante redução do capital social, hipótese em que a base para a incidência será o valor restituído, limitado ao valor total das exclusões decorrentes de doações ou subvenções governamentais para investimentos; II - restituição de capital aos sócios ou ao titular, mediante redução do capital social, nos 5 (cinco) anos anteriores à data da doação ou da subvenção, com posterior capitalização do valor da doação ou da subvenção,

sa, como requisitos para a não incidência do IRPJ e da CSLL, a contabilização da receita decorrente do incentivo fiscal como lucros acumulados apropriados denominados "reserva de incentivos fiscais", os quais somente poderão ser utilizados para absorção de prejuízos contábeis e aumento de capital social, vedada qualquer outra destinação, nos termos do artigo 30 da Lei nº 12.973/14.

2. ICMS E SUAS IMPLICAÇÕES

Nos termos do §4º, artigo 30º da Lei nº 12.973/14, já anteriormente mencionada, os incentivos e vantagens fiscais ou financeiro-fiscal relativos ao tributo previsto no inciso II do caput do artigo 155 da Constituição Federal de 1988, concedidas pelos Estados e pelo Distrito Federal, são consideradas subvenções para investimentos, sendo vedada a exigência de outros requisitos ou condições não previstas no artigo 30.

Contudo, quanto ao ICMS, temos diversos pontos controversos sobre quais vantagens do ICMS podem ser caracterizadas como subvenções para investimentos, no tocante a constitucionalidade e o incentivo fiscal ser concedido como um estímulo ao investimento para expansão de empreendimentos econômicos, nos termos da Lei nº 12.973/14.

Adentrando na seara da constitucionalidade do ICMS, o próprio texto "mãe" tem inúmeros instrumentos tributários que visam estimular os mecanismos de vantagens ou incentivos fiscais, que têm como característica a renúncia de receita por determinado estado com o objetivo de atrair investimentos e, assim, fomentar a economia do Estado que

---

hipótese em que a base para a incidência será o valor restituído, limitada ao valor total das exclusões decorrentes de doações ou de subvenções governamentais para investimentos; ou III - integração à base de cálculo dos dividendos obrigatórios. § 3º Se, no período de apuração, a pessoa jurídica apurar prejuízo contábil ou lucro líquido contábil inferior à parcela decorrente de doações e de subvenções governamentais e, nesse caso, não puder ser constituída como parcela de lucros nos termos do caput, esta deverá ocorrer à medida que forem apurados lucros nos períodos subsequentes. § 4º Os incentivos e os benefícios fiscais ou financeiro-fiscais relativos ao imposto previsto no inciso II do caput do art. 155 da Constituição Federal, concedidos pelos Estados e pelo Distrito Federal, são considerados subvenções para investimento, vedada a exigência de outros requisitos ou condições não previstas neste artigo. (Incluído pela Lei Complementar nº 160, de 2017) § 5º O disposto no § 4º deste artigo aplica-se inclusive aos processos administrativos e judiciais ainda não definitivamente julgados. (Incluído pela Lei Complementar nº 160, de 2017).

está subsidiando o investimento, conforme demonstrado nos termos da Lei Complementar nº 24/75[9].

A referência à norma supracitada também dispôs que, para que a vantagem fiscal do ICMS tenha validade, ela deve ser aprovada pelos Estados da Federação, por unanimidade, em reunião do Conselho Estadual de Política Financeira (CONFAZ), ou seja, a Lei Complementar nº 24/75 cumpre o papel de mecanismo de equilíbrio do pacto federativo ao calibrar o contorno das leis ordinárias dos Estados para o cumprimento da Constituição Federal.

Porém o próprio dispositivo da Lei já se torna ineficaz, pois como é extremamente complexo que todos os entes federativos votem a unanimidade no CONFAZ, cria-se uma guerra fiscal, pois os Estados visam atrair investimentos e sem recursos, automaticamente se passa a conceder vantagens fiscais sem resolução e aprovação do CONFAZ. De forma resumida, muitas empresas puderam usufruir das vantagens concedidas pelos Estados por muitos anos e não estavam de acordo com a lei.

Desta forma, para fins de eliminar ou ao menos combater a chamada "Guerra Fiscal", foi publicada a Lei Complementar nº 160/17, que visava validar e ampliar as vantagens fiscais concedidas unilateralmente pelos Estados brasileiros sem anuência do CONFAZ, a fim de mitigar a questão e dirimir os litígios gerados ao longo dos anos.

A Lei Complementar nº 167/17 estabeleceu condições relativas à divulgação dos incentivos fiscais concedidos, a serem observadas pelos Estados brasileiros através de (1) publicação nos respectivos Diários Oficiais dos Estados, da relação identificando todos os atos normativos relativos às isenções, incentivos e vantagens fiscais ou fiscal-financeiras objeto da validação e prorrogação; (2) registro e arquivamento no CONFAZ da documentação correspondente aos atos que concederam o

---

9 "Art. 1º. As isenções de imposto nas operações relativas à circulação de mercadorias serão concedidas ou revogadas mediante convênios celebrados e ratificados pelos Estado e pelo Distrito Federal, na forma desta Lei. § único. O disposto neste artigo também se aplica: I – redução de base de cálculo; II – à devolução total ou parcial do tributo, direto ou indireto, condicionado ou não, ao contribuinte, ao contribuinte indireto ou a terceiros; III – à concessão de créditos presumidos; IV – a quaisquer outros incentivos ou favores fiscais ou financeiro-fiscal concedido com base no Imposto sobre Circulação de Mercadorias, de que possa resultar a redução ou eliminação, direta ou indireta, do respectivo ônus; V – ao adiamento e prorrogações das isenções vigentes nesta data."

imposto; ou (3) isenções, incentivos e vantagens financeiras, que serão publicados no Portal Nacional da Transparência Fiscal, a ser instituído pelo CONFAZ.

2.1. INCENTIVOS FISCAIS DO ICMS

Outro ponto importante e que merece destaque em nosso artigo é que a Lei Complementar nº 160/17 trouxe a equiparação de todas as variações de benefícios fiscais do ICMS para o modelo de subvenção para investimentos, bem como no âmbito da própria norma, o Convênio ICMS nº 190/17 [10] foi publicado descrevendo os respectivos benefícios como reconhecimento para fins de desoneração.

Ou seja, todas as possibilidades tributárias tais quais a isenção, redução de base de cálculo, manutenção do crédito sobre saídas isentas e não tributadas, crédito outorgado, crédito presumido, deduções de pagamento, dispensas, anistias e prorrogação de prazo de pagamento, inclusive o devido no regime de Substituição Tributária, foram firmados com base no Convênio ICMS nº 190/17.

Posto isso, conforme estabelecido na legislação acima referenciada, os benefícios fiscais do ICMS serão aqueles que resultarem em redução ou eliminação direta ou indireta da carga tributária concedida por meio do Convênio CONFAZ e posteriormente incorporados pela legislação estadual ou aqueles que atenderem aos requisitos da Lei Complementar 160/17.

Acrescente-se que, ainda, para a obtenção do incentivo fiscal ao cumprimento das regras estabelecidas no artigo 3º da Lei Complementar nº 160/17 combinado com o Convênio ICMS nº 190/17, não

---

10 "Art1. Este acordo dispões sobre a desoneração de créditos tributários, constituídos ou não, decorrentes de isenção, incentivos e vantagens fiscais e financeiras-tributarias, relativas ao Imposto sobre Circulação de Mercadorias e Serviços de Transporte Interestadual e Intermunicipal, instituído pela legislação estadual ou distrital criada até 08 de agosto de 2017, em desacordo com o disposto na alínea "g" do inciso XII do §2® do artigo 155 da Constituição Federal, bem como para a restituição das isenções, incentivos e vantagens fiscais ou financeiras-tributárias, observado o disposto na Lei Complementar nº 160, de 07 de agosto de 2017, e este acordo. §1º Para fins deste Acordo, considera-se "vantagem fiscal" a referência a "isenções, incentivos e vantagens fiscais ou financeiro-tributárias, relativas ao Imposto sobre Circulação de Mercadorias sobre Serviços de Transporte Interestadual e Intermunicipal e de Comunicação. §4º Para fins do disposto neste contrato, as vantagens fiscais concedidas para gozo total ou parcial, compreendem os seguintes tipos (...)"

basta que o incentivo concedido pelo ente federativo se enquadre nas hipóteses previstas na legislação, como exemplo a redução de base de cálculo, isenção, diferimento etc., mas se faz necessário também que o ente tenha publicado um regulamento interno para incentivo fiscal ou vantagem, bem como que tenha ocorrido o posterior registro ou depósito do regulamento interno.

Além dos debates que envolvem a necessidade da instituição da vantagem do ICMS por meio de Convênio, firmado por todos os Estados, é importante observar que, por outros motivos, a vantagem também pode ser declarada inconstitucional.

Essa inconstitucionalidade validada pelo Supremo Tribunal Federal pode ser lembrada no caso em que o Estado do Pará concedeu benefício fiscal, ratificando e estabelecendo normas disciplinadas no Convênio ICMS nº 190/17, mas o Supremo Tribunal Federal entendeu que houve violação ao artigo 150, §6º da Constituição Federal[11], que determina a publicação de lei específica para a regulamentação de vantagens.

Neste sentido, além do Acordo, o contribuinte deve observar se o incentivo fiscal foi devidamente amparado por Lei, além de outros requisitos constitucionais e legais de validade e eficácia, a fim de mitigar o risco de posterior declaração de inconstitucionalidade ou ilegalidade do incentivo.

2.2. PACTO FEDERATIVO E SUAS CONTROVÉRSIAS

Não temos como "escapar" de falar sobre o Federalismo, uma vez que a própria Lei Complementar, o Convênio ICMS, o Supremo Tribunal Federal se posicionou e agora, mais do que nunca sobre o Pacto Federativo para fins de determinação do IVA DUAL na PEC nº 45/19, carece tecer alguns comentários a respeito desta questão.

Pois bem, a Constituição Federal de 1988 adotou como base o federalismo entre os entes da República, por sermos definidos como uma

---

11 "Art. 150. Sem prejuízo de outras garantias asseguradas ao contribuinte, é vedado à União, aos Estados, ao Distrito Federal e ao Municípios: §6º Qualquer subsidio ou isenção, redução de base de cálculo, concessão de crédito presumido, anistia ou remissão, relativos a impostos, taxas ou contribuições, só poderá ser concedido mediante lei especifica, federal, estadual ou municipal, que regule exclusivamente as matérias acima enumeradas ou o correspondente tributo ou contribuição, sem prejuízo do disposto no art. 155, §2º, XII, "g".

República Federativa e como medida de repartição de poderes e descentralização financeira, pois quando o texto constitucional definiu a competência para os Estado e Municípios, realizou-se o dirigismo constitucional do desenvolvimento social com a redução de suas desigualdades, além das sociais, as econômicas e regionais.[12]Ou seja, o federalismo deve ter por escopo o desenvolvimento conjunto dos entes federados, de modo que todos tenham iguais condições de participar das oportunidades apresentadas no jogo econômico e de poder, e não de concorrência predatória, o que pode desencadear em mais guerra fiscal[13] que é o contrato do que o espirito da norma busca, pois não se vislumbra apenas a relação vertical entre as esferas, mas permite-se, a partir da Constituição Federal, o favorecimento do desenvolvimento e redução das desigualdades regionais, sempre estando alerta para os objetivos prescritos no artigo 3º da Constituição Federal de 1988.

A ideia de concessão de incentivos fiscais está "enraizada" à desconcentração industrial agregando possibilidades de desenvolvimento econômico e social às regiões menos investidas e por meio de subvenções. É importante tomar nota da realidade federativa brasileira nos primeiros anos de vigência do texto constitucional de 1988.

Este posto reforça ainda mais o que o autor comentou anteriormente no início da análise sobre o ICMS, em que fica claro que o que restou aos Estados foi utilizar de sua principal fonte de receita, o ICMS, para atração de investimentos com o uso, por vezes muito agressivos, de renúncias fiscal e que foi um dos principais fatos geradores para a edição da Lei Complementar nº160/07.

Outro ponto que ainda merece ser destacado é sobre a constitucionalidade ou inconstitucionalidade da legislação, pois o tema vem sendo debatido no Supremo Tribunal Federal e a União vem se baseando em duas correntes para a convalidação de benefícios fiscais estaduais.

A primeira das teses é a necessidade de criação de lei específica para isenção tributária, pois conforme o autor comentou anteriormente, evoca-se muito a afronta ao artigo 156, §6º da Constituição Federal de

---

[12] TORRES, Heleno Taveira. Teoria da Constituição Financeira. Tese apresentada ao Concurso de Professor Titular de Direito Financeiro da Faculdade de Direito da Universidade de São Paulo. São Paulo. 2014.

[13] SCAFF, Fernando Facury. Guerra Fiscal e Súmula Vinculante: entre o Formalismo e o Realismo. ROCHA, Valdir de Oliveira. Grandes Questões Atuais do Direito Tributário, V. 18. São Paulo: Dialética, 2014, p. 93

1988, exigindo-se lei específica para as hipóteses de isenção tributária, e acaba por violar a norma inserta no artigo 195, I, "b" da Constituição Federal de 1988.

A segunda tese tem como referência o "elastério" do artigo 195, I da Constituição Federal de 1988 em razão da exclusão não prevista de rubricas da base de cálculo do Pis e da Cofins, pois ao preverem a base de cálculo das contribuições como totalidade das receitas auferidas, as Leis nº 10.637/02 e Lei nº 10.833/03 não previam qualquer possibilidade de exclusão dos valores transferidos a terceiros a título de ICMS ou de crédito presumido.

Você, caro leitor, pode estar se questionando por qual motivo o autor escreve algo que destoa tanto do título do artigo. Fiz isto para demonstrar que o entendimento contrário ao disposto acima poderia acarretar a criação de outra hipótese de exclusão da base de cálculo das contribuições, sem qualquer previsão legal, dando nova feição à base de cálculo prevista no artigo 195, I da Constituição Feral de 1988.

Longa história curta, o exemplo acima que trouxemos foi uma forma de demonstrar que a partir da edição da Lei Complementar nº 160/17, não deveríamos ter cerceamento ou limitação ao tipo de benefício fiscal do ICMS a ser considerado como subvenção, uma vez que o Superior Tribunal de Justiça aplicou o entendimento limitado apenas ao crédito presumido de ICMS como excludente de base de cálculo do IRPJ, mas isto é para debatermos em outro momento.

2.3. BENEFÍCIOS FISCAIS DO ICMS E RECONHECIMENTO EM SUBVENÇÃO

Comentando anteriormente, a publicação da Lei Complementar nº 160/17 equiparou todo e qualquer benefício fiscal do ICMS a subvenção para investimento. Contudo, mesmo com esta propositura, se faz preciso realizar um comparativo de quais benefícios podem ser realmente considerados como subsídio.

Regra geral, os entes implementaram diversas técnicas de arrecadação a fim de simplificar a complexidade da fiscalização do ICMS, tais técnicas legislativas podem até reduzir a carga tributária, reduzindo diversos custos, mas ainda pairam os questionamentos se podem ser classificados como subvenção ao investimento.

Ora, se a lei considera o benefício fiscal como uma forma de subvenção, pois está relacionada com a redução ou extinção de obrigação tributária, não se pode limitar apenas a isenção ou redução de bases de cálculo, mas sim em um sentido mais amplo, pois deve-se compreender quaisquer incentivos fiscais inseridos na norma, objetivando estimular as atividades privadas e a movimentação da economia.

Desta forma, não estaria incluída apenas a modalidade de isenção tributária, mas também outras formas de favorecer o contribuinte que não necessariamente reduzam diretamente a carga tributária, mas também possibilidade de redução de juros, encargos, parcelamentos e afins.

Além disso, se adentrarmos em conceito mais restrito, os incentivos fiscais podem ser entendidos como incentivos que reduzem a carga tributária por meio da alteração da obrigação principal e, em ambos os sentidos, é um instrumento fiscal criado para induzir determinado comportamento no tocante ao incentivo de investimentos.

A diferenciação entre os dois itens acima é importante para a nossa análise para fins de configuração de subsídio, ou seja, entendemos que no sentido mais restritivo, o mais adequado seria adotar a exclusão de incentivos fiscais do ICMS da base de cálculo dos tributos federais, ou seja, considerar separar o que seria uma subvenção para investimento do que seria uma "mera" técnica de arrecadação ou vantagem indireta.

Entretanto, seguimos a linha generalista de "subsídio", conforme indicado acima, ou seja, uma forma de ajuda financeira prestado pelo Estado ao contribuinte, sendo de natureza pecuniária e qualquer que seja o incentivo que implique em redução de carga tributária efetiva deve ser considerado um subsídio. [14]Adentrando ainda mais as variáveis dos incentivos fiscais do ICMS, com base nas definições da Lei Complementar nº 24/75 e do Convênio ICMS nº 190/17, é possível afirmar que a redução de base de cálculo, a isenção e a redução de alíquotas dos ICMS podem e são consideradas como incentivos fiscais e que podem ser consideradas como subvenção para investimento, desde que concedidas nos termos da Lei Complementar nº 160/17.

---

14 "Recurso de Apelação do Superior Tribunal de Justiça (Resp) nº 1.920.207 tramita no Superior Tribunal de Justiça – STJ, que analisa quais incentivos fiscais podem ser caracterizados como subvenção e, consequentemente, excluídas da base de cálculo do IRPJ e da CSLL.

Neste sentido, além de expressamente classificados como incentivos fiscais de ICMS, compreendem a redução direta de carga tributária, que nada mais é que a renúncia de arrecadação por parte do estado concedente.

Como pôde o autor se esquecer de incluir o tema sobre o diferimento do ICMS[15]? Pois mesmo sendo considerado um incentivo fiscal, precisa analisar se há, de fato, uma redução de carga tributária, pois em regra geral não seria considerado como vantajoso, pois não existe uma redução de imposto, e sim apenas o adiamento do pagamento para um momento subsequente.

Ao adentrarmos, mesmo que rapidamente, a competência estadual[16], verificou-se que algumas Secretarias Estaduais da Fazenda permitem cumular o diferimento com reduções de base de cálculo. Mesmo assim, existe o risco de o diferimento concedido não ser reconhecido como subsídio ao investimento, dependendo da capacidade de comprovação de que esta vantagem se materializa em redução de carga tributária ou isenção pela natureza do investimento subvenção.

Como regra geral, o diferimento representa tecnicamente uma hipótese de mera postergação da cobrança do ICMS, mas temos que levar em consideração que alguns entes aplicam o benefício do diferimento em relação ao estabelecimento que está efetuando a saída diferida e o efeito prático é de uma isenção, uma vez que a legislação não impõe

---

15 O Supremo Tribunal Federal, por meio de Ação Direta de Inconstitucionalidade nº 3.676, já pronunciou entendimento de que a provisão para diferimento do auto de infração independe da prévia celebração de acordo interestadual. DIREITO CONSTITUCIONAL E TRIBUTÁRIO. ICMS. DIFERIMENTO. AUSÊNCIA DE RESOLUÇÃO DOS ESTADOS E DO DISTRITO FEDERAL E PRÉVIA ASSINATURA DE ACORDO. CONSTITUCIONALIDADE. NEGAÇÃO DA RECLAMAÇÃO. 1. A hipótese de o diferimento da autuação não se confunde com a concessão de incentivos ou vantagens fiscais de ICMS, podendo ser estabelecido sem a prévia celebração de contrato. Precedentes. 2. O inciso II do art. 1º do Decreto nº 49.612/2005 do Estado de São Paulo dispõe, no caso do ICMS, sobre o diferimento do lançamento tributário. 3. Direto Ação de Declaração de Inconstitucionalidade julgada improcedente. (ADI 3.676, Desembargador Relator: ALEXANDRE DE MORAES, julgamento em 30/08/2-19, PROCESSO ELETRÔNICO DJe – 200 DIVULGADO EM 13/09/2019, PUBLICADO EM 16/09/01.

16 "O Estado de São Paulo, em Resposta Consulta nº 23.400/21 – Responde: ICMS Regime Especial de Diferimento combinado com vantagem fiscal. I – O Diferimento não caracteriza incentivo fiscal e poderá, via de regras, ser cumulativo com as reduções de base de cálculo previstas no Anexo II do RICMS/SP.

ao contribuinte a obrigação de pagar o imposto ao adquirente, sem prejuízo algum a quem realizou a operação anterior.

Em referência ao Diferencial de alíquota (DIFAL) e a suspensão, como nos casos de remessa para armazém geral ou industrialização, as autoridades fiscais poderão desconsiderar como benefício fiscal passível de desoneração tributária a simples substituição tributária ou ainda qualquer mecanismo que institua alguma diferenciação no recolhimento do tributo, como a atribuição da condição de contribuinte substituto e o cálculo mensal do DIFAL conforme Resposta à Consulta nº 152/21.

Embora seja possível entender que tais benefícios reduzam a carga tributária, quando ao afetar os custos, a comprovação da redução e da receita correspondente pode ser difícil de ser realizada. Se os procedimentos de pagamento do ICMS representam uma redução da carga tributária ou redução dos custos de operação, pode-se considerar como um benefício fiscal.

Contudo, a Receita Federal do Brasil, através da COSIT nº 152/21, vedou a condição do DIFAL entre as operações interestaduais e as dentro dos estados como um benefício para fins de reconhecimento contábil como subvenção.

Outro ponto que merece destaque são as exportações e vendas dentro da região Suframa, pois quanto à imunidade ou isenção nas exportações, entendemos que os riscos de a tratar como um subsídio ao investimento são sensíveis.

Levanta-se o ponto, porque a isenção do ICMS nas exportações tem cunho constitucional, mais especificamente no artigo 155, §2º, X, "a" da Constituição Federal de 1988, ou seja, a lei é clara que o ICMS não é incidente nas operações que remetam mercadorias ao exterior.

Diante deste dispositivo, pode-se considerar que as exportações de mercadorias para o exterior são isentas de ICMS, não cabendo aos Estados a decisão sobre a incidência ou não do imposto sobre essas operações.

A Lei Complementar 160/17 refere-se aos incentivos e benefícios fiscais concedidos pelos Estado, e no caso das exportações, sua isenção não é um benefício estadual, mas sim uma determinação constitucional, concedendo direito aos exportadores de aproveitar do benefício. Assim, nos casos desta natureza, a isenção tem sua natureza jurídica distinta dos benefícios pelos contribuintes beneficiados pelos incentivos fiscais concedidos no âmbito da legilação estadual[17].

Na mesma condição, temos as vendas realizadas contra a Zona Franca de Manaus, que são incentivadas por determinação constitucional, conforme artigo 40[18] do Ato das Disposições Constitucionais Transitórias da Constituição Federal de 1988. Além disso, temos o artigo 15[19] da Lei Complementar nº 24/75, deixando expresso que as regras do CONFAZ não são aplicáveis à ZFM.

3. QUALIFICAÇÃO JURÍDICA DA SUBVENÇÃO DE INVESTIMENTO APÓS PUBLICAÇÃO DA LC Nº 160/17

Conforme já comentando em nosso artigo, para amenizar o conflito conceitual, e até mesmo prático, da decorrência em "Guerra Fiscal", foi editada a Lei Complementar nº 160/17, trazendo mudanças significativas na matéria de subsídios e incentivos fiscais de ICMS.

A Lei Complementar incluiu o §4º no artigo 30º da Lei nº 12.973/14, para estabelecer que tais incentivos relativos ao ICMS seriam considerados como subvenção para investimentos, sendo vedada a exigência de outros requisitos ou condições não previstas neste artigo.

No próprio artigo, podemos destacar o §5º que também foi incluído por lei complementar, sendo claro ao apontar que o §4º também deve ser considerado e aplicado aos processos administrativos e judiciais pendentes de decisão transitada em julgado.

---

17 Neste sentido, a Resposta à Consulta nº 99.019/21 examinou o caso em que o contribuinte questionou a aplicação do tratamento de subvenção ao investimento para efeito de exclusão na apuração do IRPJ e da CSLL em relação a diversos benefícios fiscais do ICMS, entre eles a isenção nas exportações. A resposta do FISCO, transcreveu que o contribuinte referente à isenção nas exportações, foi respondida no sentido de que todos os tratamentos de ICMS indicados pelo contribuinte caracterizavam incentivos fiscais passiveis de aplicação da Lei Complementar nº 160/17.

18 "Art. 40. Fica mantida a Zona Franca de Manaus, com suas características de área de livre comercio, exportação e importação, bem como os incentivos fiscais, pelo prazo de vinte e cinco anos contados da promulgação da Constituição Federal".

19 "Art. 15. O disposto nesta Lei não se aplica às indústrias instaladas ou porventura instaladas na Zona Franca de Manaus, sendo vedado às demais Unidades da Federação determinar a exclusão de incentivos fiscais, prêmios ou benefícios concedidos pelo Estado do Amazonas".

Ou seja, a Lei Complementar conseguiu equiparar todos os incentivos fiscais do ICMS a subvenções para investimentos, acabando com a distinção sustentada durante muitos anos pelo Fisco.

Assim, com a vigência da Lei Complementar nº 160/17, os incentivos fiscais ou financeiros-fiscais relativos ao ICMS, concedidos pelos Estados e pelo Distrito Federal, passaram a ser considerados como subvenções para investimentos, sendo vedada a exigência de outros requisitos ou condições não previstas na Lei º 12.973/14.

Com a edição e vigência da Lei Complementar nº 160/17, os únicos requisitos necessários para a exclusão dos benefícios do ICMS da base de cálculo do IRPJ e CSLL seriam os que estão no rol do artigo 30 da Lei nº 12.973/14 que, teoricamente, afastaria o disposto na PN 112/78.

Por esta razão, o autor entende que todos os incentivos fiscais do ICMS concedidos pelos Estados e o Distrito Federal com base na Constituição Federal de 1988, deverão ser considerados ao investimento, incluindo os benefícios publicados antes da edição da Lei Complementar nº 160/17.

Outro ponto relevante é a retroatividade da Lei Complementar nº 160/17, isso porque a referida lei concedeu expressamente o caráter interpretativo e, portanto, o efeito retroativo da norma, inclusive, como previsão expressa de aplicação aos processos administrativos e judiciais pendentes de decisão transitada em julgado.[20]

4. ESTORNO DE CRÉDITO DE ICMS

O autor já havia comentado anteriormente que a Receita Federal do Brasil, recentemente, manifestou entendimento a respeito das empresas que recebem benefícios fiscais do ICMS e que são caracterizados como subvenções para investimento, sendo concedidos através da le-

---

20 "IMPOSTO DE RENDA DAS EMPRESAS – IRPJ. INCENTIVOS E BENEFÍCIOS FISCAIS OU FINANCEIROS-FISCAIS RELACIONADOS AO ICMS. SUBSÍDIO PARA INVESTIMENTOS. REQUISITOS E CONDIÇÕES. A partir da Lei Complementar nº 160/17, os incentivos fiscais e benefícios fiscais ou financeiros-fiscais relativos ao ICMS, concedido pelos estados e do Distrito Federal e consideradas como subvenções para investimentos nos termos do §4º do art. 30 da Lei nº 12.973, de 2014, não poderão mais ser computados na apuração do lucro real desde que atendidos os requisitos e condições impostos pela Lei nº 12.973, de 2014, sejam atendidas, inclusive a necessidade de que foram concedidos como estímulo à implantação ou expansão de empreendimento econômico".

gislação estadual e que existe a exigência do estorno de créditos de ICMS relativos às entradas, que é algo comum nos Estados.

Como iremos adentrar especificamente no conceito e impactos do estorno de crédito de ICMS dos contribuintes, entendemos que faça sentido revisitar rapidamente o conceito disposto na COSIT nº 15/2021 que trouxe a conclusão que o valor correspondente aos crédito outorgado de ICMS pelo Estado de São Paulo é uma receita que pode ser excluída do cálculo do IRPJ e da CSLL, por ser legalmente considerado um subvenção para investimento, se observados os requisitos estabelecidos no artigo 30 da Lei nº 12.973/14.

Ou seja, o valor do crédito de ICMS tomado na aquisição dos insumos, materiais de embalagem, materiais intermediários e fretes são estornados para a obtenção de benefício fiscal e não podem ser considerados como custo ou despesa para fins de apuração das bases de cálculo do IRPJ e da CSLL e caso o valor tenha sido deduzido na apuração do lucro líquido, deverá ser adicionado na determinação do lucro real e do resultado ajustado da competência correspondente.

A COSIT supracitada trata de situação comum no Brasil, pois a legislação estadual concede incentivos fiscais vinculados ao ICMS, através de crédito outorgado, crédito presumido, redução de base de cálculo com foco na redução da carga tributária efetiva, mas, em contrapartida, é exigido o estorno de crédito de ICMS relativo às aquisições de insumos pela contribuinte.

A situação que foi posta nesta COSIT refere-se à contribuinte que tem a concessão de crédito outorgado de ICMS de 12% no Estado de São Paulo, sobre o valor das operações internas das saídas, e a contrapartida é o estorno proporcional dos créditos de ICMS recuperados no momento da escrituração das notas fiscais de entrada e contabilização no estoque.

Lembrando que o valor estornado do Ativo tem como contrapartida o custo da empresa direto no resultado contábil, normalmente registrado como variação de custo, pois a regra da legislação paulista é aplicar a regra da proporcionalidade das saídas dos últimos 12 meses, sendo inferior ao crédito outorgado, ou seja, o benefício fiscal se mantém.

Em suma, para a Receita Federal do Brasil, para que um imposto possa ser considerado como não recuperável e integrar o custo do produto produzido, a pessoa jurídica não deve possuir formas de recuperar o valor por meio de créditos, pois no caso do incentivo fiscal paulista, o crédito de ICMS registrado no Ativo sob a compra de insumos é um imposto recuperável, mas perde sua monetização em detrimento do incentivo fiscal, ou seja, não poderia tal estorno ser considerado como custo, devendo ser adicionado na determinação do lucro real.

Ao ver do autor, tal entendimento da Receita Federal não merece prosseguimento, pois é evidente que a baixa do crédito ora tratado não é mera liberalidade do contribuinte, ela decorre de determinação legal, posta como condição para que a pessoa jurídica possa usufruir do benefício fiscal e, inclusive, na geração de receita.

Acrescente-se que, ainda, o autor levanta o ponto que para considerar que tal despesa ou custo atende aos critérios de normalidade, regularidade e necessidade, estando diretamente ligado ao objeto social, interesses e atividades operacionais da pessoa jurídica, atrelados à geração de benefícios econômicos, conforme termos do artigo 311[21] do Regulamento do Imposto de Renda.

Outro ponto que merece destaque: o crédito de ICMS que constitui um gasto recuperável para com o contribuinte, não por um benefício fiscal específico, e sim devido ao Princípio da Não-Cumulatividade Tributária, que permite o custo estar líquido deste imposto.

Veja que curioso, pois a própria Receita Federal já manifestou entendimento reconhecendo que para fins de apuração do lucro real, o valor do ICMS de lançamento de ofício, quando não recuperável como crédito no livro fiscal do contribuinte, compõe o custo de aquisição da respectiva mercadoria destinada à venda que irá gerar consecução econômica.

O autor confirma que é totalmente equivocada a premissa adotada pela Receita Federal do Brasil de considerar como uma mera liberalidade o estorno de crédito de ICMS decorrente de aquisições, sendo que como pode ser liberalidade se a própria legislação assim o exige e isso é um ônus financeiro, pois a contrapartida contábil deste lançamento é o custo assumido pelo contribuinte como condição de fruição de benefícios fiscais do ICMS sob as saídas isentas ou não tributadas, sem qual-

---

21 "Art. 311. Despesas de funcionamento são aquelas não incluídas nos custos e necessárias a atividades da empresa e à manutenção da respectiva fonte de produção. §1º As despesas necessárias são aquelas pagas ou incorridas para a realização de transações ou operações exigidas pelas atividades da empresa. §2º As despesas operacionais admitidas são as despesas usuais ou normais no topo de transações, operações ou atividades da empresa".

quer possibilidade de ressarcimento. [22]Outrossim, o imposto pago deve ser entendido como um custo do produto, pois o desembolso efetivo já foi realizado no momento da aquisição. Neste caso, a determinação do estorno do crédito não deve, ou menos não deveria, afetar o cálculo da subvenção, tendo em vista que os tributos não recuperáveis por meio de créditos nos livros fiscais e que poderiam ser incluídos no custo de aquisição da mercadoria.

Caro leitor, custo e despesa não podem ser confundidos conceitualmente, pois existe custo quando a pessoa jurídica emprega recursos do ativo ou contrai dívida para a aquisição de um bem ou direito, seja para investimento ou aquisição de mercadorias.

Por outro lado, a despesa ocorre quando a pessoa jurídica promove gastos ou incorre em dívida para pagar um encargo relacionado a algo que já tenha sido usado ou consumido, em outras palavras uma perda que impacta o resultado imediatamente. [23]Mesmo assim, vamos fazer uma análise conservadora, o estorno do crédito do ICMS seria acrescido ao cálculo do IRPJ e da CSLL, seguindo exatamente os termos da COSIT nº 5/20. Contudo, é possível levantarmos argumentos que a despesa ou o custo seria uma despesa necessária e deveria ser dedutível no cálculo do Imposto de Renda e Contribuição Social sobre o Lucro Líquido.

Em suma, ao analisarmos todos os pontos ora debatidos e considerando as regras contábeis existentes para fins de contabilização dos valores incentivados, o autor tem o entendimento que existem bons argumentos no debate sobre a matéria afastam o entendimento previsto na Cosit nº 15/20 e seria possível o contribuinte manter o ganho.

---

22 "CPC 16. O objetivo deste Pronunciamento é estabelecer o tratamento contábil para os estoques. A questão fundamental na contabilização dos estoques é quanto ao valor do custo a ser reconhecido como ativo e mantido nos registros até que as respectivas receitas sejam reconhecidas. Este Pronunciamento proporciona orientação sobre a determinação do valor de custo dos estoques e sobre o seu subsequente reconhecimento como despesa em resultado, incluindo qualquer redução ao valor realizável líquido. Também proporciona orientação sobre o método e os critérios usados para atribuir custos aos estoques". 239_CPC_16.doc (live.com). Acesso em 12.08.2023.

23 O posicionamento da Receita Federal do Brasil tem conflito com a jurisprudência consolidada dos Tribunais no sentido que os incentivos fiscais advindos do ICMS não podem constituir base de cálculo do IRPJ e CSLL – STJ, Resp. 1.517.492/PR, AgRg no Resp 1227519/RS, AgRg no Resp 1461415/SC.

5. RECUPERAÇÃO DE VALORES NO BALANÇO DE ACORDO COM O ICMS ESTORNADO

Com base no racional acima demonstrado, o autor entende que os contribuintes têm o direito e que são válidos os benefícios realizados e que, legalmente, conforme o disposto com os requisitos da Lei Complementar 160/17 e Lei nº 12.973/2014.

Contudo, o disposto na Resposta Consulta n. 145/20 deixa expresso que não pode ser caracterizado, inclusive quanto à verificação da intenção do ente que está subsidiando e a correlação entre o benefício e o investimento do projeto, comprovando de forma fáctica que a subvenção foi realmente aplicada em investimento de expansão.

Portanto, mesmo havendo bons argumentos jurídicos, ainda existe um risco latente dos contribuintes serem autuados pela RFB, tendo em vista que COSIT traz determinações vinculantes ao artigo 9 da Instrução Normativa n. 1.396/13.

Considerando esta hipótese, a improcedência do entendimento da RFB que está prevista na Resposta a Consulta 145/20 tem dependência com ajuizar uma ação judicial ou decisão favorável na esfera administrativa.

Ou seja, na situação em que os contribuintes fizeram a apuração do IRPJ e CSSL, por estimativa mensal, significa que já pagaram o IRPJ e a CSLL, que serão apurados de forma definitiva ao final do ano. Para as empresas que não apropriaram os valores como receita de subvenção, os valores pagos a maior de IRPJ e CSLL poderão ser compensados via PER/DCOMP (pedido eletrônico de restituição e compensação).

6. PRINCIPAIS PONTOS DE ATENÇÃO PARA FINS DE RECONHECIMENTO DA RECEITA DE SUBVENÇÃO E ESTORNO DE CRÉDITO

Importante ressaltar que nos casos em que o benefício fiscal do contribuinte for maior que a própria base de cálculo do valor advindo da subvenção e neste caso não puder ser reconhecida como parcela de lucro decorrente dos incentivos, obrigatoriamente o contribuinte deverá reconhecer contabilmente a medida em que o lucro é registrado nos períodos subsequentes.

Além disso, se os benefícios fiscais excederem a base tributária, no caso em que o contribuinte gerou um prejuízo fiscal acumulado, poderá ser compensado em períodos posteriores, mas permanece a observação do limite de 30% do lucro líquido ajustados.

Pois bem, após a questão conceitual definida, importante ressaltar os critérios contábeis para reconhecimento dos valores em balanço, pois a própria Receita Federal do Brasil já se pronunciou sobre o registro contábil da subvenção por meio da Resposta à Consulta n. 55/21, deixando o entendimento que a receita de subvenção seria um ganho em uma situação que comparasse o ICMS devido versus o ICMS desonerado ou isento.

Além disso, o posicionamento da Receita Federal do Brasil está de acordo com as melhores práticas de contabilização da receita de subvenção, nos termos das exigências do CPC 07[24], com destaque aos itens 38D e 38E[25]. O CPC 07 aponta que a assistência governamental não inclui o fornecimento de infraestruturas por meio da melhoria da rede de transportes e de comunicações gerais e o fornecimento de recursos desenvolvidos, disponíveis e em base contínua e indeterminada para benefício de toda a comunidade local.

Depois de rapidamente avaliadas as questões contábeis, é mister comentarmos a respeito dos principais impactos na elaboração das obrigações acessórias dos contribuintes que obtiverem a receita de subvenção, tanto para os últimos cinco anos, como os valores a serem reconhecidos nas competências posteriores.

---

[24] De acordo com o CPC 07, no que tange a questão da Gestão do Patrimônio, a subvenção governamental não deverá ser creditada diretamente no patrimônio líquido. Enquanto não forem atendidas as condições necessárias para reconhecimento no resultado, as contrapartidas das subvenções governamentais registradas no ativo serão em conta específica do passivo. Se uma subvenção governamental for recebida para compensar despesas da entidade, esta deve ser reconhecida como receita ou como redução de despesa ao longo do período necessário para fazer face com as despesas que se pretende compensar. Acesso em 20.08.2023 – link http://www.cpc.org.br.

[25] "Item 38D. Certos empreendimentos gozam de incentivos tributários de imposto sobre a renda na forma de isenção ou redução do referido tributo, consoante prazos e condições estabelecidos em legislação específica. Esses incentivos atendem ao conceito de subvenção governamental. Artigo 38E. O reconhecimento contábil dessa redução ou isenção tributária como subvenção para investimento é efetuado registrando-se o imposto total no resultado como se devido fosse, em contrapartida à receita de subvenção equivalente, a serem demonstrados um deduzido do outro".

Em relação aos períodos anteriores, é necessário ajustar a contabilidade e informar os valores atualizados a nível de Escrituração Contábil Digital (ECD) e Escrituração Contábil Fiscal (ECF) a serem entregues no período de apuração.

O ajuste da contabilidade pode acarretar geração um saldo de tributos recolhidos a maior nos anos anteriores e que poderá ser compensado com tributos federais, através do preenchimento e processamento de PER/DCOMP, com os devidos ajustes na DCTF para comprovação do saldo tributário a compensar.

Considerando o contexto acima, o contribuinte que tem lucro, ou seja, teria recolhido IRPJ e CSLL a maior nos últimos cinco anos, poderá compensar este valor contra outros tributos federais. Lembrando que o pedido de compensação acarretará um processo administrativo, no qual a RFB poderá examinar a qualificação do benefício do ICMS.

Quanto à reversão do crédito de ICMS contra o custo do contribuinte, o FISCO tem o mesmo posicionamento que o autor, o que se pode confirmar no conteúdo da Resposta à Consulta 15/20. Entretanto, o mesmo texto tratou também da dedutibilidade dos créditos estornados e o FISCO entende que este valor deve ser adicionado à base de cálculo do IRPJ e CSLL, portanto, seria indedutível.

Fato este que, nos casos em que a fruição dos benefícios não ocorreu devido a uma opção da empresa, não seria possível permitir o não gozo do imposto/reversão para receber o tratamento de "imposto não recuperável" nos termos do Regulamento do Imposto de Renda de 2018.

Desta forma, se o imposto for recuperável, não faz parte do custo, portanto, não é dedutível e o FISCO vincula a possibilidade de recuperação do imposto à fruição do benefício fiscal como uma mera liberalidade, pois a Resposta a Consulta n. 15/20, em seu item "23.1 deixa expresso para que um imposto seja considerado não recuperável e integre o custo do produto produzido, a pessoas jurídica não deve ter como recuperar o valor por meio de créditos."

O caso aqui exposto refere-se a uma análise que apresenta que o crédito de ICMS obtido na compra de insumos era, inicialmente, um imposto recuperável e que não seria mais recuperável em razão da legislação estadual que rege a concessão de benefícios fiscais adotada, neste caso, por São Paulo, mas que é muito comum em praticamente todos os Estados da Federação.

Ou seja, onde está a recuperação do crédito de ICMS por mera liberalidade? Com base na legislação estadual que o mesmo contribuinte está sujeito, para obter o benefício da isenção ou redução de base de cálculo sobre as saídas, obrigatoriamente precisará reverter os créditos tomados na entrada de insumos utilizados na produção dos bens incentivados, não representando um custo de produto produzido na forma em que a legislação do IRPJ e CSLL posiciona.

Por fim, não menos importante, se faz necessário registrar que qualquer benefício fiscal do ICMS que aplique a isenção ou redução de base de cálculo e que tenha como condição a demonstração do ICMS no preço a nível de XML deverá registrar na contabilidade como uma despesa de ICMS e reconhecido na Demonstração de Resultados do Exercício (DRE) como uma receita de subvenção na contabilidade e deve ser excluído do resultado fiscal, logo após registrado na conta de incentivos fiscais.

Todavia o posicionamento do Fisco Federal nas Respostas à Consulta nº 145/20 e 4.029/21 é que o cumprimento dos requisitos contidos no artigo 30 da Lei nº 12.973/14 não é suficiente, sendo obrigatório também que o incentivo tenha sido concedido com o intuito de estimular empreendimentos econômicos, para que seja considerado como subsídio ao investimento. Este "absurdo" vincula a todos os benefícios fiscais gerais, pois entende que não vinculam e cumprem requisitos para ser classificados como uma subvenção ao investimento.

O autor comenta "absurdo", pois tendo em vista a jurisprudência do Superior Tribunal de Justiça, a jurisprudência identificada nos Tribunais Federais e o desenvolvimento da matéria no Supremo Tribunal, o Tribunais superiores estão apenas limitando os benefícios para o crédito presumido de ICMS[26], bem como não estão adentrando nos conceitos da Imunidade Recíproca entre os entes da Federação.

---

26 "Crédito Presumido de uma maneira simples, é possível entendê-lo como uma presunção, uma suposição, do que seria o crédito, o saldo positivo, do contribuinte quando da redução da cobrança de impostos após determinadas operações. Portanto, ele funciona apenas para tributos os quais possuem uma cobrança por operação, sendo mais reconhecido por atuar no ICMS. Isso porque, via de regra, esse imposto se cobra em cada transação do produto. Assim, o crédito presumido surgirá como um incentivo fiscal, a fim de fomentar o contribuinte e mercado em que estão inseridos." – MIGALHAS. São Paulo, São Paulo. 2021. Disponível em: Crédito presumido: o que é e para que serve? (migalhas.com.br). Acesso em: 20/08/2023.

7. PUBLICAÇÃO DA MEDIDA PROVISÓRIA Nº 1.185/2023

Durante a redação deste artigo e a construção de todo o racional até aqui demonstrando, o autor foi "agraciado" ou "amaldiçoado", pois ainda não conseguiu definir exatamente, a mudança e impactos que a Medida Provisória nº 1.185/2023 trouxe para o mercado como um todo.

Pois através da respectiva MP, o Poder Executivo modificou inteiramente o atual sistema de isenção das subvenções para investimento no Brasil com a revogação imediata do artigo 30, da Lei nº 12.973/14, além dos dispositivos das Leis nº 10.637/02 e nº 10.833/03, no final do dia 30 de agosto de 2023.

Com esta medida, as receitas de subvenção agora passam a ser normalmente tributadas pelo IRPJ, CSLL, PIS e COFINS, pois via esta norma discricionária esta subvenção passou a ser tratada como uma receita.

Dentre as diversas mudanças, o que nos chamou mais a atenção é que o contribuinte que apura o IRPJ pelo Lucro Real que receber subvenção de algum ente federativo poderá apurar um crédito fiscal de subvenção para investimento, sendo não aplicáveis às subvenções de custeio de implantações.

Este "crédito" será correspondente à aplicação da alíquota do IRPJ sobre as receitas de subvenção do período apurado, obrigatoriamente decorrente de implantação ou expansão do empreendimento econômico e o crédito será registrado na ECF (Escrituração Contábil Fiscal), ainda não sabido de qual parte do LALUR e não será tributado pelo IRPJ, CSLL, PIS e COFINS, novamente.

De forma resumida, dentre as principais características que merecem destaque e que, ao mesmo tempo, trazem impactos diversos aos pontos citados neste artigo são: (1) concessão de créditos fiscais de IRPJ para empresas do Lucro Real, que poderá ser utilizado para fins de compensação com débitos próprios e ressarcimento em dinheiro e (2) os beneficiários estarão limitados a situações de implementação de um novo projeto ou expansão de empreendimento já existente, não sendo aplicável para as subvenções de custeio.

Infelizmente, seguindo a regra da burocracia brasileira, a burocracia vai aumentar devido à necessidade de habilitação dos créditos fiscais pela Receita Federal do Brasil, sendo somente habilitadas as empresas com o ato concessivo da subvenção anterior à implantação ou expansão do empreendimento que estabelece as condições e contrapartidas que serão regulamentadas.

Já quanto à apuração dos créditos, o contribuinte terá uma série de requisitos qualitativos e quantitativos, que restringem os valores considerados no cálculo do crédito a ser apropriado, penso eu no Lalur, e o crédito não será computado na base de cálculo do IRPJ/CSLL/PIS/COFINS. Lembrando que o crédito terá dependência da entrega da ECF no mês de julho em cada ano-calendário.

Quer dizer, além de burocratizar ainda mais a operacionalização em que o tema se encontra em uma celeuma jurídica nos tribunais, agora aparentemente as empresas terão que controlar e segregar as receitas de subvenção relacionadas à implantação ou à expansão do empreendimento econômico e, principalmente, que sejam reconhecidas após a conclusão da implantação ou da expansão do empreendimento econômico e do protocolo do pedido de habilitação junto a Receita Federal do Brasil.

Entretanto, não poderão ser computadas as receitas e valores não relacionados ou que excederem o valor das despesas de depreciação, amortização ou exaustão na implantação ou expansão do empreendimento subsidiado.

Vale lembrar, ainda, que a parcela que superar o valor das subvenções concedidas pelo Estados também estará excluída, bem como os valores que não tenham sido computados na base de cálculo do IRPJ/CSLL e as receitas decorrentes de incentivos fiscais do IRPJ e do próprio crédito fiscal reconhecidos após o ano calendário de 2028.

O cerne da questão é que com a Medida Provisória nº 1185/2023 as subvenções que eram para custeio migraram para subvenções decorrentes de incentivos fiscais tributadas pelo IRPJ/CSLL/PIS/COFINS, inclusive as para investimento que, combinadas com a nova subvenção de IRPJ, o crédito fiscal de IRPJ concedido para os beneficiários de subvenções para investimento nos termos da lei, após a realização do empreendimento e cumprido todos os requisitos até o ano calendário de 2028, o crédito fiscal não estará sujeito a tributação.[27]

---

27 "Durante a transição dos regimes, os valores excluídos com base na legislação anterior devem continuar registrados em reserva não sendo passível de distribuição".

8. CONCLUSÕES

Após profundo estudo, análises e debates com alguns colegas de mercado, o autor do presente artigo tem algumas considerações finais a fazer, sendo elas:

Os incentivos fiscais do ICMS concedidos pelos Estados, desde que de forma regular e de acordo com as premissas da Lei Complementar 160/17, devem ser tratados como subvenção para investimentos e contabilizados como receitas de subvenção na Demonstração dos Resultados do exercício do Balanço Contábil dos contribuintes e excluir para fins de apuração do IRPJ e da CSLL.

Em referência aos Tribunais Superiores, o STJ estabeleceu que a não tributação dos benefícios fiscais do ICMS (destaque ao crédito presumido de ICMS) pelo Imposto de Renda e Contribuição Social do Lucro Líquido é o "único" que decorre de imunidade recíproca, mas que ainda permite e traz bons argumentos para considerar outros benefícios fiscais do ICMS como isenção e redução de base de cálculo como uma subvenção para investimentos.

Quanto ao posicionamento do FISCO, as Respostas à Consulta n. 145/20 e 4.029/21 exigiam que a exclusão do cálculo do IRPJ e da CSLL fosse aplicável no caso de os benefícios fiscais do ICMS serem concedidos como incentivo a implantação ou expansão de empreendimentos econômicos com obrigatória coerência e vinculação entre o recebimento do benefício fiscal ao aplicado recurso.

Já no que concerne às questões que envolvem os benefícios fiscais dos ICMS, carece lembrar que a concessão dos benefícios fiscais, mesmo sendo discricionária a competência dos Estados, ainda existe e permanece uma limitação da Constituição Federal de 1988, pois se faz mister avaliar a capacidade contributiva de cada tributo versus a capacidade do contribuinte, que no caso ora avaliado é o que melhor se enquadra, uma vez que difere dos benefícios em regra geral que geram mais fontes de obtenção de receita e, desta vez, é um aumento de Patrimônio Líquido com a expansão produtiva, física e laboral do contribuinte, ou seja, não se torna apenas um dividendo, mas sim um investimento.

Mas, como já dizia o ditado popular, "o Brasil não é para amadores". Com a publicação da Medida Provisória 1185/23 que veio a modificar o sistema de tratamento das subvenções para investimento, esta

Medida Provisória irá tender a retornar as discussões sobre a questão atualmente assentada pelo Superior Tribunal de Justiça que está no EREsp nº 1.517.492/PR.

Ou seja, o Superior Tribunal de Justiça decidiu que os créditos presumidos de ICMS não devem ser tributados pelo IRPJ/CSLL, sob o argumento de que a tributação violaria o pacto federativo que está amparado no Princípio da Imunidade Tributária[28]. No tema 1.182, o Superior Tribunal de Justiça confirmou entendimento.

A proposta de vigência dos efeitos da Medida Provisória é a partir de 01.01.2024 e para que isso ocorra se faz necessária a votação e aprovação ainda dentro do exercício de 2023. Ou seja, se isso não ocorrer em 2023, haverá a necessidade de uma nova Medida Provisória ou Lei, que se sujeitaria à anterioridade que para fins de IRPJ só irá vigorar a partir de janeiro de 2025 e após 90 dias da edição de um ato normativo para aplicar a mesma regra para a CSLL, PIS e COFINS.

Em suma, merecem atenção todas estas variáveis, pois esta discussão ainda se estenderá por um longo tempo e, até o momento, o que o autor consegue enxergar, além de tudo que já foi debatido, é um anacronismo de regras tributárias que impactarão não apenas as subvenções para investimento, mas todas as formas de operacionalizar através de mais burocracias e processos que estão e serão criados.

REFERÊNCIAS

Amarante, Pedro Cavalcanti. "A tributação do incentivo fiscal de ICMS após a LC 160/17". JOTA Info. 2018. https://www.jota.info/opiniao-e-analise/artigos/tributacao-do-incentivofiscal-de-icms-apos-lc-160-17-05022018. Acesso em 25.07.2023.

BERCOVICI, Gilberto. Desequilíbrios regionais: uma análise jurídico-institucional. Tese de Doutorado. São Paulo, Faculdade de Direito da Universidade de São Paulo, 2000. P. 150-152

BRASIL. Superior Tribunal de Justiça. Embargos de Divergência no Recurso Especial nº 1.517.492. Rel. Min. Regina Helena Costa. Julgado em 27 de fevereiro de 2019.

BRASIL. Constituição da república federativa do Brasil de 1988. Presidência da República de 1988.Disponível em: https://www.planalto.gov.br/ccivil_03/constituicao/constituicao.htm. Acesso em: 16 maio de 2023.

BRASIL. **Lei complementar nº 87, de 13 de setembro de 1996**. Dispõe sobre o imposto dos Estados e do Distrito Federal sobre operações relativas à circulação de

---

[28] "Art. 150. Sem prejuízo de outras garantias asseguradas ao contribuinte, é vedado à União, aos Estados, aos Distrito Federal e aos Municípios; VI – instituir imposto sobre; alínea "a" patrimônio, renda ou serviços, uns dos outros…"

mercadorias e sobre prestações de serviços de transporte interestadual e intermunicipal e de comunicação, e dá outras providências. Brasília, DF: Presidência da República, 1996. Disponível em: https://www.planalto.gov.br/ccivil_03/leis/lcp/lcp87.htm. Acesso em: 10 agosto de 2023.

CANO, Wilson. Desequilíbrios regionais e concentração industrial no Brasil 1930-1970. 3. Ec. São Paulo: UNESP, 2007, p. 26 e 27

CAMPOS, Rodolfo Herald da Costa; FERREIRA, Roberto Tatiwa; KLOECKNER, Rafael. *Vertical tax competition in Brazil: empirical evidence for ICMS and IPI in the period 1995-2009*. **Economia**, v. 16, n. 1, p. 111-127, Jan./Apr. 2015. Disponível em: https://www.sciencedirect.com/science/article/pii/S1517758015000089. Acesso em: 16 Maio de 2023.

Cardoso, Breno Lobato. "A necessária modulação dos efeitos na declaração de inconstitucionalidade de incentivos fiscais de ICMS decorrentes da guerra fiscal". Revista de Finanças Públicas, Tributação e Desenvolvimento Vol: 6 num 6 (2018). doi:10.12957/rfptd.2018.27365

CARVALHO, Paulo de Barros. Curso de Direito Tributário, Saraiva, 5. ed., 1991, p. 120

CONTI, José Maurício. Federalismo Fiscal e Fundos de Participação. São Paulo: Juarez de Oliveira: 2001, p.14.

CORREIA NETO, Celso de Barros. O avesso do tributo: incentivos e renúncias fiscais no direito brasileiro. 2012. Tese (Doutorado) – Universidade de São Paulo, São Paulo, 2012. Disponível em: http://www.teses.usp.br/teses/disponiveis/2/2133/tde-15082013- 084732/pt-br.php. Acesso em: 01 jul. 2023.

Elali, André. "Incentivos fiscais, neutralidade e desenvolvimento econômico". In Incentivos Fiscais, organizado por Ives Gandra da Silva Martins, André Peixoto, e Marcelo Magalhães. São Paulo: MP. 2007.

Gonçalves, Oksandro Osdival, e Marcelo Miranda Ribeiro. "Incentivos Fiscais: uma perspectiva da Análise Econômica do Direito/Tax Incentives: an Economic Analysis of Law perspective - ProQuest". Economic Analysis of Law Review Vol: 4 num 1 1 (2013): 79– 102

GRECCO, Marco Aurélio. Planejamento Tributário. 3ª ed. São Paulo. Dialética, 2011, p. 103

GUTIERRREZ, Miguel Delgado. Repartição de receitas tributárias: a repartição das fontes de receita. Receitas originárias e derivadas. A distribuição da competência tributária, p. 43

MELLO, Luiz de. The Brazilian tax war: the case of value-added tax competition among the states. Public Finance Review, v. 36, n.2, p. 169-193, 2008. Disponível: https://www.researchgate.net/profile/Luiz-De-Mello/publication/5205242_The_Brazilian_Tax_War"_The_Case_of_ValueAdded_Tax_Competition_among_the_States/links/578e124908ae9754b7e9dd96/The-Brazilian-Tax-War-The-Case-of-Value-Added-Tax-Competition-among-thetates.pdf?_sg%5B0%5D=started_experiment_milestone&origin=journalDetail.Aceso em: 16 agosto de 2023.

PÊGAS, Paulo Henrique. Manual de Contabilidade tributária. 9. Ed. São Paulo: Atlas, 2017.

PERES, Adriana Manni; MARIANO, Paulo Antônio. ICMS e IPI: Teoria e Prática. 4 ed. São Paulo: IOB. 2009.

SCAFF, Fernando Facury. Guerra Fiscal e Súmula Vinculante: entre o Formalismo e o Realismo. ROCHA, Valdir de Oliveira. Grandes Questões Atuais do Direito Tributário, v. 18. São Paulo: Dialética, 2014. p. 93 SCAFF, Fernando Facury. Tributação das subvenções, pacto federativo e guerra fiscal vertical. São Paulo: Faculdade de Direito, Universidade de São Paulo. Disponível em: https://apet.org.br/artigos/tributacao-das-subvencoes-pacto-federativo-e-guerrafiscal-vertical/. Acesso em: 30 jun. 2023. 2023

SCHOUERI, Luis Eduardo. Direito Tributário. 8o ed. São Paulo: Saraiva Educação. 2018.

TORRES, Heleno Taveira. Teoria da Constituição Financeira. Tese apresentada ao Concurso de Professor Titular de Direito Financeiro da Faculdade de Direito da Universidade de São Paulo. São Paulo, 2014.

TORRES, Heleno Taveira. "Guerra do ICMS está mantida nos casos de subvenções para investimento". Consultor Jurídico. 2017. https://www.conjur.com.br/2017-set-20/consultortributario-guerra-icms-mantida-casos-subvencoes-investimento. Acesso em 30.07.2023.

A APLICAÇÃO DO CRÉDITO OUTORGADO DE ICMS PARA O CONTRIBUINTE GOIANO QUE EXERCE ATIVIDADE INDUSTRIAL E DE COMERCIANTE ATACADISTA NO MESMO ESTABELECIMENTO

Renato Teixeira Mendes Vieira[1]

Fernanda Araujo Silva[2]

1. INTRODUÇÃO

O agronegócio tem ganhado cada vez mais representatividade no montante de riqueza gerado no país, sendo estimado pelo Centro de Estudos Avançados em Economia Aplicada da Escola Superior de Agri-

---

[1] Advogado, Especialista em Direito Tributário pela UNISUL, MBA em Direito Tributário pela Fundação Getúlio Vargas (FGV-GVLaw), atua na consultoria e contencioso tributário de multinacional do agronegócio.

[2] Advogada, Especialista em Direito Tributário pela Pontifícia Universidade Católica de São Paulo (PUC-SP), atua no contencioso tributário de multinacional do agronegócio.

cultura Luiz de Queiroz (CEPEA/ESALQ) que fechará o ano de 2023 correspondendo a aproximadamente 25% do Produto Interno Bruto do Brasil.

Esse crescimento tem sido acompanhado, de forma geral, pelo aumento de fiscalizações tributárias direcionadas ao setor e do aumento de propostas legislativas que na prática majoram a carga tributária do setor, seja pela extinção ou redução de incentivos fiscais, seja pela revogação de tratamento diferenciado concedido ao setor.

Dentre as regiões do Brasil, o centro-oeste tem se destacado nessa participação impulsionado pelo aumento da produção agrícola, *boom* das commodities e ampliação da indústria relacionada a esse setor.

Nesse ponto o Estado de Goiás, apoiando-se na evolução do agronegócio e diversificação do setor industrial, se estabeleceu como uma das 10 maiores economias entre os estados da federação[3].

Com um histórico programa de incentivo às atividades econômicas também por meio da concessão de benefícios fiscais, como por exemplo o Fundo de Participação e Fomento à Industrialização do Estado de Goiás – FOMENTAR, Programa de Desenvolvimento Industrial de Goiás – PRODUZIR, Programa de Desenvolvimento Regional – PRO-GOIÁS, além da concessão de créditos outorgados para determinadas atividades, o PIB goiano, entre 2010 e 2019, cresceu a uma taxa média de 1,5%, mais do que o dobro da média nacional, que ficou em 0,7%.[4]

Nesse contexto, pois, e com o objetivo de garantir competitividade às suas atividades desenvolvidas no Estado de Goiás, instituiu-se incentivo fiscal concedido ao contribuinte industrial e comerciante atacadistas que operem com mercadorias industrializadas e/ou comercializadas com adquirentes interestaduais e destinadas à comercialização, produção ou industrialização.

Nos termos do artigo 11, inciso III do Anexo IX do Regulamento do Código Tributário do Estado de Goiás (RCTE/GO), é concedido crédito outorgado de 1% (um por cento) e 3% (três por cento) ao contribuinte industrial e ao contribuinte atacadista, respectivamente, que realizem venda interestadual com mercadorias industrializadas e/ou comercializadas.

---

3 https://www.imb.go.gov.br/index.php?option=com_content&view=article&id=79&Itemid=145

4 Ibid.

Esse benefício vigorou dessa forma até março de 2019, quando houve a supressão temporária do crédito outorgado de 1% para os estabelecimentos industriais, que foi reinstituído a partir de abril de 2021 em razão do Decreto nº 9.432/2019.

Nesse cenário discute-se a aplicação do crédito outorgado na venda de mercadoria industrializada e de revenda de mercadoria recebida ou adquirida de terceiros no caso em que o contribuinte exerce essas atividades econômicas no mesmo estabelecimento.

Para evidenciar a relevância dessa discussão, citamos o Parecer nº 1.200/2009-GPT, segundo o qual a Secretaria da Fazenda do Estado de Goiás se posicionou no sentido que na aplicação do benefício fiscal de crédito outorgado previsto no inciso III, artigo 11, Anexo IX do RCTE, deve ser considerada a natureza do contribuinte, sendo ele industrial, o crédito a ser apropriado é o concedido à indústria, independentemente do fato de se estar comercializando produto de produção própria ou mercadoria adquirida de terceiro.

Com fundamento nessa interpretação a fiscalização tem autuado contribuintes que por exercerem atividade mista, apropriaram simultaneamente crédito de indústria e de comercial atacadista.

Assim, abordaremos inicialmente o benefício de crédito outorgado previsto aos contribuintes industriais e comerciais atacadistas pela legislação goiana, avançaremos nos conceitos legais de contribuinte industrial e comercial atacadista e por fim enfrentaremos o tema da aplicação do crédito outorgado na atividade comercial e industrial exercida pelo mesmo estabelecimento.

2. DO CRÉDITO OUTORGADO CONCEDIDO AOS CONTRIBUINTES INDUSTRIAIS E COMERCIAIS ATACADISTAS

Nos termos da redação dada pelo Decreto nº 9.432/2019 ao artigo 11, III, do Anexo IX do Regulamento do Código Tributário do Estado de Goiás (RCTE/GO) fica concedido crédito outorgado de 1% (um por cento) e 3% (três por cento) ao contribuinte industrial e ao contribuinte atacadista, respectivamente, que operem com mercadorias industrializadas e/ou comercializadas com adquirentes interestaduais. Confira-se:

> Artigo 11. Constituem créditos outorgados para efeito de compensação com o ICMS devido: (...)

III - para os contribuintes industrial e comerciante atacadista, o equivalente ao percentual de 1% (um por cento) e 3% (três por cento), respectivamente, na saída interestadual que destine mercadoria para comercialização, produção ou industrialização, aplicado sobre o valor da correspondente base de cálculo, observado o seguinte (Leis nºs 12.462/1994, art. 1º, § 4º, II; e 13.194/1997, art. 2º, II, "h"): (Redação dada pelo art. 2º do Decreto nº 9.432 , de 25.04.2019 - DOE GO de 26.04.2019, com efeitos a partir de 01.04.2021)

a) equipara-se a comerciante atacadista, para efeito de aplicação do crédito outorgado, cujo benefício pode ser utilizado até 31 de dezembro do exercício no qual o contribuinte estiver equiparado, o comerciante varejista que comprovadamente realizar em seu estabelecimento saídas com destino à comercialização, produção ou industrialização, que correspondam a, no mínimo, 30% (trinta por cento) do volume das saídas totais, apurado: (...) (Redação dada pelo Decreto nº 5.349 , de 29.12.2000, DOE GO de 08.01.2001)

Abra-se um parêntese para relembrar a lição do Professor Paulo de Barros Carvalho no sentido de que a norma jurídica em sentido amplo se refere aos conteúdos significativos construídos pelo intérprete a partir dos textos do direito positivo, denominados enunciados prescritivos (S2); enquanto a "norma jurídica em sentido estrito" corresponderia à composição articulada dessas significações, na forma hipotético-condicional com sentido deôntico jurídico completo (S3 e S4).[5]

Considerando o plano das normas jurídicas em sentido estrito, podemos falar que o direito é homogêneo sintaticamente, ou seja, sua estrutura é sempre idêntica: "uma proposição hipótese 'H', descritora de um fato (f) que, se verificado no campo da realidade social, implicará como proposição consequente 'C', uma relação jurídica entre dois sujeitos (S' R S"), modalizada com um dos operadores deônticos (obrigatório, proibido ou permitido)."[6]

Nesse sentido, Paulo de Barros Carvalho propõe a regra matriz de incidência tributária, composta em seu antecedente pela hipótese (critério material, espacial e temporal) e no consequente (critério pessoal e critério quantitativo). Trazendo como exemplo o Imposto sobre Produtos Industrializados na industrialização de produtos, teríamos: "isolando os critérios da hipótese, teremos: a) critério material — in-

---

5 CARVALHO, Paulo de Barros. Direito tributário, linguagem e método. São Paulo: Noeses. 5ª edição, p 128.

6 CARVALHO, Aurora Tomazini de. Curso de Teoria Geral do Direito – O constructivismo lógico-semântico. 6ª Edição, p. 305.

dustrializar produtos (o verbo é industrializar e o complemento é produtos); b) critério espacial — em princípio, qualquer lugar do território nacional; c) critério temporal — o momento da saída do produto do estabelecimento industrial. Quanto aos critérios da consequência: a) critério pessoal — sujeito ativo é a União e sujeito passivo o titular do estabelecimento industrial; b) critério quantitativo — a base de cálculo é o preço da operação, na saída do produto, e a alíquota, a percentagem constante da tabela."[7]

Desdobrando-se a regra matriz do crédito outorgado em sua hipótese e consequência, teríamos que o critério material consiste na *"saída interestadual que destine mercadoria para comercialização, produção ou industrialização"*, critério espacial seria o território do Estado de Goiás, o critério pessoal na condição de sujeito ativo o titular do estabelecimento comercial e/ou industrial e sujeito passivo o Estado de Goiás, enquanto o critério quantitativo define o percentual aplicável, a depender da operação realizada ser vinculada a uma atividade industrial ou de comércio atacadista.

A respeito do contexto de criação e instituição dessa norma, depreende-se de informações da própria Secretaria de Estado da Fazenda de Goiás que este benefício foi instituído com a finalidade de redução da carga tributária para criar as condições favoráveis a que os contribuintes goianos, que exercem atividade industrial e comercial atacadista, tenham competitividade na comercialização de suas mercadorias, fazendo frente aos seus concorrentes localizados em outras unidades da federação.[8]

E prossegue esclarecendo que *"que a distinção entre o percentual concedido ao contribuinte industrial e ao atacadista está estruturada na lógica de que a atividade industrial, por ser mais rentável que a atividade de revenda por atacado, suporta menor redução de carga tributária, ou seja, concede-se maior benefício à atividade que, por razões de mercado, está sujeita a maior concorrência, sendo menos lucrativa. Assim, concluímos que, em respeito à lógica que orienta a existência deste benefício fiscal, deve-se entender que o benefício fiscal visa a redução da carga tributária*

---

7 CARVALHO, Paulo de Barros Carvalho. Curso de Direito Tributário. Editora Saraiva. p. 431-432.

8 Parecer nº 0564/2014-GEOT.

das operações interestaduais promovidas por contribuintes industriais ou atacadistas"[9]

Diante disso, para concluirmos sobre a correta aplicação do crédito outorgado, é necessário entender o que se compreende por estabelecimento comercial e estabelecimento atacadista.

2.1. DO CONCEITO DE ESTABELECIMENTO INDUSTRIAL E COMERCIAL ATACADISTA

Conforme a redação da alínea 'a' do artigo 11, III, do Anexo IX do RCTE/GO acima mencionado, conclui-se que o <u>comerciante atacadista</u> é aquele que realiza saídas de mercadorias recebidas ou adquiridas de terceiros com destino à comercialização, produção ou industrialização.

Esse entendimento está de acordo com a legislação federal que trata da tributação de produtos industrializados, que define o *"estabelecimento atacadista como aquele que efetua vendas (i) a revendedores; (ii) de bens de produção, exceto a particulares em quantidade que não exceda a normalmente destinada ao seu próprio uso; e (iii) de bens de consumo, em quantidade superior àquela normalmente destinada a uso próprio do adquirente."* (artigo 14 do Decreto nº 7.212/2010 – Regulamento do Imposto sobre Produtos Industrializados – RIPI).

Estabelecimentos industriais, por sua vez, são aqueles que executam as operações que modificam a natureza, o funcionamento, o acabamento, a apresentação ou a finalidade do produto, ou que o aperfeiçoe para consumo (artigo 5º e 8º do Decreto nº 7.212/2010 – RIPI).

Essa regra foi replicada na legislação goiana por meio do artigo 5º do RCTE/GO. Vejamos:

> Art. 5º Considera-se industrialização, qualquer processo que modifique a natureza, o funcionamento, o acabamento, a apresentação ou a finalidade do produto ou o aperfeiçoe para o consumo, tais como (Lei nº 11.651/91, art. 12, II, "b"):
> I - transformação, o que, exercido sobre a matéria-prima ou produto intermediário, importe na obtenção de nova espécie;
> II - beneficiamento, o que importe em modificar, aperfeiçoar ou, de qualquer forma, alterar o funcionamento, a utilização, o acabamento ou a aparência do produto;

---

9 Parecer nº 0564/2014-GEOT.

III - montagem, o que consista na reunião de produtos, peças ou partes e de que resulte um novo produto, ou unidade autônoma, ainda que sob a mesma classificação fiscal;

IV - acondicionamento ou reacondicionamento, o que importe em alterar a apresentação do produto, pela colocação de embalagem, ainda que em substituição da original, salvo quando a embalagem colocada se destine apenas ao transporte da mercadoria;

V - renovação ou recondicionamento, o que, exercido sobre o produto usado ou parte remanescente de produto deteriorado ou inutilizado, renove ou restaure o produto para utilização.

Parágrafo único. São irrelevantes, para caracterizar a operação como industrialização, o processo utilizado para obtenção do produto, a localização e a condição da instalação ou o equipamento empregado.

Assim, temos que por atividade industrial compreende-se somente aquela realizada com produtos submetidos aos processos de modificação acima mencionados.

Atividade comercial atacadista, por sua vez, é aquela relacionada a operações com mercadorias recebidas ou adquiridas de terceiro, sem a realização de nenhum processo de industrialização desses bens.

Por consequência, a revenda de produtos recebidos de terceiros não pode ser configurada como atividade industrial uma vez que lhe falta a ocorrência de uma das hipóteses previstas no artigo 5º e 8º do RIPI e artigo 5º do RCTE/GO.

O fato de a revenda de mercadoria ser realizada por estabelecimento que seja também responsável pela industrialização de outros produtos não altera esse cenário. Da mesma forma, a comercialização de produtos produzidos nesse estabelecimento não pode ser equiparada a atividade de simples comércio.

Não por outra razão, o Convênio S/N de 15 de dezembro de 1970, subscrito pelos Secretários de Fazenda dos Estados e do DF, e que estabelece regras gerais aplicáveis ao ICMS, define em seu anexo Anexo II o Código Fiscal de Operações e Prestações – CFOP, distingue em códigos próprios a venda de produtos industrializados ou produzidos pelo próprio estabelecimento da comercialização de mercadorias adquiridas ou recebidas de terceiro e que não tenham sido objeto de qualquer processo industrial (6.101 e 6.102 para vendas interestaduais, respectivamente), de modo que um estabelecimento "industrial" que realize operações de revenda interestadual é legalmente obrigado a utilizar o CFOP de 6.102.

Admite-se, portanto, na legislação do ICMS, a realização de atividade de simples revenda por um estabelecimento que também atua com operações de industrialização.

Reforçando esse entendimento, a Receita Federal do Brasil já se manifestou em Soluções de Consulta (nº 12 de 12 de Fevereiro de 2003) e Parecer Normativo COSIT (nº 24, de 28 de novembro de 2013) no sentido de que não se sujeitam ao recolhimento do Imposto sobre Produtos Industrializados a saída de estabelecimento industrial de produto fabricado por terceiro (revenda de produtos) em razão da inocorrência de operação de industrialização.

Esse também é o conceito adotado para fins de definição da CNAE (Classificação Nacional de Atividades Econômicas)[10] de um estabelecimento, conforme depreende-se das regras contidas no "Manual de Orientação da Codificação na CNAE Subclasses"[11].

Nota-se que no âmbito da Comissão Nacional de Classificação – CONCLA, não há nenhuma restrição à utilização de CNAEs de industrial e de comercial atacadista por um mesmo estabelecimento, conforme verifica-se no "Manual de Orientação da Codificação na CNAE Subclasses" e "Introdução à Classificação Nacional de Atividades Econômicas – CNAE Versão 2.0 – Subclasses para uso da administração pública" anteriormente mencionados.

No mesmo sentido, inexiste restrição na legislação tributária federal ou estadual a respeito do exercício das atividades comerciais e industriais em um mesmo estabelecimento.

---

10 Conforme subitem 1.2 do documento denominado "Introdução à Classificação Nacional de Atividades Econômicas - CNAE Versão 2.0 - Subclasses para uso da administração pública" obtido no site http://concla.ibge.gov.br/documentacao/documentacao-cnae-2-0.html "o IBGE é o órgão gestor da CNAE, responsável pela documentação da classificação, desenvolvimento dos instrumentos de apoio, disseminação e atendimento aos usuários sobre a aplicação da classificação" e "nas questões relativas às subclasses de uso da Administração Pública, o IBGE opera em regime de cogestão com a Subcomissão Técnica instituída em caráter permanente, no âmbito da Concla em junho de 1998, com atribuição de atualização, disseminação e orientação da adoção da classificação padronizada", a qual "é composta por representantes das três esferas de governo, sob a coordenação da Secretaria da Receita Federal do Brasil" e que atualmente se denomina "Subcomissão Técnica para a CNAE-Subclasses (Resolução Concla 02/07 de 06/05/2007)."

11 Disponível em: http://subcomissaocnae.fazenda.pr.gov.br/UserFiles/File/CNAE/Manual+CNAE+2-1+-+alterado+15-12-2011.pdf.

ICMS E O AGRONEGÓCIO 413

2.2. DA APLICAÇÃO DO CRÉDITO OUTORGADO NA ATIVIDADE COMERCIAL E INDUSTRIAL EXERCIDA PELO MESMO ESTABELECIMENTO

Não identificamos na legislação estadual nenhuma restrição ou condição para fruição do crédito outorgado em razão do contribuinte realizar atividade mista, isto é, produção de bens (indústria) e revenda de outros produtos (comercial atacadista).

Vale dizer ainda que o disposto no artigo 111 do Código Tributário Nacional estabelece que as normas sobre benefícios fiscais devem ser interpretadas literalmente, por isso, não cabe à autoridade administrativa restringir o benefício sob a argumentação de que o contribuinte não exercia com exclusividade a atividade de comercial atacadista.[12]Somente a lei, criada pelo poder legislativo com a competência que lhe foi outorgada, poderia restringir o alcance do benefício fiscal e se assim não o fez, não há margem para interpretação diferente do que foi determinado pelo legislador.

Nesse sentido, a intepretação que deve prevalecer é a que mais se aproximar do elemento literal, sendo que, conforme colocado por Hugo de Brito Machado[13], *"a interpretação literal significa interpretação segundo o significado gramatical, ou melhor, etimológico, das palavras que integram o texto. Quer o Código que se atribua prevalência ao elemento gramatical das leis pertinentes à matéria tratada no artigo 111, que é matéria excepcional"*.

Nesse sentido, a interpretação deve ocorrer nos estritos termos da lei, não possuindo margem para que a autoridade fiscal crie, a pretexto de nova interpretação, condições ou requisitos não estabelecidos pela legislação.

Ora, a fruição do benefício fiscal está condicionada aos requisitos estabelecidos na norma, uma vez que foram todos cumpridos não cabe a autoridade fiscal interpretar essas condições de outra forma que não seja a literal, sob pena de incorrer em grave afronta ao princípio da isonomia.

---

12 Nesse sentido o REsp 491.304/PR, Rel. Min. José Delgado, STJ, 1º Turma; e AC 2002.04.01.49198-0/SC, rel. Desa. Fed. Maria Lúcia Luz Leiria, TRF4, 1ª Turma.

13 MACHADO, Hugo de Brito. Curso de Direito Tributário. 40ª edição. Editora Malheiros. 2019.jus

Admitir que só quem realiza exclusivamente atividade comercial atacadista faria jus ao crédito outorgado de comercial atacadista afronta, nesse sentido, o artigo 102, II, da Constituição Estadual de Goiás, que proíbe o *"tratamento desigual entre os contribuintes que se encontrem em situação equivalente, proibida qualquer distinção em razão de ocupação profissional ou função por eles exercida, independentemente da denominação jurídica dos rendimentos, títulos ou direitos".*

Diante de todas essas considerações, como não poderia ser diferente, o Parecer nº 0564/2014-GEOT, emitido pela Gerência de Orientação Tributária a pedido da Gerência Especial de Auditoria da SEFAZ-GO *"concluiu que a empresa contribuinte que exercer atividade industrial e também praticar comércio atacadista tem direito à apropriação do crédito outorgado no percentual aplicável às operações interestaduais com mercadorias de produção própria, bem como ao crédito correspondente à atividade de revenda no atacado."*

Vale destacar que o supramencionado parecer tem como o objetivo de orientar a aplicação do crédito outorgado concedido às empresas industriais e comerciais atacadistas razão pela qual deveria ser observador pelas autoridades fiscais.

Ainda, o Conselho Pleno do Conselho Administrativo Tributário de Goiás (CAT-GO), por meio do Acórdão nº 0126/11, declarou improcedente a exigência fiscal fundada na tese de que o contribuinte industrial e atacadista (atividade mista) não pode apropriar do crédito de 3% (três por cento), relativamente às operações interestaduais:

> (...)
> "... Com efeito, há de se indagar: <u>A autuada é um contribuinte industrial?</u> **Sim**. <u>A autuada é um contribuinte comerciante atacadista?</u> **Sim**. A resposta, necessariamente afirmativa quanto a estas duas perguntas, **impõe o respeito ao direito da autuada ao percentual de 2%, em relação às operações de saída de mercadorias que industrializa, e ao percentual de 3%, em relação às operações que revende**".
> (...)
> "Assim, a **condição material para a incidência do** <u>benefício é que a operação realizada corresponda a uma "saída interestadual que destine mercadoria para comercialização, produção ou industrialização"</u> e isto não pode ser estendido (para outro tipo de saída ou para outra destinação de mercadoria) sob pena de se quebrar o princípio da interpretação restritiva. A condição subjetiva, que nesse caso determina o quantum da desoneração, é que ao contribuinte industrial se lhe confere o CO de 2% e que ao comerciante atacadista, se lhe confere o CO de 3% aplicado sobre o valor da correspondente operação. Esta disposição de incidência normativa

também não pode ser alargada, isto é, não se pode estender para o varejista (exceto o equiparado a atacadista), nem para o prestador de serviços e não se pode atribuir 3% ao contribuinte exclusivamente industrial. **O mesmo não se diga quanto ao contribuinte que atenda simultaneamente às duas condições subjetivas (que, naturalmente não são excludentes), o qual, necessariamente, fará jus ao CO de 2%, nas operações de saída de mercadorias de produção própria, e de 3%, nas revendas de mercadorias adquiridas de terceiros"**.

3. CONCLUSÃO

Inexiste na legislação federal, estadual, regulatória e tributária qualquer restrição a respeito do exercício de atividade industrial e comercial atacadista em um mesmo estabelecimento.

A própria Receita Federal do Brasil, pela Coordenação-Geral de Tributação – COSIT, reconhece que as operações de simples revenda não caracterizam operação de industrialização, com fundamento na legislação federal, a quem compete a disciplina dessa matéria e cujo conteúdo foi replicado no artigo 5º do RCTE/GO.

A legislação do ICMS prevê a utilização de Código Fiscal de Operações e Prestações – CFOP distinto para operações com produtos adquiridos ou recebidos de terceiros e para mercadorias de produção do próprio estabelecimento, admitindo a existência de atividade mista.

Inexiste no artigo 11, III, do Anexo IX do RCTE/GO qualquer restrição ou condição para a fruição do crédito outorgado em razão do contribuinte realizar atividade mista – produção de bens (indústria) e revenda de outros produtos (comercial atacadista).

É vedado à autoridade administrativa exigir, para fins de fruição do benefício fiscal, condições não existentes na legislação, conforme artigo 111 do Código Tributário Nacional.

É vedado o tratamento desigual entre os contribuintes que se encontrem em situação equivalente, proibida qualquer distinção em razão de ocupação profissional ou função por eles exercida, conforme artigo 102, II, da Constituição Estadual de Goiás.

Assim sendo, entendemos ser legítima a fruição do crédito outorgado para o contribuinte que exerce atividade industrial e comercial no mesmo estabelecimento, no percentual aplicável às operações interestaduais com mercadorias de produção própria, bem como ao crédito correspondente à atividade de revenda no atacado.

DESAFIOS DA NÃO CUMULATIVIDADE DO ICMS E DO NOVO IBS NA CADEIA PRODUTIVA DO AGRONEGÓCIO

Sandra Rosa Pereira[1]

Dâmia Bulos[2]

INTRODUÇÃO

O presente trabalho tem como objetivo refletir sobre alguns aspectos que impactam a carga tributária do Imposto sobre Mercadorias e Serviços (ICMS) ao longo da cadeia de produção e comercialização no setor do agronegócio, dada a relevância do assunto no cenário tributário e econômico atual do país. A análise será feita sob o ângulo da efetivida-

---

1 Auditora Fiscal da SEFAZ/BA. Atuou como Supervisora Fiscal nas Inspetorias Regionais de Fazenda de Itapetinga e Vitória da Conquista e também como Inspetora em Vitória da Conquista. Atualmente é inspetora da Inspetoria de Grandes Empresas da Diretoria de Administração Tributária da Região Sul, DATSUL/BA. MBA em Gestão Tributária pela USP/ESALQ (2021). Graduada em Administração e Direito pela UESB.

2 Procuradora do Estado da Bahia. Pós-graduada em Advocacia Pública, pela Escola da Advocacia Geral da União (2021). Pós-graduada em Direito de Infraestrutura Pública, pela Escola de Direito de São Paulo da Fundação Getúlio Vargas (2014). Pós-graduada em Direito Público, pela Pontifícia Universidade Católica de Minas Gerais (2008). Graduada em Direito pela UCSAL.

de do princípio da não cumulatividade do imposto, constante no art. 155, II, § 2º, I, da Constituição Federal, através do qual os contribuintes, pessoas jurídicas, têm direito de utilizar créditos pela incidência do ICMS nas operações de aquisições de serviços ou mercadorias, abatendo o imposto incidente nas operações de saídas, impedindo sua acumulação. Em complemento, serão feitas considerações acerca da aplicação do princípio no futuro Imposto sobre Bens e Serviços (IBS).

Todavia, como será destacado no presente, o direito encontra limitações constitucionais ao seu pleno exercício quando relacionado a aquisições de mercadorias e/ou serviços vinculados a operações de saídas de mercadorias ou prestação de serviços que sejam beneficiadas com desonerações parciais ou integrais do imposto, a exemplo dos casos de isenção e redução de carga tributária especificados no art. 155, II, § 2º, "a" da Constituição, sendo também afetado quando o contribuinte encontra, junto aos entes federados competentes, dificuldades à liberação do saldo credor acumulado ICMS por aquisições sujeitas a operações posteriores alcançadas por diferimento ou sob autorização de manutenção do crédito fiscal, a exemplo das exportações de mercadorias onde se admite o direito ao crédito do ICMS por determinação do art. 155, II, § 2º, X, "a" da Constituição.

Diante do exposto, e em razão de toda a complexidade e pesada carga tributária brasileira, encontra-se em curso uma proposta de reforma tributária para alteração do Sistema Tributário Nacional, Projeto de Emenda Constitucional (PEC) 45-A[3], com impacto, principalmente, em relação aos impostos indiretos sobre o consumo. O projeto, oriundo de debates travados desde 2019, após votado inicialmente na Câmara dos Deputados em julho de 2023 em primeira fase, foi submetido ao Senado Federal, o qual introduziu algumas modificações, tendo sido votado em novembro de 2023 e retornado à Câmara no mesmo mês para, em segunda fase[4], ser reavaliado.

---

3 BRASIL. Câmara dos Deputados. Proposta de Emenda à Constituição nº 45-A, de 2019. Emenda Aglutinativa de Plenário. Altera o Sistema Tributário Nacional e dá outras providências. Brasília, DF: Câmara dos Deputados, 2023. Disponível em:< https://www.camara.leg.br/proposicoesWeb/prop_mostrarintegra?-codteor=2297914&filename=EMA%201%20=%3E%20PEC%2045/2019>. Acesso em 23 jul. 2023.

4 BRASIL, Câmara dos Deputados. Projeto de Emenda Constitucional nº 45-A de 14 de novembro de 2023. Disponível em: < https://www.camara.leg.br/proposi-

A proposta envolve alterações significativas em determinados tributos, especialmente os que recaem sobre o consumo, destacando-se os atuais ICMS e ISS, que serão substituídos pelo IBS, de incidência no destino, sob perspectiva de simplificação do Sistema Tributário e não cumulatividade plena. Contudo, a partir de uma leitura atenta da PEC 45-A em discussão, percebe-se a manutenção de alguns dos desafios relacionados aos tributos a serem extintos, a exemplo da necessidade de glosa do crédito quando vinculado às isenções parciais ou integrais, bem como a excessiva delegação das condições efetivas do ressarcimento do saldo credor acumulado às normas complementares.

No desenvolvimento desse trabalho, foram analisadas normas relacionadas ao ICMS, extraídas da Constituição Federal, Leis Complementares, Leis Ordinárias, PEC 45-A/19, bem como a Jurisprudência e Doutrina aplicáveis ao tema e informações disponíveis em sites especializados de notícias. A pesquisa documental (GIL, 2002) foi extraída de portais de instituições governamentais em suas versões atualizadas. A partir dos dados apurados nas normas e na estatística disponível nos sites, oficiais e noticiosos, foi feita uma pesquisa aplicada e explicativa (GIL, 2002) focando nas causas que dificultam a efetivação do direito de recuperação dos créditos do ICMS no agronegócio. As informações tiveram como território de referência o Brasil.

1. IMPACTO DO ICMS NA CADEIA DO AGRONEGÓCIO

Segundo dados do Tesouro Nacional brasileiro[5], a arrecadação do ICMS impactou cerca de 7,39% do Produto Interno Bruto (PIB) do país no ano de 2022, sendo a principal fonte de receitas orçamentárias dos entes federados estaduais e Distrito Federal, denominadas deri-

---

coesWeb/prop_mostrarintegra?codteor=2359720&filename=PEC%2045/2019%20 (Fase%202%20-%20CD)>. Acesso em 20 nov. 2023.

5 BRASIL. Ministério da Fazenda. Tesouro Nacional. Boletim Estimativa da Carga Tributária Bruta do Governo Geral, março de 2023. Disponível em: < https://sisweb. tesouro.gov.br/apex/f?p=2501:9::::9:P9_ID_PUBLICACAO:46589>. Acesso em: 22 jul. 2023.

vadas[6], cujo volume de arrecadação determina[7] as respectivas decisões governamentais, e mesmo políticas, destes entes, considerando seu impacto no financiamento necessário aos investimentos públicos, orientando-os.

Esta repercussão afeta fortemente o agronegócio diante do modelo de tributação do ICMS, impondo-lhe significativos desafios na gestão da carga tributária que suporta, por arcar com severas restrições à aplicação plena do princípio da não cumulatividade sobre muitas das operações que promove ao longo de sua cadeia de negócios, comprometendo a neutralidade do tributo.

Sobre esse impacto, ensina Roque Antonio Carrazza[8]:

> (…) o princípio da não cumulatividade garante ao contribuinte o pleno aproveitamento dos créditos de ICMS e tem o escopo de evitar que a carga econômica do tributo distorça as formações dos preços das mercadorias ou dos serviços de transporte transmunicipal e de comunicação e afete a competitividade das empresas. (CARRAZZA, 2022, p. 390)

Segundo dados do Ministério da Agricultura e Pecuária (MAPA)[9], o agronegócio brasileiro produziu, no acumulado janeiro a outubro de 2023, cerca de R$ 11,979 bilhões, em valores brutos, na lavoura e pecuária, com destaque para a produção de soja, milho, cana-de-açúcar, café, algodão, bovino e frango, tendo exportado[10] cerca de R$ 114,072

---

6 Art. 9º. Tributo é a receita derivada instituída pelas entidades de direito público, compreendendo os impostos, as taxas e contribuições nos termos da constituição e das leis vigentes em matéria financeira, destinando-se o seu produto ao custeio de atividades gerais ou especificas exercidas por essas entidades.
BRASIL. Lei nº 4.320 de 17 de março de 1964. Disponível em:< https://www.planalto.gov.br/ccivil_03/leis/l4320.htm>. Acesso em 29 nov. 2023.

7 Condiciona a gestão fiscal no tocante ao equilíbrio das contas públicas e o cumprimento de metas entre receitas e despesas conforme dispõe a LC nº 101/2000.
BRASIL. Lei Complementar nº 101 de 04 maio de 2000. Disponível em:< https://www.planalto.gov.br/ccivil_03/leis/lcp/lcp101.htm>. Acesso em 22 jul. 2023.

8 CARRAZZA, R.A. 2022. ICMS. 19 ed. Malheiros Editores/Juspodium, São Paulo, SP, Brasil.

9 BRASIL, 2023. Ministério da Agricultura e Pecuária. Agropecuária Brasileira em Números, 2023. Disponível em:< https://www.gov.br/agricultura/pt-br/assuntos/politica-agricola/todas-publicacoes-de-politica-agricola/agropecuaria-brasileira-em-numeros/>. Acesso em 29 nov. 2023.

10 BRASIL. Ministério do Desenvolvimento, Indústria e Comércio Exterior. Secretaria de Comércio Exterior. Balança Comercial Mensal – Dados Consolidados, junho

bilhões em produtos no setor, no acumulado do mesmo período, incluindo a agroindústria, colocando o Brasil nas primeiras posições como exportador no mercado mundial de açúcar, café, suco de laranja, carne bovina e de frango, milho, soja em grão, farelo de soja, óleo de soja, algodão e carne suína.

Por empregar grande volume e variedade de insumos tributados na sua cadeia, dentre os quais sementes, adubos ou fertilizantes químicos, inseticidas, rodenticidas, fungicidas, herbicidas e medicamentos veterinários, tornam-se relevantes as discussões sobre a recuperabilidade dos créditos do ICMS pelas empresas do setor, considerando-se os expressivos montantes envolvidos: registre-se que apenas as importações destes insumos, realizadas no acumulado janeiro até outubro de 2023, totalizaram cerca de 16,385 milhões de dólares, conforme atestou a Balança[11] Comercial Brasileira no período.

2. DESAFIOS DA RECUPERABILIDADE DOS CRÉDITOS DO ICMS NO AGRONEGÓCIO

Como destacado, o agronegócio brasileiro tem enfrentado dificuldades na recuperação dos créditos do ICMS por aquisição de insumos sob benefícios fiscais para redução da carga tributária, ou aquisição de mercadorias para uso/consumo, por não lhes permitirem, enquanto contribuintes, a apropriação integral do ICMS incidente nas operações antecedentes. Também enfrentam limitações quando acumulam crédito por exportações devido à imunidade tributária ou promovem saídas de mercadorias com aplicação do diferimento[12], operações que admitem a manutenção do crédito e encerra potencial risco da acumulação do saldo credor se este não for absorvido em tempo hábil no decorrer das operações mercantis e/ou industriais.

---

de 2023. Disponível em: < https://balanca.economia.gov.br/balanca/publicacoes_dados_consolidados/nota.html>. Acesso em: 29 nov. 2023.

11 BRASIL. Ministério do Desenvolvimento, Indústria e Comércio Exterior. Secretaria de Comércio Exterior. Balança Comercial Mensal – Dados Consolidados, junho de 2023. Disponível em: < https://balanca.economia.gov.br/balanca/publicacoes_dados_consolidados/nota.html>. Acesso em: 29 nov. 2023.

12 O diferimento é espécie de substituição tributária que posterga o lançamento do imposto antecedente para etapa posterior, sendo recurso bastante empregado pelos fiscos estaduais e distrital no âmbito da cadeia do ICMS no agronegócio, principalmente em relação aos produtos primários.

Para esse setor, que representou 24,8%[13] do PIB nacional em 2022, o fato é que o modelo atual deste imposto de competência estadual impõe significativos desafios ao agronegócio no Brasil, principalmente quando se relaciona às limitações ao direito de recuperação do ICMS incidente na etapa anterior – vinculados aos insumos necessários à cadeia produtiva do setor – somadas à possibilidade de se aguardar longos prazos de maturação da lavoura ou da pecuária, até que a produção esteja apta à comercialização, comprometendo seu fluxo de caixa.

A recuperação do crédito do ICMS pelo agronegócio, nestas situações, tem encontrado, principalmente, barreiras associadas a:

a. Benefícios fiscais[14]: os Acordos Interestaduais no âmbito do Conselho Nacional de Política Fazendária (CONFAZ) têm procurado estimular a economia do setor, a fim de buscar a redução do impacto da incidência do ICMS sobre insumos em diversas etapas intermediárias da cadeia de produção e comercialização de seus produtos. Estes acordos desoneram parcial ou integralmente a carga tributária incidente sobre determinados produtos ao longo da cadeia, a exemplo dos defensivos agrícolas, sementes, rações, entre outros, através da concessão de isenção do imposto em operações internas e/ou interestaduais, através de convênios ou protocolos celebrados entre os entes federados, entre os quais, vide Convênio ICMS nº 100/97[15] relacionado a sementes, defensivos agrícolas, entre outros.

---

13 BRASIL, 2023. Universidade de São Paulo. Escola Superior de Agricultura Luiz de Queiroz. Centro de Estudos Avançados em Economia Aplicada. Departamento de Economia, Administração e Sociologia. – CEPEA. Pib do Agronegócio Brasileiro, junho de 2023. São Paulo, 2023. Disponível em:< https://www.cepea.esalq.usp.br/br/pib-do-agronegocio-brasileiro.aspx>. Acesso em 25 jul. 2023.

14 Os benefícios concedidos devem atender ao disposto na Lei Complementar nº 160/17, que buscou regularizar os benefícios unilaterais adotados por alguns Estados, convalidando-os de acordo com regras a serem atendidas.
BRASIL, 2017. Lei Complementar n. 60 de 07 de agosto de 2017. Disponível em:< https://www.planalto.gov.br/ccivil_03/leis/lcp/lcp160.htm>. Acesso em: 21 jul. 2023.

15 BRASIL. Ministério da Fazenda. Conselho Nacional de Política Fazendária. Convênio ICMS nº 100 de 06 de novembro de 1997. Disponível em:< https://www.confaz.fazenda.gov.br/legislacao/convenios/1997/CV100_97>. Acesso em: 25 mai. 2023.

Em que pese o reflexo positivo dessa redução de carga tributária ao longo de algumas etapas produtivas do agronegócio, a vedação do direito à manutenção ou exigência de estorno[16] dos créditos proporcionais respectivos, limitando-os à parcela tributada destas aquisições, repercute negativamente no equilíbrio econômico-financeiro do setor em virtude da cumulatividade imposta ao final da cadeia;

b. Diferimento: espécie de substituição tributária através da qual se atribui ao contribuinte substituto, em etapa posterior, a responsabilidade pelo pagamento do imposto devido pelo contribuinte antecedente, substituído, à luz do que dispõe o art. 155, II, § 2º, XII, "b" da Constituição Federal, não se revestindo de natureza de benefício fiscal conforme entendimento do Supremo Tribunal Federal (STF)[17].

---

16 Entendimento consolidado pelo Supremo Tribunal Federal (STF) no Recurso Extraordinário (RE) 635688 RS, em consonância com disposição da LC 87/96, art. 21, I e II, e legislada pelos entes federados através do Convênio ICMS nº 26/21, não mais se admitindo, a partir de 2022, a manutenção do direito aos créditos integrais do tributo quando relacionados às saídas com redução parcial do tributo, apesar de sua possibilidade ser contemplada pela constituição (CF, art. 155, II, § 2º, II).

BRASIL, Supremo Tribunal Federal. Recurso Especial 635.688/RS. (Plenário). EMBARGOS DE DECLARAÇÃO EM EMBARGOS DE DECLARAÇÃO NOS SEGUNDOS EMBARGOS DE DECLARAÇÃO EM AGRAVO REMENTAL EM RECURSO EXTRAORDINÁRIO. 2. DIREITO TRIBUTÁRI. ICMS. REDUÇÃO DE BASE DE CÁLCULO. REPERCUSSÃO GERAL. 3. MARCO TEMPORAL. MODULAÇÃO DE FEITOS. AUSÊNCIA DOS PRESSUPOSTOS NECESSÁRIOS. REAFIRMAÇÃO DE JURISPRUDÊNICA. 4. INEXISTÊNCIA DE OMISSÃO, CONTRADIÇÃO OU OBSCURIDADE. 5. EFEITOS INFRINGENTES. NÃO CONFIGURAÇÃO DE SITUAÇÃO EXCEPCIONAL. 6. EMBARGOS DE DECLARAÇÃO REJEITADOS. 7. APLICAÇÃO MULTA DE 2 % DO § 2º do ART. 1.026 DO CPC Embargante: ABRAS e outros. Embargado: Estado do Rio Grande do Sul. Relator: Ministro Gilmar Mendes. 29/03/2021. Disponível em: <https://portal.stf.jus.br/processos/downloadPeca.asp?id=15346225045&ext=.pdf>. Acesso em 27 jul. 2023.

17 BRASIL. Supremo Tribunal Federal. (Tribunal Pleno). Ação Direta de Inconstitucionalidade 3676/SP. Ementa: CONSTITUCIONAL E TRIBUTÁRIO. ICMS. DIFERIMENTO. INEXIGÊNCIA DE DELIBERAÇÃO POR ESTADOS E DISTRITO FEDERAL E DE FORMALIZAÇÃO PRÉVIA DE CONVÊNIO. CONSTITUCIONALIDADE. IMPROCEDÊNCIA. 1. Não se confunde a hipótese de diferimento do lançamento tributário com a de concessão de incentivos ou benefícios fiscais de ICMS, podendo ser estabelecida sem a prévia celebração de convênio. Precedentes. 2. O inciso II do art. 1º do Decreto 49.612/2005 do Estado de São Paulo prevê, na incidência do ICMS, diferimento do lançamento tributário. 3. Ação Direta de Inconstitucionalidade julgada improcedente. Recorrente: Procurador-Geral da República. Recorrido: Governador do Estado de São Paulo. Relator: Ministro Alexandre de Moraes, 30/08/2019.Disponível

Apesar da substituição tributária permitir a realização de operações de saídas tributadas com postergação do lançamento do ICMS incidente para etapa subsequente, conferindo aos contribuintes um melhor planejamento financeiro, pode ocorrer eventual acúmulo de saldo credor do ICMS vinculado à etapa anterior às operações com aplicação do diferimento, por operações de aquisições de insumos tributados, cujo saldo credor também se sujeitaria à disponibilidade orçamentária das Unidades Federadas para determinar as condições de seu uso;

c. Uso e consumo: quanto às operações de aquisições para uso e consumo, o direito à utilização do crédito respectivo tem sofrido sucessivas postergações ao longo dos últimos 35 anos, desde a edição da Lei Complementar (LC) nº 87/96, art. 33, I, conhecida como Lei Kandir[18], sendo mais um fator de impacto econômico-financeiro negativo às empresas do setor.

Sobre os créditos, o Supremo Tribunal Federal fixou a seguinte tese[19]:

> Não viola o princípio da não cumulatividade (art. 155, § 2º, incisos I e XII, alínea c, da CF/1988) lei complementar que prorroga a compensação de créditos relativos a bens adquiridos para uso e consumo no próprio estabelecimento do contribuinte.

d. Exportações: a recuperação do crédito do ICMS sobre as operações antecedentes às exportações, com previsão constitucional, art. 155, II, § 2º, X, encontra dificuldades ao efetivo ressarcimento do saldo credor acumulado, limitado atualmente para utilização própria ou na transferência a outros contribuintes dentro da mesma unidade federada, à luz do art. 25, § 1º, I e II da Consti-

---

em: <https://jurisprudencia.stf.jus.br/pages/search/sjur410729/false>.Acesso em: 03 de jan. 2023

18 BRASIL, 1996. Lei Complementar n. 87 de 13 de setembro de 1996. Disponível em:< https://www.planalto.gov.br/ccivil_03/leis/lcp/lcp87.htm>. Acesso em: 13 mai. 2023.

19 BRASIL. Supremo Tributário Federal. Recurso Extraordinário n. 601.967/RS. EMENTA: DIREITO TRIBUTÁRIO. AGRAVO INTERNO NOS EMBARGOS DE DECLARAÇÃO NO RECURSO EXTRAORDINÁRIO. ICMS. COMPENSAÇÃO DE CRÉDITOS. LIMITAÇÕES IMPOSTAS POR LEI COMPLEMENTAR. MATÉRIA SUBMETIDA AO REGIME DA REPERCUSSÃO GERAL. TEMA 346. REITERADA A DETERMINAÇÃO DE DEVOLUÇÃO DOS AUTOS À ORIGEM. Agravante: Estado de Minas Gerais. Agravado: Maroca & Russo Indústria e Comércio Ltda. Relator: Ministro Roberto Barroso. 27/04/2018. Disponível em: <https://redir.stf.jus.br/paginadorpub/paginador.jsp?docTP=TP&docID=14880282>. Acesso em: 25 jul. 2023.

tuição Federal, sem previsão de devolução em moeda corrente. Além destas dificuldades, a recuperação também encontra barreiras na disponibilidade orçamentária das Unidades Federadas, comprometendo a liquidez do saldo credor, tema que tem atraído a atenção do legislador, a exemplo do Projeto de Lei Complementar (PLP) nº 50/22[20] que sugere sua monetização em ativo virtual a ser negociado entre contribuintes ou por meio da Bolsa de Valores.

Os dilemas apontados têm sido objeto de constante discussão judicial sem, contudo, corresponder a avanços pragmáticos capazes de solucionar o problema da cumulatividade do tributo no meio da cadeia do agronegócio, de forma reduzir seu impacto nos custos que contribuem para a formação dos preços praticados pelas empresas daquele setor.

3. IMPACTOS DA REFORMA TRIBUTÁRIA NA RECUPERAÇÃO DO SALDO CREDOR DO ICMS

Como exposto, as atividades do agronegócio, vide MAPA[21], concentram-se na agroindústria e exportação de produtos primários, com utilização de grandes volumes de insumos tributados pelo ICMS, cujas operações com os produtos finais podem se sujeitar às situações tributárias analisadas no tópico anterior, destacando-se a ocorrência de acumulação de créditos do ICMS por aquisições de mercadorias sujeitas

---

20 BRASIL. Câmara dos Deputados. Projeto de Lei Complementar nº 50 de 06 de abril de 2022. Cria o Programa de Desoneração da Exportação de Bens e Serviços - "DESONERA E EXPORTA BRASIL" com o objetivo de recuperar a competitividade internacional da Economia brasileira, altera dispositivos da Lei Complementar nº 87, de 13 de setembro de 1996, e dá outras providências. Brasília, DF: Câmara dos Deputados, 2022. Disponível em:< https://www.camara.leg.br/proposicoesWeb/prop_mostrarintegra?codteor=2155889&filename=PLP%2050/2022>. Acesso em 25 jul. 2023.

21 De acordo com o MAPA, em dados divulgados na publicação Agropecuária Brasileira em Números – ABN de maio/2023, o Brasil ocupa o intervalo entre o 1º e 4º lugar na produção de açúcar, café, suco de laranja, carne bovina, carne de frango, milho, soja em grão, farelo de soja, óleo de soja, algodão e carne suína.

BRASIL, 2023. Ministério da Agricultura e Pecuária. Agropecuária Brasileira em Números, maio de 2023. Disponível em:< https://www.gov.br/agricultura/pt-br/assuntos/politica-agricola/todas-publicacoes-de-politica-agricola/agropecuaria-brasileira-em-numeros/abn-2023-05.pdf/view>. Acesso em 15 jul. 2023.

a operações posteriores submetidas ao diferimento e/ou exportação. O tema é relevante, pois existindo saldo credor acumulado, caso este não seja recuperado em tempo hábil, o contribuinte submeter-se-á ao potencial risco de sua perda financeira em virtude da impossibilidade de atualização monetária dos créditos escriturais[22] e pela decadência[23] do direito, comprometendo sua liquidez.

Atualmente, não existem informações públicas no Brasil que consolidem os dados dos entes federados competentes, sobre o volume do saldo credor acumulado de ICMS, passível de ressarcimento, a despeito da obrigação financeira dos Estados e do Distrito Federal para com seus contribuintes.

Apesar da lacuna, pode-se exemplificar a complexidade do problema, citando informações disponibilizadas por empresa[24] listada na Bolsa de Valores, por meio da sua Demonstração Financeira do primeiro trimestre de 2023, que registra significativo montante de saldo acumulado de ICMS a recuperar, vinculado a operações realizadas nos Estados do Espírito Santo, Maranhão, Mato Grosso do Sul e São Paulo, num total de R$ 1,4 milhão, e o risco de sua não recuperação. Nesse sentido, após contabilizar o valor do saldo credor que deve ser utilizado na apuração regular do imposto e objeto de "venda a terceiros, após a aprovação da Secretaria da Fazenda de cada Estado", a Companhia, simultaneamente, provisiona cerca de R$ 1,1 milhão como risco de "perda de ICMS com baixa perspectiva de realização"

---

22 BRASIL, Supremo Tribunal Federal. Recurso Extraordinário 634468/PR (1ª Turma). Embargos de Declaração. EMENTA: EMBARGOS DE DECLARAÇÃO NO RECURSO EXTRAORDINÁRIO. CONVERSÃO EM AGRAVO REGIMENTAL. TRIBUTÁRIO. IMPOSTO SOBRE CIRCULAÇÃO DE MERCADORIAS E SERVIÇOS – ICMS. IMPOSSIBILIDADE DE CORREÇÃO MONETÁRIA DOS CRÉDITOS ESCRITURAIS. PRECEDENTES. AGRAVO REGIMENTAL AO QUAL SE NEGA PROVIMENTO. Disponível em:< https://jurisprudencia.stf.jus.br/pages/search/sjur207024/false>. Acesso em: 14 ago. 2023..

23 A Lei Complementar nº 87/96, art. 23, parágrafo único, estabelece o prazo de 5 anos para o exercício do direito ao crédito fiscal do ICMS a partir da data de emissão do documento fiscal.

BRASIL, 1996. Lei Complementar n. 87 de 13 de setembro de 1996. Disponível em:< https://www.planalto.gov.br/ccivil_03/leis/lcp/lcp87.htm>. Acesso em: 13 mai. 2023.

24 BRASIL. Informações Trimestrais de 31de março de 2023. Disponível em:< Suzano - Informações Financeiras - Central de Resultados>. Acesso em: 27 jul. 2023, p. 34.

Na transição do novo Sistema Tributário a ser implementado, a devolução do saldo credor do ICMS acumulado está prevista na Reforma Tributária, na PEC 45-A[25], que promove a extinção do ICMS e do ISS, substituindo-os pelo IBS, com perspectivas de tributação no destino, não cumulatividade plena, transparência e redução da carga tributária do país.

Contudo, mesmo após as novas discussões realizadas no Senado[26], observam-se mantidas as dificuldades para o contribuinte quanto ao ressarcimento do imposto, perceptíveis no longo prazo admitido para sua devolução pelos entes federados, conforme projeto[27], considerando-se que, havendo saldo do ICMS após o período de transição – que

---

25 BRASIL. Câmara dos Deputados. Emenda Aglutinativa de Plenário, Projeto de Emenda Constitucional nº 45-A de 06 de julho de 2023. Disponível em: < https://www.camara.leg.br/proposicoesWeb/prop_mostrarintegra?codteor=2297914&filename=EMA%201%20-%3E%20PEC%2045/2019>. Acesso em: 23 jul. 2023.

26 A PEC se encontra novamente em tramitação na Câmara, com as alterações promovidas por aquela Casa.

BRASIL, Câmara dos Deputados. Projeto de Emenda Constitucional nº 45-A de 14 de novembro de 2023. Disponível em: < https://www.camara.leg.br/proposicoesWeb/prop_mostrarintegra?codteor=2359720&filename=PEC%2045/2019%20 (Fase%202%20-%20CD)>. Acesso em: 20 nov. 2023.

27 Para fins de melhor compreensão, importante transcrever alguns dispositivos da PEC 45-A relacionados ao tema:

Art. 2º O Ato das Disposições Constitucionais Transitórias passa a vigorar com os seguintes artigos alterados ou acrescidos:

(…)

"Art. 134. Os saldos credores relativos ao imposto previsto no art. 155, II, da Constituição Federal, existentes ao final de 2032 serão aproveitados pelos contribuintes na forma deste artigo e nos termos da lei complementar.

§ 1º O disposto neste artigo alcança os saldos credores cujo aproveitamento ou ressarcimento sejam admitidos pela legislação em vigor e que tenham sido homologados pelos respectivos entes federativos, observadas as seguintes diretrizes:

(…)

§ 3º O saldo dos créditos homologados será informado pelos Estados e pelo Distrito Federal ao Comitê Gestor do Imposto sobre Bens e Serviços para que seja compensado com o imposto de que trata o art. 156-A da Constituição Federal:

I – pelo prazo remanescente, apurado nos termos do art. 20, § 5º, da Lei Complementar nº 87, de 13 de setembro de 1996, para os créditos relativos à entrada de mercadorias destinadas ao ativo permanente;

II – em 240 (duzentos e quarenta) parcelas mensais, iguais e sucessivas, nos demais casos.

deverá ocorrer num período de 10 anos a partir da publicação da Emenda Constitucional –, este deverá ser atualizado pelo índice de inflação brasileiro vigente e ser compensado com o novo imposto, IBS, parceladamente, no prazo de 240 meses, em condições a serem definidas por Lei Complementar, a qual também deverá estabelecer as condições para a transferência desse saldo credor a terceiros. Contudo, considerando as diferenças regionais de cada ente federado e suas respectivas realidades orçamentárias, as condições impostas para a recuperação do saldo credor poderão perpetuar desvantagens aos contribuintes, a depender das restrições que contemplem.

4. FUNDO DE COMPENSAÇÃO DE BENEFÍCIOS FISCAIS OU FINANCEIROS-FISCAIS DO ICMS

A agropecuária e a agroindústria promovem operações e prestações internas e interestaduais com diversos produtos agropecuários e extrativos vegetais *in natura* na sua cadeia, e utilizam defensivos agrícolas, rações, sementes, mudas de plantas, embriões congelados, dentre outros, os quais possuem benefícios fiscais relativos a isenção ou redução de carga tributária do ICMS, atualmente válidos por 15 anos, em curso, com objetivo de estimular as atividades do setor. A concessão dos benefícios pelos entes federados ocorre após a celebração de Acordos

---

§ 4º O Comitê Gestor do Imposto sobre Bens e Serviços deduzirá do produto da arrecadação do imposto previsto no art. 156-A devido ao respectivo ente federativo o valor compensado na forma do § 3º, o qual não comporá base de cálculo para fins do disposto no art. 158, IV, 198, § 2º, 204, parágrafo único, 212, 212-A, II, e 216, § 6º, todos da Constituição Federal.

§ 5º A partir de 2033, os saldos credores serão atualizados pelo Índice Nacional de Preços ao Consumidor Amplo (IPCA), ou por outro índice que venha a substituí-lo.

§ 6º Lei complementar disporá sobre:

I – as regras gerais de implementação do parcelamento previsto no § 3º;

II – a forma pela qual os titulares dos créditos de que trata este artigo poderão transferi-los a terceiros;

III – a forma pela qual o crédito de que trata este artigo poderá ser ressarcido ao contribuinte pelo Comitê Gestor do Imposto sobre Bens e Serviços, caso não seja possível compensar o valor da parcela nos termos do § 3º ."

BRASIL, Câmara dos Deputados. Projeto de Emenda Constitucional nº 45-A de 14 de novembro de 2023. Disponível em: <https://www.camara.leg.br/proposicoes-Web/prop_mostrarintegra?codteor=2359720&filename=PEC%2045/2019%20 (Fase%202%20-%20CD)>. Acesso em 20 nov. 2023.

Interestaduais regidos pelas regras previstas nas Leis Complementares nºs 160/2017[28], 170/2019[29] e 186/2021[30].

No texto da PEC 45-A, tais benefícios não serão objeto de prorrogação, mas, desde que concedidos por prazo certo e sob condição, possibilitarão aos seus beneficiários, pessoas jurídicas, compensação mediante recursos oriundos do Fundo[31] de Compensação de Benefí-

---

28 BRASIL. Lei Complementar nº 160 de 07 de agosto de 2017. Disponível em:< https://www.planalto.gov.br/ccivil_03/leis/lcp/lcp160.htm>. Acesso em: 25.jun. 2023.

29 BRASIL. Lei Complementar nº 170 de dezembro de 2019. Disponível em:< https://www.planalto.gov.br/ccivil_03/leis/lcp/Lcp170.htm>. Acesso em: 25 jun. 2023.

30 BRASIL. Lei Complementar nº 186 de outubro de 2021. Disponível em https://www.planalto.gov.br/ccivil_03/leis/lcp/lcp186.htm. Acesso em: 25 jun. 2023.

31 Transcrições da PEC 45-A:

" Art. 12. Fica instituído o Fundo de Compensação de Benefícios Fiscais ou Financeiro-Fiscais do imposto de que trata o art. 155, II, da Constituição Federal, com vistas a compensar, entre 1º de janeiro de 2029 e 31 de dezembro de 2032, pessoas físicas ou jurídicas beneficiárias de isenções, incentivos e benefícios fiscais ou financeiro-fiscais relativos àquele imposto, concedidos por prazo certo e sob condição.

(…)

§ 2º Os recursos do Fundo de que trata o caput serão utilizados para compensar a redução do nível de benefícios onerosos do imposto previsto no art. 155, II, da Constituição Federal, na forma do § 1º do art. 128 do Ato das Disposições Constitucionais Transitórias, suportada pelas pessoas físicas ou jurídicas em razão da substituição do referido imposto por aquele previsto no art. 156-A da Constituição Federal, nos termos deste artigo.

§ 3º Para efeitos deste artigo, consideram-se benefícios onerosos as isenções, os incentivos e os benefícios fiscais ou financeiro-fiscais vinculados ao referido imposto concedidos por prazo certo e sob condição, na forma do art. 178 da Lei nº 5.172, de 25 de outubro de 1966 (Código Tributário Nacional).

§ 4º A compensação de que trata o § 1º:

I – aplica-se aos titulares de benefícios onerosos referentes ao imposto previsto no art. 155, II, da Constituição Federal regularmente concedidos até 31 de maio de 2023, sem prejuízo de ulteriores prorrogações ou renovações, observados o prazo estabelecido no caput e, se aplicável, a exigência de registro e depósito estabelecida pelo art. 3º, II, da Lei Complementar nº 160, de 7 de agosto de 2017, que tenham cumprido tempestivamente as condições exigidas pela norma concessiva do benefício, bem como aos titulares de projetos abrangidos pelos benefícios a que se refere o art. 19 desta Emenda Constitucional;

II – não se aplica aos titulares de benefícios decorrentes do disposto no art. 3º, § 2º-A, da Lei Complementar nº 160, de 7 de agosto de 2017.

(…)

cios Fiscais ou Financeiros-fiscais que será instituído para este fim, com aportes[32] provenientes da arrecadação do IBS e complementação com recursos da União, caso necessário.

Apesar desta relevante previsão legal, é importante ressaltar a ausência de informações institucionais e consolidadas a respeito dos montantes envolvidos nas renúncias fiscais concedidas pelos entes federados, passíveis do ressarcimento aos contribuintes, a serem suportados pelo Fundo. O fato requer atenção, considerando-se a veiculação, em abril de 2023[33], de nota técnica sobre os impactos dos benefícios fiscais do ICMS na economia brasileira, emitida pela Associação Nacional das Associações de Fiscais de Tributos Estaduais (FEBRAFITE), com infor-

---

§ 6º Lei complementar estabelecerá:

I – critérios e limites para apuração do nível de benefícios e de sua redução;

II – procedimentos de análise, pela União, dos requisitos para habilitação do requerente à compensação de que trata o § 2º.

§ 7º É vedada a prorrogação dos prazos de que trata o art. 3º, §§ 2º e 2º-A, da Lei Complementar nº 160, de 7 de agosto de 2017.

§ 8º A União deverá complementar os recursos de que trata o § 1º em caso de insuficiência de recursos para a compensação de que trata o § 2º."

BRASIL, Câmara dos Deputados. Projeto de Emenda Constitucional nº 45-A de 14 de novembro de 2023. Disponível em:< https://www.camara.leg.br/proposicoesWeb/prop_mostrarintegra?codteor=2359720&filename=PEC%2045/2019%20 (Fase%202%20-%20CD)>. Acesso em 20 nov. 2023.

32 Ibidem

"Art. 125. Em 2026, o imposto previsto no art. 156-A será cobrado à alíquota estadual de 0,1% (um décimo por cento) e a contribuição prevista no art. 195, V, ambos da Constituição Federal, será cobrada à alíquota de 0,9% (nove décimos por cento). (…)

§ 3º A arrecadação do imposto previsto no art. 156-A decorrente do disposto no caput deste artigo não observará as vinculações, repartições e destinações previstas na Constituição Federal, devendo ser aplicada, integral e sucessivamente, para: (…)

II – compor o Fundo de Compensação de Benefícios Fiscais ou Financeiro-Fiscais do imposto de que trata o art. 155, II, da Constituição Federal."

BRASIL, Câmara dos Deputados. Projeto de Emenda Constitucional nº 45-A de 14 de novembro de 2023. Disponível em:< https://www.camara.leg.br/proposicoesWeb/prop_mostrarintegra?codteor=2359720&filename=PEC%2045/2019%20 (Fase%202%20-%20CD)>. Acesso em 20 nov. 2023.

33 BRASIL, 2023. FEBRAFITE. Nota Técnica. Benefícios fiscais do ICMS: evolução e impacto sobre desenvolvimento econômico Disponível em:< https://www.febrafite. org.br/wp-content/uploads/2020/06/NT_BenFiscais_Febrafite-1.pdf/>. Acesso em: 04 ago. 2023.

mação acerca das estimativas do volume dessa renúncia no período de 2015 a 2023, como tendo representado cerca de R$ 228 bilhões em 2023, incluídos os benefícios fiscais do agronegócio.

Diante deste montante e considerando as demais obrigações financeiras dos entes federados, a possibilidade de readequação[34] contínua das alíquotas de referência do IBS no período de 2029 a 2033, a ser realizada por revisãopelo Senado, conforme previsão da Reforma, encerra sempre o potencial risco de aumento de carga tributária à sociedade, e suas consequências na acumulação de crédito fiscal pelos contribuintes, caso ocorra a necessidade de manutenção da arrecadação perdida com a redução do ICMS e/ou recomposição das receitas destinadas aos aportes aos fundos estaduais financiados com recursos vinculados a condições estabelecidas para "aplicação de diferimento, regimes espe-

---

34 PEC 45-A:

"Art. 130. Resolução do Senado Federal fixará, para todas as esferas federativas, as alíquotas de referência dos tributos previstos nos arts. 156-A e 195, V, da Constituição Federal, observados a forma de cálculo e os limites previstos em lei complementar, de forma a assegurar:

(...)

II – de 2029 a 2033, que a receita dos Estados e do Distrito Federal com o imposto previsto no art. 156-A da Constituição Federal seja equivalente à redução:

(...)

b) das receitas destinadas a fundos estaduais financiados por contribuições estabelecidas como condição à aplicação de diferimento, regime especial ou outro tratamento diferenciado, relativos ao imposto de que trata o art. 155, II, da Constituição Federal, em funcionamento em 30 de abril de 2023, excetuadas as receitas dos fundos mantidas na forma do art. 136 deste Ato das Disposições Constitucionais Transitórias;

(...)

§ 2º Na fixação das alíquotas de referência, deverão ser considerados os efeitos sobre a arrecadação dos regimes específicos, diferenciados ou favorecidos e de qualquer outro regime que resulte em arrecadação menor do que a que seria obtida com a aplicação da alíquota padrão.

BRASIL, Câmara dos Deputados. Projeto de Emenda Constitucional nº 45-A de 14 de novembro de 2023. Disponível em:< https://www.camara.leg.br/proposicoesWeb/prop_mostrarintegra?codteor=2359720&filename=PEC%2045/2019%20 (Fase%202%20-%20CD)>. Acesso em 20 nov. 2023.

ciais ou outro tratamento diferenciado", ainda que oscilem dentro de parâmetros denominados "tetos de referência"[35].

Saliente-se que esse incremento de alíquotas não se submeteria[36] à aplicação da noventena prevista na CF, art. 150, III, "c", ou seja, não teria de aguardar o prazo de noventa dias da publicação da lei para sua validade.

Para fins de simulações acerca desse impacto, o Ministério da Fazenda[37] fez simulações sob diversos cenários de volume de benefícios fiscais, tendo estimado alíquotas de referência mínimas para o IBS, e a

---

35 PEC 145-A:

"Art. 130 (...)

§ 3º Para fins do disposto nos §§ 4º a 6º, entende-se por:

I – Teto de Referência da União: a média da receita no período de 2012 a 2021, apurada como proporção do Produto Interno Bruto (PIB), do imposto previsto no art. 153, IV, das contribuições previstas no art. 195, I, "b" e IV, da contribuição para o Programa de Integração Social de que trata o art. 239 e do imposto previsto no art. 153, V, sobre operações de seguro, todos da Constituição Federal;

II – Teto de Referência Total: a média da receita no período de 2012 a 2021, apurada como proporção do PIB, dos impostos previstos nos arts. 153, IV, 155, II e 156, III, das contribuições previstas no art. 195, I, "b" e IV, da contribuição para o Programa de Integração Social de que trata o art. 239 e do imposto previsto no art. 153, V, sobre operações de seguro, todos da Constituição Federal;

BRASIL, Câmara dos Deputados. Projeto de Emenda Constitucional nº 45-A de 14 de novembro de 2023. Disponível em:< https://www.camara.leg.br/proposicoes-Web/prop_mostrarintegra?codteor=2359720&filename=PEC%2045/2019%20 (Fase%202%20-%20CD)>. Acesso em 20 nov. 2023.

36 PEC 45-A:

"Art. 130

§ 1º As alíquotas de referência serão fixadas no ano anterior ao de sua vigência, não se aplicando o disposto no art. 150, III, "c", da Constituição Federal, com base em cálculo realizado pelo Tribunal de Contas da União".

BRASIL, Câmara dos Deputados. Projeto de Emenda Constitucional nº 45-A de 14 de novembro de 2023. Disponível em:< https://www.camara.leg.br/proposicoes-Web/prop_mostrarintegra?codteor=2359720&filename=PEC%2045/2019%20 (Fase%202%20-%20CD)>. Acesso em 20 nov. 2023.

37 BRASIL, 2023. Ministério da Fazenda. Assessoria Especial de Comunicação Social. Anexo Detalhamento Metodológico. Alíquota. Disponível em:<https://www.gov.br/fazenda/pt-br/acesso-a-informacao/acoes-e-programas/reforma-tributaria/estudos/8-8-23-nt-mf_sert-anexo-detalh-metodologico-aliquota-padrao-da-tributacao-do-consumo-de-bens-e-servicos-no-ambito-da-reforma-tributaria.pdf>. Acesso em 23 nov. 2023.

Contribuição Social sobre Bens e Serviços (CBS), encontrando estimativas entre 20,73% (factível) e 22,02% (conservador) até 25,45 (factível) e 27,00% (conservador).

Esses estudos preliminares lastrearam o Tribunal de Contas da União (TCU) para a emissão, em outubro de 2023, do relatório de Resultados do Grupo de Trabalho sobre a Reforma Tributária[38], considerando diversos cenários de concessão de benefícios fiscais, baseados em dados referentes ao período 2013 a 2022, que subsidiou as discussões da PEC 45-A no Senado.

Registre-se que o referido estudo adotou metodologia internacional oriunda do Fundo Monetário Internacional (FMI), adaptada à realidade brasileira, precariamente, conforme alerta o órgão, o que pode comprometer as estimativas apresentadas, trazendo incertezas quanto aos reflexos da Reforma quanto ao real impacto da carga tributária dos novos tributos na economia. Assim, segundo o relatório do Tribunal de Contas da União:

> É razoável afirmar que a introdução de adaptações ao modelo pode afetar negativamente os resultados obtidos, tornando as estimativas do gap tributário menos consistentes. Adicionalmente, dependendo da magnitude das mudanças, pode aumentar a complexidade e o custo operacional do modelo, reduzir a comparabilidade com outros países e gerar incertezas ao depender de simplificações ou estimativas. (TCU, 2023, p. 48)

5. BREVES CONSIDERAÇÕES SOBRE A NÃO CUMULATIVIDADE DO IBS

Quanto à não cumulatividade do IBS, a Reforma Tributária, caso seja aprovada nos moldes sugeridos, manterá a limitação[39] da recuperação

---

38 BRASIL, 2023. Tribunal de Contas da União. Resultados do Grupo de Trabalho sobre a Reforma Tributária de 03 de outubro de 2023. Disponível em:https://portal.tcu.gov.br/data/files/60/E6/37/FC/3C6FA8108DD885A8F18818A8/Relatorio%20Completo%20-%20Resultados%20do%20Grupo%20de%20Trabalho%20sobre%20a%20Reforma%20Tributaria.pdf. Acesso em 21 nov. 2023.

39 PEC 45-A

Art.1º

(…)

"Art, 156-A

§ 7º A isenção e a imunidade: I – não implicarão crédito para compensação com o montante devido nas operações seguintes; II – acarretarão a anulação do crédito

plena do imposto incidente nas operações antecedentes, salvo exceções a serem estabelecidas em Lei Complementar, quando houver operações posteriores objeto de imunidade ou desonerações diversas (não incidência, isenção, redução de alíquota), não inovando em relação ao modelo atual do ICMS, nesse aspecto.

Este é um aspecto que merece atenção, sobretudo porque o projeto contempla um leque significativo dessas situações tributárias, destacando-se, para fins do presente, o fato do setor do agronegócio realizar operações significativas com produtos agropecuários, pesqueiros, florestais e extrativistas vegetais *in natura*, bem como insumos agropecuários e alimentos destinados a consumo humano, entre outros, operações que nem sempre permitirão a plena recuperação do imposto incidente sobre as aquisições anteriores de matérias-primas, insumos ou mercadorias para revenda, reproduzindo a regra do ICMS a ser extinto, que prevê limitação da apropriação do crédito proporcionalmente à parcela tributada das operações de saídas, perpetuando as repercussões financeiras e econômicas negativas na composição do custo, em virtude da cumulatividade do tributo no meio da cadeia.

Sobre a não cumulatividade, pontua Luís Eduardo Schoeuri[40]:

> De um ponto de vista ideal, a não cumulatividade do imposto sobre imposto deveria ser suficiente para vedar que houvesse uma dupla oneração de uma mesma operação durante o ciclo. Funciona no sentido de permitir ao Estado recolher o tributo paulatinamente durante o ciclo de produção e comercialização do produto, de modo que, ao cabo e ao final, o Estado tenha recolhido o montante equivalente à aplicação da alíquota do produto acabado, incidentes sobre o preço pago pelo consumidor. Daí afirmar que "aplicação de qualquer técnica, em um determinado sistema, que impeça a dedução integral do imposto incidente sobre o produto adquirido, que por essa razão passa a integrar como custo o preço dos produtos vendidos, resultará em cumulação". (SCHOUERI, 2019, p. 422)

---

relativo às operações anteriores, salvo, na hipótese da imunidade, inclusive em relação ao inciso XI do § 1º, quando determinado em contrário em lei complementar." BRASIL, Câmara dos Deputados. Projeto de Emenda Constitucional nº 45-A de 14 de novembro de 2023. Disponível em: < https://www.camara.leg.br/proposicoesWeb/prop_mostrarintegra?codteor=2359720&filename=PEC%2045/2019%20 (Fase%202%20-%20CD)>. Acesso em 20 nov. 2023.

40 Schoueri, L. E. 2019. Direito tributário. 9ed, Saraiva, São Paulo, SP, Brasil.

Ressalte-se que o IBS preservará a atual imunidade[41] do ICMS sobre as operações de exportações, autorizando a acumulação do crédito vinculado às operações de aquisições anteriores tributadas pelo imposto, cujo ressarcimento do saldo credor aos contribuintes deverá ocorrer na forma e prazo previstos em Lei Complementar. Observe-se que o Senado incluiu a expressão "e o aproveitamento" ao projeto inicial da Câmara, pressupondo-se, talvez, um imperativo para que sua devolução ocorra de forma concreta aos contribuintes. Entretanto, não se pode ignorar que as condições da devolução se submeterão, inevitavelmente, à capacidade financeira dos entes federados para honrar este compromisso em tempo hábil, à semelhança do modelo prevalente no Sistema Tributário atual, processo que pode desafiar o prazo de 60 dias defendido pelo Centro de Cidadania Fiscal (CCiF)[42].

---

[41] Mais uma vez, importante transcrever os artigos da PEC 45-A:

Art. 1º

(...)

"Art. 156-A. Lei complementar instituirá imposto sobre bens e serviços de competência dos Estados, do Distrito Federal e dos Municípios.

§ 1º O imposto previsto no caput atenderá ao seguinte:

(...)

III – não incidirá sobre as exportações, assegurados ao exportador a manutenção e o aproveitamento dos créditos relativos às operações nas quais seja adquirente de bem material ou imaterial, inclusive direitos, ou serviço, observado o disposto no § 5º, III;

(...)

§ 5º Lei complementar disporá sobre:

(...)

III – a forma e o prazo para ressarcimento de créditos acumulados pelo contribuinte; "

BRASIL, Câmara dos Deputados. Projeto de Emenda Constitucional nº 45-A de 14 de novembro de 2023. Disponível em: < https://www.camara.leg.br/proposicoesWeb/prop_mostrarintegra?codteor=2359720&filename=PEC%2045/2019%20(Fase%202%20-%20CD)>. Acesso em 20 nov. 2023.

[42] Santi, Eurico Marcos Diniz de, Machado, Nelson [coordenadores]. Imposto sobre bens e serviços / Centro de Cidadania Fiscal: estatuto, PEC45, PEC Brasil solidário, PEC110, notas técnicas e visão 2023. / Bernard Appy. Nelson Machado. - São Paulo: Editora Max Limonad, 2023.

6. CONCLUSÃO

O estudo do tema proposto neste artigo propôs uma reflexão sobre a problemática que envolve a cumulatividade do ICMS, atual imposto sobre o consumo incidente na cadeia do agronegócio, os riscos do não ressarcimento do seu saldo credor remanescente ao final do processo de transição com o tributo que o substituirá (futuro IBS), bem como os desafios a serem enfrentados pelo setor diante da promessa de não cumulatividade plena do novo imposto, após a aprovação do projeto da Reforma Tributária Brasileira. Isto ocorre porque, em ambos, conforme demonstrado, a não cumulatividade plena encontra-se sujeita a limitações impostas ao aproveitamento integral do crédito em etapas intermediárias ao longo da cadeia de produção e comercialização, provocando sua cumulatividade.

O fato é que os contribuintes continuarão sendo impactados nos seus custos, principalmente no setor do agronegócio, em virtude da vedação do uso do crédito do ICMS, ou IBS, ou pelas dificuldades do ressarcimento efetivo do saldo credor acumulado destes impostos. Estas limitações representam desafios que o Sistema Tributário Brasileiro terá que enfrentar, pelo impacto negativo que causam na carga tributária a ser suportada pela sociedade e redução do fluxo de caixa das empresas do setor, restringindo sua capacidade de investimentos.

REFERÊNCIAS

BRASIL. Câmara dos Deputados. *Proposta de Emenda à Constituição nº 45-A, de 2019. Emenda Aglutinativa de Plenário. Altera o Sistema Tributário Nacional e dá outras providências. Brasília, DF: Câmara dos Deputados, 2023.* Disponível em: < https://www.camara.leg.br/proposicoesWeb/prop_mostrarintegra?codteor=2297914&filename=EMA%201%20=%3E%20PEC%2045/2019>. Acesso em: 23 jul. 2023.

BRASIL. Câmara dos Deputados. *Emenda Aglutinativa de Plenário, Projeto de Emenda Constitucional nº 45-A de 06 de julho de 2023.* Disponível em: < https://www.camara.leg.br/proposicoesWeb/prop_mostrarintegra?codteor=2297914&filename=EMA%201%20=%3E%20PEC%2045/2019>. Acesso em: 23 jul. 2023.

BRASIL, Câmara dos Deputados. *Projeto de Emenda Constitucional nº 45-A de 14 de novembro de 2023.* Disponível em: < https://www.camara.leg.br/proposicoesWeb/prop_mostrarintegra?codteor=2359720&filename=PEC%2045/2019%20(Fase%202%20-%20CD)>. Acesso em: 20 nov. 2023.

BRASIL. Câmara dos Deputados. *Projeto de Lei Complementar nº 50 de 06 de abril de 2022. Cria o Programa de Desoneração da Exportação de Bens e Serviços - "DESONERA E EXPORTA BRASIL" com o objetivo de recuperar a competitividade internacional da*

Economia brasileira, altera dispositivos da Lei Complementar nº 87, de 13 de setembro de 1996, e dá outras providências. Brasília, DF: Câmara dos Deputados, 2022. Disponível em: < https://www.camara.leg.br/proposicoesWeb/prop_mostrarintegra?-codteor=2155889&filename=PLP%2050/2022>. Acesso em 25 jul. 2023.

BRASIL. *Informações Trimestrais de 31 de março de 2023.* Disponível em: < Suzano - Informações Financeiras - Central de Resultados>. Acesso em: 27 jul. 2023, p. 34.

BRASIL. Lei nº 4.320 de 17 de março de 1964. Disponível em: < https://www.planalto.gov.br/ccivil_03/leis/l4320.htm>. Acesso em 29 nov. 2023.

BRASIL, 1996. *Lei Complementar n. 87, de 13 de setembro de 1996.* Disponível em: <https://www.planalto.gov.br/ccivil_03/leis/lcp/lcp87.htm>. Acesso em: 20 mar. 2021.

BRASIL, 1996. *Lei Complementar n. 87 de 13 de setembro de 1996.* Disponível em: < https://www.planalto.gov.br/ccivil_03/leis/lcp/lcp87.htm>. Acesso em: 13 mai. 2023.

BRASIL, 2017. *Lei Complementar nº 160 de 07 de agosto de 2017.* Disponível em: < https://www.planalto.gov.br/ccivil_03/leis/lcp/lcp160.htm>. Acesso em: 25 jun. 2023.

BRASIL,2019. *Lei Complementar nº 170 de dezembro de 2019.* Disponível em: < https://www.planalto.gov.br/ccivil_03/leis/lcp/Lcp170.htm>. Acesso em: 25 jun. 2023.

BRASIL, 2000. *Lei Complementar nº 101 de 04 maio de 2000.* Disponível em: < https://www.planalto.gov.br/ccivil_03/leis/lcp/lcp101.htm>. Acesso em: 22 jul. 2023.

BRASIL, 2021. *Lei Complementar nº 186 de outubro de 2021.* Disponível em: https://www.planalto.gov.br/ccivil_03/leis/lcp/lcp186.htm. Acesso em: 25 jun. 2023.

BRASIL, 2017. *Lei Complementar n. 60 de 07 de agosto de 2017.* Disponível em: < https://www.planalto.gov.br/ccivil_03/leis/lcp/lcp160.htm>. Acesso em: 21 jul. 2023.

BRASIL, 2022. *Projeto de Lei Complementar nº 50/22. Cria o Programa de Desoneração da Exportação de Bens e Serviços - "DESONERA E EXPORTA BRASIL" com o objetivo de recuperar a competitividade internacional da Economia brasileira, altera dispositivos da Lei Complementar nº 87, de 13 de setembro de 1996, e dá outras providências.* Brasília, DF: Câmara dos Deputados, 2022. Disponível em: < https://www.camara.leg.br/proposicoesWeb/prop_mostrarintegra?codteor=2155889&filename=PLP%2050/2022>. Acesso em: 25 jul. 2023.

BRASIL, 1988. *Constituição Federal de 1988, de 05 de outubro de 1988.* Disponível em: <http://www.planalto.gov.br/ccivil_03/Constituicao/Constituicao.htm>. Acesso em: 20 mar. 2023.

BRASIL, 2023. Ministério da Agricultura e Pecuária. *Agropecuária Brasileira em Números, maio/2023.* Disponível em: <https://www.gov.br/agricultura/pt-br/assuntos/politica-agricola/todas-publicacoes-de-politica-agricola/agropecuaria-brasileira-em--numeros/abn-2023-05.pdf/view>. Acesso em: 29 nov. 2023.

BRASIL. Ministério do Desenvolvimento, Indústria e Comércio Exterior. *Secretaria de Comércio Exterior. Balança Comercial Mensal – Dados Consolidados, junho de 2023.* Disponível em: < https://balanca.economia.gov.br/balanca/publicacoes_dados_consolidados/nota.html>. Acesso em: 23 jul. 2023.

BRASIL, 2023. Ministério do Desenvolvimento, Indústria e Comercio Exterior. Secretaria de Comércio Exterior. *Balança Comercial e Estatísticas de Comércio Exterior.* Disponível em: <https://balanca.economia.gov.br/balanca/publicacoes_dados_consolidados/nota.html>. Acesso em 25 jul. 2023.

BRASIL. Ministério da Fazenda. Conselho Nacional de Política Fazendária. *Convênio ICMS nº 100 de 06 de novembro de 1997.* Disponível em: < https://www.confaz.fazenda.gov.br/legislacao/convenios/1997/CV100_97>. Acesso em: 25 mai. 2023.

BRASIL, 1997. Ministério da Fazenda. Conselho Nacional de Política Fazendária. *Convênio ICMS n. 100, de 06 de novembro de 1997.* Disponível em: <https://www.confaz.fazenda.gov.br/legislacao/convenios/1997/CV100_97>. Acesso em 13 jun. 2023.

BRASIL, 2017. Ministério da Fazenda. Conselho Nacional de Política Fazendária. *Convênio ICMS n. 190 de 15 de dezembro de 2017.* Disponível em: <https://www.confaz.fazenda.gov.br/legislacao/convenios/2017/CV190_17>. Acesso em 13. jun. 2023.

BRASIL. Ministério da Fazenda. Tesouro Nacional. *Boletim Estimativa da Carga Tributária Bruta do Governo Geral, março de 2023.* Disponível em: < https://sisweb.tesouro.gov.br/apex/f?p=2501:9::::9:P9_ID_PUBLICACAO:46589>. Acesso em: 22 jul. 2023.

BRASIL, 2023. *Proposta de Emenda Constitucional nº 45-A, de 2019. Altera o Sistema Tributário Nacional e dá outras providências.* Brasília, DF: Câmara dos Deputados, 2019. Disponível em: < https://www.camara.leg.br/proposicoesWeb/prop_mostrarintegra?codteor=2297914&filename=EMA%201%20=%3E%20PEC%2045/2019>. Acesso em: 10 jul. 2023.

BRASIL. Supremo Tribunal Federal. (Tribunal Pleno). Ação Direta de Inconstitucionalidade 3676/SP. Ementa: CONSTITUCIONAL E TRIBUTÁRIO. ICMS. DIFERIMENTO. INEXIGÊNCIA DE DELIBERAÇÃO POR ESTADOS E DISTRITO FEDERAL E DE FORMALIZAÇÃO PRÉVIA DE CONVÊNIO. CONSTITUCIONALIDADE. IMPROCEDÊNCIA. 1. Não se confunde a hipótese de diferimento do lançamento tributário com a de concessão de incentivos ou benefícios fiscais de ICMS, podendo ser estabelecida sem a prévia celebração de convênio. Precedentes. 2. O inciso II do art. 1º do Decreto 49.612/2005 do Estado de São Paulo prevê, na incidência do ICMS, diferimento do lançamento tributário. 3. Ação Direta de Inconstitucionalidade julgada improcedente. Recorrente: Procurador-Geral da República. Recorrido: Governador do Estado de São Paulo. Relator: Ministro Alexandre de Moraes, 30/08/2019. Disponível em: <https://jurisprudencia.stf.jus.br/pages/search/sjur410729/false>.Acesso em: 03 de jan. 2023

BRASIL. Supremo Tributário Federal. Recurso Extraordinário n. 601.967/RS. EMENTA: DIREITO TRIBUTÁRIO. AGRAVO INTERNO NOS EMBARGOS DE DECLARAÇÃO NO RECURSO EXTRAORDINÁRIO. ICMS. COMPENSAÇÃO DE CRÉDITOS. LIMITAÇÕES IMPOSTAS POR LEI COMPLEMENTAR. MATÉRIA SUBMETIDA AO REGIME DA REPERCUSSÃO GERAL. TEMA 346. REITERADA A DETERMINAÇÃO DE DEVOLUÇÃO DOS AUTOS À ORIGEM. Agravante: Estado de Minas Gerais. Agravado: Maroca & Russo Indústria e Comércio Ltda. Relator: Ministro Roberto Barroso. 27/04/2018. Disponível em: <https://redir.stf.jus.br/paginadorpub/paginador.jsp?docTP=TP&docID=14880282>. Acesso em: 25 jul. 2023.

BRASIL, Supremo Tribunal Federal. Recurso Extraordinário 634468/PR (1ª Turma). Embargos de Declaração. EMENTA: EMBARGOS DE DECLARAÇÃO NO RECURSO EXTRAORDINÁRIO. CONVERSÃO EM AGRAVO REGIMENTAL. TRIBUTÁRIO. IMPOSTO SOBRE CIRCULAÇÃO DE MERCADORIAS E SERVIÇOS – ICMS. IMPOSSIBILIDADE DE CORREÇÃO MONETÁRIA DOS CRÉDITOS ESCRITURAIS. PRECEDENTES. AGRAVO REGIMENTAL AO QUAL SE NEGA PROVIMENTO. Disponível em: < https://jurisprudencia.stf.jus.br/pages/search/sjur207024/false>. Acesso em: 14 ago. 2023.

BRASIL, Supremo Tribunal Federal. Recurso Especial 635.688/RS. (Plenário). EMBARGOS DE DECLARAÇÃO EM EMBARGOS DE DECLARAÇÃO NOS SEGUNDOS EMBARGOS DE DECLARAÇÃO EM AGRAVO REMENTAL EM RECURSO EXTRAORDINÁRIO. 2. DIREITO TRIBUTÁRI. ICMS. REDUÇÃO DE BASE DE CÁLCULO. REPERCUSSÃO GERAL. 3. MARCO TEMPORAL. MODULAÇÃO DE FEITOS. AUSÊNCIA DOS PRRESSUPOSTOS NECESSÁRIOS. REAFIRMAÇÃO DE JURISPRUDÊNICA. 4. INEXISTÊNCIA DE OMISSÃO, CONTRADIÇÃO OU OBSCURIDADE. 5. EFEITOS INFRIGENTES. NÃO CONFIGURAÇÃO DE SITUAÇÃO EXCEPCIONAL. 6. EMBARGOS DE DECLARAÇÃO REJEITADOS. 7. APLICAÇÃO MULTA DE 2 % DO § 2º do ART. 1.026 DO CPC Embargante: ABRAS e outros. Embargado: Estado do Rio Grande do Sul. Relator: Ministro Gilmar Mendes. 29/03/2021. Disponível em: <https://portal.stf.jus.br/processos/downloadPeca.asp?id=15346225045&ext=.pdf>. Acesso em 27 jul. 2023.

BRASIL, 2023. Tribunal de Contas da União. *Resultados do Grupo de Trabalho sobre a Reforma Tributária.* Disponível em:https://portal.tcu.gov.br/data/files/60/E6/37/FC/3C6FA8108DD885A8F18818A8/Relatorio%20Completo%20-%20Resultados%20do%20Grupo%20de%20Trabalho%20sobre%20a%20Reforma%20Tributaria.pdf. Acesso em: 21 nov. 2023.

BRASIL, 2023. Universidade de São Paulo. Escola Superior de Agricultura Luiz de Queiroz. Centro de Estudos Avançados em Economia Aplicada. Departamento de Economia, Administração e Sociologia. – *CEPEA. Pib do Agronegócio Brasileiro, junho de 2023.* São Paulo, 2023. Disponível em: < https://www.cepea.esalq.usp.br/br/pib-do-agronegocio-brasileiro.aspx>. Acesso em 25 jul. 2023.

CARRAZZA, R.A. 2022. *ICMS.* 19 ed. Malheiros Editores/Juspodium, São Paulo, SP, Brasil.

GIL, A. C. 2002. *Como Elaborar Projetos de Pesquisa.* 4ed, Atlas, São Paulo, SP, Brasil.

SANTI, Eurico Marcos Diniz de, Machado, Nelson [coordenadores]. *Imposto sobre bens e serviços / Centro de Cidadania Fiscal: estatuto, PEC45, PEC Brasil solidário, PEC110, notas técnicas e visão 2023.* / Bernard Appy. Nelson Machado. - São Paulo: Editora Max Limonad, 2023.

SCHOUERI, L. E. 2019. *Direito tributário.* 9ed, Saraiva, São Paulo, SP, Brasil.

REVOGAÇÃO DE BENEFÍCIOS FISCAIS DE ICMS VINCULADOS AO AGRONEGÓCIO: NECESSIDADE DE OBSERVÂNCIA AO PRINCÍPIO DA LEGALIDADE TRIBUTÁRIA

Sergio Villanova Vasconcelos[1]
Thais Simões Belline[2]

1. INTRODUÇÃO

O setor agropecuário é, há tempos, destaque na economia brasileira. De acordo com os dados do ano de 2022[3], o setor foi responsável por 24,8% do Produto Interno Bruto (PIB) de todo o país.

---

1 Mestre em Direito Constitucional e Processual Tributário pela Pontifícia Universidade Católica de São Paulo (PUC-SP), Especialista em Direito Tributário pela Universidade de São Paulo (USP), Especialista em Contabilidade, Controladoria e Finanças pela Fundação Instituto de Pesquisas Contábeis, Atuariais e Financeiras (FIPECAFI). Advogado em São Paulo.

2 Especialista em Direito Tributário pelo Instituto Brasileiro de Direito Tributário (IBDT), Especialista em Contabilidade, Controladoria e Finanças pela Fundação Instituto de Pesquisas Contábeis, Atuariais e Financeiras (FIPECAFI). Advogada em São Paulo.

3 https://www.cepea.esalq.usp.br/br/releases/pib-agro-cepea-apos-recordes-em-2020-e-2021-pib-do-agro-cai-4-22-em-2022.aspx - Acessado em 03/09/2023.

A relevância do setor agropecuário não é uma novidade no cenário macroeconômico brasileiro. O país, historicamente, é uma potência no setor e, por assim ser, busca firmar, até mesmo constitucionalmente, as diretrizes da política agrícola do país. É o que se vê no artigo 187 da Constituição Federal da República, no qual estão elencadas as bases para o contínuo desenvolvimento do setor:

> Art. 187. A política agrícola será planejada e executada na forma da lei, com a participação efetiva do setor de produção, envolvendo produtores e trabalhadores rurais, bem como dos setores de comercialização, de armazenamento e de transportes, levando em conta, especialmente:
> I - os instrumentos creditícios e fiscais;
> II - os preços compatíveis com os custos de produção e a garantia de comercialização;
> III - o incentivo à pesquisa e à tecnologia;
> IV - a assistência técnica e extensão rural;
> V - o seguro agrícola;
> VI - o cooperativismo;
> VII - a eletrificação rural e irrigação;
> VIII - a habitação para o trabalhador rural.
> § 1º Incluem-se no planejamento agrícola as atividades agro-industriais, agropecuárias, pesqueiras e florestais.
> § 2º Serão compatibilizadas as ações de política agrícola e de reforma agrária.

Como se pode perceber, o legislador constituinte optou, em decorrência da relevância que o setor agropecuário historicamente apresenta para a economia do país, por incentivar o setor por meio de instrumentos creditícios e fiscais, visto que esta é uma das bases para o desenvolvimento do setor agropecuário.

E não poderia ser de outra forma. Não só pela já citada relevância econômica do setor, mas também em razão da especificidade da atividade, que fica, em grande parte, exposta a condições climáticas imprevisíveis, sazonalidade, perecibilidade de mercadorias e até mesmo o método de formação de preço diretamente ligado aos mercados internacionais.

Nesse sentido, leciona Fábio Calcini:

> (...) "Tributar de forma diferenciada o setor do agronegócio não é privilégio, mas, verdadeiramente, cumprir o que determina a Constituição Federal e o sistema jurídico brasileiro."
> (...)
> Percebe-se, portanto, que a Constituição Federal estabelece e direciona sua atividade por meio de políticas públicas para fomentar e incentivar o setor do agronegócio, podendo-se destacar no inciso I, do art. 187, que,

expressamente, determina a necessidade de levar em consideração instrumentos fiscais.[4]

Considerando tais especificidades, as legislações fiscais infraconstitucionais, em regra, seguiram as diretrizes e bases trazidas pela Constituição Federal, visto que não são poucos os tratamentos tributários diferenciados conferidos ao setor agropecuário, seja no âmbito federal ou estadual.

Tais tratamentos diferenciados, como visto, visam estimular o setor do agronegócio e por se referir o constituinte (especificamente no inciso I do art. 187) a créditos fiscais, é certo que os entes tributantes, ao concederem tais incentivos, devem observar essa regra constitucional.

O cenário do agronegócio deve, então, ser analisado sob uma perspectiva absolutamente diferenciada pois, também nas palavras de Fábio Calcini[5], está em discussão um *"segmento econômico que possui por essência concretizar direitos fundamentais basilares pautado pela dignidade da pessoa humana e, por conseguinte, de vida digna e alimentação"*, não restando dúvida, portanto, *"de que a tributação deve perseguir outras finalidades que fogem e muito da sanha arrecadatória"*.

Isso porque, além de o agronegócio pertencer a um cenário de estímulo ao desenvolvimento, seus agentes também estão submetidos ao regime tributário e, não obstante eventuais benefícios, devem recolher regularmente seus tributos.

E se por um lado tem-se a obrigação de recolher tributos, por outro há de existir limites para tais exigências, a fim de frear impulso arrecadatório inerente aos entes tributantes.

As regras gerais limitadoras da tributação foram trazidas nos artigos 150 a 152 da Constituição Federal, na seção denominada "limitações ao poder de tributar" na qual são elencadas diversas garantias asseguradas ao contribuinte e vedações impostas à União, Estados e Município.

No que tange à análise do presente estudo, importa notar a garantia trazida no inciso I do artigo 150, conhecida como legalidade tributária.

---

4 CALCINI, Fábio. Tributação diferenciada no agronegócio não é privilégio. Conjur, 20 de outubro de 2017. *https://www.conjur.com.br/2017-out-20/direito-agronegocio-tributacao-diferenciada-agronegocio-nao-privilegio* - Acessado em 03/09/2023.

5 CALCINI, Fábio. Tributação diferenciada no agronegócio não é privilégio. Conjur, 20 de outubro de 2017. *https://www.conjur.com.br/2017-out-20/direito-agronegocio-tributacao-diferenciada-agronegocio-nao-privilegio* - Acessado em 03/09/2023.

Art. 150. Sem prejuízo de outras garantias asseguradas ao contribuinte, é vedado à União, aos Estados, ao Distrito Federal e aos Municípios:
I - exigir ou aumentar tributo sem lei que o estabeleça;

O mandamento constitucional – princípio da legalidade tributária – reafirma a impossibilidade de os entes tributantes exigirem ou aumentarem tributo sem lei que o estabeleça, restando claro que o legislador constituinte estabeleceu que a exigência ou majoração de tributo somente é possível por meio de lei em sentido formal, decorrente de processo legislativo válido.

Não obstante tais previsões constitucionais, recorrentemente se observa, por parte dos entes tributantes, a revogação, mediante decreto do poder executivo estadual, de benesses fiscais conferidas ao setor agropecuário, de tal forma que se faz necessária uma análise detalhada da necessidade de aplicação de tais dispositivos constitucionais, a fim de efetivar o pretendido cenário de proteção aos contribuintes e, ainda mais, aos contribuintes vinculados ao referido setor.

2. REVOGAÇÃO DE BENEFÍCIO FISCAL DE ICMS POR MEIO DE DECRETO

O Imposto Sobre Circulação de Mercadorias e Serviços Operações Relativas à Circulação de Mercadorias e sobre Prestações de Serviços de Transporte Interestadual e Intermunicipal e de Comunicação (ICMS) é, sabidamente, a principal fonte de arrecadação tributária dos estados brasileiros e, por estar vinculado às operações de consumo das mais diversas mercadorias, torna-se, a bem da verdade, inescapável aos consumidores de qualquer tipo.

Exatamente pelo mesmo motivo, são frequentes as alterações legislativas que visam beneficiar ou estimular determinado setor e com o agronegócio não é diferente.

Contudo, não obstante a abrangência nacional do referido imposto, para fins de delimitação do escopo do presente estudo, optamos por restringir o campo de observação exclusivamente ao Estado de São Paulo.

Em observância ao mandamento constitucional de estímulo ao setor agropecuário, assim como à exigência contida na alínea "g" do inciso XII do art. 155 da Constituição Federal e à Lei Complementar nº 24/1975, foi editado o Convênio ICMS nº 100/1997, tratando especifi-

ICMS E O AGRONEGÓCIO 443

camente das operações com insumos agropecuários, que autorizou em sua Cláusula Terceira[6] a concessão de isenções do ICMS pelos Estados e Distrito Federal.

Nesse contexto, sobreveio o artigo 41 do Anexo I do Decreto nº 45.490/2000 (RICMS/SP), que isentou do ICMS as operações internas realizadas com diversos insumos agropecuários.

Indo além, na redação original do mencionado art. 41, o seu § 3º garantia a manutenção do crédito de ICMS para os contribuintes que promovessem operações de circulação com os insumos agropecuários mencionados nos incisos do seu *caput*. Nesse sentido:

> Anexo I – Isenções
> Artigo 41 – Operações internas realizadas com os insumos agropecuários a seguir indicados (Convênio ICMS-100/97, cláusulas primeira, com alteração dos Convênios ICMS-97/99 e ICMS-8/00, segunda, terceira, quinta e sétima, e Convênio ICMS-5/99, cláusula primeira, IV, 29):
> (…)
> §3º - Não se exigirá o estorno do crédito do imposto relativo às mercadorias beneficiadas com esta isenção.

Essa possibilidade de manutenção de crédito do ICMS estava autorizada pela Cláusula Quinta, inciso I, do Convênio ICMS 100/97, que autorizava os Estados a não exigirem o estorno daquele crédito nas saídas dos insumos que estavam sujeitos ao benefício fiscal.

Note-se que essa autorização CONFAZ para manutenção dos créditos de ICMS foi revogada, com aplicação até 31/12/2021. Entretanto, para os fins do presente estudo, optamos por utilizar esse exemplo pois, como se verá adiante, muito antes do término da vigência do benefício fiscal disposto na Cláusula Quinta, inciso I, do Convênio ICMS 100/97, o Estado de São Paulo optou por revogar o dispositivo legal que o internalizava.

Pois bem. No ano de 2019, mais especificamente no dia 30/04/2019, foi publicado o Decreto nº 64.213/2019, pelo Estado de São Paulo, revogando o §3º do art. 41, do Anexo I, do RICMS/SP, ou seja, revogando o benefício de não exigência do estorno do crédito quando a posterior saída fosse isenta.

---

6 Cláusula terceira Ficam os Estados e o Distrito Federal autorizados a conceder às operações internas com os produtos relacionados nas cláusulas anteriores, redução da base de cálculo ou isenção do ICMS, observadas as respectivas condições para fruição do benefício.

Em que pese o referido decreto tenha sido publicado no dia 30/05/2019, seus efeitos, de acordo com o disposto na própria legislação, deveriam ser observados a partir do dia subsequente, 01/05/2019. Como se pode perceber, o Estado de São Paulo optou por revogar o benefício fiscal muito antes de 31/12/2021, quando foi extinta a autorização para os Estados e Distrito Federal concederem esse incentivo fiscal, como comentamos anteriormente.

Com essa revogação, os contribuintes passaram a ter que estornar os créditos de ICMS decorrentes das aquisições de insumos agropecuários vinculados às posteriores saídas isentas.

Consequentemente, com o estorno do crédito do imposto de sua escrita fiscal, haveria um aumento imediato do ICMS a ser recolhido aos cofres públicos ao final do período de apuração.

O posicionamento do Supremo Tribunal Federal sobre o tema não vacila, sendo certo que as revogações de benefícios fiscais se apresentam como majoração indireta da carga tributária[7].

O Tribunal Constitucional reconhece de forma uníssona, inclusive, a aplicação do princípio da anterioridade aos casos de majoração indireta de tributos. Nesse sentido é o trecho esclarecedor do voto proferido pelo Ministro Marco Aurélio no julgamento da ADI 2.325-0 MC:

> O modelo constitucional que se argúi infringido revela a impossibilidade de cobrar-se tributo "no mesmo exercício financeiro em que haja sido

---

7 *"IMPOSTO SOBRE CIRCULAÇÃO DE MERCADORIAS E SERVIÇOS **DECRETOS Nº 39.596 E Nº 39.697, DE 1999,** DO ESTADO DO RIO GRANDE DO SUL REVOGAÇÃO DE BENEFÍCIO FISCAL PRINCÍPIO DA ANTERIORIDADE DEVER DE OBSERVÂNCIA PRECEDENTES. Promovido <u>aumento indireto do Imposto Sobre Circulação de Mercadorias e Serviços ICMS por meio da revogação de benefício fiscal</u>, surge o dever de observância ao princípio da anterioridade, geral e nonagesimal, constante das alíneas b e c do inciso III do artigo 150, da Carta. Precedente Medida Cautelar na Ação Direta de Inconstitucionalidade nº 2.325/DF, de minha relatoria, julgada em 23 de setembro de 2004. (...)." (RE 564.225, Rel. Min. Marco Aurélio, DJe 18.11.17) AGRAVO INTERNO. RECURSO EXTRAORDINÁRIO. ACÓRDÃO RECORRIDO EM CONFORMIDADE COM A JURISPRUDÊNCIA DO SUPREMO TRIBUNAL FEDERAL. 1. O acórdão recorrido encontra-se em harmonia com a jurisprudência do Supremo Tribunal Federal, no sentido de ser imperativa a observância do princípio da anterioridade, geral e nonagesimal (art. 150, III, b e c, da Constituição Federal), em face de <u>aumento indireto de tributo decorrente da redução da alíquota de incentivo do Regime Especial de Reintegração de Valores Tributários para as Empresas Exportadoras (REINTEGRA).</u> (...) (RE 1040084 AgR, Rel. Min. ALEXANDRE DE MORAES, Primeira Turma, DJe 18.06.2018)*

publicada lei que os instituiu ou aumentou" – alínea "b" do inciso III do artigo 150 da Constituição Federal. Encerra limitação ao poder de tributar, consubstanciando, assim, garantia do contribuinte. Por isso mesmo, há de emprestar-se eficácia ao que nele se contém, independentemente da forma utilizada para majorar-se certo tributo. O preceito constitucional não especifica o modo de implementar-se o aumento. Vale dizer que toda modificação legislativa que, de maneira direta ou indireta, implicar carga tributária maior há de ter eficácia no ano subsequente àquele no qual veio a ser feita. (Medida Cautelar na Ação Direta de Inconstitucionalidade nº 2.325/DF, Relator Min. Marco Aurélio, julgada em 23 de setembro de 2004)

Podemos concluir, portanto, que a revogação da autorização de manutenção dos créditos vinculados às operações com insumos isentos implica em majoração indireta da carga tributária do ICMS no Estado de São Paulo, está em completa consonância com o posicionamento da Suprema Corte.

3. APLICAÇÃO DO PRINCÍPIO DA ESTRITA LEGALIDADE TRIBUTÁRIA À MAJORAÇÃO INDIRETA DO ICMS

Contudo, o efeito de tal majoração, objeto do presente estudo, não é aquele analisado pela Suprema Corte, vinculado ao princípio da anterioridade anual, mas sim aquele vinculado à forma de ingresso de tal majoração indireta no ordenamento jurídico.

Nesse contexto, como visto na parte introdutória da presente análise, é vedado aos Estados aumentar um tributo senão em decorrência de lei, ou seja, seria incompatível com o princípio da legalidade tributária a majoração indireta de ICMS por outro instrumento que não aquele que se submete ao poder legislativo estadual.

Isso porque o princípio da legalidade tributária visa assegurar que os contribuintes não sofram tributação sem a autorização dos representantes do povo, por meio do devido processo legislativo. Ao chefe do Poder Executivo, nesse particular, cumpre apenas a função de, mediante decretos, garantir o fiel cumprimento e execução das leis.

Nas palavras do Professor Gerd Rothmann[8]:

> É da essência do princípio da legalidade tributária, que as leis que instituam obrigações tributárias principais sejam elaboradas pelo órgão de representação popular. A sua origem histórica está vinculada a esta ideia.

---

8 ROTHMAN, Gerd W., O princípio da legalidade tributária. *Revista da Faculdade de Direito*, Universidade De São Paulo, n. 67, 1972, p. 250-251.

> No Estado de Direito, que se caracteriza pela separação dos poderes, somente se pode falar em legalidade da tributação quando as leis tributárias são elaboradas por um órgão distinto daquele que tem a função de aplicá-las. (...)
>
> Historicamente, os regimes democráticos se caracterizam pelo direito de os contribuintes consentirem pelo voto de seus representantes eleitos, na criação ou aumento de tributos: 'no taxation without representation'."
>
> O exame do atual Direito Positivo Brasileiro mostra, no entanto, que a competência privativa do Congresso de instituir e aumentar tributos sofreu ultimamente uma série de restrições, quem põem em perigo a própria validade do princípio da legalidade tributária.

Mitigar a legalidade tributária é, sem qualquer dúvida, colocar em risco o próprio Estado Democrático de Direito, uma vez que, se for aceita a majoração da carga tributária de maneira unilateral pelo mesmo ente que realiza sua cobrança, haverá, inclusive, uma afronta à separação dos poderes.

Sobre o princípio da legalidade, cumpre mencionar a doutrina do Professor Sacha Calmon Navarro Coêlho[9]:

> É preciso, como nunca, fixar o real alcance dos três princípios basilares que respaldam o exercício do poder de tributar e garantem os direitos dos contribuintes:
>
> a) O princípio da legalidade;
>
> (...)
>
> a) o princípio da legalidade significa que a tributação deve ser decidida não pelo chefe do governo, mas pelos representantes do povo, livremente eleitos para fazer as leis;

Já Humberto Ávila[10] classifica esse princípio quanto ao seu nível, objeto e forma:

> (...) quanto ao nível em que situa, caracteriza-se como uma limitação de primeiro grau, porquanto se encontra no âmbito das normas que serão objeto de aplicação; quanto ao objeto, qualifica-se como limitação positiva de ação, na medida em que exige uma atuação legislativa e procedimental do Poder Público para a instituição e aumento de qualquer tributo; quanto à forma, revela-se como uma limitação expressa e formal, na medida em que, sobre ser expressamente prevista na Constituição Federal (art. 5º, II e art. 150, I), estabelece procedimentos a serem observados pelo Poder Público.

---

9 COÊLHO, Sacha Calmon Navarro. Comentários à Constituição de 1988: Sistema Tributário. 7ª Ed. São Paulo: Forense, 1998, p. 277.

10 ÁVILA, Humberto. Sistema Constitucional Tributário. São Paulo: Saraiva, 2004, p. 122.

Privilegiando o princípio da legalidade tributária, o Supremo Tribunal Federal definiu que a concessão de benefícios mediante decretos ou convênios é um mero pressuposto para sua realização, visto que tais benefícios só se tornam válidos quando internalizados pelo Poder Legislativo:

> No direito tributário não é diferente: todo ato administrativo tributário deve se encontrar em uma norma legal. A legalidade tributária foi reforçada pelo artigo 150, inciso I, da Constituição Federal, segundo o qual é vedado a pessoas políticas exigir ou aumentar tributo sem que lei o estabeleça. Assim, entende Roque Antônio Carrazza, para quem 'qualquer exação deve ser instituída ou aumentada não simplesmente com base em lei, mas pela própria lei. Noutras palavras, o tributo há de nascer diretamente da lei, não se admitindo, de forma alguma, a delegação ao Poder Executivo da faculdade de instituí-lo ou, mesmo, aumentá-lo' (CARRAZZA, Roque Antônio, Curso de Direito Constitucional Tributário. Malheiros Editores, 2015, p. 1033).
>
> (…)
>
> A exigência de submissão do convênio à Casa Legislativa evidencia respeito não apenas ao princípio da legalidade tributária, quando é exigida lei específica, mas também à transparência fiscal que, por sua vez, é pressuposto para o exercício de controle fiscal-orçamentário dos incentivos fiscais de ICMS. (ADI 5929/DF, Relator Min. Edson Fachin, Julgado em 14 de fevereiro de 2020).

Muito embora verse de concessão de benefício fiscal, é de fácil percepção o paralelo existente entre a apontada decisão e a aplicação do mesmo princípio da legalidade tributária à revogação imposta pela Decreto nº 64.213/2019. Isto porque se a referida decisão exige o instrumento da lei para concessão de benefícios fiscais, que trazem benesses aos contribuintes, seria ainda mais exigível a lei quando se tratar de elevação da carga tributária.

Isso porque o Princípio da Legalidade, em matéria tributária, é, principalmente, um "escudo" conferido aos cidadãos contra atos do Poder Executivo.

3.1. INAPLICABILIDADE DO PARALELISMO DAS FORMAS QUANDO EM FACE DE GARANTIAS FUNDAMENTAIS

Justamente por se tratar de medida protetiva destinada aos contribuintes, não se vislumbra a possibilidade de aplicação do princípio do paralelismo das formas que, na dicção de Paulo Bonavides[11], sugere que "um ato jurídico só se modificará mediante o emprego de formas idênticas àquelas para elaborá-lo".

As garantias constitucionais têm como objetivo a proteção de direitos fundamentais e, no caso da legalidade tributária, não tratam somente da segurança jurídica necessária à tributação, mas também da garantia e base do próprio Estado Democrático de Direito.

Tal limitação formal visa também a proteção da confiança entre o contribuinte e o ente tributante, mediante a qual não seria admissível o retrocesso de direitos fundamentais arraigados na Constituição Federal.

O ambiente tributário é altamente regulado e controlado, visto que trata de matéria sensível decorrente da relação dos contribuintes com o Poder Público.

Em outras palavras, a fim de garantir um ambiente seguro de tributação, sustentação do próprio Estado Democrático de Direito, é necessário que sejam não só positivadas, mas cumpridas, as garantias fundamentais vinculadas a essa relação.

Nesse contexto, quando uma norma tributária que veicula garantia fundamental dos contribuintes, como é o caso do princípio da legalidade tributária, utiliza o vocábulo "lei", esse deve ser interpretado em sentido formal, principalmente quando se tratar de tentativa de mitigação de tais garantias.

Esse reforço da legalidade em relação aos impostos, como é o caso do ICMS, pode constado na discussão acerca a majoração das alíquotas de PIS e COFINS incidentes sobre as receitas financeiras, inserida pelo Decreto nº 8.426/2015, que foi julgada constitucional pelo Supremo Tribunal Federal.

Nesse contexto, cumpre analisar as razões de tal decisão e sua validade e, se válidas, se estas poderiam ser estendidas aos casos de revogação de benefícios fiscais de ICMS mediante decreto.

Visando o objetivo acima proposto, elucidadores são os trechos do voto vencedor proferido pelo Ministro Dias Toffoli[12]:

---

11 BONAVIDES, Paulo. Curso de Direito Constitucional, 18ª edição, Malheiros editores, São Paulo, 2006, p. 206.

12 Recurso Extraordinário 1.043.313/RS, Relator Min. Dias Toffoli, Julgado em 10 de dezembro de 2020.

> Acrescento às orientações já firmadas na jurisprudência da Corte lições que podem ser aproveitadas, com o devido ajuste, no direito nacional. Em comentários à jurisprudência do Tribunal Constitucional Espanhol, Luiz María Romero-Flor afirma, em suma, que a legalidade tributária é mais rígida quando se trata de impostos e seus elementos essenciais do que quando se trata de contribuciones especiales. Isso porque, segundo o jurista, as últimas exações têm baixa carga de coatividade, o que possibilita maio colaboração dos regulamentos no tratamento de certos aspectos delas.
>
> (...)
>
> Levando em consideração o direito nacional, mas sem a pretensão de analisar toda a legislação tributária, verifico que o pagamento de impostos não decorre de benefício imediato concedido ao contribuinte. Vide não estarem essas exações vinculadas a qualquer atividade estatal específica. Tais tributos são, assim, portadores de alta carga de coatividade, o que implica dizer que o princípio da legalidade tributária é, para eles, mais rígido.

Neste primeiro trecho, já se constata, de plano, a diferenciação estabelecida pelo voto condutor entre os impostos e as contribuições sendo que, para os primeiros, como é o caso do ICMS ora posto em análise, o princípio da legalidade tributária deve ser interpretado de forma mais rígida, visto que os impostos possuem alta carga de coatividade.

No caso do ora em estudo, relativo ao ICMS, diferentemente do que se apresentou no Recurso Extraordinário nº 1.043.313, em que a lei ordinária delegou ao poder executivo a possibilidade de reduzir e restabelecer as alíquotas de PIS e COFINS incidentes sobre as receitas financeiras, não se verifica qualquer delegação no caso da revogação de benefícios de ICMS concedidos ao setor agropecuário.

Em outras palavras, o principal fundamento para reconhecimento da possibilidade de majoração da carga tributária por instrumento diverso de lei em sentido estrito, a existência de delegação legislativa, não se observa no caso da revogação de benefícios fiscais de ICMS do setor agropecuário.

Não há, portanto, qualquer relação possível entre o que fora decidido pelo Supremo Tribunal Federal quando do julgamento do Recurso Extraordinário nº 1.043.313 e a situação objeto do presente estudo, muito pelo contrário, pois, como visto, esse julgamento apenas reforça a importância do princípio da legalidade para os impostos.

Tal situação somente evidencia a irregularidade anterior da situação promovida pelo Poder Executivo que, ao promover a redução dos benefícios fiscais de ICMS do setor agropecuário mediante decreto, não observou que tal matéria deve ser disposta em lei, e não por mero ato do Poder Executivo.

4. CONSIDERAÇÕES FINAIS

Da análise proposta, depreende-se, primeiramente, a necessidade de exame da tributação do agronegócio sob o prisma das diretrizes constitucionais e especificidades do setor. Sendo assim, a própria tributação, muito embora tenha como seu objetivo essencial a arrecadação aos cofres públicos, também deve servir como política de incentivo ao exercício dessa atividade econômica.

Além da tributação diferenciada garantida constitucionalmente ao setor do agronegócio, o constituinte também se atentou para estabelecer limites gerais em relação à tributação como, por exemplo, a exigência de que a majoração de tributos seja realizada somente mediante veículo normativo específico, a lei. É o denominado princípio da legalidade tributária.

Dessa forma, na hipótese de uma majoração (ainda que indireta) de um imposto, como é o caso do ICMS, ocorrer por meio de um ato do Poder Executivo (como um decreto), isso deve ser visto como uma afronta ao princípio da legalidade tributária, que visa assegurar que os contribuintes não sofram tributação sem o devido processo legislativo. Além disso, quando uma norma tributária que veicula garantia fundamental dos contribuintes, especialmente no âmbito do agronegócio, o vocábulo "lei", esse deve ser interpretado em sentido formal, principalmente quando em análise uma mitigação de tais garantias.

REFERÊNCIAS

ÁVILA, Humberto. Sistema Constitucional Tributário. São Paulo: Saraiva, 2004.

BONAVIDES, Paulo. Curso de Direito Constitucional, 18 ed. São Paulo: Malheiros, 2006.

CALCINI, Fábio. Tributação diferenciada no agronegócio não é privilégio. Conjur, 20 de outubro de 2017. *https://www.conjur.com.br/2017-out-20/ direito-agronegocio-tributacao-diferenciada-agronegocio-nao-privilegio.*

COÊLHO, Sacha Calmon Navarro. *Comentários à Constituição de 1988: Sistema Tributário*. 7 ed. São Paulo: Forense, 1998.

ROTHMAN, Gerd W. O princípio da legalidade tributária. *Revista da Faculdade de Direito*, Universidade de São Paulo, 67, p. 231-268.

- editoraletramento
- editoraletramento.com.br
- editoraletramento
- company/grupoeditorialletramento
- grupoletramento
- contato@editoraletramento.com.br
- editoraletramento

- editoracasadodireito.com.br
- casadodireitoed
- casadodireito
- casadodireito@editoraletramento.com.br